LA MÉCANIQUE

EXPOSÉ HISTORIQUE ET CRITIQUE

DE SON DÉVELOPPEMENT

PAR

ERNST MACH

MEMBRE DE L'ACADÉMIE IMPÉRIALE DES SCIENCES
PROFESSEUR ÉMÉRITE DE L'UNIVERSITÉ DE VIENNE

Ouvrage traduit sur la quatrième édition allemande par

EMILE BERTRAND

PROFESSEUR A L'ÉCOLE DES MINES DU HAINAUT
ET A L'INSTITUT DES HAUTES ÉTUDES DE BRUXELLES

AVEC UNE INTRODUCTION DE

EMILE PICARD

MEMBRE DE L'INSTITUT
PROFESSEUR A LA FACULTÉ DES SCIENCES DE PARIS

PARIS
LIBRAIRIE SCIENTIFIQUE A. HERMANN

ÉDITEUR, LIBRAIRE DE S. M. LE ROI DE SUÈDE ET DE NORWÈGE
6 et 12, rue de la Sorbonne, 6 et 12

1904

LA MÉCANIQUE

LA MÉCANIQUE

EXPOSÉ HISTORIQUE ET CRITIQUE
DE SON DÉVELOPPEMENT

PAR

ERNST MACH

MEMBRE DE L'ACADÉMIE IMPÉRIALE DES SCIENCES
PROFESSEUR ÉMÉRITE DE L'UNIVERSITÉ DE VIENNE

Ouvrage traduit sur la quatrième édition allemande par

EMILE BERTRAND

PROFESSEUR A L'ÉCOLE DES MINES DU HAINAUT
ET A L'INSTITUT DES HAUTES ÉTUDES DE BRUXELLES

AVEC UNE INTRODUCTION DE

EMILE PICARD

MEMBRE DE L'INSTITUT
PROFESSEUR A LA FACULTÉ DES SCIENCES DE PARIS

PARIS
LIBRAIRIE SCIENTIFIQUE A. HERMANN
ÉDITEUR, LIBRAIRE DE S. M. LE ROI DE SUÈDE ET DE NORWÈGE
6 et 12, rue de la Sorbonne, 6 et 12

1904

INTRODUCTION

—

Les principes de la Mécanique ont fait en France dans
ces dernières années l'objet de nombreuses études. A un
point de vue général et philosophique, peu de questions
présentent une aussi grande importance ; leur intérêt n'est
pas moindre au point de vue de l'enseignement, chacun
sentant combien certaines expositions traditionnelles,
longtemps indiscutées, présentent d'incohérences. A parler franc, on peut se demander si une exposition bien
cohérente est possible dans un premier enseignement de
la mécanique. Il semble qu'en cette matière les expositions
didactiques et bien ordonnées, comme les aime trop quel-
quefois l'enseignement français, sont excellentes seulement pour ceux qui savent déjà quelque peu de quoi il
s'agit. Plus j'y réfléchis, plus je me persuade que l'enseignement élémentaire de la dynamique gagnerait beaucoup à rester moins étranger au point de vue historique.
Au lieu de se trouver devant une science hiératique et
figée, quel intérêt il y aurait pour le débutant à suivre le
développement des idées de Galilée, de Huyghens et de
Newton! C'est une erreur de croire qu'il faudrait beaucoup de temps pour un tel enseignement, dont le professeur pourrait tirer en outre des leçons d'une haute portée
philosophique. Mais, pour enseigner ainsi l'histoire de la

science, il faut la bien connaître et ne pas se contenter de quelques notions plus ou moins vagues. La lecture des œuvres des fondateurs de la Mécanique n'est pas facile, et ne peut être abordée avec profit par tous. Il existe fort heureusement un livre où la sûreté de la critique s'unit à une connaissance approfondie du sujet, je veux parler du Livre, depuis longtemps classique en Allemagne, de M. Mach, sur l'histoire de la Mécanique. M. Émile Bertrand a bien voulu traduire l'important ouvrage du savant professeur de l'Université de Vienne ; cette traduction sera certainement accueillie en France avec reconnaissance.

Au point de vue où je me plaçais tout à l'heure, le deuxième chapitre relatif au développement des principes de la Mécanique est à signaler tout particulièrement. Galilée, Huyghens et Newton sont les trois fondateurs de la science du mouvement. Galilée fonde la mécanique du mouvement d'un point matériel dans un champ constant ; il ne s'occupe d'ailleurs que d'un seul point, et ne fait pas de distinction, entre la masse et le poids. M. Mach nous montre comment Galilée arrive très incidemment à la loi de l'inertie, et de quelle manière il est amené à cette notion fondamentale que les circonstances déterminantes du mouvement produisent des accélérations. Avec Huyghens nous passons aux forces variables et à la dynamique des systèmes matériels. Ce n'est pas que la notion de masse présente encore pour lui une bien grande précision, mais il n'en traite pas moins un problème, alors extrêmement difficile, dont la solution constitue son œuvre capitale, le problème du pendule composé, faisant usage en réalité pour la première fois du théorème des forces vives. Newton constitue définitivement la dynamique. Quoiqu'il regarde d'une manière peu heureuse la masse comme étant la quantité de matière, Newton sent le premier avec netteté qu'il y a dans chaque point matériel une constante caractéristique du mouvement différente de son poids : c'est la masse. La discussion de cette notion capitale tient une grande place dans la remarquable critique faite par M. Mach des idées de Newton ; le mode d'exposition qu'il propose et qui lui offre l'avantage de rendre inutile l'énoncé du principe de l'égalité de l'action et de la réaction, se déroule d'une manière très cohérente et peut très bien être adopté. J'avoue toutefois, pour un premier enseignement, préférer un autre mode d'exposition qui se rapproche davantage de l'ordre historique et correspond à un stade moins avancé du développement de la science, en utilisant les expériences faites en divers lieux sur différents pendules et l'identité expérimentale entre les mesures statique et dynamique de la force.

Toute cette histoire critique du développement de la dynamique est traitée de main de maître. De nombreuses citations nous font entrer dans la pensée des inventeurs, et des appareils de démonstration expérimentale décrits et figurés dans le texte laisseront au lecteur l'impression que, à ses débuts au moins, la mécanique est une science physique. Après cette période d'induction, qui est l'âge héroïque de la dynamique, vient une période déductive où on s'efforce de donner aux principes une forme définitive. Le développement mathématique et formel joue alors le rôle essentiel. C'est ici que les mathématiques sont indispensables ; elles permettent de réaliser cette moindre dépense intellectuelle qui donne à la science, d'après M. Mach, un caractère *économique*. On pourrait ajouter que, sans le langage analytique, les principes mêmes ne peuvent recevoir leur plus grande extension.

Quoique le but de l'ouvrage soit surtout d'étudier, dans son développement, la partie purement physique de la science mécanique, il n'était pas possible à l'auteur de laisser entièrement de côté le développement formel de la mécanique ; en particulier, les questions de maximum et de minimum, dont le principe de la moindre action est l'exemple le plus célèbre, conduisent à des remarques historiques du plus haut intérêt, et donnent l'occasion de discuter l'influence des conceptions théologiques dans l'histoire des notions qui sont à la base de la science actuelle.

On sait quelle importance on tend aujourd'hui à donner au point de vue formel dans l'exposé des principes généraux de la science. On ne garde en quelque sorte de l'ancienne mécanique que le moule des équations auxquelles elle a conduit, par exemple la forme des équations de Lagrange, en les complétant, s'il est nécessaire, par l'introduction de nouveaux termes, comme ceux dus à la viscosité, au frottement ou à l'hystérésis ; on a les équations différentielles permettant de prédire les phénomènes, et c'est en cela que consiste, pour certains, une explication mécanique. Nous sommes loin là de ce qu'une intuition vague appelait jadis une explication mécanique ; aussi en est-il d'autres qui préfèrent ne pas tant s'éloigner des anciens points de vue, et appellent à leur secours des masses cachées et des mouvements cachés, ou cherchent à construire des modèles parlant aux yeux. Dès la première édition, déjà ancienne, de son ouvrage, M. Mach se rangeait parmi ceux qui se contentent de la description des phénomènes par des équations différentielles, comme devait dire Hertz quelques années plus tard ; c'est ce dont témoigne le dernier chapitre de son livre sur les rapports de la Mécanique avec d'autres sciences, où l'opinion qu'il faut chercher une explication mécanique de tous les phénomènes physiques est traitée de préjugé. Il semble bien que, pour le moment au moins, ce point de vue tend à prédominer chez les physiciens; cependant les représentations moléculaires et atomiques et les vieilles notions, quelque peu anthropomorphiques, des anciens mécaniciens n'ont sans doute pas encore épuisé leur fécondité. Il ne faut pas oublier que ce sont elles qui ont conduit aux moules analytiques, qui nous sont aujourd'hui familiers, et peut-être conduiront-elles quelque jour à y faire des retouches. Il sera donc toujours indispensable de connaître leur histoire. Aussi remercierons-nous M. Hermann, toujours soucieux des intérêts de la science et de l'enseignement français, d'avoir édité la traduction de M. Emile Bertrand, qui rendra grand service à nos professeurs et à nos étudiants.

EMILE PICARD

Le 13 septembre 1903.

PRÉFACE

Le présent ouvrage n'est pas un manuel destiné à l'enseignement des théorèmes de la mécanique. On y trouvera plutôt un travail d'explication critique animé d'un esprit *antimétaphysique*.

La partie mathématique y est tout à fait accessoire. Mais celui qui s'intéresse à la question de savoir quel est le contenu de la mécanique *en tant que science de la nature, comment nous y sommes arrivés, à quelle source* nous l'avons puisé et jusqu'à quel point nous pouvons le considérer comme une possession *bien assurée*, trouvera, nous l'espérons, dans ce livre, quelques éclaircissements. Ce contenu qui, pour le penseur et l'investigateur de la nature, offre l'intérêt le plus grand et le plus général, se trouve en effet voilé sous l'appareil didactique de la science actuelle.

Les éléments fondamentaux des notions que la mécanique étudie se sont développés presque complètement à propos de recherches sur des cas spéciaux très simples de phénomènes mécaniques. L'analyse historique de ces problèmes particuliers reste d'ailleurs le moyen le plus efficace et le plus naturel de pénétrer les éléments essentiels des principes, et l'on peut même dire que ce n'est que par cette voie qu'il est possible de parvenir à la pleine compréhension des résultats

généraux de la mécanique. En me conformant à cette manière
de voir, je suis arrivé à une exposition peut-être un peu longue,
mais par cela même très lucide. Par suite de l'absence d'une
langue générale suffisamment développée, il m'était impossible, à moins de sacrifier parfois la forme, de laisser de côté
les courtes et précises notations mathématiques.

Les idées développées dans cet ouvrage furént tout d'abord
et presque sans exception reçues avec une grande froideur et
ce ne fut que bien lentement qu'elles obtinrent un meilleur
accueil. Toutes les conceptions essentielles qu'il renferme
furent exprimées pour le première fois dans une courte communication intitulée « Sur la définition de la masse » (*Ueber
die Definition der Masse;* 5 p. in-8°) que l'on retrouvera plus
loin dans les propositions de la p. 269 ; *Poggendorff* refusa
de l'insérer dans ses *Annales* et elle ne parut qu'un an plus
tard (1868), dans le *Répertoire de la physique expérimentale*
de *Carl.* En 1871, dans une conférence, j'ai nettement indiqué
le point de vue auquel je me place, dans la critique de la connaissance, par rapport à la science en général et à la physique
en particulier. Suivant cette manière de voir, le concept de
cause est remplacé par celui de *fonction :* la découverte de la
dépendance réciproque des phénomènes et leur description
économique deviennent alors le but, tandis que les concepts
physiques ne sont plus que de simples moyens d'y arriver. Je
ne tenais plus à demander à aucun directeur de revue de
prendre la responsabilité de la publication de cette conférence
et, en 1872, je le fis éditer en une brochure ([1]).

Aussi ce fut avec un grand contentement que je vis, en
1874, Kirchhoff introduire dans sa *Mécanique* la *description*
comme démonstration, idée qui ne correspondait qu'à une

([1]) *Die Geschichte und die Wurzel des Satzes des Erhaltung der Arbeit,*
Prag., 1872.

partie des miennes et qui rencontra de même « l'étonnement général » des contemporains. Mais la grande autorité de Kirchhoff exerça graduellement sa puissante influence et le résultat en fut évidemment que ma Mécanique, lorsqu'elle fut publiée, en 1883, ne parut plus si extraordinaire. En présence de cet appui inappréciable que Kirchhoff donna ainsi à mes conceptions, je considère comme absolument accessoire le fait que l'on ait tenu, et que l'on tienne encore partiellement, mon exposition physique des principes pour une extension de la sienne bien qu'elle soit, en réalité, non seulement plus ancienne par l'époque de son apparition, mais encore plus radicale.

J'ai déjà exposé mon opinion sur la nature de toute science, qui est de la considérer comme une économie de la pensée, dans une conférence faite en 1868 sur « les formes des liquides » (¹) ; je l'ai soutenue dans ma brochure de 1872, citée plus haut, et je l'ai enfin discutée en détail dans un discours académique sur « la nature économique de la recherche physique » (²). Je ne suis plus seul de cet avis. A ma grande satisfaction, Avenarius a développé d'une manière qui lui est propre, des idées très voisines (³). La tendance véritablement philosophique de réunir toutes les sciences en un système unique — tendance qui fait d'ailleurs une opposition vigoureuse aux empiètements de la philosophie spéculative, — ne sera certes pas méconnue dans mon livre.

Les questions traitées ici me préoccupaient déjà dans ma jeunesse et l'intérêt qu'elles avaient pour moi fut puissamment excité par l'admirable introduction de Lagrange aux chapitres

(¹) *Populär-Wissenschaftlischen Vorlesungen*, Leipzig, 1896, p. 1 et suiv.
(²) *Ibid.*, p. 203 et suiv.
(³) *Philosophie als Denken der Welt nach dem Princip des kleinsten Kraftmasses*, Leipzig, 1876.

de sa mécanique analytique, ainsi que par un mémoire de Jolly, clairement et finement écrit (*Principien der Mechanik*; Stuttgart, 1852). L'excellente histoire critique des principes de la mécanique, de Dühring (*Kritische Geschichte der Principien der Mechanik*; Berlin, 1873), n'a plus exercé d'influence marquée sur mes idées, car, à l'époque de son apparition, je possédais et j'avais déjà exprimé tous leurs éléments essentiels. On trouvera toutefois maints points de contact, tout au moins pour ce qui concerne le rôle négatif de la critique.

Le nombre des amis de cet ouvrage s'est beaucoup accru dans ces 20 années, et le rappel occasionnel de mes développements dans les écrits de Blondlot, Boltzmann, Föppl Hertz, Love, Maggi, Pearson, Slate, Voss, et d'autres, me permet d'espérer que mon travail ne sera pas perdu. Il m'a été particulièrement agréable de voir K. Pearson et J.-B. Stallo prendre même position que moi vis-à-vis de la métaphysique et de trouver en W.-K. Clifford un penseur dont le but est voisin du mien.

Les nouveaux appareils de démonstration décrits dans ce livre furent construits entièrement sur mes indications au laboratoire de l'Institut de Physique de l'Université de Prague, que j'ai autrefois dirigé.

Quelques illustrations, copies fidèles d'anciennes gravures, sont en rapports moins étroits avec le texte. Les traits des grands investigateurs, reproduits dans ces dessins d'une façon si originale et si naïve, m'ont souvent apporté dans le travail une impression de fraîcheur à laquelle je souhaite que mes lecteurs participent.

Je remercie tout particulièrement M. le professeur Émile Bertrand d'avoir poursuivi avec un rare dévouement le travail pénible de la traduction. Je lui dois cette joie que j'éprouve de voir cet écrit rendu accessible à ce peuple qui a pris une part si extraordinairement grande à l'édification de la forme classique de la mécanique.

E. MACH.

Vienne, Juillet 1903.

INTRODUCTION

1. — La partie de la physique qui est la plus ancienne et la plus simple et qui, par conséquent, est considérée comme le fondement de la compréhension de beaucoup d'autres parties de cette science, a pour objet l'étude du mouvement et de l'équilibre des masses. Elle porte le nom de mécanique.

2. — L'histoire du développement de la mécanique, dont la connaissance est d'ailleurs indispensable à l'intelligence complète de sa forme actuelle, fournit un exemple simple et suggestif du processus par lequel les sciences de la nature se constituent généralement. La connaissance instinctive, involontaire, des phénomènes de la nature précède toujours leur connaissance consciente, scientifique, c'est-à-dire la recherche des phénomènes. La première est due aux relations entre les phénomènes de la nature et la satisfaction de nos besoins. L'acquisition des connaissances les plus élémentaires n'est certainement pas le fait de l'individu seul, mais elle est préparée par le développement de l'espèce.

En fait nous avons à distinguer entre les expériences mécaniques et la science mécanique au sens actuel de ce mot. Il est certain que les expériences mécaniques sont très anciennes. On trouve sur les bas-reliefs et les dessins des monuments de l'antique Égypte et de l'Assyrie la représentation de nombreux outils et appareils méca-

niques, alors que les documents sur la connaissance scientifique de
ces peuples font totalement défaut ou ne permettent de conclure
qu'à un niveau scientifique fort peu élevé. A côté d'outils fort
ingénieux, l'on y rencontre des procédés tout à fait grossiers tels,
par exemple, que le transport de lourdes masses de pierres à l'aide
de traîneaux. Tout porte le caractère de la découverte instinctive,
incomplète, accidentelle.

Les tombes des temps préhistoriques renferment aussi de nom-

Fig. 1.

breux outils dont la confection et le maniement supposent une
habileté technique peu ordinaire et un nombre considérable d'expériences mécaniques. Ainsi donc, longtemps avant que l'on n'ait
pensé à une théorie, dans le sens actuel de ce mot, l'on rencontre
des outils, des machines, des expériences et des connaissances mécaniques.

3. — On est parfois amené à penser que la pénurie des documents
écrits fausse notre jugement au sujet des peuples de l'antiquité.
On trouve notamment, chez les anciens auteurs, certains passages
isolés qui semblent témoigner de connaissances bien plus profondes que celles que l'on accorde généralement à ces peuples. Tel
est, par exemple, ce passage de Vitruve (*De Architectura ; Lib.* V ;
Cap. III, 6) :

« La voix n'est en effet que l'haleine qui, étant poussée, fait im-
« pression sur l'organe de l'ouïe par le moyen de l'air qu'elle a
« frappé et dont l'agitation forme une infinité de cercles. Mais, de
« même que lorsqu'on jette une pierre dans un étang, on voit s'y
« former un grand nombre de cercles qui vont en s'élargissant de-
« puis le centre et qui s'étendent fort loin, s'ils ne sont pas empêchés
« par le peu d'espace ou par d'autres obstacles, et que, s'ils rencon-
« trent quelque chose, les premiers cercles qui sont arrêtés arrêtent
« et troublent l'ordre de ceux qui les suivent, ainsi la voix s'étend en
« rond et fait plusieurs cercles. Il y a pourtant cette différence que,
« dans un étang, les cercles ne se font que sur la surface de l'eau,
« au lieu que les cercles qui sont faits par la voix vont toujours en
« s'étendant non seulement en largeur mais aussi en hauteur, mon-
« tant comme par degrés. »

No croirait-on pas entendre un écrivain vulgarisateur dont l'exposé incomplet nous serait parvenu alors que les œuvres peut-être
plus profondes auxquelles il aurait puisé se seraient perdues ? Nous
aussi, dans quelques milliers d'années, n'apparaîtrions-nous pas sous
un jour singulier si notre littérature populaire qui, à cause de son
extension, court moins de chances d'être détruite, se conservait plus
longtemps que nos œuvres scientifiques ? Mais cette opinion favorable est ruinée par la multitude d'autres passages, qui contiennent
des erreurs si grossières et si évidentes qu'elles sont à peine compatibles avec une culture scientifique plus avancée.

Ajoutons cependant que les recherches récentes sur la littérature
scientifique des anciens nous conduisent à modifier notre jugement
dans un sens plus favorable. Ainsi Schiaparelli a donné un excellent
exposé de l'astronomie des Grecs et Govi, dans son travail sur
l'optique de Ptolémée, a mis au jour de véritables trésors. L'opinion
naguère fort répandue que les Grecs en particulier avaient complètement négligé l'expérimentation est tout à fait insoutenable aujour-
d'hui. Les plus anciennes expériences sont sans doute celles des

pythagoriciens qui se servirent du monocorde avec chevalet mobile pour la détermination des rapports de longueurs des cordes vibrant harmoniquement. Anaxagore prouve la matérialité de l'air à l'aide d'outres gonflées et fermées, Empédocle, à l'aide d'un vase renversé qu'il plonge dans l'eau (*Arist. Phys.*); mais ce sont là des expériences primitives. Ptolémée expose des recherches méthodiques sur la réfraction de la lumière et ses observations d'optique physiologiques sont encore intéressantes aujourd'hui. Aristote (*Météor.*) rapporte des observations qui conduisent à l'explication du phénomène de l'arc-en-ciel. On peut attribuer à l'imagination d'historiens ignorants les racontars absurdes, très propres à exciter notre méfiance, tels par exemple que l'histoire de Pythagore et du marteau de forge qui rendait un son dont la hauteur était dans le rapport de son poids. Pline abonde en historiettes de ce genre, dépourvues de tout sens critique. Au fond elles ne sont ni pires, ni plus fausses que les fables de la pomme de Newton ou de la bouilloire de Watt. Peut-être les comprendra-t-on mieux encore si l'on tient compte de la difficulté et de la chèreté de l'établissement des vieux écrits et, comme conséquence, de leur diffusion fort restreinte (¹).

4. — Il est maintenant difficile de démêler, au point de vue historique, quand, où et de quelle manière le développement de la science a réellement commencé. Il semble toutefois naturel d'admettre que le classement instinctif des expériences a précédé leur classification scientifique. Les traces de ce processus sont encore visibles dans la science actuelle et nous pouvons même, à l'occasion, les observer en nous-mêmes. L'homme fait pour la satisfaction de ses besoins, involontairement et instinctivement, des expériences dont il se sert d'une manière inconsciente et sans y penser. Telles sont par exemple les premières expériences qui ont trait à l'application du levier sous ses

---

(¹) Cf. J. MÜLLER. — *Sur l'expérimentation dans les recherches physiques des Grecs* (Naturwiss. Verein. Innsbruk. XXIII, 1890-1891).

formes les plus différentes. Mais ce que l'on trouve d'une manière si instinctive et irréfléchie ne peut jamais apparaître comme quelque chose de spécial ou d'étonnant et ne provoque d'ordinaire aucune réflexion ultérieure.

La transition de cet état à une connaissance et une conception classifiée, scientifique, des phénomènes ne devient possible qu'après la formation de certaines professions spécialisées, qui se donnent pour fonctions la satisfaction de besoins sociaux déterminés. Chacune de ces professions s'occupe de certaines classes spéciales de phénomènes naturels. Mais les rangs de ceux qui exercent ces métiers se renouvellent ; d'anciens compagnons disparaissent, de nouveaux y entrent. La nécessité apparaît alors de faire part aux nouveaux arrivants des expériences acquises, de leur apprendre de quelles conditions dépend la réalisation d'un certain but, afin qu'ils puissent déterminer à l'avance les résultats.

Cette communication oblige d'abord l'homme à une réflexion plus précise, ainsi que chacun peut encore aujourd'hui l'observer sur lui-même. D'autre part le nouveau compagnon considère comme extraordinaires des choses que les anciens font machinalement et qui deviennent ainsi pour lui des occasions de réflexion et de recherche.

Lorsque nous voulons initier quelqu'un à la connaissance de certains phénomènes naturels, nous pouvons, ou bien les lui faire observer par lui-même (mais alors il n'y a pas d'enseignement), ou bien nous devons les lui décrire d'une manière quelconque, afin de lui épargner la peine de répéter personnellement et à nouveau chaque expérience. Mais la description n'est possible que lorsqu'il s'agit de phénomènes qui se répètent continuellement ou qui, tout au moins, se composent de parties qui se reproduisent sans cesse. On ne peut décrire ou se représenter abstraitement par la pensée que ce qui est uniforme ou qui suit une loi ; car la description suppose, pour représenter les éléments, l'emploi de certaines dénominations, lesquelles ne sont intelligibles que si les éléments se répètent.

5. — Dans la multitude des phénomènes de la nature, certains de ceux-ci semblent habituels, d'autres apparaissent comme extraordinaires, surprenants, déconcertants et pour ainsi dire en contradiction avec les premiers. Tant qu'il en est ainsi il n'y a pas de conception stable et unitaire de la nature. De là résulte la tâche de rechercher parmi la multiplicité des éléments toujours présents des phénomènes naturels, ceux qui sont de même nature. D'une part la description et la communication les plus courtes et les plus économiques sont par là rendues possibles. L'acquisition de cette faculté de reconnaître dans la complication des phénomènes ces éléments toujours semblables conduit d'autre part à *une conception des faits synoptique, unitaire, logique et facile*. Si l'on en est arrivé à discerner partout un petit nombre d'éléments simples, *toujours les mêmes*, qui sont rassemblés d'une manière ordinaire, ceux-ci nous apparaissent comme des choses connues qui ne nous surprennent plus ; plus rien d'étranger, de nouveau ou de déconcertant ne nous apparaît dans les phénomènes ; au milieu de ceux-ci nous nous sentons chez nous : ils sont *expliqués*. Il se passe ici un processus d'adaptation de la pensée aux choses.

6. — L'économie dans la communication et la conception appartient à l'essence de la science. C'est en elle que réside l'élément tranquillisateur, explicatif et esthétique de celle-ci et elle est indubitablement de la plus grande importance au point de vue de l'origine historique de la science. Primitivement toute économie ne se préoccupe que de la satisfaction des besoins corporels. Pour l'ouvrier et encore plus pour le chercheur, la plus courte, la plus simple connaissance d'une classe déterminée de phénomènes naturels, celle que l'on peut atteindre avec le minimum d'efforts intellectuels, devient elle-même un but économique ; dans celui-ci, bien qu'il ne soit originairement qu'un moyen d'arriver à un résultat déterminé, les besoins corporels sont presque entièrement négligés dès que les besoins intellectuels correspondants ont été éveillés et demandent satisfaction.

Ainsi donc la science de la nature se propose de rechercher ce qu'il y a de constant dans les phénomènes, les éléments de ceux-ci, le mode de leur assemblage et leur dépendance mutuelle. Elle s'efforce, par une description générale et complète, de rendre inutiles des expériences nouvelles, de les épargner, par exemple lorsque la connaissance de la dépendance mutuelle de deux phénomènes fait que l'observation du premier rend inutile celle du second qui se trouve prédéterminé et codéterminé par le premier. Mais dans la description elle-même on peut épargner du travail en y introduisant la méthode et en cherchant à décrire le plus possible, en une fois et de la façon la plus courte. Par l'étude du détail, tout ceci deviendra beaucoup plus clair que la chose n'est possible dans un exposé général. Cependant il est opportun de signaler dès maintenant les points de vue fondamentaux.

7. — Nous entrerons sans plus tarder dans notre sujet, et, sans faire de l'histoire de la mécanique notre but principal, nous considérerons son développement historique, pour autant que cela est nécessaire à la compréhension de l'état actuel de cette science et que cela ne détruise pas l'unité de notre travail. Abstraction faite de ce que nous ne pouvons nous écarter des grandes impulsions données par les hommes les plus illustres de tous les temps, qui, tout considéré, sont d'ailleurs plus fécondes que celles que peuvent donner les meilleurs esprits du temps présent, il n'y a pas de spectacle plus grandiose et d'une plus haute portée esthétique que celui que nous offre la puissante intellectualité des chercheurs qui ont posé les bases. En l'absence de toute méthode, car celle-ci fut créée par leur effort et resterait toujours incomprise sans la connaissance de leurs travaux, ils s'emparèrent, se rendirent maîtres de leur matière et lui imposèrent la forme abstraite. Celui qui connaît le cours entier du développement de la science appréciera évidemment d'une manière beaucoup plus indépendante et plus vigoureuse la signification d'un mouvement scientifique actuel que celui qui, limité dans son jugement à la période de temps qu'il a vécu, ne peut se baser que sur la direction momentanée que ce mouvement a prise.

LA MÉCANIQUE

CHAPITRE PREMIER

DÉVELOPPEMENT DES PRINCIPES DE LA STATIQUE

I. — LE PRINCIPE DU LEVIER

1. — Les plus anciennes recherches mécaniques dont nous ayons connaissance, celles des anciens Grecs, se rapportent à la statique, à la science de l'équilibre. Aussi quand les Grecs fugitifs, après la prise de Constantinople par les Turcs (1453), donnèrent à la pensée de l'occident une impulsion nouvelle par les écrits anciens qu'ils avaient conservés, ce furent les recherches sur la statique, principalement provoquées par les travaux d'Archimède, qui occupèrent les chercheurs les plus illustres.

Les investigations dans le domaine mécanique ne commencèrent que très tard chez les Grecs et ne peuvent être mises en parallèle avec les grands progrès que fit ce peuple dans les mathématiques et spécialement en géométrie.

Les documents sur la mécanique concernant les plus anciens chercheurs Grecs sont rarissimes. *Archytas* de Tarente (400 av. J.-C.) se distingua en géométrie, où il s'occupa du célèbre problème de la duplication du cube, et construisit des appareils mécaniques pour le tracé de diverses courbes. En astronomie, il enseigna la forme sphérique de la terre et sa rotation diurne autour de son axe. En mécanique. Il est l'inventeur de la poulie. Dans un de ses écrits sur la mécanique, il doit avoir appliqué la Géométrie à cette science, mais nous ne possédons aucun document précis qui nous donne quelques détails. De plus Aulu-Gelle (X, 12) rapporte qu'Archytas avait construit un automate extraordinaire, un pigeon volant, en bois, qui probablement était mis en mouvement par l'air comprimé. C'est précisément une caractéristique de la préhistoire de la mécanique que d'une part l'attention se soit portée vers sa signification pratique et que d'autre part on se soit appliqué à la construction d'automates qui ne peuvent servir qu'à l'ébahissement des ignorants.

Plus tard, chez *Ctesibios* (285-247 av. J.-C.) et chez *Héron* (1ᵉʳ siècle ap. J.-C.), on retrouve un état d'esprit analogue. Pendant les ténèbres du Moyen-Age ce même phénomène réapparaît. On connaît les automates ingénieux et les mécanismes d'horlogerie compliqués dont la croyance populaire attribuait la construction à l'œuvre du démon. En imitant l'apparence extérieure de la vie, l'homme espérait en pénétrer le fondement intérieur. La croyance merveilleuse à la possibilité du mouvement perpétuel est aussi en rapport avec cette conception erronée de la vie. C'est lentement et sous une forme vague que les véritables problèmes de la mécanique se posèrent d'abord à l'esprit du penseur.

Les « *Problèmes mécaniques* » d'Aristote (384-322 av. J.-C.) confirment cette manière de voir. Aristote sait *reconnaître* et *poser* les problèmes ; il aperçoit le principe du parallélogramme du *mouvement;* il approche de la notion de force centrifuge ; mais il n'est pas heureux dans les solutions des problèmes. Tout son ouvrage a un caractère plutôt dialectique que scientifique. Il se contente d'y mettre en évidence les « ἀπορίαι » (difficultés) que renferment les problèmes. Du reste le livre entier caractérise bien la situation intellectuelle inhérente au début d'une recherche scientifique.

« Ce qui se passe selon les lois de la nature, mais dont la cause
« ne nous apparaît pas, nous semble merveilleux... De ce genre sont
« les faits dans lesquels le plus petit l'emporte sur le plus grand, dans
« lesquels de petits poids surmontent de lourds fardeaux, et presque
« tous les problèmes que nous appelons mécaniques... Mais aux diffi-

« cultés de cette espèce appartiennent celles qui ont trait au levier, car
« il paraît contradictoire qu'une force minime mette en mouvement
« une grande masse à laquelle est encore liée une plus grosse charge.
« Celui qui sans levier ne pourrait remuer un fardeau met aisément
« celui-ci en mouvement lorsqu'il y ajoute encore le poids d'un levier.
« La cause de tout cela se trouve dans l'essence du cercle, et est vrai-
« ment fort naturelle, car il n'y a rien de contradictoire à ce que le
« merveilleux sorte du merveilleux. Mais une réunion de propriétés
« contraires dans un tout unitaire est ce qu'il y a de plus merveilleux.
« Le cercle est véritablement composé de cette manière car il est
« généré par quelque chose qui se meut et quelque chose qui reste
« en son lieu. »

Un autre passage du même écrit témoigne d'un pressentiment du
principe des déplacements virtuels sous une forme très indéterminée.

De telles considérations prouvent que l'on sait reconnaître et poser
un problème mais sont encore loin de conduire à la solution.

2. — Archimède de Syracuse (287-212 av. J.-C.) a laissé un
grand nombre d'ouvrages dont quelques-uns nous sont parvenus
en entier, entre autres un traité de « *De Æquiponderantibus* » qui
renferme des propositions sur le levier et le centre de gravité, et que
nous examinerons tout d'abord. Archimède prend pour point de
départ les hypothèses suivantes, qu'il considère comme évidentes par
elles mêmes :

a) Deux poids égaux appliqués à égale distance (du point d'appui)
se font équilibre.

b) Deux poids égaux appliqués à des distances inégales (du point
d'appui) ne se font pas équilibre et le poids le plus éloigné descend.

De ces hypothèses il conclut que :

« Des poids commensurables sont en équilibre lorsqu'ils sont en
« raison inverse de leurs distances au point d'appui ».

Il pourrait sembler superflu de faire une analyse minutieuse de
ces hypothèses, mais en y regardant de près on s'aperçoit que cette
analyse est indispensable.

Une tige supposée sans poids est appuyée en un point à des distances égales duquel on suspend des poids égaux. Archimède suppose ces poids en équilibre et prend cette hypothèse pour point de départ. A cause de la symétrie de tout le système il n'apparaît aucune raison de mouvement dans un sens plutôt que dans l'autre. Il semble évi-

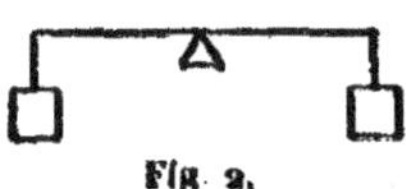
Fig. 2.

dent, en vertu du principe de raison suffisante, que l'hypothèse est indépendante de toute expérience. Mais on oublierait alors une quantité d'expériences positives et négatives qui y sont déjà incluses. Des expériences négatives telles que celles-ci : la couleur des bras du levier, la position du spectateur, un phénomène quelconque qui se produit dans le voisinage sont sans influence ; d'autre part, une expérience positive clairement mise en lumière par la seconde proposition et d'après laquelle ce sont, non seulement les poids, mais aussi leurs distances au point d'appui qui sont les déterminantes de la rupture d'équilibre ou, si l'on veut, les déterminantes du mouvement. Ces expériences sont nécessaires pour comprendre que positivement le repos (le mouvement nul) est l'unique mouvement qui soit déterminé *d'une seule façon* par les circonstances déterminantes de l'hypothèse (¹).

Mais la connaissance des circonstances déterminantes d'un phénomène ne peut être considérée comme *suffisante* que lorsqu'elle donne une détermination *unique* de celui-ci. Les expériences qui viennent d'être mentionnées permettent de faire l'hypothèse que *seuls les poids et leurs distances sont déterminants*; dès lors la première proposition d'Archimède acquiert un haut degré d'évidence et devient éminemment propre à servir de base aux recherches ultérieures.

Pour l'observateur placé dans le plan de symétrie de l'appareil, la proposition I devient une conviction *instinctive* qui s'impose absolument et qui est d'ailleurs fondée sur la symétrie de notre propre corps. Ajoutons encore que l'analyse des propositions du genre de celle-ci

(¹) Si l'on admettait, par exemple, que le poids de droite tombe, le mouvement en sens contraire serait déterminé du même coup : il suffirait que le
spectateur se plaçât de l'autre côté.

est un moyen précieux d'accoutumer l'esprit à une précision semblable à celle que la nature manifeste dans ses phénomènes.

3. — Archimède chercha ensuite à ramener le cas général du levier au cas particulier évident par lui-même. Dans ses grandes lignes son raisonnement est le suivant : Les deux poids égaux (1) suspendus aux extrémités a et b d'une tige ab mobile autour de son milieu c, sont en équilibre. Si l'on suspend le tout à un fil attaché en c, celui-

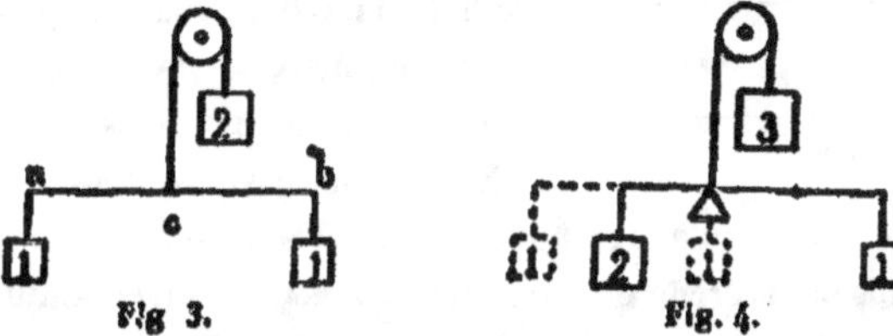

Fig. 3.   Fig. 4.

ci devra supporter le poids (2), abstraction faite de celui de la tige. Deux poids égaux appliqués aux extrémités équivalent donc à un poids double appliqué au milieu.

Suspendons maintenant les poids (2) et (1) aux extrémités d'un levier dont les bras sont entre eux comme 1 est à 2. Nous pouvons

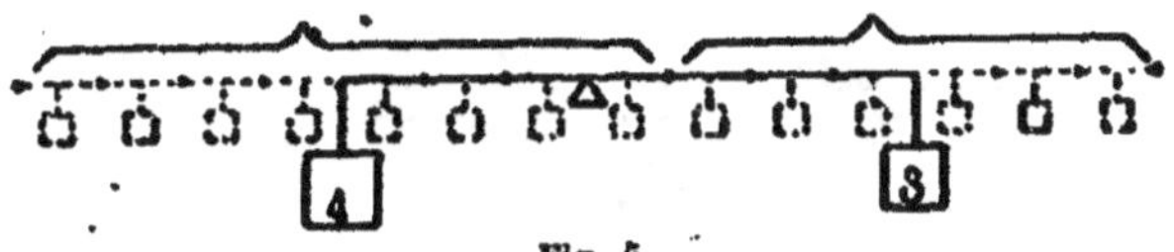

Fig. 5.

nous figurer le poids (2) remplacé par deux poids (1) appliqués à des distances 1 de part et d'autre du point de suspension. Il y a alors parfaite symétrie par rapport au point d'appui et par conséquent équilibre.

Supposons encore suspendus des poids (3) et (4) aux extrémités des bras du levier 4 et 3. Ces poids seront remplacés respectivement par 3 et 4 paires de poids $\frac{1}{2}$ symétriquement appliqués comme le montre la figure et l'on retrouve encore la symétrie parfaite.

Nous nous sommes servis d'exemples numériques particuliers, mais on pourrait généraliser sans la moindre difficulté.

4. — Il est intéressant de voir comment, après les travaux de Stévin, Galilée modifia le procédé d'Archimède.

Galilée prend un prisme homogène pesant ; il l'attache par ses extrémités à une tige homogène horizontale de même longueur et suspend celle-ci par son milieu. Il y a évidemment équilibre. Or, dit

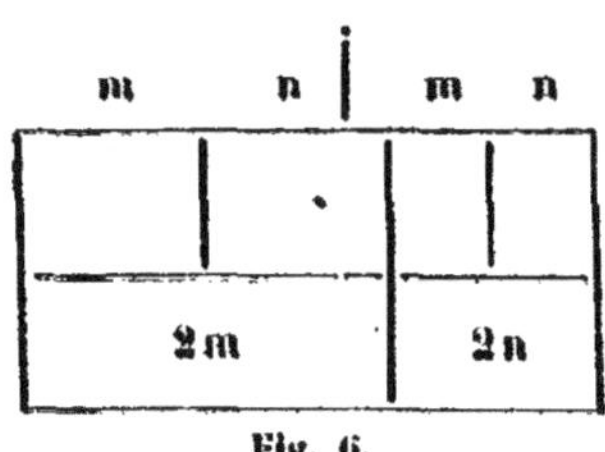

Fig. 6.

Galilée, tous les autres cas sont compris dans *celui-ci ;* et il le montre de la manière suivante. Appelons 2 (m + n) la longueur totale de la tige ou du prisme, coupons le prisme en deux autres de longueur 2m et 2n, ce que nous pouvons faire sans rompre l'équilibre en assujettissant à la tige les extrémités contiguës des prismes 2m et 2n. Toutes les liaisons précédentes peuvent être détruites à condition de suspendre au préalable les deux prismes partiels à la tige par leurs milieux. La longueur totale étant 2 (m + n), la demi-longueur est m + n ; la distance du point de suspension du prisme partiel de droite au point de suspension de la tige est m, et n est la distance correspondante pour le prisme de gauche. On acquiert aisément

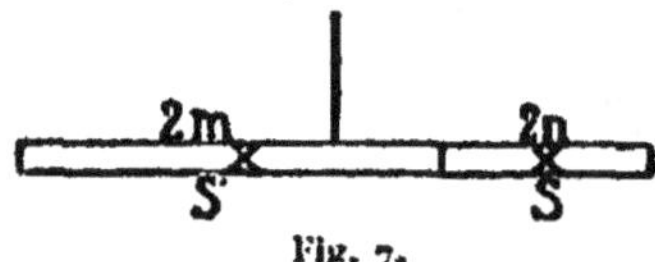

Fig. 7.

l'expérience que ce phénomène dépend du poids et non de la forme du corps. Il est donc établi qu'il y a équilibre lorsqu'un poids quelconque 2m est suspendu à une distance n et un poids 2n à une distance m de part et d'autre du point d'appui.

Ce procédé met en évidence, mieux encore que celui d'Archimède, les éléments instinctifs de notre connaissance des lois du levier ; mais, bien qu'il soit fort beau, on y retrouve cependant un reste de cette lourdeur propre aux savants de l'antiquité. Un physicien moderne aurait traité ce problème d'une manière toute différente ; voici par exemple la méthode que suit Lagrange :

Un prisme horizontal homogène est suspendu par le milieu ; on le divise par la pensée on a prismes de longueur $2m$ et $2n$ et l'on considère les centres de gravité de ces prismes partiels où l'on applique des poids proportionnels à $2m$ et $2n$; ces poids situés à des distances n et m du point d'appui continuent à se faire équilibre. Ajoutons cependant qu'une aussi élégante brièveté exige une intuition mathématique très exercée.

5. — Le but qu'Archimède et ses successeurs se proposaient dans leurs démonstrations était de ramener le cas général compliqué du levier au cas plus simple et paraissant évident par lui-même, d'*aper-caroir* le simple dans le compliqué, ou inversement. En fait nous tenons un phénomène pour expliqué lorsque nous parvenons à y découvrir des phénomènes plus simples déjà connus.

Ces déductions d'Archimède et de ses successeurs peuvent au premier abord surprendre notre approbation, mais une considération plus attentive fait naître des doutes sur leur rigueur. Nous nous demandons comment le simple fait de l'équilibre de poids égaux à des distances égales du point d'appui peut logiquement conduire à la proportion inverse des poids à leurs bras du levier ?

Si, loin de pouvoir *démontrer à priori* le simple fait que l'équilibre dépend du poids et de la distance, nous devons aller le chercher dans l'expérience, combien moins pourrons-nous déterminer la forme de cette dépendance (la loi de proportionnalité) par un moyen purement spéculatif ?

A la vérité, Archimède et tous ses successeurs firent un usage tacite et plus ou moins dissimulé de l'hypothèse que l'effet d'une force P appliquée à une distance L d'un axe est mesurée par le produit PL — qui a reçu le nom de moment statique. Il est d'une évidence immédiate que, dans le cas d'une disposition parfaitement symétrique, l'équilibre subsiste *quelle que soit* la loi Pf (L) d'après laquelle la déterminante de la rupture d'équilibre dépend de L ; il est par conséquent *impossible* de déduire de la persistance de l'équilibre dans ce cas, la forme déterminée PL de cette loi. La base fondamentale de la démonstration doit donc se trouver dans la *transformation* que l'on a en vue et s'y trouve en effet. Considérons un poids appliqué *d'un côté* de l'axe de rotation ; partageons-le en 2 parties égales que nous déplaçons symétriquement par rapport au point d'application primitif ; une de ces parties se *rapproche* de l'axe de rotation exactement de la même quantité dont l'autre s'en *éloigne*. Faire maintenant l'hypothèse que dans ce déplacement l'action reste *la même*, c'est avoir déjà décidé de la forme de la loi qui fait dépendre le moment de la distance L, car cette constance de l'action des deux parties du poids n'est possible que si cette loi a la forme PL, c'est-à-dire si le moment est *proportionnel* à L. Toute autre démonstration ne peut apprendre rien de plus que celle-ci et est par conséquent superflue. On ne persuadera jamais un esprit versé dans la mécanique qu'il est à priori *identiquement indifférent* pour l'équilibre de déplacer deux poids égaux symétriquement par rapport à l'axe de rotation ou symétriquement par rapport à un point placé de côté relativement à cet axe. Car précisément l'influence de la position de l'axe de rotation a été reconnue importante ; elle est étudiée à cause de cela même ; elle ne doit donc pas être, dans cette recherche, considérée comme indifférente à *priori*. Que d'ailleurs cette faute soit commise de bonne foi ou à dessein, le vice de la démonstration reste le même.

Si l'on suspend un prisme homogène par son milieu (centre de gravité) à un fil passé sur une poulie et chargé d'un poids égal à celui du prisme, ce prisme est en équilibre ; et, sans détruire l'équilibre, on peut faire dans ce prisme une section *à un endroit quelconque*. Un second prisme de ce genre, d'une autre longueur et dans une autre position par rapport à la section, peut de même être mis en équilibre, et ensuite invariablement lié au premier sans rupture de cet équilibre, (Stévin, Lagrange). Il *semble* que de cette façon on déduise de nouveaux cas d'équilibre du levier. En procédant correctement on ne peut jamais tirer d'une chose que ce que l'on y a mis. Archimède, Stévin et Galilée tombent dans la même erreur.

6. — Huygens critique aussi cette démonstration et en propose une autre qu'il croit rigoureuse. Son procédé revient en somme à faire tourner les 2 prismes partiels, dont nous avons parlé plus haut dans la méthode de Lagrange, de 90° autour des verticales de leurs centres de gravité (fig. 8 *a*) et à démontrer que l'équilibre subsiste. On peut le raccourcir et le simplifier comme suit :

Dans un plan rigide et sans poids (fig. 8) menons une droite passant par un point S et sur cette droite, de part et d'autre de S, prenons des segments SA et SB de longueur 1 et 2. Disposons, [perpendiculairement à cette droite et de manière que leurs milieux soient aux extrémités A et B de celle-ci, deux

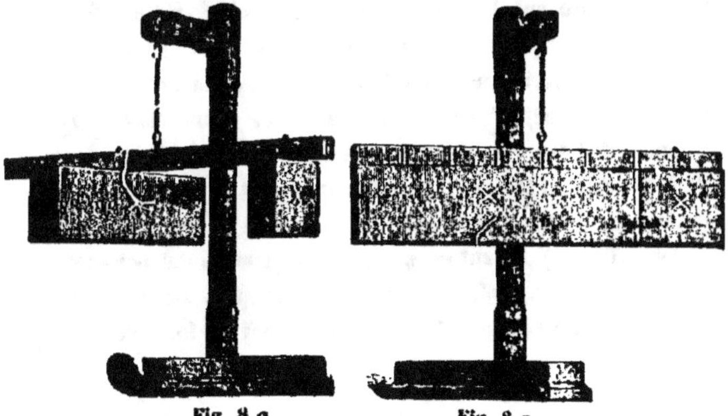
Fig. 8.

prismes minces, homogènes, pesants, CD et EF, dont les poids respectifs sont 4 et 2. Joignons le milieu G de AC au point S par la droite GSH ; par C menons la parallèle CF à cette droite et transportons la portion de prisme CG parallèlement à elle-même en FH.

Fig. 8 a.   Fig. 8 a.

Dès lors tout devient symétrique autour de l'axe GH et il y a équilibre autour de celui-ci. Mais il y a aussi équilibre autour de l'axe AB et, par suite, autour de tout axe passant par S et en particulier autour de l'axe mené par S normalement à AB. On obtient ainsi le cas général de l'équilibre du levier.

Cette démonstration ne paraît contenir d'autres hypothèses que celle de l'équilibre de 2 poids égaux p,p placés dans un plan horizontal rigide à des distances égales l,l d'un axe AA' de ce plan. Pour accorder à cette hypothèse le même degré d'évidence à priori qu'à la première proposition d'Archimède, il suffit d'imaginer que l'on se place aux environs du point M dans le plan vertical mené par AA'; ceci étant admis, il en résulte qu'une translation des poids parallèlement à l'axe de rotation ne change rien aux relations d'équilibre ou de mouvement et le procédé d'Huyghens se trouve justifié.

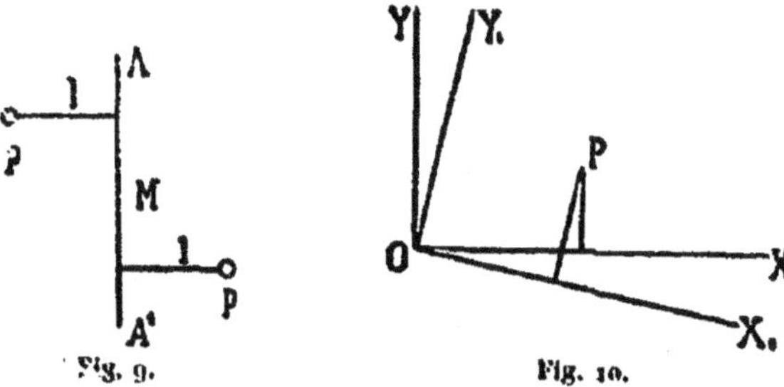

Fig. 9.   Fig. 10.

Mais la faute de raisonnement se retrouve dans l'affirmation suivante : Si l'équilibre subsiste pour deux axes du plan, il subsistera pour tout axe passant par leur point de rencontre. Si cette affirmation n'était pas une vérité purement instinctive elle ne pourrait résulter que de l'hypothèse d'une action des forces *proportionnelle* à leurs distances de l'axe. Or c'est précisément cela qui constitue le nœud de la théorie du levier et du centre de gravité.

Rapportons un système plan de points pesants à 2 axes coordonnés rectangulaires (fig. 10). Soient m, m', m'',.... les masses des points du système et x, x', x''..., y, y', y'..., leurs coordonnées. Les coordonnées ξ, η, de leur centre de gravité sont données par les formules connues

$$\xi = \frac{\Sigma mx}{\Sigma m},$$

$$\eta = \frac{\Sigma my}{\Sigma m}.$$

Faisons tourner les axes d'un angle α; les nouvelles coordonnées des points du système sont :

$$x_1 = x \cos \alpha - y \sin \alpha,$$
$$y_1 = x \sin \alpha + y \cos \alpha.$$

Le nouveau centre de gravité a donc pour coordonnées

$$\xi_1 = \frac{\Sigma m\,(x \cos \alpha - y \sin \alpha)}{\Sigma m}$$

$$= \cos \alpha\, \frac{\Sigma m x}{\Sigma m} - \sin \alpha\, \frac{\Sigma m y}{\Sigma m}$$

$$= \xi \cos \alpha - \eta \sin \alpha,$$

de même :

$$\eta_1 = \xi \sin \alpha + \eta \cos \alpha.$$

On voit donc que les coordonnées du nouveau centre de gravité s'obtiennent en appliquant simplement à celles de l'ancien les formules de la transformation de coordonnées. Le centre de gravité reste donc le même. En plaçant l'origine au centre de gravité on a

$$\Sigma m x = \Sigma m y = 0,$$

et ces relations subsistent pour une rotation quelconque du système d'axes. Si l'équilibre subsiste pour 2 axes rectangulaires, il subsistera par conséquent par tout axe passant par leur point de rencontre et réciproquement. L'équilibre autour de deux axes quelconques passant par un point dans un plan est donc la condition nécessaire et suffisante de l'équilibre autour de tout axe passant par ce point dans le plan.

Mais cette condition ne subsisterait plus si les coordonnées du centre de gravité étaient données par une équation d'une forme plus générale telle que

$$\xi = \frac{m f(x) + m' f(x') + m'' f(x'') + \ldots}{m + m' + m'' \ldots}.$$

Le raisonnement de Huyghens est donc inadmissible au même titre que celui d'Archimède ; tous deux renferment la même erreur.

Archimède, dans sa tentative de ramener le cas compliqué du levier au cas simple dont la compréhension est instinctive, s'est trompé

vraisemblablement parce qu'il a fait un usage [involontaire *d'études
sur le centre de gravité faites à l'aide de la proposition qu'il s'agit
de démontrer*. Il est caractéristique qu'Archimède, et beaucoup d'autres avec lui, n'aient pas voulu admettre la facile remarque sur la
signification du produit PL et aient cherché une base plus profonde.

En fait on ne peut arriver maintenant, et encore moins à l'époque
d'Archimède, à aucune compréhension du levier, si l'on ne *distingue*
dans le phénomène le produit PL comme la déterminante de la rupture
d'équilibre. Les déductions d'Archimède sont erronées en ce que, dans
sa recherche de la démonstration logique, caractéristique de l'esprit
grec, il veut échapper à l'acceptation de ce fait. Mais, si on le considère comme expérimentalement donné, les déductions d'Archimède
conservent encore une valeur remarquable, car elles appuient l'une

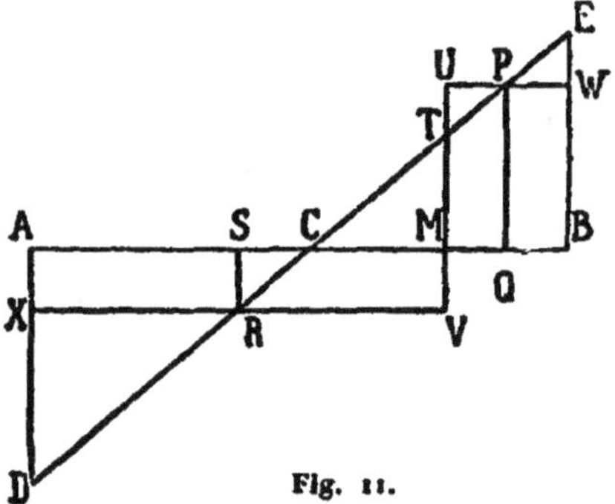

Fig. 11.

par l'autre les conceptions de cas différents, elles montrent la similitude du simple et du compliqué et établissent une même conception
pour tous les cas.

On peut représenter par une construction géométrique fort simple
la somme des produits des forces par leurs bras de levier, c'est-à-dire
la déterminante de la rupture d'équilibre. Soit en effet un prisme horizontal, homogène, d'axe AB, appuyé en son milieu. Les poids élémentaires sont proportionnels aux longueurs des éléments d'axe correspondants. Portons en ordonnée sur chacun de ceux-ci la distance à l'axe, comptée positivement à droite et portée alors vers le
haut, négativement à gauche et portée vers le bas. La somme

des surfaces des 2 triangles CAD et CBE est CAD + CBE = 0, ce qui nous rend instinctive la persistance de l'équilibre. Partageons les prismes en 2 parties par une section M. Remplaçons les surfaces MTEB et TMCAD par les rectangles équivalents MUWB et MVXA, obtenus en menant des parallèles à la base par les points P et R, milieux de TE et de TD. Faisons maintenant tourner les 2 prismes partiels autour de S et de Q pour les rendre perpendiculaire à AB. L'équilibre est encore indiqué par UXAM + MUWB = 0.

On peut ajouter que les considérations d'Archimède restèrent d'une grande utilité même quand personne n'eut plus aucun doute sur la signification du produit PL, et que l'opinion à cet égard eut été fermement établie, historiquement et par des épreuves multiples.

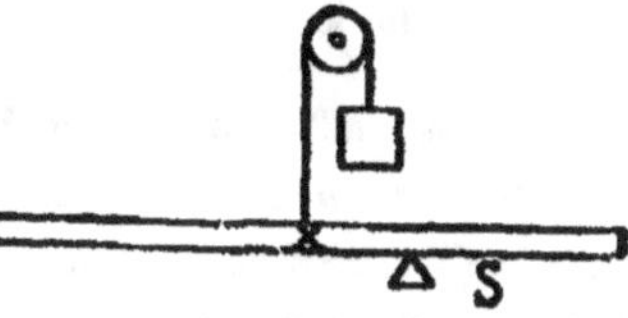

Fig. 12.

Les expériences ne sont jamais parfaitement précises, mais elles peuvent *conduire à conjecturer* que la solution qui explique la concordance de tous les phénomènes se trouve dans le concept quantitatif exact PL. Dans ce sens les déductions d'Archimède, de Galilée, etc., deviennent pour la première fois compréhensibles et ce n'est que maintenant que l'on peut, en toute sécurité, faire les transformations, allongements ou compressions nécessaires des prismes. Un prisme suspendu par son milieu peut être sectionné *n'importe où* sans rupture d'équilibre et plusieurs dispositions analogues peuvent être groupées de façon à présenter des cas d'équilibre en apparence nouveaux, mais le renversement d'un cas d'équilibre ou sa division en plusieurs autres ne sont possibles que si l'on admet au préalable la signification du produit PL.

7. — Il est intéressant et instructif de voir comment les physiciens modernes ont généralisé la forme simple des lois du levier léguée par Archimède et comment ils en ont fait usage.

Léonard de Vinci (1452-1519), illustre à la fois comme peintre et comme savant, semble avoir le premier reconnu l'importance de la notion générale de moment statique. On retrouve cette idée générale dans nombre de passages de ses manuscrits. Il considère par exemple une tige AD mobile autour de A et dont l'extrémité D supporte un poids P et subit l'effort horizontal d'un poids Q au moyen d'un fil passé sur une poulie (fig. 13).

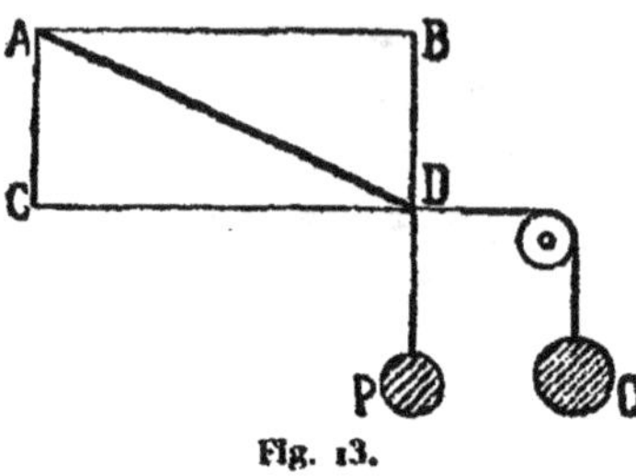

Fig. 13.

Il parvient à déterminer le rapport des forces nécessaires pour l'équilibre en remarquant d'une part que le bras du levier pour le poids P n'est pas AD mais que le levier « *potentiel* » est AB ; d'autre part que le bras de levier pour le poids Q n'est pas AD mais que le levier « *potentiel* » est AC. Il serait fort difficile de dire comment il est arrivé à cette conception générale, mais il n'en est pas moins évident qu'il avait reconnu ce qui détermine l'action d'un poids.

Des considérations analogues se retrouvent dans les œuvres de *Guido Ubaldi*.

8. — Nous nous proposons de rechercher de quelle manière on a pu arriver à la notion de moment statique (qui est le produit d'une force par la distance de sa ligne d'action à un axe), bien qu'il ne soit plus possible aujourd'hui de dire exactement le chemin qui a été suivi. On accorde aisément qu'il y a équilibre dans le cas d'une poulie dont le fil est tiré par des forces égales dans les deux sens. Il existe en effet un plan

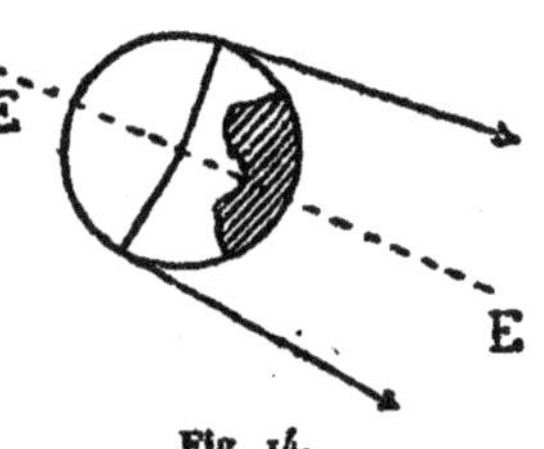

Fig. 14.

de symétrie dans l'appareil entier, le plan EE, normal au plan des deux fils et bissecteur de leur angle. Comme le mouvement de la poulie dans ces conditions ne peut être déterminé d'une façon unique par aucune règle, ce mouvement ne peut se produire. Or la matière de la poulie n'a d'autre effet que de déterminer le mode de mobilité des points d'application des fils ; il est visible que sans rompre l'équilibre on peut en enlever une portion quelconque, la seule partie essentielle étant formée des deux rayons fixes aboutissant aux points de contact. Les rayons fixes normaux à la direction des forces jouent donc ici le rôle des bras de levier d'Archimède.

Considérons à présent un treuil de rayon 1 et 2 ; soient 2 et 1 les charges respectives. Ce cas (fig. 15) correspond parfaitement au cas général du levier d'Archimède. L'équilibre n'est en rien modifié si l'on fait passer sur la poulie un deuxième fil tendu par des forces 2 de chaque côté. Or il est clair que, sans tenir plus longtemps compte des deux autres fils, on peut concevoir les deux fils de la figure 16

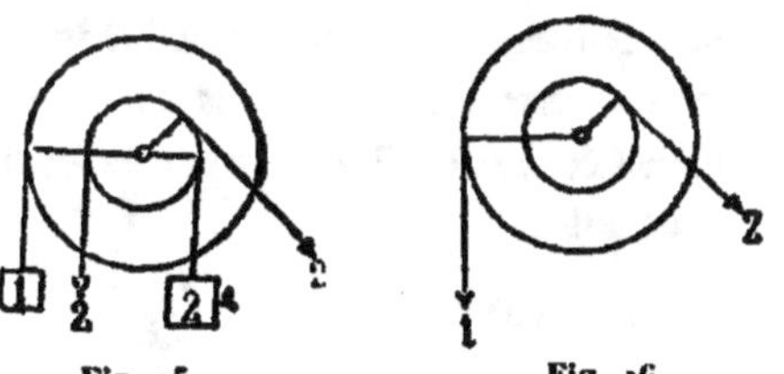

Fig. 15.   Fig. 16.

comme se faisant équilibre. Si maintenant on fait abstraction de toutes les circonstances accessoires, de tous les points qui, n'étant pas essentiels, peuvent-être négligés, on en arrive immédiatement à la notion que les circonstances déterminantes du mouvement sont, non seulement les forces, mais encore les perpendiculaires abaissées de l'axe sur leurs lignes d'action. Dès lors la déterminante est le produit de la force par la perpendiculaire abaissée de l'axe sur sa ligne d'action, en d'autres termes le moment statique.

9. — Nous avons considéré jusqu'ici le développement de la connaissance du principe du levier. D'une manière entièrement indépendante de celle-ci se développa la connaissance du principe du plan incliné. Mais il n'est pas nécessaire pour la compréhension de cette dernière machine de faire appel à un nouveau principe, autre que celui du levier. Galilée expose, par exemple, la théorie du plan incliné comme une conséquence de celle du levier. Etant donné sur un plan incliné un poids Q tenu en équilibre par un poids P (fig. 17), Galilée montre qu'il n'importe pas que le poids Q repose effectivement sur le plan incliné, mais que le point essentiel est le mode de mobilité

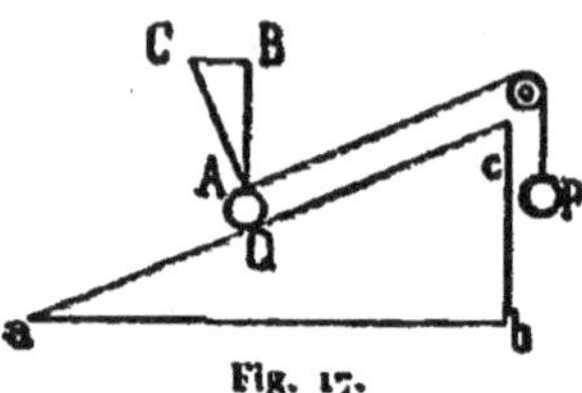

Fig. 17.

de Q. On peut donc supposer que ce poids Q est fixé à la tige AC normale au plan et mobile autour du point C. Pour une rotation infiniment petite de la tige le poids Q se meut sur un axe de cercle élémentaire situé dans le plan incliné. Le fait que le chemin se courbe si le mouvement se poursuit n'a aucune influence car dans le cas de l'équilibre, ces déplacements ultérieurs ne se produisent effectivement pas, et la mobilité instantanée est la seule circonstance déterminante. Si nous nous rappelons maintenant la remarque de Léonard de Vinci citée plus haut, nous obtiendrons sans peine l'équation

$$Q \cdot CB = P \cdot CA \quad \text{d'où} \quad \frac{Q}{P} = \frac{CA}{CB} = \frac{CA}{CB}.$$

On obtient ainsi la loi de l'équilibre sur le plan incliné. On peut donc dire en général que l'on peut facilement déduire du principe du levier la théorie des autres machines simples.

II. — LE PRINCIPE DU PLAN INCLINÉ

1. — L'étude des propriétés mécaniques du plan incliné fut faite pour la première fois par Stévin (1548-1620) et cela d'une façon tout à fait originale. Lorsqu'un poids repose sur une table horizontale le principe de symétrie, dont nous avons déjà fait usage, montre immédiatement qu'il y a équilibre.

Le long d'un mur vertical au contraire la chute du poids n'est *aucunement* contrariée. Le plan incliné apparaît comme un cas intermédiaire entre ces deux cas extrêmes. L'équilibre ne sub-

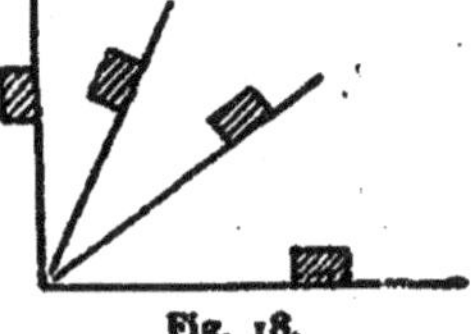

Fig. 18.

sistera pas comme sur le support horizontal, mais la chute est en quelque sorte amoindrie, comme si, dans le cas du mur vertical, le poids qui tombe avait à vaincre l'effort d'un contrepoids plus petit que lui. Les anciens chercheurs eurent de fort grandes difficultés à discerner la loi statique qui explique ce phénomène.

Le procédé de Stévin est en somme le suivant : il suppose un prisme triangulaire à arêtes latérales horizontales, dont la figure 19 représente la section ABC. Pour fixer les idées, prenons AC horizontal et AB = 2BC. Stévin fait passer sur ce prisme un fil sans fin,

Fig. 19.　　　　　　　　　　　Fig. 20.

portant 14 boules équidistantes et de même poids, que nous remplacerons avantageusement par une chaîne homogène fermée. Cette chaîne est ou n'est pas en équilibre. Supposons qu'elle ne le soit pas : la chaîne en se mouvant ne change rien à sa situation et par conséquent le mouvement une fois commencé devra continuer indéfiniment; l'on aura un mobile en mouvement perpétuel, ce que Stévin considère comme une absurdité. Le premier cas est donc seul possible : la chaîne est en équilibre. Dès lors, sans rompre l'équilibre, on peut supprimer la partie symétrique ADC de la chaîne, la partie restante est

partagée en deux tronçons AB et BC qui se font mutuellement équilibre. Il résulte de là que sur des plans inclinés de même hauteur, des
poids égaux agissent en raison inverse des longueurs des plans.

Dans la section droite du prisme de la figure 20, AC est horizontale, BC verticale et l'o. a AB = 2BC. Soient Q et P les poids des
parties de chaîne AB et BC ; ils sont proportionnels aux longueurs
sur lesquelles ils reposent, on a donc :

$$\frac{Q}{P} = \frac{AB}{BC} = 2.$$

La généralisation est évidente.

2. — Cette hypothèse que Stévin prend pour point de départ, et
d'après laquelle la chaîne fermée ne se meut point, ne renferme évidemment qu'une connaissance *purement instinctive*. Stévin eut le
sentiment immédiat — et nous le partageons avec lui, — de n'avoir
jamais observé ni vu rien qui ressemblât à un mouvement de cette
espèce, que rien de pareil n'existait dans la nature.

Cette conviction possède une *puissance logique* si grande que nous
admettons sans objections la loi de l'équilibre sur le plan incliné qui
en est une conséquence, alors que cette loi resterait douteuse si elle
était présentée comme un résultat de l'expérience directe ou bien
exposée d'une autre manière. Il n'y a à cela rien d'étonnant : tout
résultat expérimental est obscurci, troublé par des circonstances
étrangères (frottement, etc.) et toute conjecture que l'on en tire quant
aux circonstances déterminantes peut ainsi se trouver erronée. Le
fait que Stévin accorde plus de valeur à une connaissance instinctive
de ce genre qu'à son observation simple, claire et directe peut nous
surprendre, si nous-mêmes nous n'éprouvons pas ce sentiment. Dès
lors la question se pose de savoir d'où vient cette valeur plus
grande. Pour y répondre, rappelons-nous que le besoin de preuve
scientifique et la critique scientifique toute entière sont une conséquence de ce que l'on a reconnu la faillibilité du chercheur. Or
nous sentons à l'évidence que la connaissance instinctive s'est établie
sans que nous y ayons *en rien* contribué *personnellement*, qu'elle

est indépendante de toute participation volontaire de *notre* part. C'est ainsi que nous n'avons aucune méfiance de notre propre conception subjective des faits observés.

La déduction de Stévin est un des plus précieux documents que nous possédions sur l'histoire primitive de la mécanique. Elle éclaire d'un jour vif le processus de formation de la science et son dégagement de la connaissance instinctive. Rappelons-nous aussi qu'Archimède possédait identiquement la même tendance que Stévin mais qu'il la suivit avec beaucoup moins de bonheur.

Dans la suite, les connaissances instinctives furent encore souvent le point de départ des recherches. Tout expérimentateur peut journellement observer sur lui-même comment il est guidé par elles, et, lorsqu'il parvient à formuler d'une façon abstraite ce qu'elles renferment, il a en général réalisé un grand progrès scientifique.

Le procédé de Stévin ne renferme aucune erreur et, s'il en renfermait une, nous la partagerions tous. Bien plus, la caractéristique évidente des grands chercheurs est précisément cette union d'un instinct très fort et d'une très grande puissance d'abstraction. Cette manière de voir ne conduit nullement à faire de l'instinct dans la science une mystique nouvelle, non plus qu'à tenir celui-ci pour infaillible, alors que des expériences faciles peuvent le montrer en défaut. Toute connaissance instinctive, fût-elle d'une force logique aussi grande que le principe de symétrie employé par Archimède, peut nous induire en erreur. Maint lecteur se souviendra peut-être de l'émotion intellectuelle qu'il ressentit lorsqu'on lui dit pour la première fois que l'aiguille aimantée placée dans le méridien magnétique était déviée dans un sens déterminé *hors* de celui-ci par un courant électrique parallèle situé au-dessus d'elle. La connaissance instinctive est aussi sujette à l'erreur que la connaissance consciemment acquise. Elle n'a somme toute de valeur que dans les domaines qui nous sont très familiers.

Il nous reste maintenant à chercher l'origine des connaissances instinctives et à faire l'analyse de leur contenu. Ce que nous observons dans la nature s'imprime *incompris* et *inanalysé* dans nos représentations, et celles-ci imitent ensuite les phénomènes dans leurs traits les plus frappants et les plus généraux. Ces expériences accumulées constituent pour nous un trésor que nous avons toujours sous la main et dont une très minime partie seulement est contenue dans la série de nos idées claires ; le fait que nous pouvons en faire usage plus facilement que de la nature elle-même et qu'elles sont, dans un certain sens, libres de subjectivité, leur donne une très grande valeur. Une des caractéristiques de la connaissance instinctive est d'être surtout négative. Ce n'est pas prédire ce qui arrivera que nous pouvons faire, mais seulement dire les choses qui ne peuvent pas arriver, car celles-ci seules contrastent violemment avec la masse obscure des expériences dans laquelle on ne discerne pas le fait isolé.

Tout en attribuant aux connaissances instinctives une grande valeur heuristique, le point de vue où nous nous sommes placés ne nous permet pas de nous borner à la constatation de leur autorité. Il faut au contraire que nous recherchions les conditions qui ont permis leur développement. Nous trouvons alors d'ordinaire que ce *même* principe, pour la position duquel nous avons recours à la connaissance instinctive, constitue en retour *la condition fondamentale* de la naissance de celle-ci. Il ne pourrait en être autrement. La connaissance instinctive nous conduit au principe qui explique cette connaissance elle-même et qui, par contre, est étayé par l'existence de cette connaissance qui, en elle-même, est déjà un fait. Un examen attentif montre qu'il en est ainsi dans le cas de Stévin.

3. — Les déductions de Stévin nous paraissent d'une si grande richesse intellectuelle parce que le résultat auquel il parvient semble contenir davantage que l'hypothèse qui lui sert de point de départ. D'une part, ce résultat s'impose sous peine de contradiction, mais d'autre part il laisse subsister en nous comme le besoin d'un examen plus approfondi. Si Stévin avait expliqué le phénomène sous tous ses aspects, comme Galilée le fit plus tard, sa théorie nous semblerait moins ingénieuse, mais l'idée que nous nous ferions du phénomène serait beaucoup plus claire et plus satisfaisante. En réalité tout est déjà contenu dans le fait de la chaîne fermée ne glissant point sur le prisme. On peut affirmer que la chaîne ne glisse pas parce que son mouvement ne provoquerait aucune chute de corps pesants ; mais remarquons toutefois que si la chaîne se meut, certains chaînons descendent pendant que d'autres montent. Il faut donc dire avec plus de précision que la chaîne ne glisse point parce que, dans ce mouvement, une descente quelconque d'un corps pesant entraîne une montée égale d'un corps de même poids ou une montée moitié moindre d'un corps de poids double. Cette proportion était connue de Stévin qui l'a énoncée et qui s'en est servi dans sa théorie de la poulie. Il est manifeste qu'il n'osa pas affirmer directement et sans appui antérieur la validité de cette loi dans le cas du plan incliné ; or si cette loi n'était pas générale, la connaissance instinctive dont nous faisons usage à propos de la chaîne sans fin n'eut jamais pu s'établir. L'explication que nous cherchions se trouve ainsi complète. Le fait que Stévin dans ses déductions ne soit pas allé si loin et se soit contenté de mettre d'accord ses conceptions (indirectement trouvées) avec sa pensée instinctive, ne doit plus nous étonner maintenant.

On peut encore envisager autrement la théorie de Stévin. Du moment où la conviction instinctive que la chaîne fermée pesante ne tourne pas est fermement établie, les cas spéciaux, faciles à saisir quantitativement que Stévin considère, se présentent comme autant d'expériences particulières. Dès lors, il n'importe pas que l'expérience soit effectivement réalisée ou non, puisque le résultat n'en est pas douteux. Stévin expérimente même par la pensée et ses résultats auraient pu être déduits d'expériences correspondantes physiquement réalisées dans lesquelles le frottement aurait été réduit autant que possible. La théorie du levier, donnée par Archimède, pouvait de même être exposée d'après la méthode de Galilée. La réalisation physique des expériences mentalement effectuées eut permis de conclure en toute rigueur à la loi d'après laquelle le moment dépend linéairement de la distance à l'axe. La mécanique nous offrira encore chez les plus grands chercheurs de nombreux exemples à ces adaptations « à titre d'essai » de conceptions quantitatives particulières à une impression instinctive générale. Ce même procédé se retrouve en général dans toutes les sciences (¹). C'est à lui que l'on doit les progrès scientifiques les plus importants et les plus remarquables. Cette méthode suivie par tous les grands chercheurs, qui consiste à accorder les représentations particulières avec l'image générale que l'on se fait d'une catégorie de phénomènes et à considérer toujours l'ensemble à propos de chaque fait particulier, procède d'un esprit véritablement philosophique. Dans toute science, la méthode philosophique sera toujours de mettre les résultats obtenus d'accord avec les notions générales les plus fondées et les plus solides. Ce n'est qu'en la suivant que l'on pourra empêcher les empiètements excessifs de la philosophie ou ruiner les prétentions de certaines monstrueuses théories spéciales.

Il est intéressant de faire l'examen des concordances et des différences entre la marche de la pensée chez Stévin et chez Archimède. Tous deux prennent pour point de départ la connaissance instinctive. Stévin a déjà acquis la conception *très générale* qu'une chaîne fermée, pesante, facilement mobile et *d'une forme quelconque* reste au repos. Il peut en déduire fort aisément l'explication de cas *particuliers* quantitativement simples et faciles à embrasser d'un coup d'œil. Archimède part du cas le *plus particulier* imaginable, d'où il est impossible de déduire rigoureusement l'allure du phénomène dans des circonstances *plus générales*. Il semble cependant qu'il réussisse dans cette déduction, mais cela ne provient que de ce qu'il possède antérieurement la connaissance du cas plus général. Certes, Stévin connaissait auparavant aussi le résultat qu'il cherche, du moins à peu près, mais sa méthode lui eût permis de le trouver directement. Une relation statique retrouvée ainsi par une méthode de ce genre possède une plus grande valeur que le résultat d'une expérience de mesure, toujours entaché d'erreur. Mais cette erreur croit avec les circonstances perturbatrices, telles que le frottement, et s'évanouit avec elles. Le rapport statique précis ne peut être obtenu qu'en se plaçant dans des circonstances *idéales* et *en faisant abstraction* des causes perturbatrices. Le procédé de Stévin et d'Archimède apparaît ainsi comme une *hypothèse* dont l'abandon mettrait immédiatement

(¹) Cf. à ce propos mon ouvrage « *Principien der Wärmelehre* ».

en contradiction logique les faits isolés fournis par l'expérience. C'est maintenant pour la première fois que nous pouvons maîtriser logiquement et scientifiquement les faits et les reconstituer par des concepts précis, dont l'agencement est pour ainsi dire spontané. Le levier et le plan incliné sont en mécanique des objets idéaux, de même que les triangles sont des objets idéaux de la géométrie. Ces objets idéaux

Fig. 21.

sont les seuls qui puissent parfaitement remplir les exigences que nous leur avons *imposées*. Le levier physique ne satisfait à ces exigences que dans la mesure où il se rapproche du levier idéal. L'observateur de la nature s'efforce d'*adapter* son *idéal* à la réalité.

Stévin rendit ainsi à ses lecteurs et à lui-même le service de juxtaposer des connaissances différentes, les unes clairement connues, les autres instinctives, de les relier les unes aux autres et de les mettre d'accord de manière qu'elles se prêtent un appui mutuel. Un petit fait montre combien cette méthode affermit les conceptions de Stévin lui-même : en tête de son ouvrage *Hypomnemata mathematica* (Leyde 1605), il plaça la figure du prisme qui supporte la chaînette fermée avec la devise « *Wonder en is ghaen Wonder* (¹) ». Rien de plus exact que cette réflexion ; chaque éclair de progrès scientifique provoque une sorte de désenchantement : nous reconnaissons qu'une chose qui nous avait paru merveilleuse ne l'est point davantage que d'autres dont nous avons la connaissance instinctive et que nous tenons pour évidentes par elles-mêmes. Nous apprenons que le contraire serait infiniment plus merveilleux et que le *même* fait s'exprime en toutes choses. Le problème qui s'était posé perd tout caractère d'inconnu ; il s'évanouit et n'est plus qu'un souvenir historique.

4. — Après que Stévin eût découvert le principe du plan incliné, il lui fut facile de s'en servir pour l'explication des autres machines simples. Voici par exemple une des applications qu'il en fit : sur un plan incliné repose un poids Q retenu par un fil qui passe sur une poulie A et est tendu par un contrepoids P. Ainsi que plus tard Galilée, Stévin remarqua qu'il n'est pas essentiel que le poids Q repose

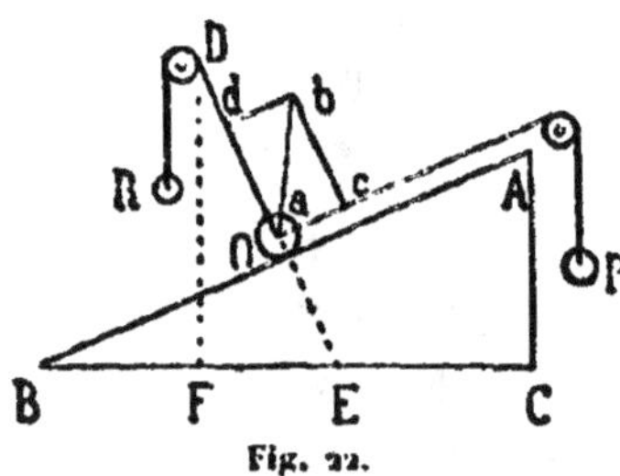

Fig. 22.

sur le plan incliné. Le rapport de la force à la charge reste constant pourvu seulement que le mode de mobilité soit conservé. Nous pouvons donc supposer que le poids Q est retenu par un fil normal au plan incliné, qui passe sur une poulie D et qui soutient enfin le poids R, ce qui revient à former un véritable polygone funiculaire. Dès lors on détermine aisément la fraction de poids qui tend à provoquer la descente du corps. En effet en prenant un segment vertical *ab* en sens contraire du poids Q, et en abaissant les perpendiculaires *db* et *bc*, on aura : $\dfrac{P}{Q} = \dfrac{AC}{AB} = \dfrac{ac}{ab}$; *ac* représente ainsi la

(¹) La merveille n'est pas merveille.

tension du fil *a*A. On peut intervertir par la pensée les rôles des deux fils et supposer que le poids Q repose sur le plan incliné DEF dessiné en pointillé. On trouvera de même que *ad* représente la tension R du deuxième fil. Par cette voie indirecte, Stévin arriva à la connaissance des rapports statiques dans le polygone funiculaire et au principe du parallélogramme des forces, mais seulement dans le cas spécial où les fils (ou forces) *ac* et *ad* sont perpendiculaires.

Sans doute, Stévin se sert ultérieurement de la forme générale du principe de la composition et décomposition des forces, mais la voie

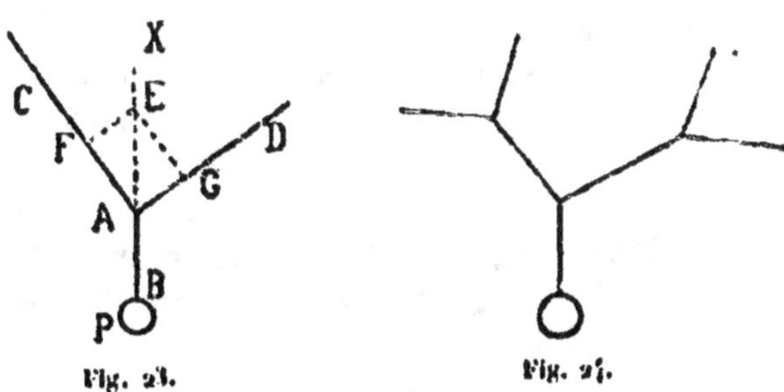

Fig. 23.   Fig. 24.

par laquelle il y parvient n'est pas tout à fait claire et l'on peut même dire assez obscure. Il considère par exemple le cas de trois fils AB, AC, AD, tendus sous des angles quelconques et dont le premier supporte un poids P. On peut alors déterminer les tensions en prenant sur le prolongement AX de AB un segment AE et en menant par E les droites EF et EG respectivement parallèles à AD et AC. Les tensions des fils AB, AC, AD sont entre elles comme les segments AE, AF, AG.

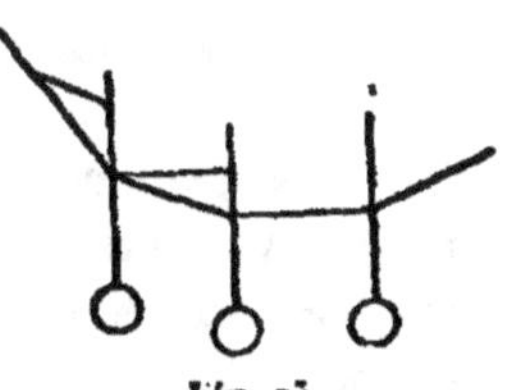

Fig. 25.

A l'aide de cette construction, il put résoudre des problèmes déjà fort compliqués, par exemple la détermination des tensions dans un système ramifié de fils, analogue à celui de la figure 24. Cette détermination résulte immédiatement de la tension donnée du fil vertical.

La même construction donnera encore, comme le montre la figure 25, le rapport des tensions des fils d'un polygone funiculaire.

On peut expliquer les autres machines simples par le principe du plan incliné, aussi bien que par celui du levier.

III. — LE PRINCIPE DE LA COMPOSITION DES FORCES

1. — Le théorème du parallélogramme des forces, auquel Stévin arriva, et dont il fit usage sans du reste l'énoncer formellement est comme on le sait, le suivant :

Deux forces, appliquées à un corps A, dirigées suivant les droites

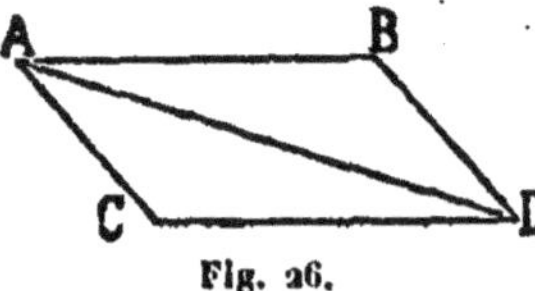

Fig. 26.

AB et AC et d'intensités proportionnelles aux segments AB et AC, peuvent être remplacées par une force unique dirigée suivant la diagonale du parallélogramme ABCD et d'intensité proportionnelle à la longueur de celle-ci.

Supposons par exemple que des poids proportionnels aux longueurs AB et AC tirent sur des fils disposés suivant ces mêmes droites ; on pourra les remplacer par un poids unique proportionnel à AD et agissant suivant AD. Les forces AB et AC sont dites composantes ; AD est leur résultante. Il va de soi qu'inversement une force peut être remplacée par deux ou plusieurs autres.

2. — En prenant pour point de départ les recherches de Stévin nous chercherons à nous rendre compte de la manière dont on aurait pu arriver au théorème général du parallélogramme des forces. Nous supposerons connu (indirectement) le rapport, donné par Stévin, de deux forces perpendiculaires auxquelles une troisième fait équilibre. Considérons trois tractions en équilibre, agissant suivant trois fils *ox*, *oy* et *oz* et proposons-nous de les déterminer. Chacune d'elles fait équilibre aux deux autres. D'après le principe de Stévin nous remplaçons la traction *oy* par deux tractions rectangulaires, l'une suivant *ou* (prolongement de *ox*), l'autre suivant la perpendiculaire *ov* à la première. Décomposons de même la traction *oz* suivant *ou* et *ow*. La somme des tractions suivant *ou* doit faire équilibre à la traction *ox*, tandis que les tractions suivant *ov* et *ow* doivent se détruire. Ces dernières doivent donc être égales et opposées : représentons-les par les segments *om* et *on* ce qui détermine en même temps les composantes *op* et *oq* suivant *ou* et les tractions *or* et *os*. La somme *op* + *oq* est égale et directement opposée à la traction *ox*. Menons *st* parallèle à *oy* ou *rt* parallèle à *oz* ; ces deux parallèles déter-

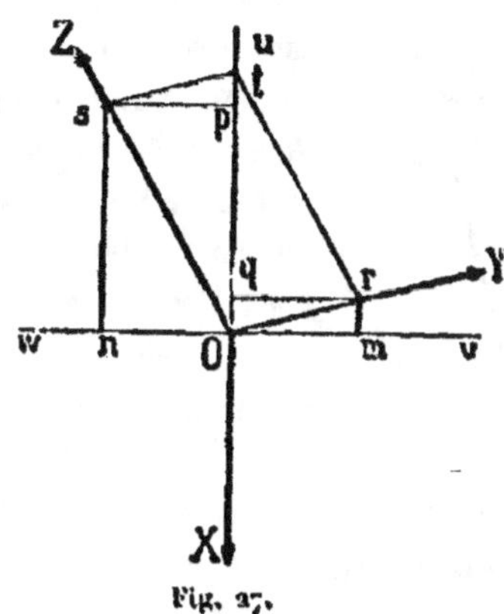

Fig. 27.

minent un segment *ot* = *op* + *oq*, ce qui donne le théorème général du parallélogramme des forces.

On peut d'une autre manière encore déduire le cas général de la composition des forces du cas de deux composantes rectangulaires. Soient OA et OB les deux forces appliquées en O. Remplaçons OB par une force OC parallèle à OA et une force OD perpendiculaire. Les deux forces OA et OB sont alors remplacées par OE = OA + OC et OD ; leur résultante OF est en même temps la diagonale du parallélogramme construit sur OAFB.

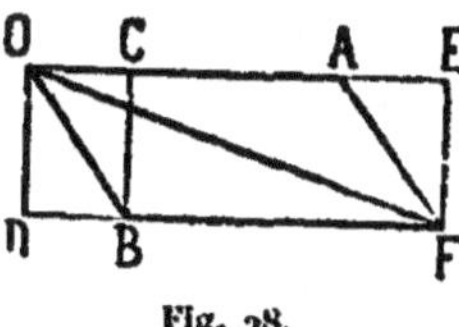

Fig. 28.

3. — Le théorème du parallélogramme des forces a le caractère d'une chose indirectement découverte lorsque l'on y arrive par la méthode de Stévin. Il se présente comme la conséquence et la conclusion de faits connus. On voit seulement qu'*il existe*, mais pas encore *pourquoi* il existe, c'est-à-dire que l'on ne peut pas (comme en dynamique) le rapporter à des théorèmes encore plus simples. En statique, c'est Varignon, le premier, qui donna à ce théorème sa véritable acception, après que la dynamique, qui y conduit directement, eût fait des progrès suffisants pour que l'on pût lui faire des emprunts sans difficulté. Le principe du parallélogramme des forces fut pour la première fois énoncé clairement par Newton dans ses « *Principia Philosophiæ naturalis* ». La même année, et indépendamment de Newton, Varignon l'avait aussi énoncé dans un mémoire présenté à l'Académie des sciences de Paris mais qui ne fut imprimé qu'après la mort de son auteur. Dans ce mémoire il en avait fait de multiples applications en s'appuyant sur le théorème géométrique suivant : lorsque d'un point quelconque *m* du plan d'un parallélogramme, on

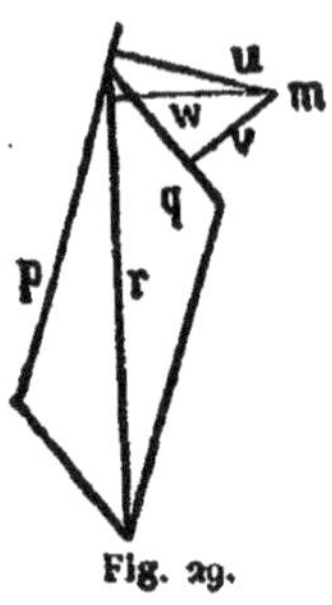

Fig. 29.

abaisse des perpendiculaires *u*, *v* et *w* respectivement sur ses côtés *p*, *q* et sur sa diagonale *r*, on a :

$$pu + qv = rw.$$

La démonstration de ce théorème est fort simple. Joignons *m* aux extrémités de la diagonale et des côtés ; nous formons des triangles

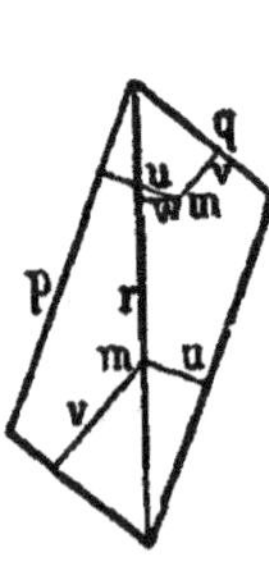

Fig. 30.

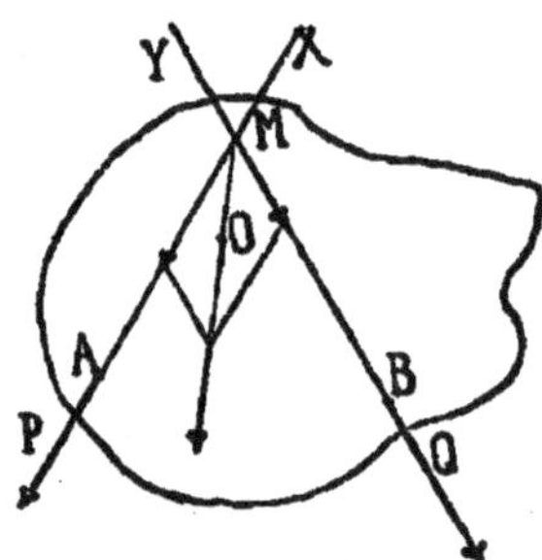

Fig. 31.

dont les surfaces sont les moitiés des produits *pu*, *qv* et *rw*. Lorsque le point *m* est à l'intérieur du parallélogramme, le théorème s'exprime par l'égalité :

$$pu - qv = rw.$$

Enfin si le point m est situé sur la diagonale, la longueur de la perpendiculaire w est nulle, et l'on a :

$$pu - qv = 0,$$
$$pu = qv.$$

La remarque que les forces sont proportionnelles aux mouvements qu'elles produisent en des temps égaux permit à Varignon de déduire sans peine la composition des forces de la composition des mouvements. Des forces agissant sur un point et représentées en grandeur et direction par les côtés d'un parallélogramme peuvent être remplacées par une force unique qui est représentée de la même manière par la diagonale du parallélogramme.

Supposons maintenant que, dans les parallélogrammes des fig. 29 et 30, p et q soient les forces simultanées (composantes) et r la force (résultante) qui peut leur être substituée. Les produits pu, qv, rw sont appelés moments des forces p, q, r par rapport au point m. Lorsque le point m est situé sur la ligne d'action de la résultante, les moments pu et qv des composantes sont égaux.

4. — En possession de ce théorème, Varignon put donner la théorie des machines beaucoup plus simplement que ses prédécesseurs n'avaient pu le faire. Prenons par exemple (fig. 31) un solide mobile autour d'un axe passant par O. Menons par ce point un plan perpendiculaire à l'axe et appliquons en deux points A et B de celui-ci deux forces P et Q qui y sont situées. Nous admettons avec Varignon que l'action des forces ne change pas lorsque l'on déplace leur point d'application dans leur direction, car tous les points du corps sont invariablement liés uns aux autres et se communiquent mutuellement les pressions ou les tractions. Nous pouvons donc appliquer les forces P et Q en des points quelconques des droites AX et BY et par conséquent en leur point de rencontre M. Construisons un parallélogramme sur les deux forces transportées en M et remplaçons-les par leur résultante dont l'action est la seule qu'il soit nécessaire de considérer. Si cette force est appliquée à un point qui puisse se mouvoir, il n'y a pas équilibre ; mais si elle passe par l'axe, ou par le point O, qui est immobile, aucun mouvement no peut se produire et l'équilibre existe. Or, dans ce dernier cas, le point O est un point de la résultante et si nous abaissons de ce point des perpendiculaires u et v sur les directions des forces p et q le théorème que nous avons exposé plus haut donne :

$$pu = qv.$$

Nous obtenons ainsi la loi du levier comme conséquence du théorème du parallélogramme des forces.

De la même manière Varignon explique d'autres cas d'équilibre par l'annulation de l'effet de la résultante dûe à des obstacles quelconques. Ainsi, par exemple, l'équilibre subsiste sur le plan incliné lorsque la résultante est normale au plan. En fait Varignon fait reposer toute la statique sur une base dynamique. La statique est pour lui un cas particulier de la dynamique. Il a toujours à l'esprit le problème général dynamique et il limite volontairement sa recherche au cas de l'équilibre. Nous nous trouvons donc ici en présence d'une statique dynamique dont la constitution n'était possible qu'après les travaux de Galilée.

Ajoutons encore que l'on doit à Varignon la plupart des théorèmes et des considérations dont se compose la statique des traités élémentaires actuels.

5. — Ainsi que nous l'avons vu, des considérations purement statiques peuvent conduire au principe du parallélogramme des forces. Dans quelques cas particuliers la vérification de ce principe est fort simple. On voit par exemple immédiatement que trois forces égales d'intensité quelconque (tractions ou pressions), appliquées en un même point, agissant dans un même plan et faisant entre elles des angles égaux se font équilibre. Supposons des forces égales OA, OB, OC, faisant

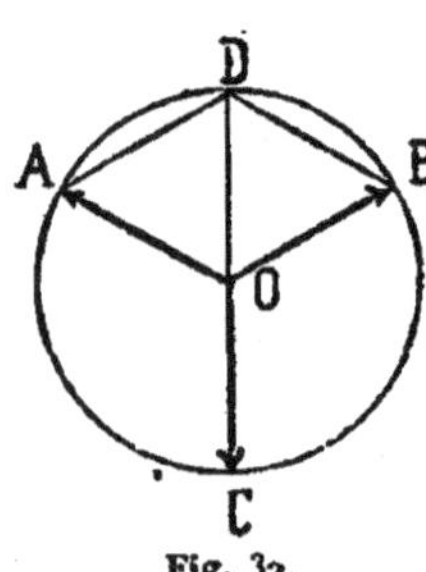

Fig. 32.

entre elles des angles de 120° et appliquées au point O : une quelconque de ces forces fait équilibre aux deux autres. La résultante de OA et de OB est par conséquent égale et directement opposée à OC : elle est donc représentée par OD qui est la diagonale du parallélogramme construit sur OA et OB.

6. — Deux forces, agissant ensemble sur une même ligne d'action ont une résultante égale à leur somme ou à leur différence, suivant que leurs sens coïncident ou sont opposés. Ces deux propositions ne sont que des cas particuliers du parallélogramme des forces.

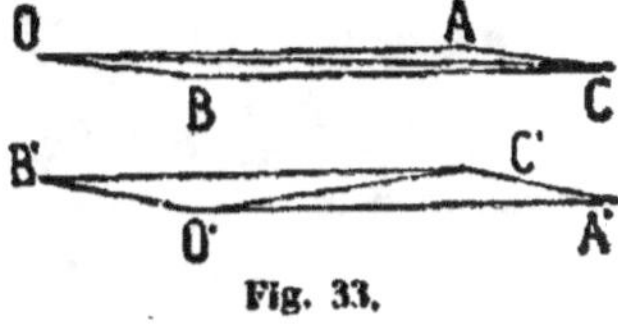

Fig. 33.

En effet (fig. 33) faisons tendre l'angle AOB vers zéro et l'angle A'O'B' vers 180°, on a :

$$\lim. \ OC = O'A' + AC = OA + OB,$$

et

$$\lim. \ O'C' = O'A' - A'C' = O'A' - O'B'$$

Le principe du parallélogramme des forces renferme donc aussi ces deux théorèmes qui sont d'habitude exposés antérieurement comme cas distincts.

7. — Le caractère expérimental du principe du parallélogramme apparaît nettement dans la forme que lui ont donnée Newton et Varignon. La construction de la résultante est alors basée sur ce que deux forces appliquées à un point lui communiquent deux mouvements différents dont les accélérations leurs sont proportionnelles.

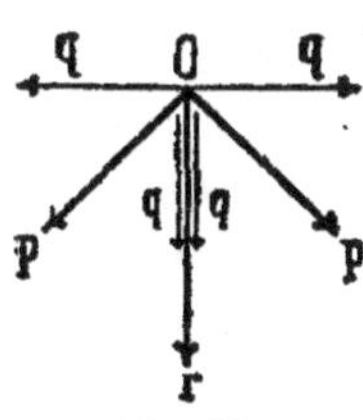

Fig. 34.

Daniel Bernoulli pensait que le principe du parallélogramme était une vérité *géométrique* (indépendante de toute expérience physique). aussi chercha-t-il à le démontrer par la géométrie. Nous étudierons cette démonstration dans ses lignes principales car la manière de voir de Bernoulli n'a pas encore entièrement disparu.

Bernoulli considère d'abord deux forces égales et perpendiculaires entre elles appliquées en un même point. D'après le principe de symétrie leur résultante est dirigée suivant la bissectrice de l'angle qu'elles forment, il ne reste donc à déterminer que sa grandeur géométrique. Pour cela, décomposons chacune des forces égales p en deux forces q, l'une parallèle, l'autre perpendiculaire à r. Le rapport des intensités de p et q est alors égal à celui des intensités de r et p, on a donc :

$$p = \mu q, \qquad r = \mu p,$$

et par conséquent

$$r = \mu^2 q.$$

Mais les deux forces perpendiculaires à r se détruisent ; les deux forces parallèles a r composent donc seules la résultante, et il vient :

$$r = 2q,$$

d'où

$$\mu = \sqrt{2}, \qquad r = p\sqrt{2}.$$

L'intensité de la résultante est représentée par la diagonale du carré construit sur p comme côté.

Par un procédé analogue on détermine l'intensité de la résultante do deux forces perpendiculaires inégales, mais ici rien n'en détermine plus *a priori* la direction. On décompose les composantes p et q suivant u, s | et v, t, respectivement parallèles et normales à la direction inconnue de la résultante r. Les nouvelles forces u et s, t et v forment avec les composantes p et q les mêmes angles que p et q forment avec r, d'où les rapports des intensités :

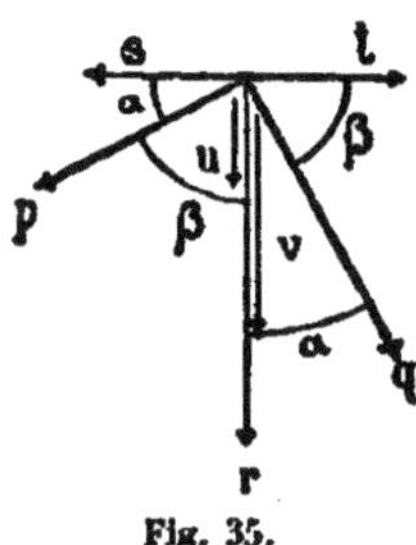

Fig. 35.

$$\frac{r}{p} = \frac{p}{u}, \qquad \text{et} \qquad \frac{r}{q} = \frac{q}{v},$$

$$\frac{r}{q} = \frac{p}{s}, \qquad \frac{r}{p} = \frac{q}{t},$$

et ces deux dernières proportions donnent :

$$s = t = \frac{pq}{r}.$$

Mais d'autre part, on a :

$$r = u + v = \frac{p^2}{r} + \frac{q^2}{r},$$

$$r^2 = p^2 + q^2.$$

La diagonale du rectangle construit sur p et q donne donc l'intensité de la résultante.

Nous avons donc jusqu'à présent déterminé : pour un losange la *direction*, pour un rectangle l'*intensité* et pour un carré la direction et l'intensité de la résultante. Bernoulli résout alors le problème de remplacer deux forces égales agissant sous un certain angle par deux autres forces égales agissant sous un autre angle. Il arrive enfin au théorème général par des considérations assez embarrassées qui, au point de vue mathématique, ne sont pas au-dessus de toute objection et que Poisson a améliorées plus tard.

8. — Considérons à présent le côté physique de la question. Bernoulli connaissait au préalable, et comme fait d'expérience, le théorème qu'il se propose d'établir. Son procédé consiste à se supposer dans l'ignorance du but à atteindre et à chercher à le déduire logiquement du plus petit nombre d'hypothèses possible. Cela est loin d'être inutile ou dépourvu de sens; au contraire, on constate par ce procédé combien sont minimes et imperceptibles les expériences qui donnent déjà le théorème. L'important est toutefois de ne pas s'induire soi-même en erreur, ainsi que Bernoulli le fit, de conserver toutes les hypothèses présentes à l'esprit et de ne laisser échapper aucune des expériences dont on pourrait avoir fait inconsciemment usage. Examinons maintenant quelles sont les hypothèses tacitement admises dans la démonstration de Bernoulli.

9. — La statique ne connaît la force tout d'abord que comme une pression ou une traction qui, toujours et en toute circonstance, peut être remplacée par la pression ou la traction produite par un poids. Toutes les forces peuvent être considérées comme des grandeurs *de même espèce* mesurables par des poids. L'expérience apprend en outre que l'action déterminante d'équilibre ou de mouvement d'une force ne dépend pas seulement de sa *grandeur* mais aussi de sa *direction*, et que cette direction est donnée par celle du mouvement initial, ou par celle d'un fil tendu, ou par une circonstance analogue. A d'autres données de l'expérience physique, telles que la température et le potentiel, on peut assigner une grandeur mais non pas une direction. Savoir que les circonstances déterminantes d'une force appliquée en un point sont sa grandeur *et* sa direction est une expérience imperceptible, mais déjà fort importante.

De ce que l'intensité et la direction d'une force appliquée en un point sont ses *seules* déterminantes il résulte que deux forces égales et directement opposées se font équilibre, car elles ne peuvent fournir une détermination *unique* de mouvement. Pour la même raison il est impossible qu'une force détermine *d'une seule façon* un mouvement dans un sens normal à sa direction. Lorsque la force est oblique sur une droite *ss'*, elle pourra provoquer un mouvement suivant celle-ci, mais c'est l'*expérience* seule qui peut apprendre

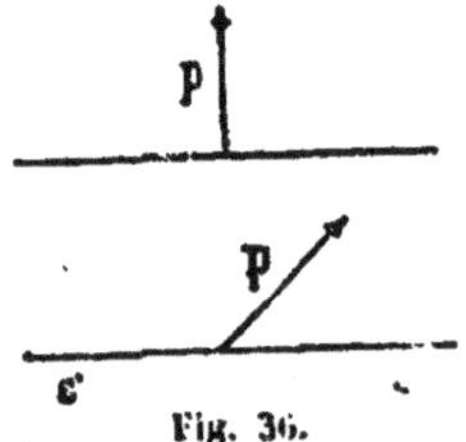

Fig. 36.

que le mouvement est déterminé suivant *s's* et non pas suivant *ss'*, c'est-à-dire suivant le côté de l'angle *aigu*, ou dans le sens de la *projection* de la force sur la droite.

Bernoulli fait usage de cette dernière expérience. Elle est indispensable pour la détermination du sens de la résultante des deux forces égales perpendiculaires entre elles. Le principe de symétrie exige que la résultante soit dans le *plan* des forces et dirigée suivant la *bissectrice* de leur angle, mais non point suivant la bissectrice de l'angle *aigu*. Or, si l'on abandonne cette dernière détermination la démonstration tout entière devient impossible.

10. — Ayant ainsi acquis la conviction que *seule* l'expérience fait connaître l'influence de la direction d'une force, nous serons encore moins portés à croire que l'on peut apprendre le *mode* de cette influence par une *autre* voie. Il est impossible de deviner qu'une force p, inclinée sur une droite s d'un angle α, agit suivant cette droite comme une force $p \cos \alpha$ qui aurait la droite pour ligne d'action. Cette proposition est équivalente au parallélogramme des forces et Bernoulli ne pouvait pas non plus la deviner. Il se sert cependant, mais à la vérité d'une façon fort cachée, d'expériences qui renferment déjà cette proportion mathématique.

Il faut que la composition et la décomposition des forces soit déjà devenue *familière* pour que l'on sache que toujours, sous *tous* les rapports et dans *toutes* les directions, plusieurs forces appliquées en un même point peuvent-être remplacées dans leurs effets par une force *unique*. La démonstration de Bernoulli s'appuie sur cette connaissance; elle suppose en effet que les forces p et q peuvent être parfaitement et dans tous leurs effets remplacées par les forces s, u et t, v, aussi bien dans la direction de r que dans toute autre direction. De même elle considère r comme l'équivalent parfait de p et q et elle admet qu'il revient au même : 1° d'évaluer les forces s, t, u, v, suivant les directions p et q et ensuite p, q suivant la direction r, ou bien 2° d'évaluer directement les forces s, t, u, v, suivant la direction r. Or ces connaissances exigent une expérience déjà très grande de la composition et de la décomposition des forces; le moyen le plus simple de les acquérir est de savoir que l'effet d'une force p suivant une droite inclinée d'un angle α sur sa direction est donné par $p \cos \alpha$, et c'est *véritablement* ainsi que cette connaissance a été acquise.

Considérons dans un plan des forces concourantes P, P′, P″..... faisant des angles α, α', α'',...... avec une direction donnée X.

L'ensemble de ces forces est équivalent à une force R inclinée d'un angle μ sur X; on a, en supposant connu le principe de la projection :

$$\Sigma\, \mathrm{P} \cos \alpha = \mathrm{R} \cos \mu.$$

Dans l'hypothèse que R reste l'équivalent du système de forces, quelle que soit la direction X, on a, en faisant tourner cette dernière d'un angle δ :

$$\Sigma\, P \cos (\alpha + \delta) = \Pi \cos (\mu + \delta),$$

ou

$$(\Sigma\, P \cos \alpha - \Pi \cos \mu) \cos \delta - (\Sigma\, P \sin \alpha - \Pi \sin \mu) \sin \delta = 0,$$

posons :

$$\Sigma\, P \cos \alpha - \Pi \cos \mu = A, \quad (- \Sigma\, P \sin \alpha - \Pi \sin \mu) = B, \quad \operatorname{tg} \tau = \frac{B}{A},$$

Il vient :

$$A \cos \delta + B \sin \delta = \sqrt{A^2 + B^2} \sin (\delta + \tau) = 0,$$

cette égalité devant subsister *quel que soit* δ, il faut que l'on ait :

$$A = \Sigma\, P \cos \alpha - \Pi \cos \mu = 0, \quad - B = \Sigma\, P \sin \alpha - \Pi \sin \mu = 0,$$

d'où résultent pour Π et μ les valeurs bien déterminées :

$$\Pi = \sqrt{(\Sigma\, P \cos \alpha)^2 + (\Sigma\, P \sin \alpha)^2},$$

$$\operatorname{tg} \mu = \frac{\Sigma\, P \sin \alpha}{\Sigma\, P \cos \alpha}.$$

Si donc on admet que l'action d'une force suivant une direction donnée est mesurée par sa *projection* sur celle-ci, on peut en toute rigueur remplacer un système quelconque de forces appliquées en un même point par une force *unique* d'intensité et de direction *déterminées*. Mais la démonstration précédente cesse d'être possible lorsque l'on substitue à cos α une fonction quelconque φ (α) de l'angle. En substituant à cos α une fonction inconnue φ (α) et en admettant *l'unique détermination* de la résultante on peut prouver, comme l'a fait Poisson, que la fonction φ est la fonction *cosinus*.

L'expérience que plusieurs forces concourantes peuvent toujours et sous tous les rapports être remplacées par une force unique est donc, au *point de vue mathématique, équivalente* au principe du parallélogramme des forces ou au principe de la projection. Mais il est bien plus facile d'acquérir par l'observation le principe du parallélogramme ou de la projection qu'il ne le serait d'acquérir, par des observations statiques, l'expérience plus générale dont nous venons de parler. En fait, c'est le principe du parallélogramme qui fut acquis d'abord. Il faudrait une sagacité presque surhumaine pour déduire mathématiquement, sans rien emprunter à une connaissance de la réalité venue d'autre part, le principe du parallélogramme des forces de la possibilité générale de remplacer plusieurs forces concourantes par une force *unique*. On peut donc faire à la démonstration de Bernoulli la critique qu'elle pèche contre l'économie de la science en déduisant le plus facilement observable du plus difficilement observable. Bernoulli se trompe d'ailleurs en pensant que son point de départ est libre de toute expérience.

L'indépendance mutuelle des forces est une vérité expérimentale contenue dans le principe de leur composition. Bernoulli en fait un usage continuel mais tacite. Dans l'hypothèse d'une dépendance mutuelle, tant que l'on ne considère que des systèmes réguliers ou symétriques de forces égales, chacune d'elles ne peut être influencée que de la même manière ; mais déjà par exemple l'étude d'un système de trois forces dont les deux premières sont symétriques par rapport à la troisième présente de grandes difficultés.

11. — Dès que l'on est arrivé directement ou indirectement au principe du parallélogramme des forces, dès qu'il a été *découvert*,

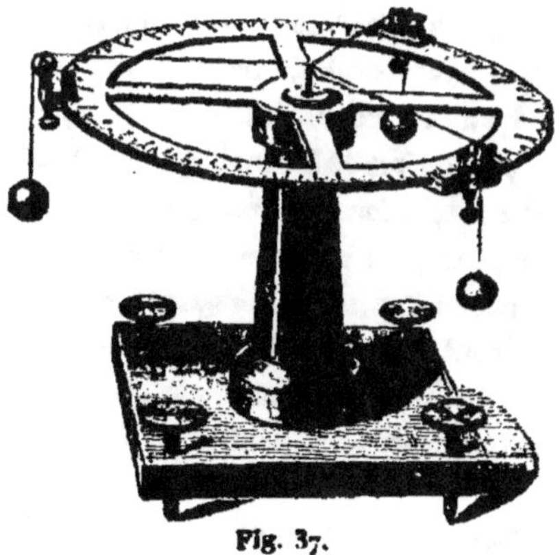

Fig. 37.

il se présente comme une observation aussi bonne que toute autre mais qui, étant nouvelle, n'inspire naturellement pas la même confiance que les observations anciennes maintes et maintes fois vérifiées. On cherche alors à l'étayer par les anciennes et à démontrer leur accord. Elle devient peu à peu leur égale et il ne sera désormais plus nécessaire de la rapporter continuellement aux autres. Cette déduction ne reste utile que lorsque des observations, difficiles à acquérir directement, peuvent être rapportées à d'autres dont l'acquisition est plus simple et plus facile, comme par exemple c'est le cas en dynamique pour l'établissement du principe qui nous occupe

12. — Plusieurs appareils ont été construits pour la vérification expérimentale du théorème du parallélogramme des forces. Nous rappellerons l'appareil de Varignon, qui est vraiment pratique (fig. 37). Il se compose d'un disque circulaire horizontal dont le centre est

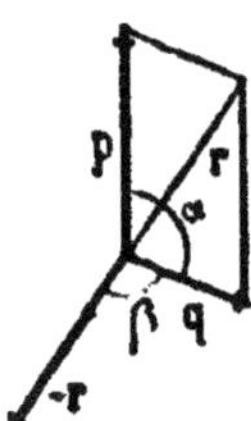

Fig. 38.

marqué par une pointe et sur le bord gradué duquel on peut fixer en des points quelconques trois petites poulies r, r', r''. Trois fils f, f', f'', partant d'un même nœud passent sur ces poulies, et peuvent être tendus par des poids p, p', p''.

On constate par exemple que si les poids tenseurs sont égaux et si les poulies sont fixées aux divisions 0°, 120°, 240°, le nœud commun des fils est au centre du disque. Trois forces égales, inclinées de 120° l'une sur l'autre, sont donc en équilibre. Pour vérifier le principe dans des cas moins particuliers on peut opérer de la manière suivante : On se donne deux forces quelconques p et q, formant un angle quelconque α, on les représente par des segments ; sur ces segments comme côtés on construit un parallélogramme et l'on trace le segment représentatif de la force égale et directement opposée à la résultante. Les trois forces p, q, r, agissant sous les angles donnés par la construction, se feront donc équilibre. On dispose les poulies du cercle gradué aux points de division 0, α et $\alpha + \beta$, on charge les fils des poids p, q, r, et l'on observe que le nœud se place au centre du cercle.

IV. — LE PRINCIPE DES DÉPLACEMENTS VIRTUELS

1. — Nous en arrivons à la discussion du principe des déplacements virtuels (possibles). Ce fut encore Stévin qui, le premier, à la fin du XVIᵉ siècle, dans des recherches sur l'équilibre des poulies et des systèmes de poulies, en remarqua la validité. Stévin commence par étudier les systèmes de poulies d'après la méthode qui est encore aujourd'hui généralement suivie. Dans le cas *a* (fig. 39) l'équilibre subsiste pour des raisons déjà connues, lorsque des charges égales P agissent des deux côtés. Dans le système *b*, le poids P agit sur deux fils parallèles ; chacun de ceux-ci supporte

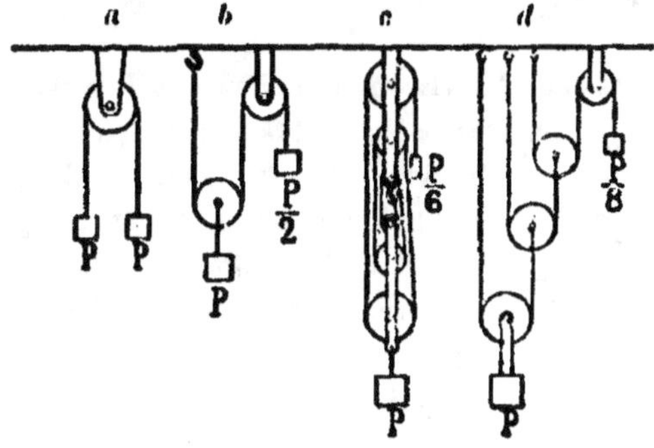

Fig. 39.

par conséquent le poids $\frac{1}{2}$ P ; il faut donc pour l'équilibre qu'un poids $\frac{1}{2}$ P soit suspendu à l'extrémité libre de la corde. Dans le système *c*, le poids P est suspendu à six fils ; il faut, pour l'équilibre, suspendre le poids $\frac{1}{6}$ P à l'extrémité de la corde. Le système *d* est le moufle d'Archimède : P agit sur deux cordes ; chacune d'elles porte $\frac{1}{2}$ P, mais l'une de ces cordes agit de la même manière sur deux autres et ainsi de suite, de sorte que l'équilibre est maintenu par une charge égale à $\frac{1}{8}$ P. Si maintenant l'on donne à chacun de ces appareils un déplacement tel que le poids P descende de h, on voit aisément que, d'après le dispositif des cordes :

dans a, le contrepoids   P monte à la hauteur h,

» b » $\frac{1}{2}$P   »   » $2h$,

» c » $\frac{1}{6}$P   »   » $6h$,

» d » $\frac{1}{8}$P   »   » $8h$,

Ainsi, dans un système de poulies en équilibre, les produits de chacun des poids par les grandeurs de leurs déplacements respectifs sont égaux (*Ut spatium agentis ad spatium patientis, sic potentia patientis ad potentiam agentis*. Stévin « *Hypomnemata* », t. IV, lib. 3, p. 172). Cette remarque contient en germe le principe des déplacements virtuels.

2. — Galilée, dans une autre circonstance, à propos de recherches sur les plans inclinés, constate aussi la validité du principe mais il en trouve déjà une forme un peu plus générale. Sur un plan incliné dont la longueur AB est égale au double de la hauteur BC, repose un poids Q; ce poids est maintenu en équilibre par un autre poids P $= \frac{1}{2}$ Q agissant suivant la hau-

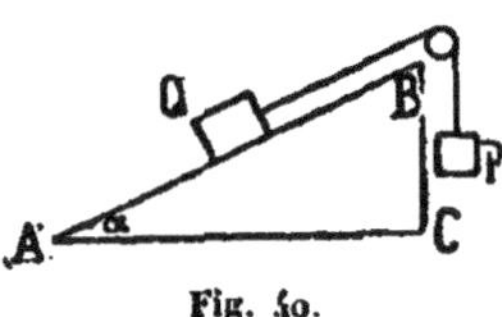

Fig. 40.

teur BC. Si l'on met l'appareil en mouvement, le poids P $= \frac{1}{2}$ Q descend de la hauteur h pendant que Q parcourt le même chemin h sur la longueur du plan. Galilée conclut de cette expérience que l'équilibre n'est pas déterminé seulement par les poids mais aussi par *leurs rapprochements et leurs éloignements possibles du centre de la terre*. Dans le cas présent, lorsque P $= \frac{1}{2}$ Q descend de h le poids Q monte de h le long du plan incliné, mais son ascension verticale n'est que de $\frac{1}{2}$ h, et l'on trouve que les produits $\frac{1}{2}$ Q. h et Q. $\frac{1}{2}$ h sont égaux de part et d'autre. On ne saurait assez faire ressortir combien la remarque de Galilée répand de clarté sur la question. Elle est si naturelle et si spontanée que chacun l'accepte volontiers. Rien ne paraît plus simple que de ne voir aucun mouvement se produire dans un système de corps pesants lorsqu'en définitive aucune masse pesante ne peut tomber. Instinctivement cette proposition nous semble acceptable.

Cette conception du problème du plan incliné paraît beaucoup moins ingénieuse que celle de Stévin mais elle est en réalité plus naturelle et plus profonde. Galilée fait preuve ici d'un grand caractère scientifique en ce qu'il a le *courage intellectuel* de voir plus de choses que ses prédécesseurs dans un phénomène étudié depuis longtemps et d'avoir confiance dans son observation. Ajoutons encore qu'avec la sincérité qui lui est propre il expose au lecteur, en même temps que sa conception nouvelle, la succession des idées qui l'y ont conduit.

3. — L'emploi de la notion de « centre de gravité » permit à Torricelli de mettre le principe de Galilée sous une forme plus voisine encore de notre sentiment instinctif, forme que Galilée d'ailleurs avait parfois aussi utilisée. D'après Torricelli, une machine est en équilibre lorsque le centre de gravité des poids qu'elle soutient ne peut descendre quelque soit le déplacement qu'on leur imprime. Ainsi, par exemple, dans le plan incliné, le poids P en descendant d'une hauteur h fait monter verticalement le poids Q de $h \sin \alpha$, et l'on doit avoir pour que le centre de gravité reste à la même hauteur.

$$\frac{Ph - Qh \sin \alpha}{P + Q} = 0,$$

$$Ph - Qh \sin \alpha = 0,$$

d'où

$$P = Q \sin \alpha = Q \cdot \frac{BC}{AB}.$$

Si le rapport des poids était autre, ce déplacement ou le déplacement contraire abaisserait le centre de gravité et il n'y aurait pas équilibre. Nous nous attendons *instinctivement* à l'équilibre lorsque, dans un système de corps pesants, le centre de gravité ne peut descendre, mais l'énoncé de Torricelli ne contient absolument rien de plus que celui de Galilée.

4. — Il est aussi facile de démontrer la validité du principe des déplacements virtuels pour d'autres machines, telles que le levier, le treuil, etc., que pour les systèmes de poulies et le plan incliné. Prenons par exemple le treuil ; on sait que le treuil est en équilibre, lorsqu'entre les rayons R et r et les poids P et Q existe la relation PR = Qr. Si le treuil tourne de l'angle α, P monte d'environ Rα, Q descend d'environ $r\alpha$. La conception de Stévin et de Galilée donne l'équation d'équilibre P.Rα = Q.$r\alpha$, qui exprime identiquement la même chose que la précédente.

5. — En comparant un système de corps pesants qui se met en mouvement à un système semblable dans lequel l'équilibre subsiste, on est conduit à se demander quel est le point qui différencie ces deux cas, quelle est la cause déterminante du mouvement ou de la rupture d'équilibre, qui se trouve présente dans le premier phénomène et qui n'existe pas dans le second. S'étant posé cette question, Galilée reconnut que les déterminantes du mouvement n'étaient pas seulement les poids mais aussi leurs *hauteurs de chute*, les grandeurs de leurs déplacements évalués suivant la verticale. Appelant P, P', P",... les poids d'un système de corps pesants, et h, h', h'',... les hauteurs verticales correspondantes d'un système de déplacements simultanément possibles, comptées positivement vers le bas, négativement vers le haut, Galilée découvrit que la caractéristique de l'équilibre est que la condition Ph + P'h' + P"h'' + ... = o soit vérifiée. La somme Ph + P'h' + P"h'' + ... est la déterminante de la rupture d'équilibre, la déterminante du mouvement. Plus tard on lui a donné le nom de *travail*, son importance ayant nécessité une dénomination spéciale.

6. — Tandis que, dans la comparaison des cas d'équilibre et de mouvement, les anciens chercheurs avaient dirigé leur attention sur les poids et leurs distances à l'axe de rotation et avaient ainsi reconnu le *moment statique* comme circonstance déterminante, Galilée considèra les poids et leurs *hauteurs de chute* et reconnut que le *travail* est la déterminante du mouvement ou de l'équilibre. Il est évident que l'on ne peut *imposer* au chercheur *celle* des caractéristiques d'équilibre dont il doit tenir compte lorsque plusieurs se présentent à son choix. Seul, le développement scientifique ultérieur peut décider s'il a judicieusement choisi. Mais de même que l'on ne peut, ainsi que nous l'avons vu, exposer la signification du moment statique comme une chose indépendante des données expérimentales et susceptible d'une démonstration logique, de même, à propos du travail, l'on ne peut réussir dans aucune déduction de ce genre. Pascal verse dans une erreur que maints investigateurs modernes partagent avec lui lorsque, appliquant le principe des déplacements virtuels à la théorie des liquides, il dit : « étant clair que c'est la même chose « de faire faire un pouce de chemin à cent livres d'eau que de faire « faire cent pouces de chemin à une livre d'eau...» car cette proposition n'est justifiée que lorsque le travail a été au préalable reconnu comme *déterminante* de mouvement ou d'équilibre, et cela l'expérience seule peut l'apprendre.

Dans un levier à bras égaux également chargé des deux côtés, l'équilibre est le seul phénomène bien déterminé, soit que l'on considère comme déterminants les poids et les distances, soit que l'on considère les poids et les hauteurs de chute. Mais ces connaissances expérimentales, ou d'autres analogues, doivent nécessairement exister antérieurement à tout jugement sur les phénomènes de chute. Il est encore moins possible d'arriver par une déduction logique à la *formule* d'après laquelle la rupture d'équilibre dépend des circonstances données, c'est-à-dire à la signification du moment statique PL ou du travail Ph, que d'établir *à priori* le simple fait de cette dépendance.

7. — Lorsque deux forces égales dont les déplacements sont égaux et de sens contraires agissent l'une sur l'autre, on reconnaît qu'il y a équilibre. On pourrait se proposer de ramener à ce cas simple le cas général de poids P et P′ se déplaçant de longueurs h et h' telles que Ph = P′h'. Considérons par exemple les poids 3P et 4P suspendus à un treuil, dont les rayons sont 4 et 3. Décomposons les poids en parties égales P, que nous appellerons *a, b, c, d, e, f, g*. Portons en même temps *a, b, c,* au niveau + 3 et *d, e, f,* au niveau — 3. Les poids n'opéreront pas ce déplacement d'eux-mêmes mais ils ne s'y opposeront pas non plus. Portons ensuite, et toujours simultanément, au niveau + 4 le poids *a* déjà placé au niveau 3 et au niveau — 1 le poids *g* qui était resté au niveau zéro ; puis

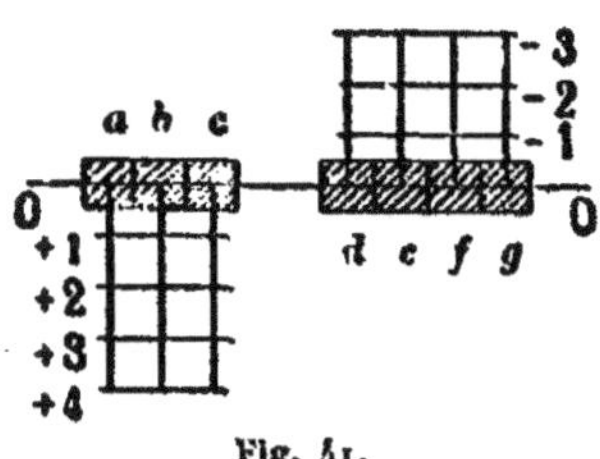
Fig. 41.

portons de même *b* sur + 4 et *g* sur — 2, puis *c* sur + 4 et *g* sur — 3. Dans aucun de ces déplacements les forces n'interviennent ni comme motrices ni comme résistances. En fin de compte, *a, b, c* (= 3P) sont portés au niveau + 4 et *d, e, f, g* (= 4P) au niveau — 3. Les poids ne contribuent ou ne s'opposent en rien à ce transport, ce qui revient à dire que les poids sont en équilibre lorsque leurs déplacements sont en raison inverse de leurs intensités. L'équation $4.3P — 3.4P = 0$ est donc ici la caractéristique de l'équilibre. La généralisation ($Ph — P'h' = 0$) est évidente.

Mais un examen plus attentif montre que cette conclusion n'est plus possible si l'on ne suppose pas *l'équivalence de l'ordre des opérations et des chemins de transport*, c'est-à-dire lorsqu'on ne sait pas d'avance que le *travail* est la déterminante que l'on cherche. On commettrait donc, en acceptant la conclusion, la même erreur que celle qu'Archimède a commise dans sa démonstration des lois du levier. Il serait évidemment superflu de reprendre ici l'analyse détaillée que nous avons faite plus haut. Ajoutons encore une fois que les considérations de ce genre sont utiles, en tant qu'elles rendent sensible la connexité du cas simple et des cas généraux.

8. — La signification *générale* du principe des déplacements virtuels pour tous les cas d'équilibre fut reconnue par Jean Bernoulli qui, en 1717, communiqua par lettre sa découverte à Varignon. Soient les

forces P, P', P"... appliquées en des points A, B, C..., auxquels on donne des déplacements infiniment petits quelconques v, v', v''... compatibles avec les liaisons (c'est-à-dire virtuels) ; soient p, p', p'',... les projections des déplacements sur les directions des forces, affectées du signe $+$ ou du signe $-$ suivant qu'elles ont ou non même sens que celles-ci. Sous sa forme la plus générale le principe des déplacements virtuels énonce que l'on a dans le cas de l'équilibre :

$$Pp + P'p' + P'p' + \ldots = 0,$$

ou, en abrégé :

$$\Sigma Pp = 0.$$

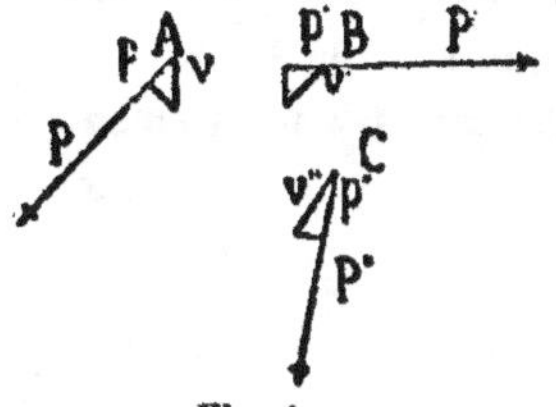

Fig. 42.

Les produits Pp, $P'p'$, $P'p''$, ... sont appelés moments ou travaux virtuels des forces. Ils sont positifs ou négatifs suivant que l'angle de la force et du déplacement est aigu ou obtus.

9. — Avant Newton, on ne concevait la force que comme une traction ou une pression produite par un poids et toutes les recherches mécaniques de cette époque ne s'occupent que des corps pesants. Lorsqu'à l'époque de Newton on commença à généraliser la notion de force, on put immédiatement transporter au cas des forces quelconques tous les théorèmes mécaniques établis pour les graves. On put remplacer une force quelconque par la traction exercée par un poids suspendu à un fil. En ce sens, il fut possible d'appliquer au cas général des forces quelconques le principe des déplacements virtuels, qui n'avait tout d'abord été énoncé que dans le cas de la pesanteur.

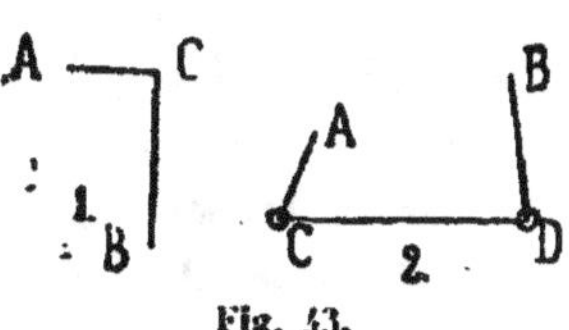

Fig. 43.

On appelle déplacements *virtuels* les déplacements qui sont compatibles avec la nature des liaisons du système et compatibles entre eux. Considérons par exemple (fig. 43), dans un système deux points A et B auxquels sont appliquées des forces et qui sont liés par un levier coudé à angle droit mobile autour de C et tel que CB = 2CA ; les déplacements virtuels de B et de A seront des arcs de cercle élé-

montaires de centre C.; ceux de B seront doubles de ceux de A et ils
seront perpendiculaires entre eux. Si les points A et B sont liés par
un fil de longueur *l*, passé au travers de deux anneaux fixes C
et D, on appellera virtuel tout système de déplacement des points
A et B, qui laisse ces deux points à l'intérieur ou sur la surface de
deux sphères de centre C et D, dont les rayons r_1 et r_2 vérifient la
relation $r_1 + r_2 + CD = l$.

L'emploi des déplacements *infiniment petits*, au lieu des déplacements *finis* considérés par Galilée est justifié
par la remarque suivante. Lorsque deux
poids se font équilibre sur un plan incliné,
cet équilibre ne sera pas troublé si l'on
transforme le plan en une surface quelconque là où il n'est pas en contact immé-

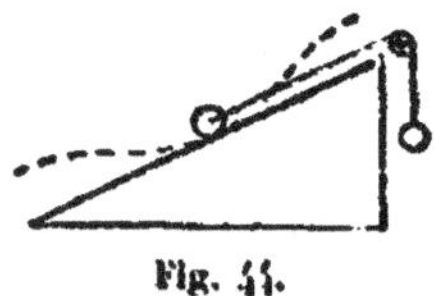

Fig. 44.

diat avec les corps posés sur lui. Il n'y a donc d'essentiel que la
possibilité instantanée de déplacement et la conformation instantanée du système. Pour juger de l'équilibre, il ne faut en général
considérer que les déplacements évanouissants, car sinon la conformation du système se transformerait souvent en une conformation
voisine toute autre, pour laquelle l'équilibre ne subsiste peut être
plus.

Galilée avait déjà reconnu clairement, au cas du plan incliné, que
les déplacements en général ne sont déterminants que pour autant
qu'ils sont dirigés *dans le sens* des forces et que par conséquent il ne
faut considérer que leurs *projections* sur les directions de celles-ci.

A propos de l'énoncé du principe sous sa forme genérale, remarquons que le problème est tout résolu lorsque tous les points du système sur lesquels agissent des forces sont indépendants les uns des
autres. Chacun de ses points ne peut en effet être en équilibre que
s'il n'est pas mobile *dans le sens* de la force. Le moment virtuel de
chacun des points en particulier doit donc être nul. Si quelques-uns
des points sont indépendants et d'autres dans une certaine dépendance
à cause de leurs liaisons, la même remarque s'applique aux premiers points et, pour les seconds, subsiste le théorème fondamental
trouvé par Galilée, d'après lequel la somme des moments virtuels

est nulle. La somme totale des moments virtuels de tous les points du système est donc encore égale à zéro.

10. — Nous nous efforcerons maintenant de fixer clairement la signification du principe des déplacements virtuels par quelques exemples simples, qui ne peuvent être traités d'après le schéma habituel du levier, du plan incliné, etc.

1° La poulie différentielle de Weston (fig. 45) est formée de deux poulies de même axe, invariablement liées, et de rayons peu différents : r_1 et $r_2 < r$. Sur ces poulies, une chaîne passe comme la figure l'indique. Supposons que la force P, tirant dans le sens de la flèche, fasse tourner l'appareil d'un angle φ, le poids suspendu Q sera un peu soulevé. Dans le cas de l'équilibre, les deux moments virtuels sont liés par l'équation :

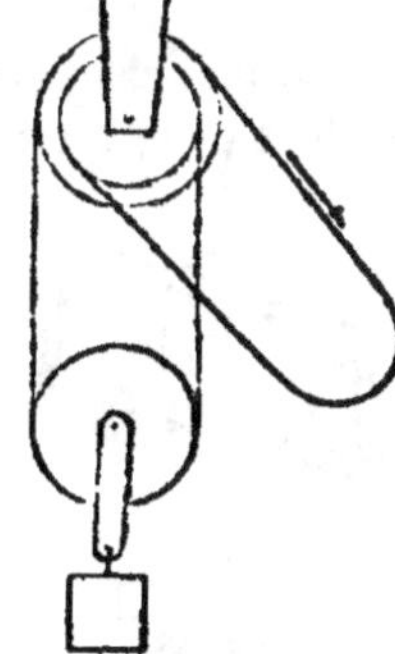

$$Q\,\frac{r_1 - r_2}{2}\,\varphi = P r_1 \varphi, \quad \text{ou} \quad P = Q\,\frac{r_1 - r_2}{2\,r_1}.$$

Fig. 45.

2° Considérons maintenant un treuil de poids Q (fig. 46). Lorsque le poids P descend en déroulant le fil passé autour de la roue, l'arbre du treuil s'enroule sur le fil vertical et le treuil monte. Dans le cas de l'équilibre, les moments virtuels vérifient l'équation :

$$P(R - r)\varphi = Q r \varphi, \quad \text{ou} \quad P = \frac{Q r}{R - r}.$$

Fig. 46.

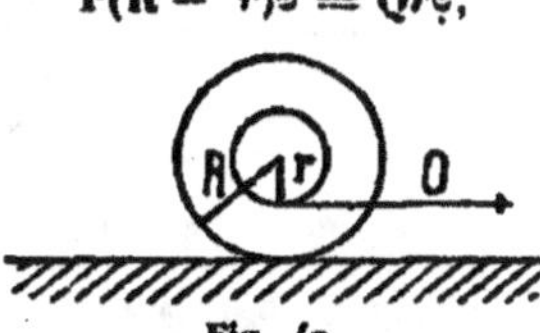

Fig. 47.

Dans le cas particulier de $R - r = 0$, l'équilibre exige $Q r = 0$, ou, pour des valeurs finies de r, $Q = 0$. En fait, le fil se comporte alors comme s'il avait un nœud dans lequel se trouverait le poids Q, qui, s'il est différent de 0, peut toujours descendre, en déplaçant simplement le nœud, sans faire mouvoir le poids P. Pour

$R = r$ et $Q = o$ on a $P = \dfrac{o}{o}$, valeur indéterminée; en effet n'importe quel poids P tient l'appareil en équilibre, car pour $R = r$, aucun poids P ne peut descendre.

3° Une poulie double à deux rayons r et R (fig. 47) repose sur une table horizontale; on tient compte du frottement. Le fil est tiré par la force Q, P est la résistance de frottement. Il y a équilibre, lorsque $P = \dfrac{R - r}{R} Q$. Si $P > \dfrac{R - P}{R}$, traction de Q provoque l'enroulement du fil autour de la poulie.

4° La balance de Roberval est formée par un parallélogramme mobile, dont deux côtés opposés peuvent tourner autour de leurs points milieux A et B. Les deux autres côtés qui restent toujours verticaux, portent deux barres horizontales. Si l'on suspend à ces barres des poids égaux, il y a équilibre quel que soit le point de suspension, car la descente de l'un des poids est égale à l'ascension de l'autre

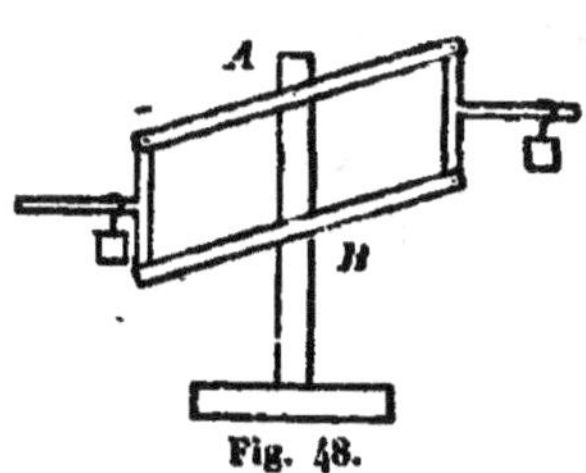

Fig. 48.

pour tout déplacement du système.

5° Trois fils noués en un même point O et chargés de poids égaux passent sur trois poulies fixes A, B, C. On demande pour

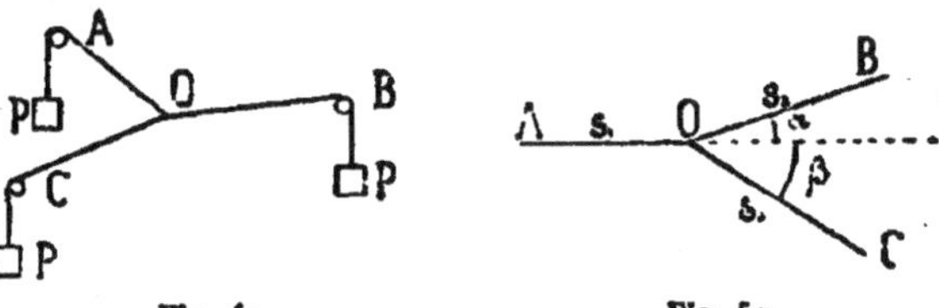

Fig. 49.   Fig. 50.

quelle disposition des fils il y a équilibre. Soient $AO = s_1$, $BO = s_2$, $CO = s_3$, les longueurs des fils. Pour obtenir l'équation d'équilibre, donnons au point O, suivant les directions s_2 et s_3, les déplacements élémentaires δs_2 et δs_3. Comme ces déplacements restent arbitraires, nous pourrons ainsi réaliser n'importe quel déplacement du point o dans le plan ABC (fig. 5o). La somme des moments virtuels est :

$$P\delta s_1 - P\delta s_1 \cos\alpha + P\delta s_1 \cos(\alpha + \beta) \atop + P\delta s_2 - P\delta s_2 \cos\beta + P\delta s_2 \cos(\alpha + \beta) \Big\} = 0,$$

ou

$$\big[1 - \cos\alpha + \cos(\alpha + \beta) \big]\delta s_1 + \big[1 - \cos\beta + \cos(\alpha + \beta) \big]\delta s_2 = 0.$$

Les déplacements δs_1 et δs_2 étant indépendants l'un de l'autre, on peut les égaler successivement à zéro, ce qui donne :

$$1 - \cos\alpha + \cos(\alpha + \beta) = 0 \qquad 1 - \cos\beta + \cos(\alpha + \beta) = 0,$$

d'où

$$\cos\alpha = \cos\beta,$$

et nous pouvons remplacer l'une ou l'autre des deux équations par la suivante :

$$1 - \cos\alpha + \cos 2\alpha = 0,$$

d'où

$$\cos\alpha = \frac{1}{2},$$

et

$$\alpha + \beta = 120°.$$

Les fils doivent donc se nouer sous des angles de 120°. Il était d'ailleurs visible *à priori* que trois forces égales ne peuvent se faire équilibre que dans cette disposition.

Il ne reste plus maintenant qu'à déterminer le point O dans le triangle ABC. C'est un simple problème de géométrie qu'il est facile de résoudre de plusieurs manières. On pourra par exemple construire sur AB, BC, et AC des triangles équilatéraux extérieurs et leur circonscrire des circonférences. Ces trois circonférences ont un point commun, qui est le point O.

6° Une tige OA peut tourner dans le plan de la figure autour du point O ; elle fait avec une droite fixe OX l'angle variable α. Au point A est appliquée une force P qui fait avec OX l'angle γ ; une deuxième force, inclinée d'un angle β sur OX agit sur un anneau Q qui peut glisser le long de la tige. On demande la condition d'équilibre. Faisons tourner la tige d'un angle infiniment petit : soient δs et δs_1, les déplacements élémentaires des points B et A perpendiculairement à OA, et soient δr le déplacement élémentaire de l'anneau le long de la tige. L'équilibre exige que :

$$Q\delta r \cos (\beta - \alpha) + Q\delta s \sin (\beta - \alpha) + P\delta s_1 \sin (\alpha - \gamma) = 0.$$

Le déplacement δr étant sans influence sur les autres déplacements,

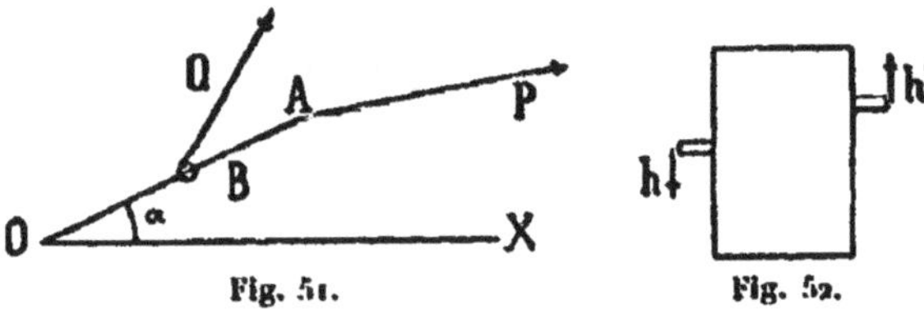

Fig. 51.　　　　Fig. 52.

le moment virtuel qui lui correspond doit-être nul, et puisque sa grandeur est arbitraire on doit avoir :

$$Q \cos (\beta - \alpha) = 0,$$

et puisque Q $\neq$ o :

$$\beta - \alpha = 90°.$$

La force Q doit donc être normale à la tige. On a ensuite, en tenant compte de ce que $\delta s_1 = \dfrac{a}{r}\,\delta s$:

$$r.Q \sin (\beta - \alpha) + aP \sin (\alpha - \gamma) = 0,$$

ou puisque $\sin (\beta - \alpha) = 1$,

$$rQ + aP \sin (\alpha - \gamma) = 0.$$

Cette dernière équation détermine le rapport des deux forces.

11. — Un avantage qu'il ne faut pas perdre de vue, qui est commun à tous les principes généraux, et que possède par suite le principe des déplacements virtuels, consiste en ce qu'il nous épargne en grande partie la peine de réfléchir sur chaque cas particulier nouveau. En possession de ce dernier principe, nous pourrons par exemple laisser tout à fait de côté le détail du mécanisme d'une machine. Supposons qu'une machine inconnue soit placée dans une caisse fermée d'où il ne sort que deux bras de levier qui servent de points d'application à la puissance P et à la charge P'. En observant les déplacements simultanés h et h' de ces deux bras on en déduira immédiatement la condition d'équilibre $Ph - P'h' = 0$, quelles que soient les dispositions du mécanisme. Un principe général, tel que celui-ci, a donc une valeur incontestable *d'économie*.

12. — Revenons encore à l'énoncé du principe des déplacements virtuels qu'il importe d'analyser d'une manière approfondie. Considérons des forces P, P', P",... appliquées en des points A, B, C,... et soient p, p', p'',... les projections des déplacements élémentaires des points d'application sur les directions des forces ; ces déplacements étant compatibles avec des liaisons, et compatibles entre eux, la condition d'équilibre est :

$$\text{P}.\,p + \text{P}'.\,p' + \text{P}''.\,p''. + \ldots\ldots = 0.$$

Si l'on remplace les forces par des fils de même direction passant sur des poulies et tendus par des poids, l'énoncé précédent exprimera simplement que le *centre de gravité* du système total de ces poids ne peut descendre. Si toutefois,' pour

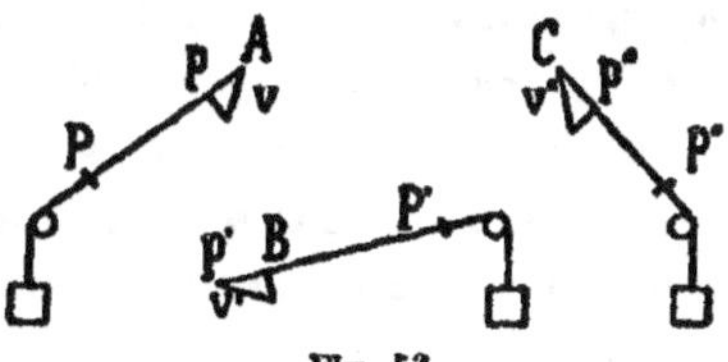

Fig. 53.

certains déplacements des points d'application, le centre de gravité pouvait *monter*, le système serait toujours encore en équilibre, car les poids, laissés à eux-mêmes, ne prendraient pas ce mouvement. Or la somme en question serait alors négative ou plus petite que zéro. L'expression générale de la condition d'équilibre est donc

$$\text{P}h + \text{P}'h' + \text{P}''h'' + \ldots \lessgtr 0.$$

Lorsqu'à tout déplacement virtuel en correspond un autre qui lui est *égal et opposé*, comme c'est le cas par exemple pour les machines, le signe supérieur convient seul ; on doit se borner au cas de *l'égalité*. Car, si pour certains déplacements le centre de gravité pouvait monter, l'hypothèse de leur inversibilité exigerait qu'il pût aussi descendre. Il s'en suit donc que l'élévation possible du centre de gravité est dans ce cas incompatible avec l'équilibre.

Il n'en est pas ainsi lorsque tous les déplacements ne sont pas *inversibles*. Deux corps, réunis par un fil flexible, peuvent se rapprocher l'un de l'autre mais non point s'éloigner à une distance plus grande que la longueur du fil. Un corps peut-être astreint à rouler ou glisser sur la surface d'un autre corps, de telle façon qu'il puisse s'en éloigner mais non point le pénétrer. Dans les cas de ce genre il existe des déplacements qui ne sont point inversibles. Pour certains déplacements il peut alors se produire une *élévation* du centre de gravité sans que les déplacements opposés, qui feraient *descendre* le centre de gravité, soient possibles. Il faut alors conserver la condition généralisée et dire que, pour l'équilibre, la somme des moments virtuels doit-être *nulle ou négative*.

13. — Lagrange, dans sa mécanique analytique, a donné une démonstration ingénieuse du principe des déplacements virtuels. Nous nous y arrêterons un instant.

Considérons des forces P, P', P''..... appliquées aux points A, B, C. Imaginons des poulies, fixées aux points A, B, C...... et d'autres poulies identiques, fixées en des points A', B', C',...... de la direction des forces, de façon à former un moufle sur chacune de leurs lignes d'action. Supposons encore que les forces aient une commune mesure $\frac{Q}{2}$, et que l'on puisse poser :

$$2n.\ \frac{Q}{2} = P,$$

$$2n'.\ \frac{Q}{2} = P',$$

$$2n''.\ \frac{Q}{2} = P'',\ \text{etc.}$$

n, n', n'', étant des nombres entiers.

Fixons l'extrémité d'un fil à la poulie A' ; faisons le passer n fois entre A' et A, puis de A' à B', puis n' fois entre B' et B, puis de B' à C', puis n'' fois entre C' et C, en terminant par C' ; suspendons enfin à son extrémité restée libre le poids $\frac{Q}{2}$. Puisque le fil possède ainsi dans toutes ses parties la tension $\frac{Q}{2}$, on peut remplacer, à l'aide de ce système idéal, toutes les forces données d'un système par un poids $\frac{Q}{2}$. Si, maintenant, pour une conformation donnée du système, des déplacements virtuels (possibles) sont tels qu'ils puissent entraîner une chute du poids $\frac{Q}{2}$, le poids $\frac{Q}{2}$ tombera en réalité, en provoquant précisément les déplacements qui correspondent à cette chute et il n'y aura pas équilibre. Par contre aucun mouvement ne commencera si tous les déplacements laissent le poids $\frac{Q}{2}$ immobile, ou bien le font monter. On obtient, pour l'expression de cette condition, en affectant du signe + les projections des déplacements virtuels dans

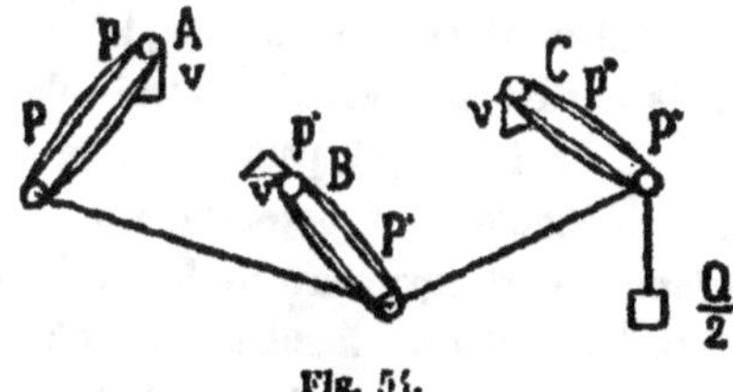

Fig. 5ɪ.

le sens des forces, et en tenant compte du nombre de brins de chacun des moufles :

$$2np + 2n'p' + 2n''p'' + \ldots \gtrless 0.$$

Or, cette condition est identique à

$$2n\frac{Q}{2}p + 2n'\frac{Q}{2}p' + 2n''\frac{Q}{2}p'' + \ldots \gtrless 0,$$

ou enfin :

$$Pp + P'p' + P''p'' + \ldots \gtrless 0.$$

14. — Bien que la fiction du train de poulies soit quelque peu étrangère au sujet, la démonstration de Lagrange a vraiment quelque chose de convaincant, car le mouvement d'un poids unique est *bien plus proche* de notre expérience et bien plus facile à embrasser dans son ensemble que les mouvements d'un nombre quelconque de poids. Elle ne *prouve* cependant pas que le *travail* soit la déterminante de la rupture d'équilibre, au contraire, l'emploi du train de poulies *présuppose* cette connaissance. En réalité, chacun des moufles contient déjà le fait qui est exprimé et reconnu par le principe des déplacements virtuels. La substitution à toutes les forces du système, *d'un poids unique* qui effectue le même travail, suppose déjà que l'on connaisse la signification du travail et n'est admissible que dans cette hypothèse. Le fait que certains cas nous sont plus familiers, et sont plus voisins de notre expérience nous entraine à les accepter sans les analyser et à les prendre comme base d'une démonstration sans nous être rendu un compte parfaitement clair de leur contenu.

Il arrive souvent, dans le cours du développement de la science, qu'un principe nouveau que découvre un chercheur dans un phéno-mène, ne soit pas aussitôt accepté dans toute sa généralité et qu'il ne devienne pas immédiatement familier. On emploie alors comme raisonnables et naturels tous les moyens qui peuvent aider à lui faire acquérir sa pleine valeur. On fait appel, pour étayer la notion nou-velle, aux faits les plus différents, dans lesquels le chercheur n'a pas encore clairement reconnu le principe nouveau, bien qu'il y soit déjà en réalité contenu, mais qui lui sont familiers par d'autres côtés. La science arrivée à son *état de maturité* ne doit pas se laisser induire en erreur par de tels procédés. Lorsque, dans tous les faits observés, nous retrouvons partout, *d'une manière parfaitement claire et certaine*, un principe qui n'est pas *démontré* mais dont on peut *constater l'existence*, nous entrons beaucoup plus profondément dans la conception logique de la nature en reconnaissant l'existence de ce principe qu'en nous en laissant imposer par un semblant de démonstration. Si l'on se place à ce point de vue, la démonstration de Lagrange se présente sous un jour tout différent, mais elle n'en reste pas moins fort intéressante et elle nous satisfait en rendant sensible la connexité des cas simples et des cas compliqués.

15. — Maupertuis a trouvé un théorème intéressant concernant l'équilibre, qu'il a communiqué en 1740 à l'Académie des sciences, sous le nom de « *Loi de Repos* ». Ce théorème fut étudié d'une façon plus approfondie par *Euler*, dans les mémoires de l'Aca-démie de Berlin (1751). Lorsqu'on donne aux points d'un système des déplacements virtuels infiniment petits il leur correspond une somme de moments virtuels $Pp + P'p' + \ldots$ qui n'est nulle que dans le cas de l'équilibre. Cette somme est le travail correspondant aux déplacements ou plutôt le travail élémentaire, puisqu'il est infiniment petit en même temps que ceux-ci. Lorsque ces déplacements sont continués jusqu'à devenir finis les travaux élémentaires s'ajoutent et leur somme donne le travail fini. Tout passage du système d'une conformation initiale à une conformation finale quelconque correspond à un certain travail effectué. Maupertuis a simplement remarqué que ce travail effectué est en général un maximum ou un minimum lorsque la conformation finale est une conformation d'équilibre, c'est-à-dire, en d'autres termes, que, lorsque le système passe par une conformation d'équilibre, le travail effectué sera plus petit ou plus grand, avant et après l'équilibre, que pour la conformation d'équilibre même. On a en effet pour cette dernière :

$$Pp + P'p' + P''p'' + \ldots = 0,$$

c'est-à-dire que l'élément, ou la différentielle du travail, (plus correctement la variation) est égale à zéro. On sait qu'une fonction passe en général par un maximum ou un minimum lorsque sa différentielle s'annulle.

16. — Le diagramme suivant permet de se faire une idée très-claire de la signification du théorème de Maupertuis.

Considérons un système de force remplacé par le train de poulies et le poids $\frac{Q}{2}$ de Lagrange. Nous supposons d'abord que chaque point du système ne puisse se mouvoir que sur une courbe déterminée, et que la position de l'un d'eux sur sa trajectoire détermine les positions des autres points. Les machines constituent en général des systèmes qui réalisent ces conditions. Fixons un crayon au poids $\frac{Q}{2}$. Pendant que le système se déplace, le poids $\frac{Q}{2}$ monte et descend. Si l'on fait glisser d'un mouvement horizontal uniforme une feuille de papier devant la pointe du crayon, la combinaison du mouvement vertical du crayon et du mouvement horizontal du papier donnera un diagramme tel que *abcd*..... (fig. 55). Lorsque la pointe du crayon est en l'un des points *a*, *c*, *d*, de la courbe, il existe des conformations voisines pour lesquelles le poids $\frac{Q}{2}$ se trouve plus haut ou plus bas que pour la conformation donnée. Si donc le système est abandonné à lui-même, le poids descendra et le système se mettra en mouvement. Dans ces cas il n'y a donc pas équilibre. Si la pointe du crayon est en *e* le poids $\frac{Q}{2}$ est plus bas que pour toutes les conformations voisines et le système, abandonné à lui-même, ne changera pas sa conformation. Au contraire, il reviendra sur tout déplacement qu'on lui donnerait à partir de cette position, à cause de la

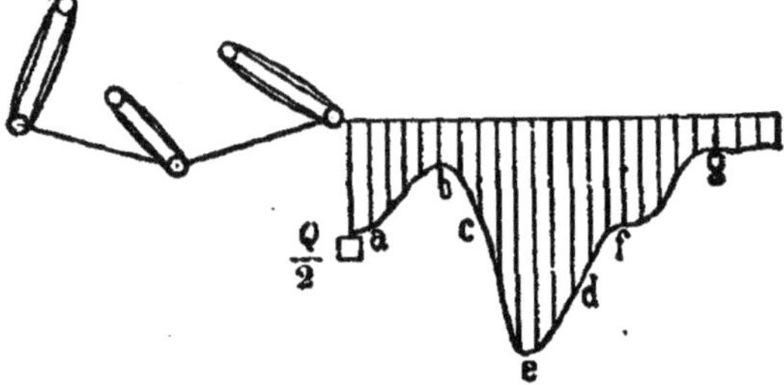

Fig. 55.

propriété que les poids ont de tendre vers le bas. *Une hauteur minimum du poids, ou bien un maximum de travail effectué dans le système correspond donc à l'équilibre stable.* Si le crayon se trouve en *b*, tout déplacement fini abaisse le poids $\frac{Q}{2}$, qui alors continue de lui-même ce déplacement. Mais si le déplacement est infiniment petit le crayon se meut sur la tangente en *b* qui est horizontale et le poids ne descend pas; *une hauteur maximum du poids $\frac{Q}{2}$, c'est-à-dire un minimum de travail effectué dans le système, correspond à l'équilibre instable.* On remarque par contre que la réciproque n'est pas vraie, et que toute position d'équilibre ne correspond pas à un maximum ou à un minimum de travail effectué. Par exemple, si le crayon se trouve en *f*, point où la tangente est horizontale et d'inflexion, un déplacement infiniment

petit ne fait pas non plus descendre le poids. Il y a équilibre bien
que le travail effectué ne soit ni maximum ni minimum. L'équilibre
est alors dit *mixte* : pour certains déplacements il est stable, pour
d'autres instable. On peut sans inconvénient considérer l'équilibre
mixte comme rentrant dans le cas de l'équilibre instable. L'équilibre
existe aussi lorsque le crayon est en g, où la courbe présente un
segment fini horizontal. Dans cette conformation le système ne
reviendra pas sur un petit déplacement mais ne le continuera pas
non plus. Ce cas d'équilibre, auquel il ne correspond non plus ni
maximum ni minimum de travail effectué, est dit *indifférent*.
Lorsque la courbe décrite par $\frac{Q}{2}$ présente un point anguleux ou un
rebroussement vers le haut, la conformation qui correspond à ce
point donne un minimum de travail effectué mais pas d'équilibre,
même instable. Un point analogue vers le bas donne un maximum
de travail effectué et l'équilibre stable ; dans ce dernier cas la
somme des moments virtuels n'est pas nulle, mais négative.

17. — Dans ce qui précède, nous avons supposé que le mouvement
d'un point sur sa trajectoire déterminait le mouvement des autres
points sur leurs trajectoires respectives. Le degré de liberté sera
plus grand si, par exemple, chacun des points est mobile sur une
surface donnée, mais de telle façon toutefois que la position de tous
les points sur leurs surfaces trajectoires soit déterminée par la
position de l'un d'entre eux sur la sienne. Il faudra donc considérer dans ce cas la surface et non plus la courbe décrite par $\frac{Q}{2}$. Si
chaque point peut, d'une manière analogue, se mouvoir dans un
espace correspondant, il devient impossible de montrer d'une façon
purement géométrique le mouvement du poids $\frac{Q}{2}$. Cette impossibilité
est plus grande encore lorsque la position d'un des du système
ne détermine plus d'une seule façon la position des autres et
que le degré de liberté est encore plus grand. Dans tous ces cas
la courbe décrite par $\frac{Q}{2}$ (fig. 55) peut-être utilisée comme un symbole des phénomènes à étudier et nous retrouvons le théorème de
Maupertuis.

Jusqu'ici nous avons encore supposé que les forces agissantes sont constantes (invariables), indépendantes des positions des points du système. Supposons maintenant que les forces dépendent de la position des points mais non pas du temps. On ne pourra plus opérer avec de simples trains de poulies; il faudra imaginer des appareils, qui feront varier avec le déplacement les efforts exercés par $\frac{Q}{2}$. Le

théorème subsiste cependant. La hauteur du poids $\frac{Q}{2}$ mesure toujours le travail effectué, qui reste le même pour la même conformation du système et qui reste indépendant du chemin de passage d'un état à un autre. Un appareil par lequel un poids constant pourrait exercer des efforts variables avec le déplacement serait par exemple un treuil dont la roue ne serait pas circulaire (fig. 56). Il est cependant inutile d'entrer

Fig. 56.

dans les détails de la démonstration car on voit parfaitement qu'il serait possible de la faire.

18. — Si l'on connaît le rapport entre le travail effectué et la force vive d'un système, rapport donné par la dynamique, on arrive facilement au théorème suivant, communiqué en 1749 par Courtivron, à l'Académie des sciences : la force vive d'un système passe par un maximum (minimum) lorsque le système passe par une conformation d'équilibre stable (instable) pour laquelle le travail effectué est maximum (minimum).

19. — Le cas d'un ellipsoïde homogène, pesant, à trois axes inégaux et reposant sur un plan horizontal, montre fort bien les différents genres d'équilibre. Lorsque l'ellipsoïde repose sur l'extrémité du petit axe il est en équilibre stable car tout déplacement relève le

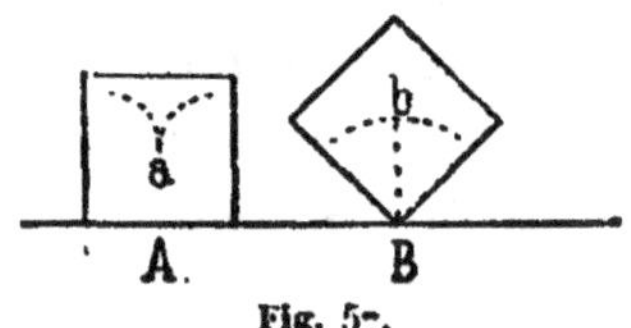

Fig. 57.

centre de gravité. S'il repose sur l'extrémité du grand axe l'équilibre est instable mais s'il repose sur un des sommets de l'axe moyen l'équilibre est mixte. Un exemple d'équilibre indifférent est fourni par une sphère homogène, ou un cylindre homogène de révolution, reposant sur un plan horizontal. La figure 57 représente la trajectoire du centre de gravité d'un dé roulant autour de ses arêtes sur un plan horizontal : la position a du centre de gravité correspond à l'équilibre stable, et la position b à l'équilibre instable.

20. — Nous considérerons maintenant un exemple qui paraît fort compliqué à première vue, mais dont le principe des déplacements virtuels donne une explication immédiate. Jean et Jacques Bernoulli, se promenant un jour à Bâle et discutant de sujets mathématiques, se demandèrent quelle est la forme que prend une chaîne librement suspendue par ses deux extrémités. Ils arrivèrent rapidement et sans peine à voir que la forme d'équilibre de la chaîne est celle pour laquelle

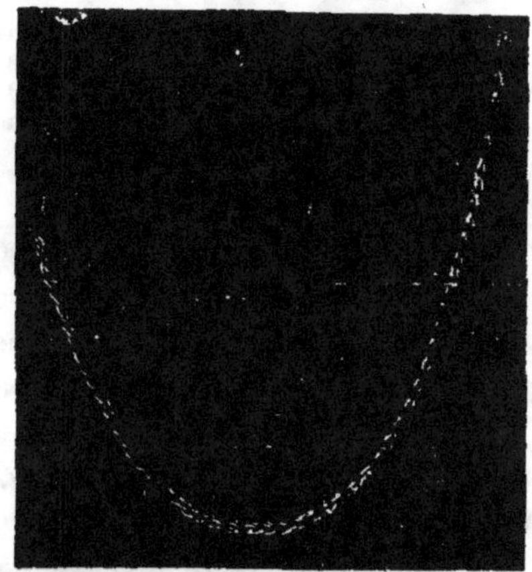

Fig. 58.

son centre de gravité se trouve le plus bas possible. En fait l'on comprend que l'équilibre subsiste quand tous les chaînons sont descendus aussi bas que possible, lorsqu'aucun ne peut plus tomber sans provoquer à cause des liaisons la montée d'une masse correspondante à une hauteur égale ou supérieure. Lorsque le centre de gravité est tombé aussi bas que possible, lorsque tout ce qui pouvait s'accomplir s'est accompli, l'équilibre stable subsiste. Ici se termine la partie *physique* du problème. La détermination de la courbe de longueur donnée entre deux points A et B, et dont le centre de gravité est à une hauteur minimum, n'est plus qu'une question purement *mathématique* (fig. 58).

21. — Une vue d'ensemble de la question montre que dans le principe des travaux virtuels il ne se trouve rien d'autre que la reconnaissance d'un fait qui nous était instinctivement familier depuis longtemps, mais que nous ne saisissions pas d'une façon aussi précise ni aussi claire. Le fait est le suivant : les corps pesants ne se meuvent d'eux-mêmes que vers le bas. Lorsque plusieurs corps pesants sont liés entre eux de telle façon qu'ils ne peuvent pas se déplacer indépendamment les uns des autres, ils ne se meuvent que si la masse pesante *dans son ensemble* peut tomber, ce que le principe exprime avec plus de précision, et en adaptant d'une façon plus parfaite la pensée aux choses, en disant qu'il ne peut y avoir mouvement que lorsqu'un *travail* peut être effectué. Lorsque, après la généralisation de l'idée de force, on transporte le principe aux forces autres que la gravité, il ne renferme encore que la reconnaissance du fait que les phénomènes naturels dont il est question ne procèdent d'eux-mêmes que *dans un sens déterminé* et non pas dans le sens opposé à eux-mêmes. De même que les corps pesants tombent, de même les différences de température et les différences d'état électrique n'augmentent pas spontanément mais au contraire *diminuent*, etc. Si ces phénomènes sont liés entre eux de telle sorte qu'ils ne peuvent varier que dans des sens opposés, le principe constate encore, avec plus de précision que ne peut le faire la conception instinctive, que le *travail* détermine et provoque le sens du phénomène. L'équation d'équilibre fournie par le principe, peut s'exprimer vulgairement ainsi : *il n'arrive rien lorsque rien ne peut arriver.*

22. — Il est important de se rendre clairement compte qu'il s'agit simplement dans le principe qui nous occupe de la constatation d'un *fait*. Si l'on perd cela de vue on sent toujours un manque de rigueur et l'on cherche une base qu'il est impossible de trouver. Jacobi rapporte dans ses « Vorlesungen über Dynamik » un propos de Gauss disant que Lagrange n'avait pas démontré ses équations d'équilibre, mais qu'il n'en avait fait que l'exposé historique. Cette opinion nous paraît être la vérité en ce qui concerne aussi le principe des déplacements virtuels.

Le devoir des premiers chercheurs, posant les fondements d'une science, est tout autre que celui de leurs successeurs. Leur œuvre est de rechercher et de constater les faits les plus importants, et l'histoire nous apprend que cette tâche nécessite bien plus d'intelligence qu'on ne le croit d'ordinaire. Ces faits les plus importants une fois donnés, on peut les mettre en valeur sur les procédés logiques et déductifs de la physique mathématique, les coordonner, et montrer que l'admission d'un *seul* fait implique celle d'une catégorie entière d'autres faits, qui ne sont pas tous visibles au même degré dans les premiers. Ces deux sortes de travaux sont d'une égale importance mais il ne faut pas les confondre. On ne peut pas prouver mathématiquement que la nature doit être ce qu'elle est, mais on peut démontrer que les propriétés observées en entraînent une série d'autres qui souvent ne sont point directement visibles.

Remarquons enfin que le principe des déplacements virtuels, ainsi que tout principe général, apporte, par la conception qu'il procure, à la fois de la *désillution* et de la *clarté* : de la désillusion en tant que nous ne reconnaissons en lui que des faits connus depuis longtemps et instinctivement découverts ; de la clarté, car il nous permet de retrouver partout ces mêmes faits simples, au travers des rapports les plus compliqués.

V. — VUE D'ENSEMBLE DU DÉVELOPPEMENT DE LA STATIQUE

1. — Maintenant que nous avons passé en revue chacun des principes de la statique en particulier, nous pouvons donner un aperçu succinct de l'ensemble du développement de cette science. La statique, appartenant à cette période la plus ancienne de la mécanique, qui commence dans l'antiquité grecque pour se terminer au temps de Galilée et de ses plus jeunes contemporains, fournit un exemple fort démonstratif du processus de formation de la science en général. Toutes les méthodes et toutes les conceptions s'y trouvent sous leur forme la plus simple et pour ainsi dire dans l'enfance. Ces commencements portent visiblement le cachet de leur origine dans les expériences de l'ouvrier manuel. La science doit sa naissance à la nécessité de mettre ces expériences sous une forme *communicable* et de les étendre au-delà des limites du métier et de la pratique professionnelle. Celui qui rassemble ces expériences afin de les conserver par écrit se trouve en présence d'un grand nombre de faits distincts ou tout au moins tenus pour distincts. Le point de vue auquel il s'est placé lui permet de les réexaminer plus fréquemment, dans des ordres différents et avec moins d'idées préconçues. Dans sa pensée et dans ses écrits, les faits et leurs lois se mettent dans des rapports étroits de temps et d'espace et peuvent ainsi faire ressortir leur connexité, leur accord et leur transformation graduelle les uns dans les autres. Le désir d'abréger et de simplifier la communication agit dans le même sens et c'est ainsi que, pour des raisons d'économie, un grand nombre de faits avec leurs lois en arrivent à être rassemblés et exprimés dans un énoncé *unique*.

2. — D'autre part, celui qui rassemble ainsi des expériences se trouve dans des circonstances favorables pour remarquer de nouveaux aspects des choses, vers lesquels ne s'était point dirigée l'attention des observateurs précédents. Il est impossible qu'une loi acquise

par l'observation directe saisisse l'*ensemble* du fait dans sa richesse
infinie et dans son inépuisable complexité. Elle donne plutôt une
esquisse du fait, elle le fait ressortir par un de ses côtés, ce qui est
d'ailleurs important pour le but technique ou scientifique que l'on a
en vue. Ces côtés spéciaux que l'on considère dans un fait dépendent
de bien des circonstances accidentelles autant que de la tournure d'esprit de l'observateur. Il sera donc toujours possible de découvrir de
nouveaux aspects du phénomène, qui conduiront à poser une nouvelle loi, équivalente ou supérieure à l'ancienne. C'est ainsi par
exemple que, dans le cas du levier, on a successivement donné de
lois d'équilibre diverses, selon les circonstances que l'on considérait
comme déterminantes, et qui furent en premier lieu les poids et les
bras de levier (*Archimède*), puis les poids et les distances normales
de l'axe aux lignes d'action des forces (*Léonard de Vinci et Ubaldi*),
puis les poids et les grandeurs de leurs déplacements (*Galilée*), puis
enfin les poids et les lignes de traction par rapport à l'axe (*Varignon*).

3. — Celui qui fait une observation nouvelle du genre de celles
dont nous venons de parler et qui pose une loi nouvelle, sait généralement que l'on peut se tromper lorsque l'on cherche à construire
la *représentation* d'un fait dans l'idéation, afin de posséder cette
image représentative comme un substitut toujours prêt à servir lorsque le fait lui-même est en tout ou en partie inaccessible. Les circonstances sur lesquelles doit se porter l'attention sont accompagnées
de tant de circonstances accessoires qu'il est souvent difficile de
choisir et d'estimer lesquelles sont essentielles au but que l'on poursuit ; telles sont, par exemple, dans les machines, le frottement, la
raideur des cordes, etc., qui troublent et estompent le rapport exact
des circonstances que l'on étudie. Il est donc naturel que celui qui découvre ou qui veut vérifier une loi nouvelle se défie de lui-même, et
cherche une *démonstration* de la loi dont il avait remarqué la validité. Celui qui découvre ou qui vérifie une loi ne lui accorde pas
aussitôt une confiance entière ou du moins n'en accepte qu'une
partie. Archimède, par exemple, met en doute le fait que les poids
agissent *proportionnellement* aux bras de levier, mais il admet sans

hésitation le fait d'une *certaine* influence du bras de levier ; Daniel Bernoulli ne met pas en doute le fait d'une influence quelconque de la direction de la force, mais bien le mode de cette influence, etc. Il est en fait bien plus facile d'observer qu'une circonstance a une *certaine* influence dans un cas donné que de déterminer *quelle* est cette influence. Dans cette dernière recherche les chances d'erreur sont beaucoup plus grandes. La tactique du chercheur est donc bien fondée et parfaitement naturelle.

La preuve de la rigueur d'une loi nouvelle peut être faite par vérification, en constatant que son emploi fréquent, dans les circonstances les plus diverses, la *montre d'accord* avec l'expérience. Ce procédé se justifie de lui-même dans *le cours du temps*. Mais celui qui a fait la découverte veut arriver plus vite au but. Il compare les conséquences de sa loi avec toutes les expériences qui lui sont familières ; il la met en parallèle avec toutes les lois plus anciennes, maintes fois éprouvées et examine s'il ne se heurte à aucune contradiction. En opérant ainsi, il accorde naturellement la plus grande autorité aux expériences les plus anciennes et les plus familières, aux lois le plus fréquemment éprouvées. Parmi ces expériences, les connaissances *instinctives*, générées sans participation personnelle, uniquement par la puissance des faits et leur accumulation qui forcent l'opinion des hommes, jouissent d'une autorité toute particulière, et nous reconnaîtrons encore qu'il doit en être ainsi, puisqu'ici l'on cherche précisément à éliminer la tendance subjective et l'erreur personnelle de l'observateur.

De cette manière Archimède *démontre* sa loi du levier, Stévin sa loi du plan incliné, Daniel Bernoulli le parallélogramme des forces, Lagrange le principe des déplacements virtuels. Galilée seul, en ce qui concerne ce dernier principe, voit clairement que sa nouvelle observation et sa nouvelle remarque sont équivalentes à n'importe laquelle des *anciennes*, qu'elles proviennent de *la même* source expérimentale que celles-ci, et il n'essaie pas de démonstration. Dans sa démonstration de la loi du levier Archimède fait usage de notions sur le centre gravité, qu'il n'avait pu acquérir qu'à l'aide du théorème même qu'il veut démontrer, mais qui, par d'autres côtés, lui étaient probablement si familières comme anciennes expériences, qu'il ne les mettait plus en doute, et qu'il est possible qu'il ne s'aperçût en aucune façon de l'usage qu'il en faisait dans sa démonstration. Mais nous avons déjà parlé en détail, dans les chapitres précédents, des éléments instinctifs inclus dans les démonstrations d'Archimède et de Stévin.

4. — Il est tout à fait de règle qu'à l'occasion d'une nouvelle découverte on se serve de tous les moyens qui peuvent contribuer à l'épreuve d'une loi nouvelle. Mais lorsqu'après un temps plus ou moins long celle-ci a été vérifiée directement un nombre suffisamment grand de fois, il est conforme à l'esprit de la science de reconnaître qu'une autre preuve est devenue tout à fait inutile, qu'il n'y a aucun sens à tenir une loi pour mieux assurée, parce qu'on l'appuye sur d'autres lois, qui ont été acquises identiquement par la même méthode expérimentale, mais seulement un peu plus tôt, et que deux observations faites avec la même circonspection et vérifiées aussi souvent l'une que l'autre ont le même degré de validité. Nous pouvons aujourd'hui considérer le principe du levier, celui des moments statiques, celui du plan incliné, le parallélogramme des forces, le principe des déplacements virtuels comme acquis par des observations *équivalentes*. Il est *actuellement* sans importance que certaines de ces decouvertes aient été faites directement, d'autres par des chemins détournés, ou même à l'occasion d'autres observations. Il vaut bien mieux pour l'économie de la pensée et l'esthétique de la science *reconnaître* un principe — par exemple le principe des moments statiques — directement comme la clef de l'intelligence de *tous* les faits d'une même catégorie et voir clairement *qu'il les pénètre tous*, que trouver nécessaire une démonstration préalable, boiteuse, rapiécée et basée sur des propositions obscures, dans lesquelles se trouve inclus déjà le principe que l'on veut prouver, mais qui nous sont *par hasard* antérieurement familières. La science et l'individu (dans une étude historique) peuvent employer *une fois* ce procédé, mais après, tous deux doivent se placer à un point de vue moins étroit.

5. — En fait, cette manie de la démonstration introduit dans la science une sorte de rigueur *fausse et absurde*. Quelques propositions sont tenues pour plus certaines, elles sont regardées comme la base nécessaire et inattaquable des autres propositions, alors qu'en réalité il ne leur revient qu'un degré de certitude au plus égal si pas moindre, et que l'on n'atteint pas même le degré de certitude que la science *rigoureuse* exige. On trouve souvent dans les manuels des exemples de cette fausse rigueur. Les démonstrations d'Archimède ont ce défaut, abstraction faite de leur valeur historique, mais l'exemple le plus remarquable en est donné par Daniel Bernoulli dans sa démonstration du parallélogramme des forces (*Comment. Acad. Petrop*, t. I).

6. — Nous avons déjà dit que les connaissances instinctives jouissent d'une confiance toute particulière. Ne sachant plus *comment* nous les avons acquises nous n'en pouvons plus critiquer le mode d'acquisition. Nous n'avons en rien contribué à leur formation. Elles se présentent à nous avec une puissance que ne possèdent jamais les résultats de nos expériences réfléchies, volontaires, dans lesquels nous sentons toujours notre intervention. Elles nous apparaissent comme des choses libres de subjectivité, étrangères à nous, que nous avons cependant sous la main et qui nous sont ainsi plus proches que les faits isolés dans la nature.

C'est à cause de cela que l'on attribue parfois aux connaissances de cet ordre une origine entièrement différente et qu'on les considère comme existant en nous absolument *à priori*, antérieurement à toute expérience. Nous avons expliqué en détail, dans la discussion des travaux de Stévin, que cette opinion n'est pas soutenable. Aussi, quelle que soit leur importance dans le processus de développement de la science, l'autorité des connaissances instinctives doit toujours le céder finalement à celle des principes clairement posés et intentionnellement observés. Comme toutes les autres, les connaissances instinctives sont des connaissances expérimentales et peuvent, ainsi que nous l'avons déjà dit, se montrer absolument insuffisantes et sans valeur, si une catégorie nouvelle de phénomènes expérimentaux vient à être mise au jour.

7. — La *véritable* relation qui existe entre les différents principes est d'ordre *historique*. L'un deux conduit plus loin dans un ordre d'idées, mais un autre conduira plus loin dans d'autres questions. Ce n'est pas parce qu'un principe, tel que celui des déplacements virtuels, donne sans peine la clef de plus de cas différents que les autres, que l'on est autorisé à affirmer que cette supériorité lui sera toujours conservée et qu'il ne sera point un jour éclipsé par un principe nouveau. Tous les principes mettent plus ou moins arbitrairement en évidence tantôt un côté, tantôt un autre côté des mêmes faits, et tous contiennent une loi de représentation générale du fait dans la pensée. Personne ne peut prétendre que ce processus soit complètement terminé et celui qui défendrait cette opinion n'empêcherait pas pour cela le progrès de la science.

8. — Jetons enfin un rapide coup d'œil sur la notion de force en statique. La force est une circonstance qui a le mouvement pour conséquence. Plusieurs circonstances de cette espèce, qui, chacune séparément, entraîneraient un mouvement, peuvent agir *ensemble* de telle façon qu'aucun mouvement ne s'ensuive. Pour que cela arrive, il est nécessaire que ces circonstances soient dans une certaine dépendance mutuelle. La statique a pour but la recherche de cette dépendance et ne se préoccupe pas davantage du mode particulier de mouvement produit par une force. Les circonstances déterminantes de mouvement qui nous sont les mieux connues sont nos propres actes volontaires, dépendant de l'innervation. Dans les mouvements que nous provoquons nous-mêmes aussi bien que dans ceux auxquels les circonstances extérieures nous obligent, nous ressentons toujours une certaine pression. De là notre habitude de nous figurer toute circonstance déterminante de mouvement comme analogue à un acte de volonté, comme une *pression*. On a en vain essayé de rejeter cette conception comme subjective, animique et non scientifique ; mais il ne peut nous servir à rien de faire violence à la façon naturelle de penser qui nous est propre et de nous condamner ainsi à une volontaire pauvreté intellectuelle. Remarquons de plus que nous retrouverons cette conception de la force à la base de la dynamique.

Dans beaucoup de cas nous pouvons remplacer les circonstances
déterminantes de mouvement qui se présentent dans la nature par
nos innervations; nous acquérons ainsi la notion d'une gradation
dans les intensités des forces, mais, dans l'appréciation de celles-ci,
nous ne pouvons nous servir que de notre mémoire; il nous est en
outre impossible de communiquer notre sensation. On apprend ensuite qu'il est possible de représenter par un poids *toute* circonstance
déterminante de mouvement, et l'on arrive ainsi à l'idée que toutes
les circonstances déterminantes de mouvement, c'est-à-dire toutes les
forces, sont des grandeurs de même espèce qui peuvent être remplacées et mesurées par des poids. Le poids mesurable nous fournit
un indice commode, communicable et plus certain, et nous rend
dans la série des phénomènes mécaniques exactement le même service que celui que nous rend le thermomètre dans la série des phénomènes caloriques, en se substituant à notre sens du chaud et du
froid. Comme nous l'avons déjà fait observer la statique ne peut se
débarrasser entièrement de toute connaissance des phénomènes de
mouvement. On le voit en particulier dans la détermination de la direction d'une force par la direction du mouvement qu'elle engendre-
rait si elle agissait seule. Quant au point d'application d'une force, on
appelle ainsi le point du corps dont la force déterminerait le mouvement s'il était affranchi de ses liens avec les autres parties du corps.

On appelle donc force une circonstance déterminante de mouvement qui possède les attributs suivants : 1° La *direction*, qui est la
direction du mouvement déterminé par la force donnée agissant
seule; 2° Le *point d'application* qui est le point du corps qui se
mettra en mouvement, même s'il est rendu indépendant de ses liaisons; 3° L'*intensité*, c'est-à-dire le poids qui, agissant à l'aide d'un
fil appliquée au même point suivant la direction donnée, détermine le
même mouvement ou maintient le même équilibre. Les autres
circonstances qui modifient la détermination d'un mouvement,
mais qui, seules, ne peuvent en déterminer aucun, peuvent être
appelées circonstances accessoires déterminantes de mouvement ou
d'équilibre. Tels sont par exemple les bras du levier, les déplacements virtuels, etc...

VI. — LES PRINCIPES DE LA STATIQUE DANS LEUR APPLICATION
AUX LIQUIDES

1. — L'étude des propriétés des liquides n'a pas fourni à la statique beaucoup de points de vue essentiellement nouveaux, mais elle a permis un grand nombre d'applications et de confirmations de principes déjà connus, et les recherches faites dans ce domaine ont beaucoup enrichi l'expérimentation physique. Nous leur consacrerons donc quelques pages.

2. — C'est encore Archimède qui a posé les fondements de la statique des liquides, et c'est à lui que nous sommes redevables du théorème connu sur la poussée ou perte de poids que subissent les corps immergés, et à propos duquel Vitruve (*De architectura, lib. 9*) rapporte ce qui suit :

« Archimède a fait une foule de découvertes aussi admirables que
« variées. Parmi elles, il en est une surtout dont je vais parler, qui
« porte le cachet d'une grande intelligence. Hiéron régnait à Syra-
« cuse. Après une heureuse expédition, il voua une couronne d'or
« aux dieux immortels et voulut qu'elle fût placée dans un certain
« temple. Il convint du prix de la main-d'œuvre avec un artiste,
« auquel il donna en poids la quantité d'or nécessaire. Au jour fixé,
« la couronne fut livrée au roi qui en approuva le travail. On lui
« trouva le poids de l'or qui avait été donné.

« Plus tard, on eut quelque indice que l'ouvrier avait livré une
« partie de l'or, et l'avait remplacée par le même poids en argent
« mêlé dans la couronne. Hiéron, indigné d'avoir été trompé, et ne
« pouvant trouver le moyen de convaincre l'ouvrier du vol qu'il
« avait fait, pria Archimède de penser à cette affaire. Un jour que,
« tout occupé de cette pensée, Archimède était entré dans une salle
« de bains, il s'aperçut par hasard qu'à mesure que son corps s'en-
« fonçait dans la baignoire, l'eau passait par dessus les bords. Cette

« découverte lui donna l'explication de son problème. Il s'élance
« immédiatement hors du bain, et, dans sa joie, se précipite vers sa
« maison, sans songer à s'habiller. Dans sa course rapide, il criait
« de toutes ses forces qu'il avait trouvé ce qu'il cherchait, disant en
« grec : εὕρηκα, εὕρηκα (¹) ».

39. — Archimède fut donc conduit à son théorème par la remarque
qu'un corps doit, pour s'immerger, élever une quantité d'eau équivalente, exactement comme si le corps était sur l'un des plateaux
d'une balance et l'eau sur l'autre. Cette conception qui, aujourd'hui
encore est la plus naturelle et la plus directe, se retrouve dans l'ouvrage d'Archimède « *Sur les corps flottants* » qui, malheureusement,
ne nous a pas été intégralement conservé, mais a été en partie res-
titué par F. Commandinus.

L'hypothèse d'où part Archimède est la suivante : « on suppose
« comme propriété essentielle d'un liquide que, si toutes ses parties
« se suivent uniformément et d'une façon continue, les parties qui
« subissent des moindres pressions sont poussées vers le haut par
« celles qui subissent des pressions plus fortes. Toute portion de li-
« quide subit une pression de la part des portions, situées verticale-
« ment au-dessus d'elle, lorsque celles-ci tendent à tomber ou
« subissent une pression de la part d'autres portions. »

En résumé Archimède se représente toute la sphère terrestre
comme liquide. Il la divise en pyramides qui ont le centre pour sommet. L'équilibre exige que toutes ces py-
ramides aient des poids égaux et que celles
de leurs parties qui ont même situation
supportent des pressions égales. Si l'on
immerge dans une de ces pyramides un
corps *a* de même poids spécifique que
l'eau, ce corps sera exactement submergé
et, dans le cas de l'équilibre, il rempla-
cera la pression de l'eau déplacée par la
pression qu'il fournit lui-même. Un corps *b* de poids spécifique

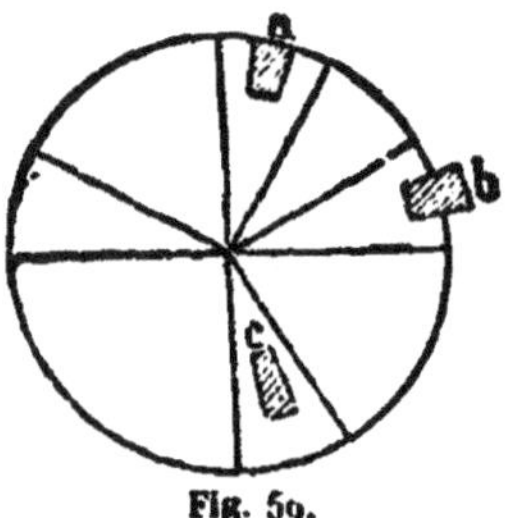

Fig. 59.

(¹ *L'architecture de Vitruve*, trad. Maufras, Paris, 1847.

moindre que celui de l'eau ne peut, sans rompre l'équilibre, s'enfoncer dans la masse fluide que jusqu'au point où son propre poids fait subir au liquide situé sous lui une pression exactement égale à celle qu'il subirait si, après avoir enlevé le corps, on remplaçait par de l'eau la partie submergée. Un corps e de poids spécifique plus grand que celui de l'eau tombera aussi bas qu'il est possible. On voit sans peine que, dans l'eau, le poids de ce corps diminue du poids de l'eau déplacée, en se figurant ce corps lié à un corps de poids spécifique moindre, de telle sorte que leur ensemble constitue un troisième corps de même poids spécifique que l'eau, or celui-ci sera exactement submergé.

4. — Lorsqu'au XVIᵉ siècle on se remit à l'étude des travaux d'Archimède, les principes qu'il avait posés furent à peine compris. Il était alors impossible de saisir pleinement ses démonstrations.

Stévin retrouva, par une méthode qui lui est personnelle, les principes les plus importants de l'hydrostatique et leurs conséquences. Il base ses déductions sur deux idées fondamentales. La première est tout à fait analogue à celle qui a trait à la chaîne fermée. La seconde consiste dans l'hypothèse que l'on peut solidifier les liquides en équilibre sans détruire cet équilibre.

Fig. 60.

Stévin pose d'abord le principe suivant : une masse quelconque A d'eau, plongée dans l'eau, est en équilibre dans toutes ses parties. Car si elle n'était pas portée par l'eau environnante, mais si au contraire elle tombait, nous serions forcé d'admettre que l'eau qui viendrait prendre sa place tombe de la même façon, ce qui nous conduit au *mouvement perpétuel*, conclusion contradictoire avec notre expérience et avec notre connaissance instinctive.

L'eau plongée dans l'eau perd donc tout son poids. Imaginons maintenant que la surface de cette eau immergée soit solidifiée; le vase superficiel (*vas superficiarium*), comme Stévin l'appelle, subira exactement les mêmes circonstances de pression. Ce vase superficiel *vide* éprouvera donc dans l'eau une poussée égale au poids de l'eau déplacée. Remplissons-le d'un corps de poids spécifique quelconque et nous reconnaîtrons qu'un corps immergé éprouve une diminution de poids égale au poids de l'eau dont il tient la place.

Dans un parallélipipède rectangle, placé verticalement et rempli d'eau, la pression sur la base horizontale est égale au poids du liquide. Cette pression est aussi la même pour deux portions de cette base égales en superficie. Stévin enlève alors par la pensée certaines portions de liquide et les remplace par des solides de même poids spécifique, en d'autres termes il solidifie par la pensée une partie du liquide, ce qui ne change en rien les rapports de pression. Il est dès lors facile de voir que la pression sur le fond d'un vase est indépendante de la forme du vase, puis d'obtenir la loi des pressions dans les vases communiquants, etc.

5. — Galilée traite le problème de l'équilibre dans les vases communiquants et les questions connexes par le principe des déplacements virtuels. Soit NN le niveau commun d'un liquide dans deux vases

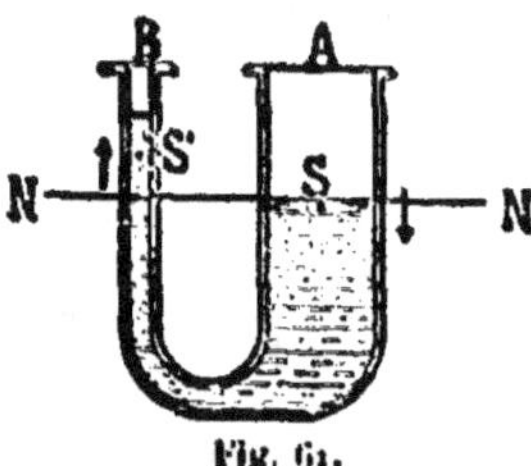

Fig. 61.

communiquants ; Galilée explique qu'il y a alors équilibre par le fait que, pour toute perturbation, les déplacements des colonnes liquides sont en raison inverse des sections et des poids de ces colonnes, comme dans les machines en équilibre. Ce raisonnement n'est pas tout à fait correct. Ce problème ne correspond pas rigoureusement aux cas d'équilibre dans les machines, étudiés par Galilée, où l'équilibre est indifférent. Pour des liquides dans des vases communiquants, tout dérangement du niveau commun provoque une élévation du centre de gravité. Dans la figure 61, le centre de gravité S du liquide qui occupait l'espace hachuré en A est monté en S', le reste du liquide pouvant être regardé comme n'ayant pas bougé. Le cas de l'équilibre correspond donc ici à une hauteur minimum du centre de gravité.

6. — Pascal emploie de même le principe des déplacements virtuels mais d'une manière rigoureuse, en faisant abstraction du poids du liquide et en ne considérant que les pressions sur la surface. Considérons deux vases communiquants fermés par des pistons chargés de poids proportionnels à leurs surfaces; l'équilibre subsiste, car l'invariabilité du volume liquide fait que tout dérangement du niveau commun donne aux pistons des déplacements en raison inverse des poids qu'ils supportent. Pour Pascal, *il résulte* donc nécessairement du principe des déplacements virtuels que, dans les liquides en équilibre, toute pression exercée sur une partie de la surface se transmet intégralement à toute partie égale, quelle que soit son orientation ou sa situation. On ne peut nier que de cette manière le principe soit *découvert*, mais nous verrons cependant plus

Fig. 62.

loin que la conception la plus naturelle et la plus satisfaisante est de le considérer comme acquis directement.

7. — Maintenant que nous avons fait l'esquisse historique de la question, nous reprendrons l'examen des cas les plus importants de l'équilibre des liquides, en nous plaçant à des points de vue différents, les plus commodes suivant les cas.

La propriété fondamentale des liquides, donnée par l'expérience, est la mobilité de leurs particules sous les moindres pressions. Considérons un élément de volume de liquide, par exemple un cube très-petit, et faisons abstraction de son poids. Pour la moindre pression exercée sur l'une des faces, le liquide s'écoule et s'échappe dans toutes les directions au travers des cinq autres faces. Un cube solide peut éprouver sur ses faces supérieure et inférieure une pression différente de celles qui s'exercent sur les faces latérales; un cube liquide ne pourra au contraire subsister que si la même pression s'exerce normalement sur toutes ses faces. Des considérations analogues s'appliquent à tous les polyèdres. Cette conception, géométriquement exposée, renferme uniquement l'expérience brute qui nous apprend que les particules liquides cèdent à la moindre pression, même lorsqu'elles sont à l'intérieur du liquide, et que celui-ci est soumis à une forte pression, car on observe encore alors l'immersion de petits corps pesants.

Les liquides joignent à la mobilité des particules une autre propriété que nous allons considérer. Le volume des liquides comprimés diminue proportionnellement à la pression exercée sur l'unité de surface. Toute variation de pression entraîne une variation proportionnelle de volume et de densité du liquide. Si l'on supprime la pression, le volume reprend sa valeur initiale plus grande et la densité sa valeur initiale plus petite. L'accroissement de pression diminue le volume du liquide jusqu'à ce que ces forces élastiques mises en jeu lui fassent équilibre.

8. — Les anciens savants, par exemple les académiciens de Florence, croyaient à l'incompressibilité des liquides. En 1763, John Canton décrivit une expérience qui prouva, pour la première fois, la compressibilité de l'eau. Un tube thermométrique est rempli d'eau ; on fait bouillir, puis on ferme le tube à la lampe (fig. 63). Soit *a* le niveau du liquide ; comme l'espace au-dessus de *a* est vide d'air, le liquide ne supporte point la pression atmosphérique. Si l'on casse la pointe supérieure, le niveau du liquide tombe en *b* ; mais cette diminution n'est pas due toute entière à la compression de l'eau par la pression atmosphérique ; car, si avant de casser la pointe, on met le tube dans la chambre pneumatique, on voit, en faisant le vide, le liquide tomber en *c*, ce qui devait se produire, puisque la pression qui s'exerçait sur le tube et qui en diminuait la capacité a disparu. Lorsque l'on casse la pointe, la pression extérieure est compensée par la pression intérieure égale et il s'ensuit la même augmentation de capacité que dans le cas du vide. La portion *cb* représente donc la compression propre du liquide sous l'effet de la pression atmosphérique.

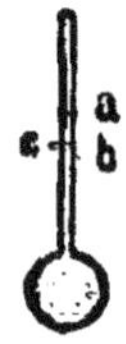

Fig. 63.

Les premières expériences un peu précises sur la compressibilité de l'eau sont dues à Œrsted ; sa méthode est très ingénieuse. Un tube thermométrique rempli d'eau

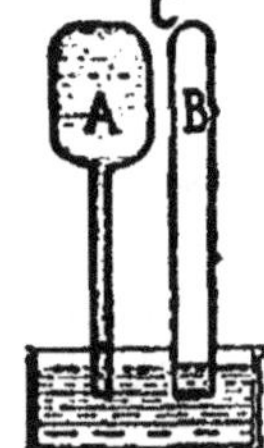

Fig. 64

bouillie plonge par son extrémité capillaire ouverte dans un bain de mercure ; un second tube rempli d'air, formant manomètre à air comprimé, est de même plongé dans le mercure par son extrémité inférieure. Tout l'appareil est alors placé dans un vase plein d'eau que l'on comprime par le moyen d'une pompe. Cette compression se communique à l'eau en A et le filet de mercure qui monte dans le tube capillaire en indique le degré. La variation de capacité qu'éprouve le récipient A est simplement celle que peuvent produire des forces égales comprimant ses parois dans tous les sens.

Les expériences les plus exactes sur ce sujet sont celles de Grassi, qui se servit d'un appareil construit par Regnault et qui utilisa pour ses calculs les tables de correction de Lamé. On peut se faire une idée du degré de compressibilité de l'eau distillée par les chiffres suivants, donnés par Grassi : un accroissement de pression d'une atmosphère fait diminuer le volume initial d'environ 0,00005 de sa valeur. Si donc nous supposons que la capacité de A est de 1 litre, (1 000 centimètres cubes), et que la section du tube capillaire est de 1 millimètre, nous voyons qu'un accroissement de pression d'une atmosphère fait monter le mercure à une hauteur d'environ 5 centimètres dans le tube capillaire.

9. — La pression exercée sur un liquide amène donc un changement dans sa constitution physique (une variation de densité), que l'on peut constater par des procédés suffisamment délicats (par exemple des procédés optiques). Il faut donc toujours se figurer les parties les plus comprimées d'un liquide comme plus denses que les parties les moins pressées, quoique cette différence de densité soit fort petite.

Considérons dans un liquide à l'intérieur duquel n'agit aucune force et que nous supposons par conséquent sans poids, deux parties contiguës soumises à des pressions inégales. Celle qui est plus comprimée et plus dense augmentera de volume en comprimant la seconde soumise à la moindre pression jusqu'au moment où les forces élastiques, augmentées d'un côté de la surface de séparation et diminuées de l'autre, rétabliront l'équilibre, et où les pressions seront égales de part et d'autre.

Si nous cherchons mainte nant à construire quantitativement notre

représentation des deux faits que nous avons constatés — c'est-à-
dire la grande mobilité et la compressibilité des particules liquides, —
de telle façon qu'elle puisse s'adapter aux expériences les plus différentes, nous arriverons à la proposition suivante : dans un liquide
en équilibre, à l'intérieur duquel n'agit aucune force, et supposé
sans poids, deux éléments égaux quelconques de surface sont soumis
à la même pression, quelles que soient leurs orientations et leurs
situations. La pression est donc la même en chaque point et elle est
indépendante de la direction.

L'on n'a peut-être jamais entrepris la vérification expérimentale de
ce principe avec toute la précision nécessaire, mais il nous est devenu
très-familier par toutes nos expériences sur les liquides dont il donne
une explication immédiate.

10. — Considérons un liquide contenu dans un récipient formé
muni de deux pistons A et B, dont le premier A a une section égale
à l'unité de surface. Chargeons le piston A d'un poids p et fixons le

Fig. 65.

piston B. Si l'on néglige le poids du liquide,
tous les points de sa masse sont soumis à la même
pression p ; le piston A s'enfonce et les parois
se déforment jusqu'au moment où les forces élastiques du liquide et du solide se font équilibre en
chaque point. Rendons le piston B mobile, soit
f sa section ; nous voyons qu'une force fp est nécessaire pour le tenir en équilibre.

Lorsque Pascal déduit ce principe de celui des déplacements
virtuels, il est à remarquer que, pour lui, le rapport des déplacements
est déterminé uniquement par la parfaite mobilité des particules
du liquide et l'égalité des pressions dans toutes ses parties. Le
rapport des déplacements serait altéré si deux portions du liquide
pouvaient subir des pressions inégales, et la conclusion ne tiendrait
plus. On ne peut méconnaître que l'égalité des pressions est une
propriété fournie par l'expérience ; on voit sans peine qu'il est impossible de la considérer autrement, car cette propriété que Pascal démontre pour les liquides subsiste pour le gaz alors que pour ceux-ci

il ne peut plus être question d'un volume même approximativement constant. Dans notre manière de voir, ce fait ne constitue pas une difficulté mais il en est autrement dans celle de Pascal. On peut remarquer ici incidemment que, dans le cas de levier, le rapport des déplacements virtuels est de même assuré par les forces élastiques de la matière qui ne permettent pas de le faire varier entre des limites fort éloignées.

11. — Examinons maintenant comment les liquides se comportent sous l'influence de la pesanteur. La surface du liquide en équilibre est horizontale (NN, fig. 66), on le comprend immédiatement en remarquant que toute altération de cette surface élève le centre de gravité du liquide en transportant la portion de liquide, située dans l'espace hachuré sous NN, et dont le centre de gravité est S, dans l'espace hachuré au-dessus de NN, dont le centre de gravité est S'. La pesanteur agit donc immédiatement pour rétablir l'état primitif.

Prenons à l'intérieur d'un liquide pesant en équilibre un petit

Fig. 66.

Fig. 67.

parallélipipède rectangle de base horizontale z et de hauteur dh; son poids est $z.\, dh.\, s$, s étant le poids spécifique du liquide. Ce parallélipipède ne tombe pas, ce qui exige que la face inférieure subisse une pression plus élevée que la face supérieure. Soient zp et $z(p + dp)$ les pressions exercés sur les faces supérieure et inférieure. Pour l'équilibre on doit avoir, h étant compté positivement vers le bas :

$$z\, dh.\, s = z.\, dp,$$

d'où

$$\frac{dp}{dh} = s.$$

Donc à des accroissements égaux de h correspondent des accroissements égaux de pression, et l'on a :

$$p = hs + q,$$

formule dans laquelle q représente la pression sur la surface libre, (en général la pression atmosphérique). Si l'on prend $q = 0$, on a plus simplement : $p = hs$, équation qui exprime que la pression est proportionnelle à la profondeur. Versons un liquide dans un vase et considérons-le au moment où cette répartition des pressions n'est pas encore établie ; nous verrons les particules du liquide tomber jusqu'à ce que les forces élastiques développées par la compression dans les parties situées en dessous contrebalancent le poids des parties situées au-dessus.

De plus, il ressort de cet exposé que les pressions dans un liquide ne s'accroissent que dans le sens de la gravité. Ce n'est qu'à la base inférieure du parallélipipède que doit se produire une augmentation dans la force élastique du liquide, pour contrebalancer son poids. Aux deux côtés des faces verticales de ce solide élémentaire, le liquide est soumis à des pressions égales puisqu'aucune force n'agit dans ces faces pour déterminer une pression plus forte d'un côté que de l'autre.

L'ensemble des points qui subissent la même pression p forme une surface que l'on appelle surface de niveau. Toute particule, déplacée dans le sens de la pesanteur, subit une variation de pression, alors que déplacée dans un sens normal à la pesanteur elle n'en subit aucune. Dans ce dernier cas la particule reste donc sur la surface de niveau. Il s'ensuit que l'élément de surface de niveau est perpendiculaire à la direction de la pesanteur. Si la terre était une sphère liquide, les surfaces de niveau seraient des sphères concentriques et les directions des forces engendrées par la gravité seraient les rayons, perpendiculaires aux éléments de sphère. Des remarques analogues peuvent être faites pour les liquides soumis à d'autres forces, telles que les forces magnétiques par exemple.

Les surfaces de niveau constituent une excellente représentation des rapports de forces auxquelles un liquide est soumis ; leur étude est développée dans l'hydrostatique analytique.

12. — Quelques expériences, dûes pour la plupart à Pascal, mettent lumineusement en évidence l'accroissement de la pression avec la profondeur dans les liquides pesants. Elles montrent aussi que la pression est indépendante de la direction. Un tube de verre poli à son ouverture inférieure est fermé par un disque de métal, retenu par un fil (fig. 68,1). Si l'on plonge l'appareil dans l'eau à une profondeur suffisante on peut lâcher le fil, le disque métallique est soutenu par la pression de l'eau et ne tombe pas. Dans l'expérience 2, le disque métallique est remplacé par une fine colonne de mercure. La figure 3 représente un tube recourbé contenant du mercure ; en le plongeant dans l'eau on voit le mercure monter dans la grande branche du tube à cause de l'accroissement de la pression. Dans l'expérience 4, on attache à l'orifice inférieur d'un tube un petit sachet de cuir plein de mercure ; une

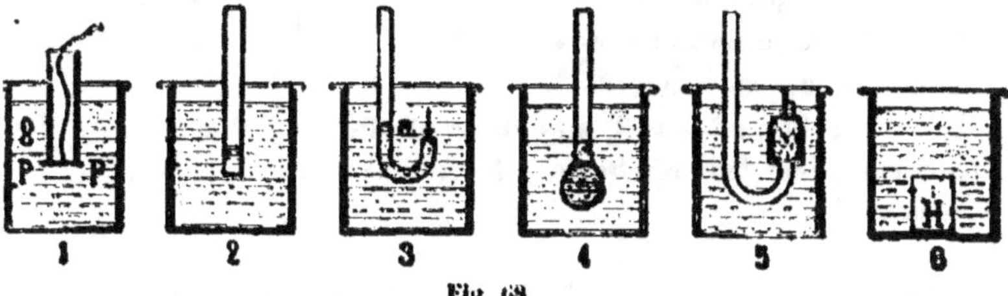

Fig. 68.

immersion de plus en plus profonde fait de plus en plus monter le mercure dans le tube. Dans la figure 5 la pression de l'eau fait adhérer un bloc de bois *h* à la petite branche d'un siphon vide. La figure 6 montre un bloc de bois H pressé fortement contre le fond du vase tant que le mercure n'a pas pénétré sous lui.

13. — Le fait que, dans les liquides pesants, la pression croit en raison directe de la profondeur, fait comprendre aisément que les pressions sur les fonds des vases sont indépendantes de leurs formes. En effet l'accroissement de pression avec la profondeur se produit de la même manière que la forme du vase soit *abcd* ou *ebcf*. Dans les deux cas les parois du vase se déforment aux points où elles touchent le liquide jusqu'à ce que leur force élastique fasse équilibre à la pression et qu'elles remplacent par suite le fluide voisin pour ce qui a rapport à celle-ci. Ce fait est une justification directe du procédé de Stévin qui remplace les parois par du liquide solidifié.

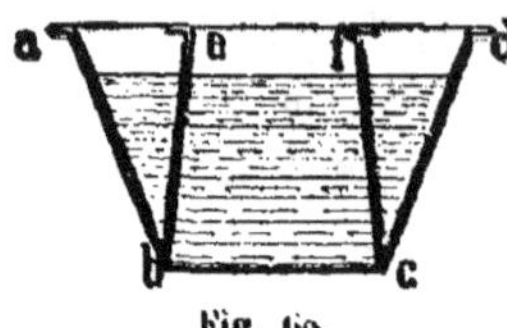

Fig. 69.

En appelant s le poids spécifique du liquide, A la surface du fond du vase et h sa distance au niveau, la pression sur le fond reste $p = Ahs$, quelle que soit la forme du récipient.

Le fait que, en négligeant leurs poids propres, les vases 1, 2, 3, qui ont même surface de fond et même hauteur d'eau accusent sur les plateaux d'une balance des poids inégaux, ne contredit naturellement en rien la loi des pressions. Il faut tenir compte des pressions latérales ; on voit que dans 1 elles donnent une composante di-

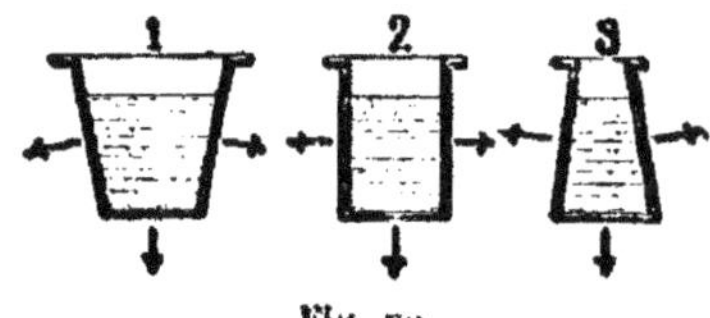

Fig. 70.

rigée vers le bas, et dans 3 une composante dirigée vers le haut, de telle sorte que leur résultante est toujours égale au poids du liquide.

14. — Le principe des travaux virtuels s'applique fort bien à la résolution des problèmes de ce genre, aussi allons-nous en faire usage. Mais nous ferons au préalable quelques remarques. Lorsque

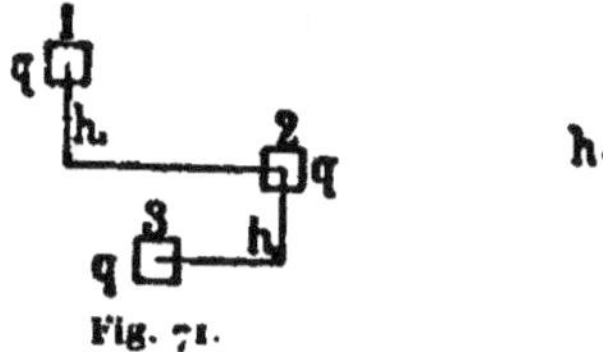

Fig. 71.   Fig. 72.

le poids q tombe de 1 en 2 en provoquant la chute d'un poids égal de 2 en 3, le travail effectué est :

$$qh_1 + qh_2 = q(h_1 + h_2).$$

Ce travail est le même que celui qui aurait été effectué, si le point

q (en 1) était directement tombé en 3, le poids q (en 2) étant resté immobile. On généralise sans peine cette remarque.

Considérons un parallélipipède rectangle, homogène, pesant, de base horizontale A, de hauteur h et de poids spécifique s (fig. 72). Ce parallélipipède, ou son centre de gravité, tombe de dh. Le travail effectué est $Ahs. dh$, ou $Adhs. h$. Dans la première expression, on conçoit le phénomène comme un déplacement d'ensemble du parallélipipède (une chute de dh) ; dans la seconde, on le conçoit comme une chute de la hauteur h de la partie hachurée A, qui, après la chute, occupe la partie hachurée inférieure de la figure, le reste du corps n'ayant d'ailleurs pas bougé. Ces deux manières de voir sont admissibles et équivalentes.

15. — Cette remarque donne l'explication complète du paradoxe de Pascal, que l'on peut exposer comme suit : Un vase g, soutenu par un support indépendant du reste de l'appareil, est constitué par un tube mince fixé sur le fond supérieur d'un cylindre de très grand diamètre ; le fond inférieur de ce vase est un piston mobile, suspendu par un fil tendu suivant l'axe du cylindre à l'une des extrémités du fléau d'une balance. Lorsque le vase g est rempli d'eau, on doit, pour faire l'équilibre, charger le plateau de la balance de poids considérables, malgré la petite quantité d'eau employée. La somme de ces poids est Ahs, A étant la surface du piston, h la hauteur du liquide et s son poids spécifique. Si on fait geler le liquide et que l'on cesse de soutenir les parois du vase, un petit poids suffit aussitôt pour tenir le fléau horizontal.

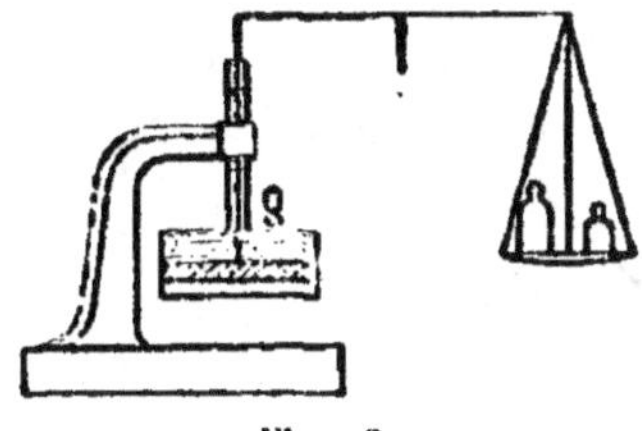

Fig. 73.

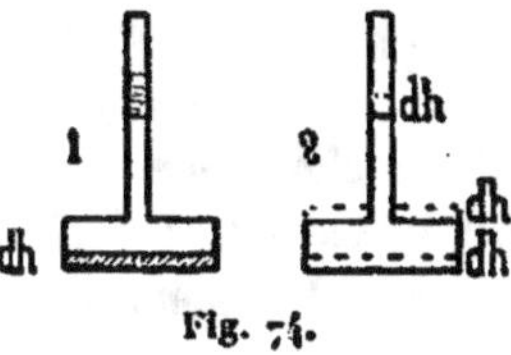

Fig. 74.

Considérons les déplacements virtuels dans l'un et l'autre cas (fig. 74). Dans le premier cas, le piston soulevé à une hauteur dh

donne un moment virtuel Adhsh ou Ahsdh, le même que si la masse liquide déplacée par le piston avait été soulevée jusqu'au niveau supérieur, ou que si tout le poids Ahs avait été soulevé de dh. Dans le second cas, la masse déplacée par le mouvement du piston est élevée non pas au niveau supérieur, mais à une hauteur beaucoup moindre (qui est la hauteur du cylindre, une toute petite partie seulement étant élevée au niveau supérieur). Soient A et a les sections du cylindre et du tube, h et l, leurs hauteurs respectives, la somme des moments virtuels est :

$$\text{A}dh\text{s}k + a dh\text{s}l = (\text{A}h + al)\,s.\,dh,$$

et correspond à l'élévation d'un poids (AK + al) s, beaucoup moindre, à la même hauteur dh.

10. — Les lois de pressions sur les parois latérales ne sont que de très légères modifications des lois des pressions sur les fonds des vases. Prenons un vase cubique d'un décimètre de côté, complètement rempli d'eau. Un élément d la paroi verticale ABCD subit une pression très facile à déterminer et qui est d'autant plus grande que l'élément se trouve plus bas au-dessous du niveau. On remarque

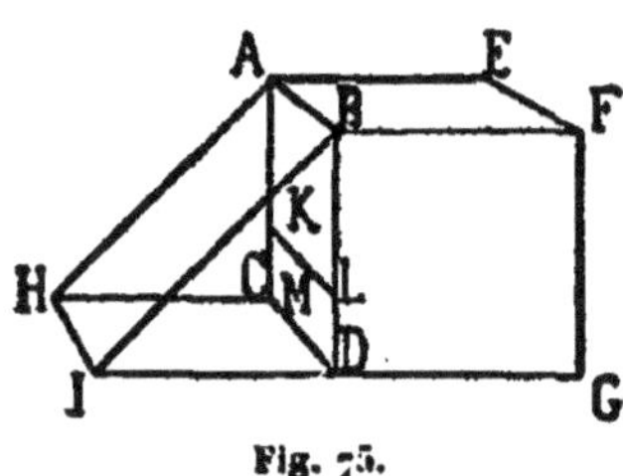

Fig. 75.

sans peine que la pression est la même que s'il pesait sur la paroi, placée horizontalement, un prisme d'eau ABCDIH, dont la section droite est le triangle rectangle isocèle IDB. La pression sur l'une des faces latérales du cube est donc de $\frac{1}{2}$ kilogramme.

Pour déterminer le point d'application de la résultante des pressions, continuons à supposer la face ABCD horizontale avec le prisme d'eau pesant sur elle. Menons la droite KL telle que AK = BL = $\frac{2}{3}$ AC, et prenons en le milieu M . M est le point d'application cherché, car ce point se trouve sur la verticale passant par le centre de gravité du prisme.

Si une paroi d'un vase rempli de liquide est une surface plane inclinée, on la décompose en éléments α, α', α'', ... dont les distances au niveau sont h, h', h'', ... la pression sur cette paroi est :

$$(\alpha h + \alpha' h' + \alpha'' h'' + ...)\, s.$$

Soit A la surface totale de cette paroi et H la distance de son centre de gravité au niveau, on a :

$$\frac{\alpha h + \alpha' h' + ...}{\alpha + \alpha' + ...} = \frac{\alpha h + \alpha' h' + ...}{A} = H,$$

et l'on voit que la valeur de la pression est AHs.

17. — Le principe d'Archimède peut être démontré de façons très différentes. Selon la méthode de Stévin, supposons qu'une partie de la masse liquide soit solidifiée à l'intérieur de celui-ci, elle continuera à être portée par le liquide environnant comme elle l'était auparavant. La résultante des pressions qui agissent à la surface d'un solide immergé passe donc par le centre de gravité du liquide dont il tient la place et est égale et opposée au poids de celui-ci. Mais ces pressions sur la surface ne changent pas, si l'on substitue au liquide solidifié un corps solide

Fig. 76.

quelconque de même forme mais de poids spécifique différent. Deux forces agiront alors sur ce corps solide : son poids appliqué à son centre de gravité et la poussée du liquide, c'est-à-dire la résultante des pressions, appliquée au centre de gravité du liquide déplacé. Ce n'est que pour les corps homogènes que les deux centres de gravité coïncident.

Immergeons un parallélipipède rectangle vertical, de hauteur h et de base α, dans un liquide de poids spécifique s ; appelons k la distance de la base supérieure au niveau du liquide ; la pression sur cette base sera $\alpha k s$ et la pression sur la base inférieure sera $\alpha(k + h)s$. Comme les pressions sur les parois latérales se détruisent, la résultante des pressions est une force dirigée vers le haut, égale à vs, v étant le volume du parallélipipède.

Le principe des travaux virtuels amène aussi près que possible de

la conception d'où Archimède lui-même est parti. Supposons qu'un parallélipipède de base a, de hauteur h et de poids spécifique σ, tombe de dh. Le moment virtuel résultant du transport de la partie hachurée supérieure de la figure dans la partie hachurée inférieure est : $adh.sh$; mais alors le liquide situé dans l'espace hachuré inférieur monte dans l'espace hachuré supérieur, ce qui donne un moment virtuel $adhsh$. La somme des moments virtuels est donc :

$$ah\,(\sigma - s)\,dh = (p - q)\,dh,$$

p étant le poids du corps et q celui du liquide déplacé.

18. — On pourrait se demander si la poussée que subit un corps plongé dans un liquide est altérée par l'immersion de ce dernier dans un autre liquide — et l'on s'est parfois posé cette question singulière. Soit donc un corps K plongé dans un liquide A ; plongeons celui-ci et le vase qui le contient dans un autre liquide B. Si, dans le calcul de la perte de poids dans A, il fallait tenir compte de la perte de poids que subit A dans B, la perte de poids que subit A serait nulle dans le cas où B serait le même liquide que A. D'une part, K plongé dans A subirait une perte de poids, d'autre part, il n'en subirait point. Une telle règle serait donc absurde.

Fig. 77.

Le principe des déplacements virtuels explique aisément les cas les plus compliqués de ce genre. Considérons un corps graduellement immergé d'abord dans B, puis partiellement dans B et partiellement dans A, et enfin dans A. Dans le second cas, on doit, dans la détermination des moments virtuels, tenir compte des deux liquides dans le rapport des volumes immergés dans chacun d'eux, mais, aussitôt que le corps est en entier plongé dans A, un déplacement ultérieur n'élève plus son niveau et l'influence du liquide B n'est désormais plus à considérer.

19. — Le principe d'Archimède peut être vérifié par une très jolie expérience. Un cube plein M (fig. 78) est suspendu à un cube vide H qui, lui-même, est suspendu à l'un des plateaux d'une balance. Le cube plein M remplit exactement le creux du cube H. L'appareil est équilibré par des poids mis dans l'autre plateau. Cet équilibre est rompu si l'on immerge M dans un vase d'eau placé sous lui, mais il se rétablit immédiatement si l'on remplit d'eau le cube H.

On peut opérer comme suit l'expérience inverse : on laisse le cube H seul, suspendu par un fil à un support indépendant. On établit l'équilibre des plateaux. Si l'on immerge le cube M dans le vase placé sur la balance, l'équilibre est rompu mais pour le rétablir il suffit de remplir d'eau le cube H.

Cette expérience semble, à première vue, un peu paradoxale ; mais tout d'abord on sent instinctivement que l'on ne peut immerger M sans exercer une certaine pression que la balance doit accuser ; si l'on se rappelle ensuite que M fait équi-

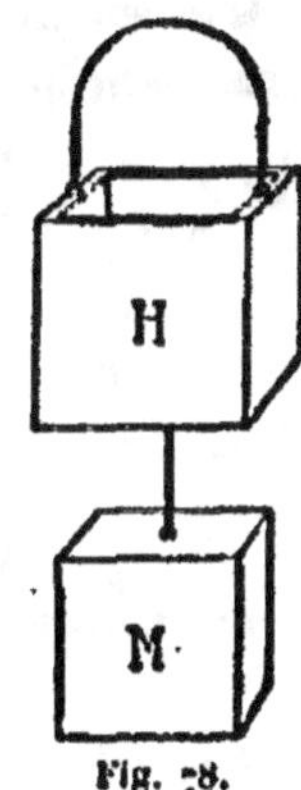

Fig. 78.

libre aux pressions exercées sur sa surface par l'eau environnante, c'est-à-dire que M représente et tient lieu d'un égal volume d'eau, l'expérience perd tout caractère paradoxal.

20. — Les principes les plus importants de la statique ont été acquis par la considération de l'équilibre des corps solides. Il se fait que cette marche est celle qui a été *historiquement* suivie, mais elle n'est en aucune façon la seule possible et *nécessaire*. Les différentes méthodes qu'Archimède, Stévin, Galilée et d'autres ont employées nous le prouvent suffisamment. Les principes généraux de la statique eussent pu être découverts par l'étude des liquides en ne s'appuyant que sur quelques propositions extrêmement simples de la statique des solides. Stévin approche certainement cette découverte de fort près. Nous nous arrêterons un instant à cette question.

Considérons un liquide sans poids, placé dans un vase et soumis à une pression donnée ; une partie peut en être solidifiée. Sur la surface fermée de ce solide agissent des pressions normales proportionnelles aux éléments de surface sur lesquels elles s'exercent, et l'on voit aisément que leur résultante est constamment égale à zéro. Limitons une partie de cette surface formée par une courbe fermée, nous obtenons une surface non fermée. Toutes les surfaces, limitées par cette même courbe (à double courbure), et sur lesquelles agissent dans le même sens des forces normales proportionnelles aux éléments de surface, donnent la même résultante.

Supposons maintenant que le volume liquide contenu dans un cy-

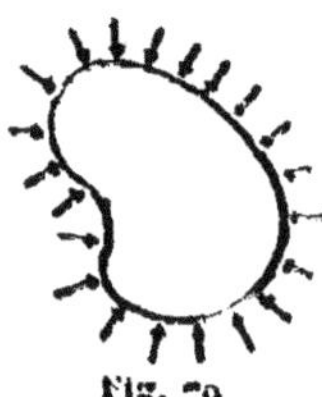

Fig. 79

lindre droit dont la directrice est une courbe fermée quelconque, soit solidifié ; nous pouvons faire abstraction des bases normales à la direction des génératrices et ne considérer que la courbe directrice fermée au lieu de considérer le cylindre lui-même. On obtiendra ainsi des propositions tout à fait analogues pour des forces normales, proportionnelles aux éléments d'une courbe plane.

Si la courbe fermée se transforme en un triangle, ces propositions se simplifient et les mêmes considérations se présentent de la manière suivante : nous représentons en grandeurs, directions et sens les résultantes des forces normales, dont les points d'application sont aux milieux des côtés du triangle, par des segments rectilignes (fig. 80). Ces trois segments prolongés se rencontrent en un même point qui est le centre du cercle circonscrit au triangle.

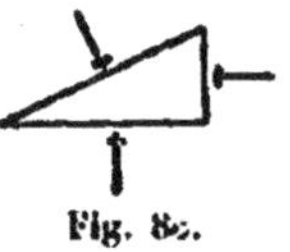

Fig. 80.

On remarque en outre qu'en les déplaçant parallèlement à eux-mêmes on peut former un triangle semblable au triangle donné et tel que son périmètre est parcouru dans un même sens par un mobile qui suivrait la direction des forces.

On obtient ainsi le théorème suivant :

Trois forces appliquées en un même point sont en équilibre, lorsqu'elles sont parallèles et proportionnelles aux côtés d'un triangle et que l'on peut former avec elles, par simple translation parallèle, un triangle dont le périmètre a un sens de parcours *déterminé*. Il est facile de reconnaître que cette proposition n'est qu'une autre forme du théorème du parallélogramme des forces.

En remplaçant le triangle par un polygone, on en arrive au théorème connu du polygone des forces.

Supposons maintenant qu'une partie de la masse d'un liquide pesant de poids spécifique s soit solidifiée ; soit a un élément de la surface formée de cette partie solidifiée et z la distance de cet élément au niveau du liquide. Nous savons pas ce qui précède que la force normale qui agit sur cet élément est asz.

Lorsque des forces normales asz (a étant l'élément de surface et z la distance à un plan E), agissent sur une surface fermée vers l'intérieur de cette surface, leur résultante est Vs, en appelant V le volume limité par la surface ; elle est appliquée au centre de gravité de celui-ci, perpendiculaire au plan E et dirigée vers lui.

Considérons une surface rigide quelconque, limitée à une courbe plane fermée de surface A, soumise aux mêmes forces: la résultante R des forces normales à la surface quelconque est, en appelant z la distance du centre de gravité de la surface A au plan E et V l'angle des plans E et A :

$$R^2 = (AZs)^2 + (Vs)^2 - 2AZVs \cos v.$$

Un lecteur au courant des mathématiques aura déjà reconnu, dans l'avant-dernier théorème, un cas particulier du théorème de Green qui, comme on le sait, consiste essentiellement dans la réduction d'intégrales de surface à des intégrales de volume, ou inversement.

Nous pouvons donc *distinguer* dans le système de forces d'un liquide en équilibre, ou, si l'on veut, *tirer* de celui-ci des systèmes de force plus ou moins compliqués, et obtenir ainsi, par un moyen rapide, des théorèmes *a posteriori*. C'est par un pur hasard que Stévin ne les a point découvert. La méthode que nous avons suivie ici est en tous points conforme à la sienne ; de nouvelles découvertes peuvent toujours être faites par ce procédé.

21. — Le paradoxe que l'on rencontre dans l'étude des liquides, fut un stimulant pour les recherches ultérieures. Il ne faut pas non plus passer sous silence le fait que c'est par l'étude des liquides que s'est formée pour la première fois l'idée d'un *continuum physique*

mécanique, ce qui développa des conceptions mathématiques beaucoup plus libres et plus fécondes que cela n'était possible même par
l'étude des systèmes de plusieurs corps solides. C'est ici qu'il faut
rechercher l'origine des plus importantes théories modernes en mécanique, par exemple de la théorie du potentiel.

VII. — LES PRINCIPES DE LA STATIQUE DANS LEUR APPLICATION AUX GAZ

1. — Les considérations que nous avons fait valoir à propos des
liquides peuvent avec de légères modifications s'appliquer aux gaz.
C'est pour cela que les recherches sur les corps gazeux n'ont pas considérablement enrichi la mécanique. Néanmoins les premiers pas qui
furent faits dans ce domaine ont une haute signification au point de
vue de l'histoire du progrès scientifique et de la science en général.

Bien que l'homme ordinaire, par la résistance de l'air, le vent,
l'emprisonnement de l'air dans un récipient, ait l'occasion de reconnaître la matérialité ce fluide, il n'en est pas moins vrai que celle-ci
se manifeste bien plus rarement que celle des solides et des liquides
et jamais d'une façon aussi évidente ni aussi immédiate. Ce fait est
en réalité connu, mais il n'est pas assez populaire ni assez familier
pour jouer un rôle considérable. Dans la vie ordinaire, l'on ne songe
presque jamais à la présence matérielle de l'air.

Ici les idées anciennes approchent de fort près les idées modernes.
Anaxagore prouve la matérialité de l'air par la résistance qu'il oppose à la pression dans des outres fermées, et par la saisie (en forme
de bulles) de l'air comprimé dans l'eau (Arist. Phys. IV. 6). Empédocle observe que si l'on immerge un vase dont l'ouverture est dirigée vers le bas, l'air empêche l'eau de s'y introduire (Gomperz,
Griech/Denker). Philon de Byzance se sert d'un vase dont le fond,
tourné vers le haut, est percé d'une ouverture, fermée par de la cire, et
ce n'est qu'après l'enlèvement de celle-ci que l'eau pénètre dans le vase

immergé pendant que l'air s'en échappe en bulles. Une série d'expériences analogues sont aujourd'hui fréquemment effectuées dans les démonstrations de cours, (*Philonis, lib. de ingeniis spiritualibus in V. Rose, Anecdota græca et latina*). Héron décrit dans sa pneumatique beaucoup d'expériences de ses prédécesseurs ; il en ajoute quelques-unes qui lui sont personnelles et par lesquelles il se rattache *en théorie* à Straton, qui lui-même occupe une position intermédiaire entre Aristote et Démocrite. Il pense qu'un *vide absolu continu* ne peut être produit que par des moyens artificiels, tandis que d'innombrables petits espaces vides sont répartis entre les particules des corps et même de l'air, exactement comme l'air entre les grains de sable. Cette théorie est fondée sur la possibilité de raréfier et de condenser les corps ainsi que l'air (fontaine de Héron), exactement à la manière naïve de nos traités élémentaires actuels. Héron donne, comme argument en faveur de son hypothèse des vides (pores) entre les particules des corps, le fait que les rayons de lumière traversent l'eau. Pour Héron et ses prédécesseurs, il résulte toujours de l'*accroissement* artificiel du vide une attraction des particules des corps voisins. Un vase léger à ouverture étroite reste suspendu aux lèvres après que l'on en a aspiré l'air. On peut alors en fermer l'ouverture avec le doigt et amener le vase sous l'eau. « Si on écarte alors le doigt, l'eau monte dans le vide ainsi formé, « bien que le mouvement des liquides vers le haut ne soit pas con-« forme à la règle naturelle. Le phénomène des ventouses est tout à « fait analogue ; non seulement la ventouse ne tombe pas, mais elle « attire en outre les matériaux voisins au travers des pores du corps « sur lequel elle est posée ». Héron donne une explication très détaillée du syphon coudé. Le remplissage du syphon par l'aspiration est dû au fait que le liquide suit l'air aspiré, « car un vide continu est « inconcevable ». Si les deux bras du syphon sont égaux, le liquide ne s'écoule pas : « l'eau reste en équilibre comme une balance. » Héron se représente donc l'écoulement du liquide comme semblable au mouvement d'une chaîne, qui, ayant un côté plus long que l'autre, est posée sur une poulie. La continuité de la colonne d'eau, qui pour nous est dûe à la pression de l'air, est pour lui une preuve de « l'inconcevabilité du vide continu ». Il est parfaitement établi maintenant que la plus grande masse d'eau n'entraîne pas la plus petite et que ce n'est pas en vertu de ce principe que l'eau peut s'*élever*, ce phénomène se rattachant plutôt à la théorie des vases communiquants. Les nombreux appareils, dont certains fort ingénieux, décrits par Héron dans la « Pneumatique » et dans les « Automates », dont le but était d'amuser ou de provoquer l'étonnement, nous attirent bien plus par l'image du progrès matériel qu'ils nous offrent que par l'intérêt scientifique qu'ils peuvent présenter. Le retentissement automatique des trompettes, l'ouverture spontanée de la porte du temple accompagnée du roulement du tonnerre, ne sont pas des inventions d'ordre scientifique. Toutefois, les écrits de Héron ont beaucoup contribué à la diffusion des connaissances physiques (¹).

Quoique les anciens, comme on peut le voir aux descriptions de Vitruve, aient eu des instruments basés sur la compression de l'air comme les orgues hydrauliques, quoique l'on puisse faire remonter à Ctésibius l'invention du fusil à vent, et que cet instrument ait été connu d'Otto de Guericke, cependant, au xviie siècle, les idées sur la nature de l'air étaient fort bizarres et obscures. Il n'est donc pas étonnant que les premières expériences marquantes, faites dans cette voie, aient provoqué un grand mouvement intellectuel. En nous reportant à cette époque, nous n'aurons pas de peine à comprendre l'enthousiasme de Pascal décrivant l'expérience de la pompe à air de Boyle. Que pouvait-il aussi y avoir de plus merveilleux que la reconnaissance soudaine du fait qu'une chose que nous ne voyons pas, que nous sentons à peine et que nous n'observons pour ainsi dire pas, nous entoure toujours de toutes parts, pénètre toutes choses, est la condition la plus essentielle de la vie, de la combustion et d'imposants phénomènes mécaniques. C'est peut-être à l'occasion de cette découverte que l'on comprit pour la première fois clairement que la science de la nature n'est pas limitée à l'étude des phénomènes palpables et grossièrement sensibles.

(¹) Cf. W. Schmidt, *Heron's Werke.* (Leipzig 1899) et Diels, *System des Straton* (Berl. Acad. 1893).

2. — Au temps de Galilée, on expliquait les phénomènes de succion, l'action des seringues et des pompes, par *l'horror vacui* —
l'horreur de la nature pour l'espace vide. On attribuait à la nature

la propriété d'empêcher la formation d'un espace vide, en employant
à le combler aussitôt les choses les plus immédiatement voisines, à
mesure qu'il voulait se produire. Si l'on fait abstraction de l'élément

spéculatif impossible à justifier que contient cette conception, on accordera qu'elle représente jusqu'à un certain point les phénomènes. Celui qui le premier la formula devait certainement avoir découvert un principe dans ceux-ci. Seulement, ce principe ne se vérifie pas dans tous les cas. On dit que Galilée fut très étonné lorsqu'il apprit qu'une pompe nouvellement construite, et dont le tuyau d'aspiration était par hasard très long, ne pouvait élever l'eau à plus de 18 aunes italiennes. Il pensa tout d'abord que l'*horror vacui* (ou la *resistenza del vacuo*) n'avait qu'une force mesurable, et il appela *altezza limitatissima* la hauteur maximum à laquelle une pompe pouvait élever l'eau. Il chercha aussi à déterminer directement le poids nécessaire pour retirer d'un corps de pompe fermé un piston parfaitement ajusté reposant sur le fond.

3. — Torricelli eut l'idée de mesurer la résistance du vide par une colonne de mercure au lieu d'une colonne d'eau ; il s'attendait à trouver une hauteur de mercure d'environ le $\frac{1}{14}$ de la hauteur d'eau. Sa prévision fut confirmée par l'expérience que fit Viviani en 1643 avec le dispositif bien connu, et qui porte aujourd'hui le nom d'expérience de Torricelli : un tube d'environ un mètre de long fermé à un bout est rempli de mercure ; on le renverse, après avoir bouché avec le doigt l'extrémité ouverte que l'on plonge dans un bain de mercure, et on maintient ensuite le tube vertical. Dès que l'on enlève le doigt la colonne de mercure tombe, oscille, puis se fixe à une hauteur d'environ 76 centimètres. Il devenait très vraisemblable après cette expérience que c'était une pression déterminée qui poussait le liquide dans l'espace vide. Torricelli devina bien vite quelle était cette pression.

Galilée avait déjà auparavant essayé de déterminer le poids de l'air en pesant un ballon d'abord rempli d'air, puis une seconde fois après en avoir partiellement expulsé l'air par la chaleur. Il était donc connu que l'air est pesant. Mais pour la grande majorité des hommes l'horreur du vide et la pesanteur de l'air étaient des notions fort éloignées. Il est possible que chez Torricelli ces deux notions en vinrent à être assez proches l'une de l'autre pour le conduire à l'idée que tous les phénomènes attribués à l'horreur du vide pouvaient s'expliquer d'une façon plus simple et plus logique par la pression due au poids d'une colonne fluide, c'est-à-dire de la colonne d'air.

Premières expériences d'Otto de Guericke (Experim. Magdeb.).

Torricelli découvrit ainsi la pression atmosphérique ; il fut aussi le premier qui observa les variations de cette pression à l'aide de la colonne de mercure.

4. — Mersenne répandit en France la nouvelle de l'expérience de Torricelli. Pascal en eut connaissance en l'année 1644. La relation qu'on lui fit de la théorie de cette expérience fut probablement si incomplète qu'il se vit contraint de l'étudier d'une manière indépendante (*Pesanteur de l'air*, Paris, 1663).

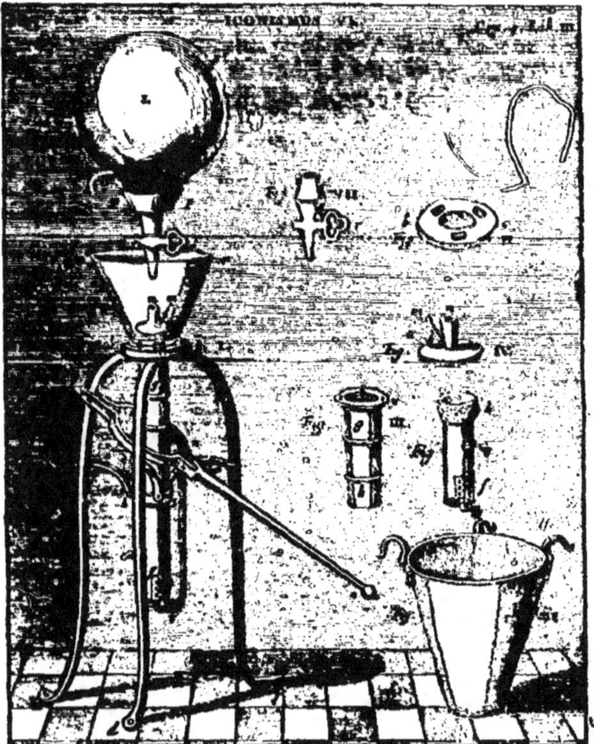

Pompe à air de Guericke (Experim. Magdeb.).

Il répéta l'expérience avec du mercure et puis avec de l'eau, ou plutôt du vin rouge, en se servant d'un tube de 40 pieds de longueur. En inclinant le tube, il acquit bientôt la certitude que l'espace au-dessus de la colonne liquide était vide et il fut forcé de défendre cette opinion contre les violentes attaques de ses compatriotes. Il produisit facilement le vide, dont on niait la possibilité, à l'aide d'une seringue de verre dont l'ouverture était bouchée avec le doigt et tenue dans l'eau, et dont il pouvait sans grand effort retirer le piston. Pascal montra en plus qu'un syphon courbé, de 40 pieds de haut, rempli d'eau, ne coulant pas lorsqu'on le maintient vertical, se met à couler lorsqu'on l'incline suffisamment. Il recommença cette expérience à une plus petite échelle avec du mercure : le même syphon coulait ou ne coulait pas suivant qu'il le tenait incliné ou vertical.

Dans un travail ultérieur, Pascal s'en référa expressément à la pesanteur de l'air et à la pression produite par son poids. Il montra que, dans les fluides, de petits animaux, des mouches par exemple, supportent sans inconvénient une haute pression pourvu que celle-ci s'exerce de tous côtés et appliqua cette observation aux poissons et aux animaux vivant dans l'air. Le principal mérite de Pascal est d'avoir établi la complète analogie des phénomènes produits par la pression due aux liquides (pression de l'eau) et de ceux que produit la pression de l'air.

5. — Par une série d'expériences, Pascal prouva que la pression de l'air fait monter le mercure dans un espace vide d'air exactement comme la pression de l'eau fait monter le mercure dans un espace vide d'eau. Si l'on plonge dans un vase profond rempli d'eau (fig. 81) un tube à l'extrémité inférieure duquel est fixé un petit sac plein de mercure, en prenant soin de ne pas immerger l'extrémité supérieure, la pression de l'eau fait monter le mercure dans le tube d'autant plus haut qu'on l'enfonce davantage. La même expé

Fig. 81.

rience peut-être faite avec un tube recourbé ou avec un tube ouvert à son extrémité inférieure. Il est bien évident que ce fut l'examen attentif de ce phénomène qui conduisit Pascal à l'idée que la colonne barométrique devait être moindre au sommet d'une montagne qu'à sa base et qu'elle pouvait par conséquent servir à la détermination des altitudes. Il fit part de cette idée à son beau-frère Périer qui aussitôt réalisa l'expérience avec un plein succès au Puy-de-Dôme (19 septembre 1648).

Pascal attribua aussi à la pression atmosphérique le phénomène des plaques adhérentes ; il en donna un exemple dans la résistance que l'on éprouve lorsqu'on veut soulever brusquement un grand chapeau posé à plat sur une table. Le bloc de bois qui reste appliqué au fond du vase plein de mercure est un phénomène analogue.

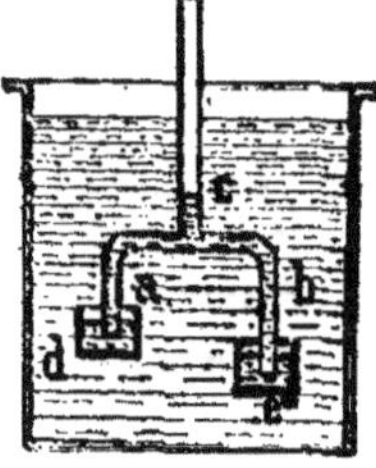

Fig. 82.

Pascal imita avec la pression de l'eau le phénomène de l'écoulement dans les syphons, produit par la pression atmosphérique. Un tube à trois branches *abc*, (fig. 82) a ses deux branches coudées *a* et *c* d'inégales longueurs ; leurs extrémités inférieures sont ouvertes et plongent dans des vases *d* et *e* pleins de mercure. Tout l'appareil est immergé dans un vase plein d'eau, d'une profondeur suffisante, de telle façon que le long tube *ouvert* dépasse le niveau de l'eau. On voit alors le mercure monter graduellement dans les branches *a* et *c*, les deux colonnes mercurielles s'unir et l'on voit un courant de mercure se produire, allant du vase *d* au vase *e*, au travers du syphon ouvert à sa partie supérieure.

Pascal modifia d'une façon très ingénieuse l'expérience de Torricelli. Un tube de la forme *abcd* (fig. 83), d'une longueur égale à peu près au double de la longueur des baromètres ordinaires, est rempli de mercure. Les ouvertures *a* et *b* sont bouchées avec les doigts et le tube est placé dans un bain de mercure, l'ouverture *a* en bas. Si l'on ouvre celle-ci, le mercure de *cd* tombe dans la partie élargie *c* du

Fig. 83.

tube, et le mercure en *ab* descend jusqu'au niveau barométrique ordinaire ; un vide est produit en *b* et le doigt est pressé si fort sur l'ouverture que l'on en ressent une certaine douleur. Si l'on ouvre maintenant *b*, la colonne de mercure *ab* tombe entièrement et le mercure resté dans c, soumis maintenant à la pression atmosphérique monte dans le tube cd jusqu'à la hauteur barométrique. Sans machine pneumatique, il était difficilement possible de combiner cette expérience et sa contre-expérience plus simplement et avec plus d'ingéniosité que ne l'a fait Pascal.

6. — Nous compléterons par quelques courtes remarques ce que nous avons dit de l'expérience du Puy-de-Dôme. Soit b_0 la hauteur barométrique au niveau de la mer; supposons qu'elle devienne kb_0, k étant une fraction, lorsque l'on monte de m mètres. Pour une nouvelle élévation de m mètres, nous devons nous attendre à une hauteur barométrique $k.kb_0$, car nous passons maintenant par une couche d'air dont la densité est à celle de la première couche comme $k : 1$. Donc pour l'altitude $h = nm$ mètres, la hauteur barométrique sera :

$$b_n = k^n b_0, \qquad \text{d'où} \qquad n = \frac{\log b_n - \log b_0}{\log k}.$$

d'où

$$h = \frac{m}{\log k} (\log b_n - \log b_0).$$

Le principe de la méthode est donc très-simple, mais celle-ci devient très-compliquée par la multiplicité des corrections dûes aux circonstances accessoires.

7. — Les contributions les plus originales et les plus importantes apportées à l'aérostatique le furent par *Otto de Guericke*. Ses expériences paraissent avoir été provoquées par des considérations d'ordre surtout philosophiques ; elles sont d'ailleurs tout à fait originales, car il n'entendit parler pour la première fois de l'expérience de Torricelli que par Valerianus Magnus, en 1654, à la diète de Ratisbonne, où il faisait la démonstration des découvertes expérimentales qu'il avait faites vers 1650. Cette opinion est confirmée par la méthode de construction de son baromètre à eau, tout à fait différente de celle de Torricelli.

Le livre de Guericke (*Experimenta nova, ut vocantur, Magdeburgica*, Amsterdam, 1672) nous montre d'une façon saisissante l'étroitesse de la manière de voir de son temps. Le fait qu'il put graduellement s'en affranchir et, par son propre travail, acquérir des vues plus nettes est une preuve certaine de son énergie intellectuelle. Nous voyons avec étonnement combien est courte la période de temps qui nous sépare de la barbarie scientifique et nous ne devons par conséquent pas être surpris que la barbarie sociale pèse encore si lourdement sur nous.

Dans l'introduction de son livre et en maints autres endroits, au milieu de ses investigations scientifiques, Guericke parle des objections, tirées de la Bible, que l'on fait au système de Copernic (objections qu'il cherche à réfuter); il discute sur la localisation du ciel, sur celle de l'enfer, sur le jour du jugement. Des considérations métaphysiques sur l'espace vide prennent une grande partie de l'ouvrage.

Guericke regarde l'air comme l'exhalaison ou l'odeur des corps, que nous ne percevons pas parce que nous y sommes habitués dès l'enfance. Pour lui, l'air n'est pas un élément. Il connaît ses variations de volume suivant le chaud et le froid, sa compressibilité par la fontaine de Héron ; il donne, en se basant sur ses propres expériences, sa pression qui est de 20 aunes d'eau et parle expressément de son poids, à cause duquel les flammes se dirigent vers le haut.

8. — Pour produire le vide, Guericke se servit tout d'abord d'un tonneau en bois rempli d'eau, à la partie inférieure duquel était fixé le tuyau d'aspiration d'une pompe à incendie. En suivant le piston et son propre poids, l'eau devait tomber dans le corps de pompe et être expulsée. Guericke s'attendait à ce qu'il restât un espace vide. Dans ses premières tentatives, il se trouva que la pompe n'était pas assez solidement fixée et ne pouvait résister à la force très grande qu'il fallait appliquer au piston pour vaincre la pression atmosphérique. Après qu'on l'eût fixée plus solidement, trois hommes d'une grande force musculaire purent commencer l'épuisement, mais aussitôt l'air pénétra bruyamment par toutes les fissures du tonneau et l'on n'obtint aucun vide. Dans une expérience ultérieure, il mit dans un grand tonneau plein un tonneau plus petit, également plein d'eau.

Il se proposait d'épuiser l'eau du petit tonneau, mais l'eau du grand y pénétra peu à peu ; ayant ainsi constaté que le bois ne lui permettait pas d'arriver à un résultat, et ayant, dans sa dernière expérience, obtenu quelques indications de succès, Guericke prit une grande sphère creuse de cuivre et se proposa d'en extraire l'air directement. Au début, l'épuisement alla bien et sans trop de peine ; mais après quelques coups de piston, l'extraction devint si difficile que les efforts réunis de deux hommes solides (*viri quadrati*) pouvaient à peine mouvoir le piston. Puis, l'exhaustion ayant été poussée un peu plus loin, la sphère fut soudainement broyée avec une violente détonation. Enfin, en employant un récipient de cuivre de forme parfaitement sphérique, il réussit à produire le vide. Guericke nous décrit la violence avec laquelle l'air se précipita dans le récipient dès que l'on ouvrit le robinet.

9. — Après ces expériences, Guericke construisit une pompe spéciale à air. Le récipient dans lequel on faisait le vide était formé d'une grande sphère de verre fermée par une monture munie d'un large robinet détachable, qui permettait d'introduire dans la sphère es objets sur lesquels se portait l'expérience. Pour assurer la fermeture hermétique, on plongeait le robinet dans un vase d'eauporté par un trépied sous lequel se trouvait la pompe proprement dite. Plus tard, Guericke se servit en plus d'autres récipients distincts qu'il mettait en communication avec la sphère pneumatique.

A l'aide de son appareil, Guericke put déjà observer un grand nombre de phénomènes. Il remarqua immédiatement le bruit du choc de l'eau contre les parois du récipient vide d'air, l'irruption violente de l'eau et de l'air dans le récipient lorsque le robinet est brusquement ouvert, le dégagement par exhaustion des gaz tenus en dissolution dans les liquides, ou, comme l'appelle Guericke, la mise en liberté de l'exhalaison. Il observa qu'une bougie allumée s'éteint dans le vide car, explique-t-il, elle tire sa nourriture de l'air. Dans son ouvrage, il remarque formellement que la combustion n'est pas une annihilation de l'air mais bien une transformation.

La cloche ne sonne pas dans le vide. Les oiseaux y meurent ; beaucoup de poissons se gonflent et puis crèvent. Une grappe de raisin placée dans le vide reste fraîche plus de dix mois.

Il construisit un baromètre à eau en faisant communiquer un long tube plongeant dans l'eau avec un cylindre vide d'air ; il trouva que la hauteur de la colonne d'eau est de 19-20 aunes ; il expliqua par la pression atmosphérique tous les effets attribués jusqu'alors à l'horreur du vide.

Une de ses expériences importantes consiste dans la pesée d'un récipient d'abord plein et ensuite vide d'air. Le poids de l'air varie suivant les circonstances (température et pression barométrique). Selon Guericke il n'existe pas de rapport *déterminé* entre le poids de l'air et celui de l'eau.

Ce furent les expériences relatives à la pression atmosphérique qui firent la plus forte impression sur ses contemporains. Il fit le vide dans une sphère creuse formée de deux demi-sphères juxtaposées ; il fallut, pour en disjoindre les moitiés, les efforts réunis de 16 chevaux, et la séparation fut accompagnée d'une détonation violente. La même sphère fut aussi suspendue et une plaque lourdement chargée fut attachée à la moitié inférieure. Une autre de ses expériences est la suivante : un corps de pompe de grand diamètre est fermé par un piston auquel est attachée une forte corde qui passe sur une poulie, et se divise ensuite en de nombreuses branches pour permettre à un grand nombre d'hommes d'y tirer. Dès que l'on fit communiquer le corps de pompe avec un récipient vide d'air, tous les hommes furent jetés à terre. On parvint, par le même procédé, à élever un poids très lourd.

Guericke fait mention du fusil à air comprimé comme d'une chose déjà connue ; il construisit lui-même un instrument que l'on pourrait appeler fusil à air raréfié. Une balle est lancée par la pression atmosphérique extérieure dans un tube où le vide est soudainement fait ; arrivée à l'extrémité, elle repousse une légère soupape qui fermait le tube et s'échappe avec une grande vitesse.

Des vases fermés, transportés sur le sommet d'une montagne et ouverts alors, laissent s'échapper de l'air ; fermés ensuite et puis ramenés au bas de la montagne, ils aspirent l'air. Guericke reconnut aussi que l'air est élastique ; il le constata aussi par d'autres expériences.

10. — En Angleterre, R. Boyle continua les recherches de Guericke ; il n'y ajouta qu'un petit nombre d'expériences nouvelles. Il observa la propagation de la lumière dans le vide et remarqua que l'action de l'aimant s'y continue ; il y enflamma l'amadou à l'aide d'un verre ardent ; il mit le baromètre dans le récipient de la pompe à air et fut le premier à construire un manomètre. Il observa le premier l'ébullition des liquides chauds et le refroidissement de l'eau dans le vide.

Il faut citer aussi, parmi les expériences faites à cette époque à l'aide de la pompe à air, l'expérience de la chute des corps dans le vide, qui vint très simplement confirmer l'opinion de Galilée que tous les corps lourds ou légers tomberaient avec la même vitesse, n'était la résistance de l'air. Pour cela, on met dans un tube long un petit morceau de papier et une petite balle de plomb ; on fait le vide ; on place le tube verticalement, puis on le fait tourner brusquement de 180° autour d'un axe horizontal : les deux corps arrivent ensemble au bas. Parmi les données quantitatives nous choisissons les suivantes : Le poids spécifique du mercure étant 13,59 et la pression de l'air étant celle d'une colonne de mercure de 76 centimètres de hauteur, on trouve aisément que la pression atmosphérique est de 1^k,0328 par centimètre carré. Le poids de 1000 centimètres cubes d'air à 0° centigrade et 760 millimètres de pression est de 1,293 kilogrammes ; le poids spécifique de l'air par rapport à l'eau est donc 0,001293.

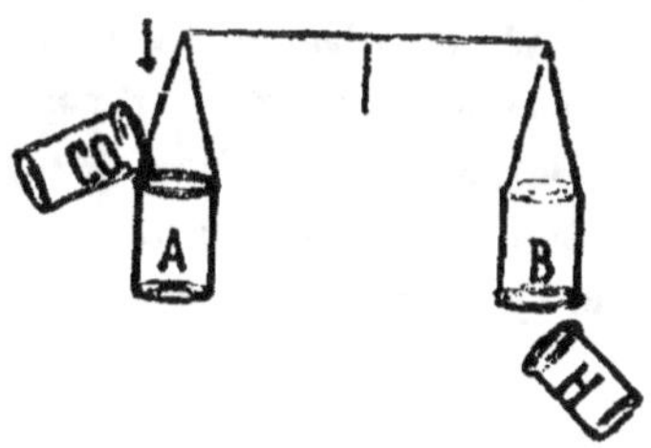

Fig. 84.

11. — Guericke ne connaissait qu'*une sorte* d'air. Nous pouvons donc nous représenter quelle sensation fit la découverte du gaz anhydride carbonique (air fixe) par Black, en 1755, et celle de l'hydrogène (air inflammable) par Cavendish, en 1766, bientôt suivies d'ailleurs d'autres découvertes du même genre. Il est très facile de remarquer que ces différents gaz ont des propriétés physiques diffé-

rentes. Faraday a mis en évidence leur grande différence de densité
par une très jolie expérience de cours. Au fléau d'une balance on
suspend deux vases de verre cylindriques, l'un deux, A, ouvert en
haut, l'autre, B, ouvert au bas; on établit l'équilibre ; on peut
alors remplir par le haut le vase A d'anhydride carbonique, plus
lourd que l'air, et remplir par le bas le vase B d'hydrogène plus
léger que l'air. Dans les deux cas le fléau de la balance s'incline dans
le sens de la flèche. On sait qu'aujourd'hui l'on peut, par des méthodes optiques, rendre visible l'écoulement des gaz.

12. — Bientôt après la découverte de Torricelli, on se préoccupa
d'utiliser le vide produit; on chercha à construire une machine
pneumatique à mercure, mais ce n'est qu'en ce siècle que l'on est parvenu à un résultat digne d'être mentionné. Les machines pneuma-
tiques à mercure dont on se sert aujourd'hui ne sont, somme toute,
autre chose que des baromètres dont l'extrémité supérieure est fort
élargie et où le niveau du mercure peut varier. Dans cette machine,
le mercure joue le rôle du piston de la machine pneumatique ordinaire.

13. — La force élastique de l'air, tout d'abord observée par
Guericke, fut étudiée avec plus de précision par Boyle et plus tard
par Mariotte. Tous deux trouvèrent la loi suivante : Soit V le volume
d'une quantité *donnée* de gaz et P la pression exercée par ce gaz
sur l'unité de surface du récipient qui le contient; le produit VP est
une constante. Ainsi, si le volume du gaz est réduit de moitié, la
pression exercée sur l'unité de surface est portée au double; si le
volume du gaz est doublé, la pression devient moitié moindre, etc.
Il est juste — ainsi que l'ont revendiqué en ces derniers temps
certains auteurs anglais — d'attribuer à Boyle et non à Mariotte la
découverte de cette loi, généralement connue sous le nom de loi
de Mariotte. Il convient encore d'ajouter que Boyle savait déjà que
la loi n'était qu'approchée, fait qui paraît avoir échappé à Mariotte.

Mariotte établissait la loi par une méthode fort simple. Il prenait
un tube de Torricelli et le remplissait en partie de mercure; il

mesurait le volume d'air restant et achevait alors l'expérience de Torricelli. Il obtenait ainsi un nouveau volume pour la même quantité d'air, et la nouvelle pression lui était donnée par l'écart entre sa colonne de mercure et la colonne barométrique. Pour comprimer l'air, Mariotte employait un tube recourbé à branches verticales. L'air se trouvait dans la plus courte des deux branches qui était fermée. La plus longue branche restait ouverte pour pouvoir y verser du mercure. Le volume de l'air était indiqué par la graduation du tube et, pour avoir sa pression, il suffisait d'ajouter la hauteur barométrique à la différence des niveaux du mercure.

Fig. 85.

Aujourd'hui on fait ces deux expériences de la façon la plus simple en prenant un tube en verre, fermé à sa partie supérieure et fixé à une tige graduée verticale, le long de laquelle peut glisser un tube $r'r'$ ouvert aux deux bouts ; les extrémités inférieures de ces deux tubes communiquant par un tuyau de caoutchouc kk (fig. 86). En remplissant partiellement le tube de mercure on peut, par le déplacement de $r'r'$, réaliser une différence quelconque des niveaux du mercure dans les deux branches ; il ne reste alors qu'à lire sur l'échelle le volume correspondant de l'air enfermé dans rr.

Mariotte entreprit ces recherches à l'occasion de la remarque suivante : il observa qu'une petite quantité d'air soutient encore la colonne barométrique, lorsqu'on la sépare entièrement du reste de l'atmosphère, bien qu'elle ne soit plus directe

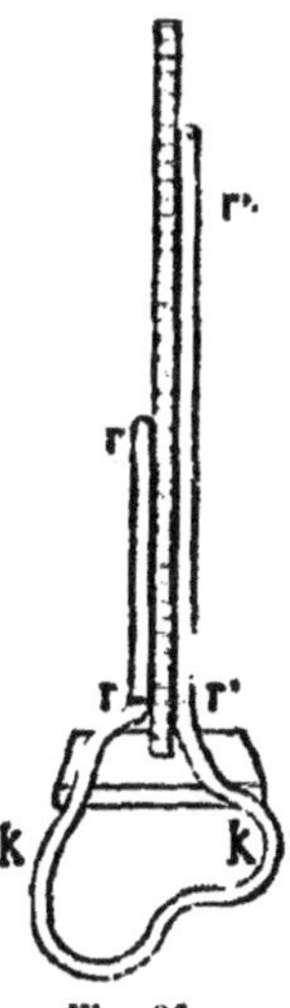
Fig. 86.

ment affectée par le poids de celle-ci — cela arrive par exemple lorsque l'on ferme l'extrémité ouverte du tube barométrique. L'explication simple de ce phénomène, qu'il trouva naturellement tout de suite, est que, avant la fermeture, la portion d'air maintenant enfermée est comprimée exactement autant qu'il le faut pour que sa tension fasse équilibre à la pression due au poids de l'atmos phère, c'est-à-dire pour exercer une pression élastique équivalente.

Nous n'entrerons pas dans les détails de la disposition et de l'emploi de la machine pneumatique. On peut les expliquer sans peine à l'aide de la loi de Boyle-Mariotte.

14. — Nous signalerons seulement encore que la découverte des aérostats parut si nouve et si merveilleuse qu'elle donna à la science une impulsion dont il serait impossible d'apprécier la véritable valeur.

CHAPITRE II

—

DÉVELOPPEMENT DES PRINCIPES DE LA DYNAMIQUE

I. — TRAVAUX DE GALILÉE

1. — Nous en arrivons maintenant à la discussion des principes de la dynamique. La dynamique est une science toute moderne. Toutes les spéculations mécaniques des anciens, et des Grecs en particulier, se rapportent à la statique. Le fondateur de la dynamique est Galilée. On peut s'en convaincre par la simple considération de quelques propositions des Aristotéliciens, qui étaient courantes à son époque. Pour expliquer la descente des corps lourds et l'ascension des corps légers (dans les liquides ou dans l'air par exemple) on disait que chaque corps cherche son lieu, et que les plus pesants ont leur lieu en bas, les plus légers, en haut. On distinguait les mouvements en mouvements naturels, tels que celui de chute des graves, et en mouvements violents, tels que celui des projectiles. On tirait d'un très petit nombre d'observations et d'expériences superficielles la conclusion que les corps lourds tombent plus vite et les corps légers plus lentement, ou plus exactement, que les corps de plus grand poids tombent plus vite et ceux de moindre poids, moins vite. Ces quelques extraits montrent suffisamment combien les connaissances dynamiques des anciens et en particulier des Grecs, étaient insignifiantes ; les temps modernes eurent donc tout d'abord à poser les bases de la science du mouvement.

On a fait ressortir maintes fois et de divers côtés que les idées de

Galilée n'étaient pas sans relations avec celles de prédécesseurs illustres. Il serait puéril de se le dissimuler, mais encore faut-il dire que Galilée les dépasse tous de loin. Le plus grand des devanciers de Galilée est Léonard de Vinci (1452-1519) dont nous avons déjà parlé dans le chapitre précédent. Mais ses travaux n'eurent aucune influence sur la marche de la science, car ils ne furent publiés pour la première fois qu'en 1797 par Venturi, et seulement en partie. Léonard de Vinci connaissait le rapport des durées des chutes suivant la hauteur et suivant la longueur du plan incliné. Peut-être connaissait-il aussi le principe de l'inertie.

Il est incontestable que tous les hommes ont une certaine connaissance instinctive d'une résistance à toute mise en mouvement, mais Léonard de Vinci paraît être allé un peu plus loin. Étant donné une colonne de dés, il sait que l'on peut en projeter *un* sans mettre les autres en mouvement ; il sait aussi qu'un corps mis en mouvement se meut plus longtemps si la résistance est moindre, mais il suppose que le corps cherche à parfaire une *longueur de parcours* mesurée par l'impulsion ; il ne parle jamais en termes exprès de la résistance au mouvement lorsque les empêchements sont complètement écartés (Cf. Wohlwill : *Bibliotheca mathematica* ; Stockholm, 1888, p. 19). Benedetti (1530-1590) connaît l'accélération dans la chute des corps : il l'attribue à l'addition des impulsions successives de la pesanteur (*Divers. speculat. math. et phys. liber*, Taurini, 1585). Il attribue la continuation du mouvement d'un corps lancé, non point, comme les péripatéticiens, à l'influence du milieu, mais à une certaine *virtus impressa*, sans cependant parvenir à résoudre complètement le problème. Les travaux de jeunesse de Galilée se rapprochent de ceux de Benedetti, qu'il semble avoir utilisés. Galilée accepte aussi une *virtus impressa*, mais il la considère comme allant en décroissant, et ce n'est qu'après 1604 (selon Wohlwill) qu'il paraît être en possession complète des lois de la chute des corps. G. Vailati a fait une étude spéciale des travaux de Benedetti (*Atti della R. Acad. di Torino* ; vol. XXXIII, 1898). Il considère que Benedetti a rendu un service capital en examinant les conceptions aristotéliciennes à un point de vue critique et mathématique, en les corrigeant et en cherchant à découvrir les contradictions qu'elles renferment ; il préparait ainsi le progrès ultérieur. Les aristotéliciens supposaient communément la vitesse de la chute en raison inverse de la densité du milieu ambiant. Benedetti montra que cette hypo-

thèse est inadmissible, ou du moins qu'elle ne peut tenir que dans des cas particuliers. Il admit que la vitesse est proportionnelle à la différence $p - q$ entre le poids p du corps et la poussée q qu'il subit de la part du milieu. Dès lors, si dans un milieu de densité double,

le corps tombe avec une vitesse égale à la moitié de la vitesse précédente, on aura : $p — q = 2 (p — 2q)$, condition qui n'est vérifiée
que lorsque $p = 3q$. Pour Benedetti un corps *léger* en soi n'existe
pas ; il attribue à l'air un poids et une poussée ; il considère plusieurs
corps *identiques* tombant ensemble les uns à côté des autres, une
première fois libres, et une seconde fois liés entre eux ; et, comme
cette liaison ne peut altérer en rien le phénomène de la chute, il en
déduit que des corps inégaux de même substance tombent également vite. Il se rapproche donc ici de la manière de penser de
Galilée, quoique ce dernier pénètre plus profondément le problème.
Les travaux de Benedetti contiennent toutefois encore beaucoup
d'erreurs ; il croit, par exemple, que les vitesses de deux corps de
même volume et de même configuration, sont entre elles comme
leurs poids ou comme leurs densités. Il faut encore signaler ses recherches intéressantes sur la fronde et son étude de l'oscillation d'un
corps de part et d'autre du centre de la terre dans un canal diamétral
traversant le globe terrestre, à laquelle il y a peu à retrancher. Les
corps lancés horizontalement lui paraissent se rapprocher plus lentement du sol et c'est pour cette raison qu'il croit à la diminution du
poids d'une toupie tournant autour d'un axe vertical. Benedetti ne
résout donc pas complètement les problèmes qu'il aborde, mais il
prépare leur solution.

2. — Dans les « *Discorsi e Dimostrazioni matematiche* » parus
en 1638, Galilée exposa ses premières recherches sur les lois de la
chute des corps. Galilée possède l'esprit moderne : il ne se demande
pas *pourquoi* les corps tombent, mais bien *comment* ils tombent,
d'après quelle loi se meut un corps tombant librement ? Pour déterminer ces lois, il fait certaines hypothèses ; mais, au contraire d'Aristote, il ne se borne pas à les poser, il cherche à en prouver l'exactitude par l'expérience.

Comme la vitesse d'un corps qui tombe va manifestement en
croissant sans cesse, il lui parut, en premier lieu, raisonnable d'admettre que cette vitesse est double après le parcours d'un chemin
double, triple au bout d'un chemin triple, en résumé, que les vi-

tesses acquises par la chute croissent proportionnellement aux es-paces parcourus. Avant de vérifier cette hypothèse par l'expérience, il examina si les conséquences que l'on peut logiquement en déduire ne l'infirment pas. Son raisonnement est le suivant : lorsqu'un corps acquiert une certaine vitesse après être tombé d'une certaine hauteur, une vitesse double après une hauteur de chute double, etc., comme sa vitesse dans la seconde chute est double de sa vitesse dans la première, il en résulte que le second chemin, qui est double, est parcouru dans un même temps que le premier, qui est simple. Or, dans le cas d'un chemin double à parcourir, comme la première moitié doit en être parcourue tout d'abord, on voit qu'il ne resterait aucun temps pour le parcours de la seconde moitié. La chute des corps serait donc un transport instantané, ce qui est contradictoire non seulement avec l'hypothèse, mais encore avec l'expérience visuelle. Nous reviendrons d'ailleurs plus tard sur ce raisonnement erroné.

3. — Galilée, croyant avoir prouvé que sa première hypothèse était inadmissible, supposa ensuite que la vitesse acquise est propor-tionnelle à la durée de la chute. D'après cela, si un corps tombe deux fois de suite, de telle façon que la seconde chute dure deux fois plus longtemps que la première, la vitesse acquise dans la seconde chute sera double de la vitesse acquise dans la première. N'ayant découvert aucune contradiction dans cette hypothèse,

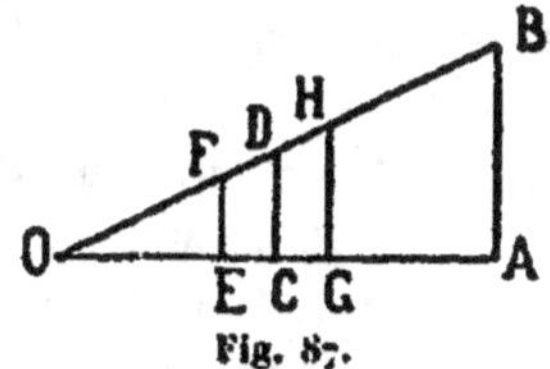

Fig. 87.

Galilée se préoccupa de vérifier par l'expérience si elle était con-forme aux faits. Il était fort difficile de prouver directement que les vitesses croissent proportionnellement au temps mais il lui sembla par contre plus aisé de déterminer la loi suivant laquelle l'espace parcouru croît avec la durée de chute. Il déduisit donc de son hypothèse la relation entre l'espace parcouru et le temps employé à le parcourir et c'est cette relation qu'il soumit à l'expérience. Sa déduction est simple, claire et parfaitement correcte. Il représenta les temps écoulés par des longueurs prises sur une ligne droite, et éleva à leurs extrémités

des perpendiculaires (ordonnées) représentatives des vitesses acquises. Un segment quelconque OG de la droite OA représente
ainsi une durée de chute et la perpendiculaire correspondante GH la
vitesse acquise.

En considérant le mode d'accroissement de la vitesse, Galilée remarqua qu'à l'instant c, où la moitié de la durée OA de la chute
est écoulée, la vitesse acquise CD est la moitié de la vitesse finale AB,
et que pour deux instants E et G également distants de l'instant C,
l'un avant, l'autre après, les vitesses (EF et GH) sont également différentes de la vitesse *moyenne* CD, l'une en moins, l'autre en plus.
Or, à chaque instant qui précède C correspond un instant également
éloigné qui le suit. Si donc nous comparons le mouvement réel avec
un mouvement *uniforme*, dont la vitesse serait la demi-vitesse finale,
nous voyons que ce qui est perdu par le mouvement réel sur le
mouvement uniforme dans la première moitié est regagné dans la
seconde. Nous pouvons donc regarder l'espace parcouru dans la
chute comme ayant été parcouru d'un mouvement uniforme de
vitesse égale à la moitié de la vitesse finale. En appelant v la vitesse
acquise pendant le temps t on a, puisqu'elle est proportionnelle à t,
$v = gt$, formule dans laquelle g est la vitesse acquise dans l'unité
de temps (que l'on appelle accélération). L'espace parcouru s est
alors donné par $s = \dfrac{gt}{2} t = \dfrac{1}{2} gt^2$. On a appelé *mouvement uniformément accéléré* ce mouvement dans lequel, d'après l'hypothèse,
la vitesse s'accroit de quantités égales dans des temps égaux.

Le tableau suivant donne les durées de chute, les vitesses acquises
et les espaces parcourus correspondants :

t	v	s
1	$1\,g$	$1.\ 1.\ \dfrac{g}{2}$
2	$2\,g$	$2.\ 2.\ \dfrac{g}{2}$
3	$3\,g$	$3.\ 3.\ \dfrac{g}{2}$
4	$4\,g$	$4.\ 4.\ \dfrac{g}{2}$
. . . . .	. . . . .	. . . . .
t	$t\,g$	$t.\ t.\ \dfrac{g}{2}$

4. — La relation entre t et s peut être vérifiée expérimentalement et Galilée a procédé à cette vérification de la manière que nous allons décrire.

Remarquons tout d'abord qu'aucune des notions et des données qui nous sont maintenant si familières n'était connue à cette époque : c'était au contraire Galilée qui devait les découvrir pour nous. Il lui était donc impossible de procéder comme nous le ferions aujourd'hui. Dans le but de pouvoir observer avec plus de précision le mouvement de chute des corps, Galilée chercha d'abord à le ralentir. Il observa des sphères roulant dans des rainures sur un plan incliné, et admit que ce procédé ralentissait seulement la vitesse du mouvement sans altérer la forme de la loi de chute. L'hypothèse qu'il s'agit de vérifier exige que des rainures de longueur 1. 4. 9. 16..... correspondent à des durées de chute respectives 1. 2. 3. 4..... L'expérience confirme le résultat théorique. Galilée mesura le temps d'une façon très habile. Nos chronomètres actuels n'existaient pas alors ; leur construction ne devint possible qu'après l'acquisition des connaissances dynamiques dont Galilée posa les bases. On se servait à cette époque d'horloges mécaniques, très peu précises, qui ne pouvaient servir qu'à la mesure approximative de grands espaces de temps ; les plus couramment employées étaient les horloges à eau et à sable, déjà en usage dans l'antiquité. Galilée construisit une horloge à eau fort simple, qui, chose peu ordinaire pour l'époque, fut spécialement adaptée à la mesure des durées très petites ; elle consistait en un vase de très grande section, rempli d'eau, dont le fond était percé d'un petit orifice que l'on pouvait boucher avec le doigt. Dès que la sphère commençait son mouvement sur le plan incliné, Galilée écartant le doigt ouvrait l'orifice ; l'eau s'écoulait et était recueillie dans un récipient, placé sur une balance, et au moment où la sphère arrivait au bout du parcours déterminé, il refermait l'orifice. A cause de la grande section du vase, la pression ne variait pas sensiblement, le poids de l'eau écoulée était donc proportionnel au temps. Il constata que les temps croissaient comme la suite des nombres entiers pendant que les espaces parcourus croissaient comme la suite des carrés. L'expérience vérifiait donc les conséquences de l'hypothèse et par suite l'hypothèse elle-même.

Pour comprendre parfaitement la marche de la pensée chez Galilée, il faut se rappeler qu'avant d'aborder l'expérimentation il se trouve déjà en possession d'expériences instinctives. Les yeux suivent le corps qui tombe d'autant plus difficilement qu'il tombe depuis plus longtemps ou qu'il a parcouru plus de chemin dans sa chute ; le choc qu'il donne à la main qui le reçoit devient en même temps de plus en plus sensible, et le bruit qu'il fait en heurtant les objets, de de plus en plus fort. La vitesse croît par conséquent avec la durée de la chute et la longueur du parcours. Mais, pour l'usage scientifique, la représentation mentale des expériences sensibles doit encore être figurée *abstraitement*. Ce n'est qu'ainsi qu'on peut les utiliser pour trouver une propriété *dépendante* d'un fait, ou pour compléter une propriété partiellement établie, par une *construction de calculs* abstraite basée sur une *appréciation abstraite* de la propriété caractérisée. Cette figuration se fait par la mise en évidence des points que l'on tient pour importants, en négligeant ce qui est accessoire, par *abstraction, idéalisation*. L'expérience décide si elle est ou non suffisante. Sans conception préexistante quelconque, toute expérience est en général impossible, car cette dernière reçoit précisément sa forme de la conception préalable que l'on possède. Quels seraient en effet le moyen et le but de la recherche si l'on n'avait pas déjà une certaine tendance ? La voie dans laquelle l'expérience doit être engagée pour *se compléter* dépend des données acquises auparavant. L'expérience étaie, modifie ou ruine la conception qui en a donné l'idée. Dans un cas semblable, le chercheur moderne se poserait la question : De quoi v est-il fonction ? v étant fonction de t, quelle est la forme de cette fonction ? Galilée, à la manière naïve des temps primitifs, se demande : v est-il proportionnel à s ou est-il proportionnel à t ? Il procède synthétiquement et à tâtons, et arrive pareillement au but. Les méthodes classiques, qui sont en quelque sorte des patrons ou des modèles, sont un des résultats de la recherche, et ne peuvent être parfaitement développées dès les premiers pas que fait le génie (Cf. *Ueber Gedankenexperimente*, Zeitschr. f. d. phys. u. chem. Unterricht; 1887, I).

5. — Dans le but de se représenter la relation entre le mouvement sur le plan incliné et le mouvement de chute libre, Galilée supposa qu'un corps acquiert la même vitesse en tombant suivant la hauteur ou suivant la longueur du plan. Cette hypothèse paraît un peu hasardée, mais il y parvint d'une façon qui la rend très naturelle et que nous allons exposer en quelques mots. Lorsqu'un corps tombe librement, il acquiert une vitesse proportionnelle à la durée de la chute ; Galilée imagina qu'au moment où le corps arrive à l'extrémité de sa chute sa vitesse soit brusquement renversée et dirigée vers le haut. Le corps se met à monter et l'on peut accepter que son mouvement actuel est pour ainsi dire une image réfléchie du précédent. La vitesse, qui tantôt croissait proportionnellement au temps, diminue dans le même rapport et ne devient nulle qu'au moment où le corps est monté pendant aussi longtemps qu'il était descendu et se retrouve à son niveau primitif. Donc la vitesse qu'un corps acquiert en tombant lui permet de monter à une hauteur *égale* à la hauteur de sa chute. Or, si en tombant le long d'un plan incliné, un corps acquérait une vitesse qui lui permît de remonter, sur un autre plan incliné, plus haut que son niveau initial, il s'ensuivrait que le poids même des corps pourrait produire leur ascension. L'hypothèse que les vitesses acquises ne dépendent que de la hauteur *verticalement* parcourue, et non pas de l'inclinaison des plans, ne contient donc que l'affirmation et la notion logique du *fait* que les corps pesants tendent non à monter, mais à *descendre*. Si, en effet, dans la chute inclinée, le corps prenait une vitesse un tant soit peu plus grande qu'en tombant verticalement suivant la hauteur, il suffirait de le faire passer, avec sa vitesse acquise, sur un plan vertical ou sur un plan autrement incliné pour l'amener plus haut que son point de départ. Si la vitesse acquise obliquement était au contraire moindre, on arriverait au même résultat en renversant l'expérience. Dans les deux cas on pourrait, par une succession de plans inclinés convenablement disposés, forcer un corps pesant à monter indéfiniment par son propre poids. — ce qui est en contradiction absolue avec notre connaissance instinctive de la nature des corps graves.

6. — Ici encore Galilée ne se contenta pas de l'examen logique et philosophique de son hypothèse; il voulut la soumettre à l'expérience.

Il prit dans ce but un pendule simple formé d'une sphère lourde attachée à un fil mince. Écartant le pendule de sa position d'équilibre, il souleva la sphère jusqu'à une hauteur quelconque et vérifia, en l'abandonnant à elle-même, qu'elle remontait jusqu'au même niveau. Il reconnut que, lorsqu'il n'en est pas *exactement* ainsi, la résistance

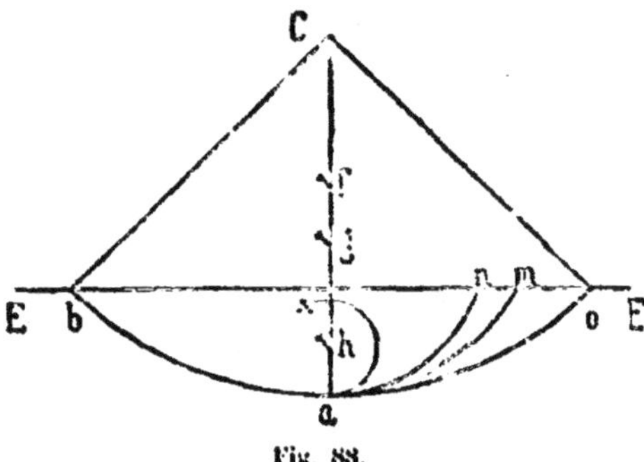

Fig. 88.

de l'air est la cause de l'écart, puisque celui-ci est plus grand pour une balle de liège, moindre pour une sphère plus lourde. Abstraction faite de cette résistance, le corps remonte à la même hauteur. Or, le mouvement de la sphère du pendule sur son arc de cercle peut être considéré comme une chute sur une succession de plans inégalement inclinés. Galilée fit ensuite remonter le corps sur un autre arc de cercle, c'est-à-dire sur une autre série de plans inclinés, en se servant pour cela d'un arrêt qu'il fixait en un point quelconque *f*, *g* (fig. 88), d'un côté de la position d'équilibre du fil, afin d'empêcher tel segment de fil qu'il voulait d'accomplir la seconde moitié du mouvement. Dès que le fil, dans son mouvement, atteint la position d'équilibre, il rencontre l'arrêt, et la sphère qui est descendue le long de l'arc *ba*, remonte le long d'une autre série de plans inclinés, donnée par l'arc *am* ou l'arc *an*. On constate qu'elle revient à son niveau

horizontal initial EE, ce qui n'arriverait pas si l'inclinaison du plan
avait une influence sur la vitesse acquise dans la chute. En fixant
l'arrêt suffisamment bas (en h) on peut raccourcir à volonté la longueur du pendule dans la deuxième demi-oscillation sans changer
l'allure du phénomène ; et, s'il est fixé assez bas pour que le fil ne
puisse plus remonter jusqu'au plan EE, la sphère passera rapidement
par dessus l'arrêt sur lequel elle enroulera le fil, car elle possède
encore un reste de vitesse lorsqu'elle arrive à la plus grande hauteur
qu'il lui est possible d'atteindre. On sait d'ailleurs que, dans ce cas, le
point h doit être assez rapproché de a pour que le fil ne puisse se
détendre.

7. — On voit que la vitesse qu'un corps acquiert en tombant sur
le plan incliné lui permet de remonter exactement au niveau d'où il
est descendu. L'hypothèse de l'égalité des vitesses acquises dans la
chute inclinée et dans la chute verticale de même hauteur ne contient rien d'autre que l'expression de ce fait. Galilée en déduisait aisément que les durées des chutes suivant la longueur et la hauteur sont
dans le rapport de ces deux chemins, et que les accélérations sont
dans le rapport inverse, puisqu'elles sont inversement proportionnelles aux durées des chutes.

Considérons en effet un plan incliné ; sa hauteur AB et sa longueur
AC sont toutes deux parcourues d'un mouvement uniformément accéléré dans des temps t et t'. Soit v la vitesse finale commune ; on sait
que :

$$AB = \frac{v}{2}\,t, \qquad AC = \frac{v}{2}\,t',$$

$$\frac{AB}{AC} = \frac{t}{t'}.$$

En appelant g et g' les accélérations respectives, on aura :

$$v = gt, \qquad v = g't',$$

$$\frac{g'}{g} = \frac{t}{t'} = \frac{AB}{AC} = \sin z.$$

On peut donc calculer, par cette méthode, l'accélération d'un corps tombant librement, étant donnée celle qu'il possède sur le plan incliné.

Galilée déduisit de cette théorie quelques corollaires dont plusieurs

Fig. 89.

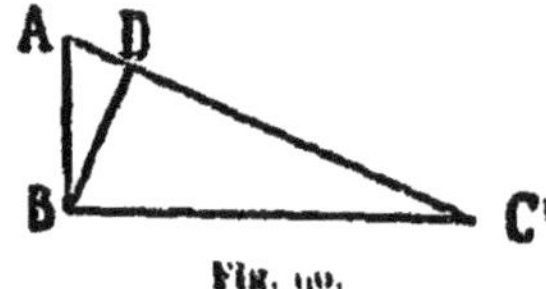

Fig. 90.

sont passés dans nos traités élémentaires. Considérons, par exemple, deux corps tombant, l'un verticalement, l'autre obliquement. Leurs accélérations sont entre elles dans le rapport inverse de la hau-

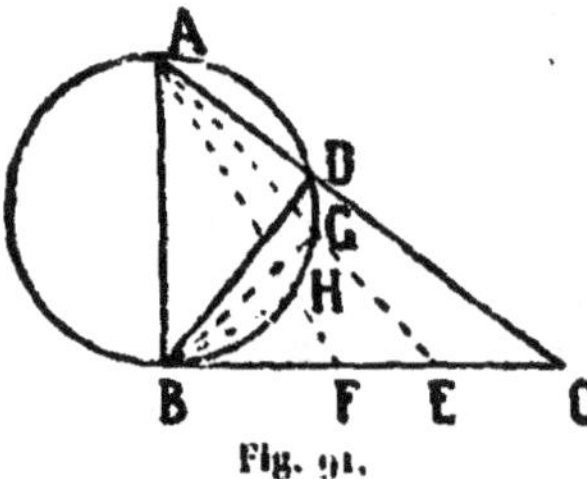

Fig. 91.

teur à la longueur : pour avoir les chemins qu'ils parcourent en des temps *égaux*, il suffira donc d'abaisser la perpendiculaire BD du pied de la hauteur sur le plan incliné : Les deux chemins AB et AD sont donc parcourus dans des temps égaux par deux corps, l'un tombant librement du point A, l'autre glissant sur le plan incliné. Il s'ensuit que si plusieurs plans inclinés AC, AE, AF aboutissent en A, les cordes d'intersections AD, AG, AH de leurs lignes de plus grande pente avec la cir-conférence décrite sur AB comme diamètre sont parcourues dans des temps égaux. Comme cette propriété ne dépend que des lon-gueurs des cordes et des inclinai-sons, et non point de la situation des plans inclinés dans l'espace,

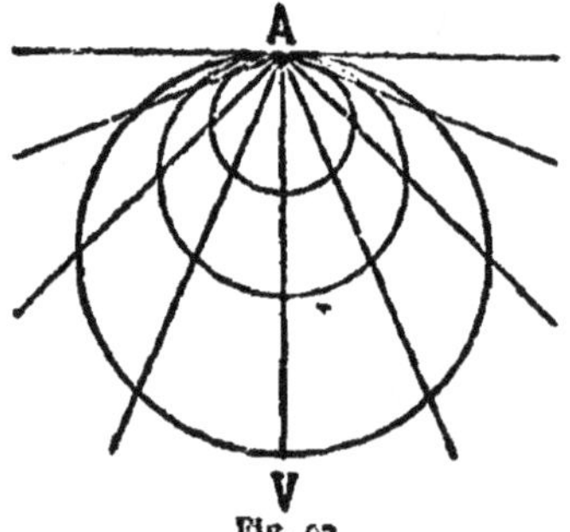

Fig. 92

elle reste valable pour les cordes BD, BG, BH aboutissant à l'extré-mité inférieure. On peut donc dire en général qu'un corps soumis à la seule action de son poids met le même temps pour décrire le diamètre vertical d'un cercle ou l'une quelconque des cordes qui aboutissent à l'une de ses extrémités (fig. 91).

Galilée ajoutait encore à ceci quelques considérations fort élégantes que les manuels ne contiennent d'habitude pas; ainsi il considérait des obliques diversement inclinées, partant d'un même point A, et situées dans un même plan vertical. Si l'on abandonne au même instant au point A un corps pesant sur chacune de ces droites, ces corps, commençant ensemble leurs mouvements de descente, se trouveront à chaque instant en des points d'une même circonférence dont le diamètre est donné par l'espace verticalement parcouru et croît par suite proportionnellement au carré du temps. En faisant tourner la figure autour de la verticale AV, on voit sans peine que ces circonférences sont remplacées par des sphères lorsque les obliques sont distribuées d'une façon quelconque dans l'espace autour du point A.

8. — Galilée ne cherche donc pas à faire une *théorie* de la chute des corps. Tout au contraire, il observe le *phénomène* de la chute et l'étudie sans idées préconçues. Dans cette recherche, *adaptant* graduellement sa pensée aux phénomènes et la *poursuivant* dans toutes ses conséquences logiques, il est arrivé à une conception qui, probablement pour lui-même beaucoup moins que pour ses successeurs, a eu le caractère d'une loi particulière nouvelle. Galilée suit dans toutes ses déductions un principe d'une grande fécondité scientifique, que l'on peut justement appeler *principe de continuité* et qui consiste à modifier, graduellement et autant qu'il est possible, les circonstances d'un cas particulier quelconque dont on s'est fait une idée claire, en se tenant toujours aussi près que possible de cette idée antérieurement acquise. Aucune autre méthode ne permettra la compréhension des phénomènes naturels avec plus de certitude et de *simplicité*, avec moins de fatigue ou un moindre effort intellectuel.

Un exemple particulier fera mieux saisir notre pensée que ces considérations générales. Galilée considère un corps qui tombe sur le plan incliné AB et que l'on place avec sa vitesse acquise sur un autre plan incliné BC, le long duquel il remonte. Sur tous les plans inclinés

BC, BD, etc., ce corps monte et s'élève jusqu'au plan horizontal passant par A. Mais de même que ce corps tombe le long de BD avec
une *accélération* moindre que le long de BC, de même il monte le
long de BD avec un *ralentissement* moindre que le long de BC. A
mesure que les plans BC, BD, BE, BF se rapprochent du plan
horizontal, le ralentissement du corps devient de plus en plus petit ;
le chemin parcouru et la durée du mouvement deviennent par conséquent de plus en plus grands. Sur le plan horizontal BH, le ralentissement disparaît *tout à fait*, — abstraction faite, évidemment, du
frottement et de la résistance de l'air — le corps se meut indéfiniment
loin et indéfiniment longtemps avec une vitesse *constante*. En
atteignant ainsi le cas limite du problème, Galilée découvre la loi
connue sous le nom de *loi d'inertie*, d'après laquelle un corps sur

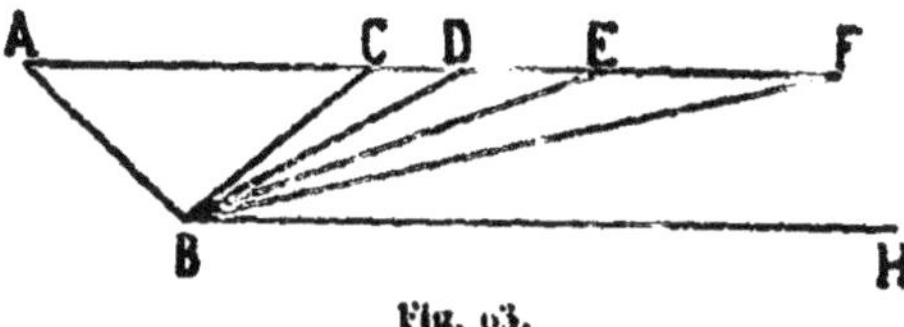

Fig. 93.

lequel n'agit aucune circonstance modificatrice de mouvement (force)
conserve indéfiniment sa vitesse (et sa direction). Nous reviendrons
plus loin sur ce sujet.

Dans une remarquable étude publiée en 1884 dans le *Zeitschrift
für Völkerpsychologie* sous le titre *Die Entdeckung des Beharrungs-
gesetzes* (vol. XIV, pp. 365-410 et vol. XV, pp. 70-135, 337-387),
E. Wohlwill a montré que les prédécesseurs et les contemporains de
Galilée, et Galilée lui-même, n'abandonnèrent que *très lentement et
par degrés* les idées aristotéliciennes pour en arriver à la loi de
l'inertie. Même chez Galilée le *mouvement circulaire uniforme* et le
mouvement horizontal uniforme prennent une signification singulière.
L'étude très intéressante de Wohlwill montre que Galilée lui-même
n'arrive pas à une conception parfaitement claire des principes fondamentaux qu'il a posés et qui ont permis le développement de la
science et qu'il est sujet à de fréquents retours aux idées anciennes,
ce qui n'est d'ailleurs que très naturel.

Le lecteur peut du reste voir à l'exposé que j'en ai fait que la loi d'inertie ne possédait point, dans l'esprit de Galilée, la clarté et la généralité qu'elle acquit plus tard (Cf. *Erhaltung der Arbeit*. p. 47.) Contrairement à l'opinion de Wohlwill et de Poske, je crois toujours avoir, dans mon exposition, indiqué le point qui devait *faire sentir* le plus clairement possible, à Galilée et à ses successeurs, le *passage* de la conception ancienne à la nouvelle. Galilée fut bien près de la conception complète de la loi d'inertie, et je n'en veux comme preuve que le fait (signalé par Wohlwill lui-même, *l. c.* p. 112.) que Baliani déduisit de l'exposé de Galilée l'indestructibilité d'une vitesse une fois acquise. Il n'est pas même surprenant que, là où il s'agit uniquement de mouvements de corps *pesants*, Galilée emploie la loi d'inertie surtout pour les mouvements horizontaux. Il sait cependant qu'une balle *sans poids* continuera à se mouvoir en ligne droite dans la direction du jet (*Dialogue sur les deux systèmes du monde* ; Leipzig ; 1891, p. 184), mais il n'est pas extraordinaire qu'il hésite devant l'énoncé général d'une proposition à première vue si étrange.

9. — La chute des corps est donc un mouvement dans lequel la vitesse croît proportionnellement au temps, c'est-à-dire un mouvement uniformément accéléré.

Parfois l'accélération uniforme du mouvement de la chute des graves est présentée comme une conséquence de l'action constante de la pesanteur. Ce procédé d'exposition est un anachronisme et un non-sens historique. « La gravité, dit-on, est une force constante; *par conséquent* elle engendre, dans des éléments égaux de temps, des éléments égaux de vitesse et le mouvement qu'elle produit est ainsi uniformément accéléré. » Cette exposition est antihistorique, ainsi que toutes celles du même genre. Elle présente sous un jour entièrement faux le fait capital de la découverte de ces lois. La notion de force, telle que nous la possédons aujourd'hui, fut en effet créée par Galilée. Auparavant l'on ne connaissait la *force* qu'en tant que *pression*. Ce n'est que l'expérience qui peut apprendre qu'en général la pression provoque un mouvement. A plus forte raison encore ne peut-on savoir, autrement que par l'expérience, *comment* la pression se transforme en mouvement, et reconnaître qu'elle ne détermine ni une position, ni une vitesse, mais bien une accélération. La simple logique ne pourrait nous donner sur ce point que des hypothèses ; l'expérience seule peut nous éclairer avec autorité.

10. — Des analogies tirées d'autres parties de la physique font immédiatement saisir qu'il n'est nullement évident *a priori* que les circonstances déterminantes de mouvement (forces) produisent des *accélérations*. Ainsi, les différences de température provoquent aussi des changements des corps, mais elles déterminent des *vitesses* compensatrices et non pas des *accélérations*.

Galilée *discerne* dans les phénomènes naturels le fait que les circonstances déterminantes de mouvement produisent des accélérations. Mais auparavant on y avait déjà discerné un grand nombre d'autres points. Par exemple, lorsque l'on dit que toute chose cherche son lieu, cette observation est parfois fort juste, mais elle n'est pas valable dans tous les cas et n'épuise point complètement le sujet. Ainsi jetons une pierre en l'air ; cette pierre ne cherche plus son lieu, puisqu'elle monte et que son lieu est en bas ; mais l'accélération vers la terre ou le ralentissement du mouvement d'ascension est toujours présent. Galilée est le premier qui ait aperçu ce fait : son observation est juste dans tous les cas, elle est valable en général, *elle embrasse d'un seul coup d'œil un domaine bien plus grand.*

11. — Ainsi que nous l'avons déjà remarqué, c'est tout à fait *incidemment* que Galilée trouva la loi d'inertie. On énonce d'habitude cette loi en disant qu'un corps, sur lequel n'agit aucune force, conserve une vitesse et une direction invariables. Cette loi d'inertie a eu une fortune étrange. Il ne paraît pas qu'elle ait jamais joué un bien grand rôle dans la pensée de Galilée. Mais ses successeurs, et notamment Huyghens et Newton, en ont fait une loi spéciale. Bien plus, certains ont considéré l'inertie comme une propriété générale de la matière. Il est cependant facile de reconnaître qu'elle ne constitue en rien une loi particulière, mais qu'elle est au contraire déjà contenue dans cette idée (de Galilée) que les circonstances déterminantes du mouvement (c'est-à-dire les forces) produisent des *accélérations*. En effet, s'il est donné qu'une force ne détermine ni une position, ni une vitesse, mais bien une accélération, c'est-à-dire une *variation de vitesse*, il va de soi que là où il n'y a pas de force, il ne peut se produire de variation de vitesse. Il est inutile de donner de ce corollaire un énoncé spécial ; en le faisant, on présente un fait unique comme *deux faits distincts*, on formule *deux fois le même fait*. De grands génies ont commis cette erreur de méthode, et l'on ne peut se l'expliquer que par cette perplexité des débutants, qui peut s'emparer des plus grands chercheurs et les faire hésiter lorsqu'ils voient devant eux une énorme accumulation de matériaux nouveaux.

En tout état de choses, il est complètement erroné de se représenter l'inertie soit comme une propriété évidente par elle-même, soit comme une conséquence du principe général d'après lequel « l'effet d'une cause persiste ». L'origine de toutes ces erreurs est une recherche mal comprise de la rigueur. Les principes du genre de celui que nous venons de citer sont d'ailleurs des propositions scolastiques qui n'ont que faire dans la science. La proposition contraire : « cessante causa, cessat effectus, » est tout aussi valable, car si l'on appelle « effet » la vitesse acquise, c'est la première proposition qui tient ; si l'on appelle « effet » l'accélération, c'est la seconde qui est correcte.

12. — Nous étudierons maintenant les travaux de Galilée en nous plaçant à un autre point de vue. Galilée commença ses recherches en se servant des notions qui étaient familières de son temps et qui s'étaient développées grâce surtout aux arts manuels. Parmi celles-ci se trouve la notion de vitesse que le mouvement uniforme fournit immédiatement. Si, en effet, un corps décrit dans chaque seconde le même chemin c, en t secondes il décrira le chemin $s = ct$. On appelle vitesse le chemin c décrit par seconde, que l'on peut d'ailleurs mesurer en observant un chemin quelconque et le temps correspondant ; la formule donne alors $c = \frac{s}{t}$. La

vitesse s'obtient donc en divisant le nombre qui mesure l'espace
parcouru par celui qui mesure le temps écoulé.

Or Galilée ne pouvait achever ses travaux sans modifier et étendre
tacitement la notion traditionnelle de vitesse. Pour fixer les idées,
représentons par des diagrammes un mouvement uniforme et un
mouvement variable (fig. 94, 1 et 2), les temps écoulés étant portés
en abscisses sur l'axe OA et les espaces parcourus en ordonnées, dans
la direction AB. Dans le premier cas, nous obtenons constamment la
même valeur c pour la vitesse, quel que soit l'accroissement d'espace
parcouru que nous divisions par le temps correspondant. Mais il
n'en est pas ainsi dans le second : en procédant de même, nous
obtenons pour la vitesse les valeurs les plus différentes. Il s'ensuit
qu'alors la notion ordinaire de vitesse n'a plus de signification déter-

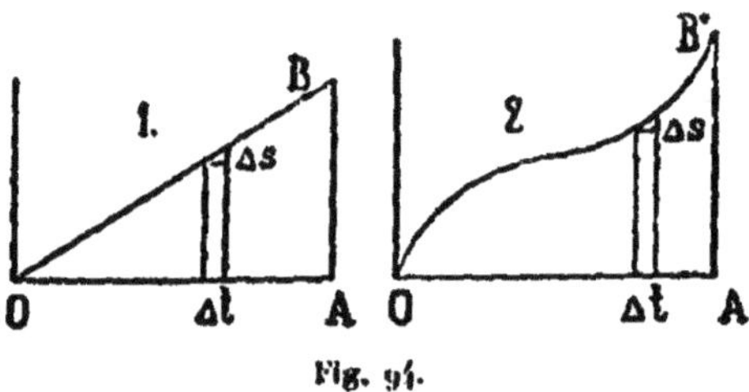

Fig. 94.

minée. Si toutefois l'on considère l'espace parcouru dans un élément
de temps assez petit pour que l'élément de courbe de la figure 2
s'approche de la ligne droite, on pourra regarder cet accroissement
comme uniforme et définir la vitesse de ce mouvement élémentaire
comme étant le quotient $\frac{\Delta s}{\Delta t}$ du chemin élémentaire par l'élément de
temps correspondant. Cette définition sera plus précise encore si l'on
définit la vitesse à un instant donné comme la limite vers laquelle
tend le quotient $\frac{\Delta s}{\Delta t}$ lorsque l'élément de temps devient infiniment
petit, limite que l'on représente par $\frac{ds}{dt}$. Cette conception nouvelle
contient la première comme cas particulier ; elle s'applique immédiatement au mouvement uniforme. Bien qu'elle n'ait été formellement exprimée que longtemps après lui, on voit cependant que,

dans sa pensée, Galilée se servait de cette extension de la notion de vitesse.

13. — La notion d'*accélération* à laquelle Galilée fut conduit est entièrement nouvelle. Dans le mouvement uniformément accéléré, la vitesse varie avec le temps, de la même façon que l'espace parcouru dans le mouvement uniforme. En appelant v la vitesse acquise au bout du temps t, on a :

$$v = gt,$$

formule dans laquelle g représente l'accroissement de vitesse dans l'unité de temps, c'est-à-dire l'accélération, qui est donc aussi donnée par l'équation :

$$g = \frac{v}{t}.$$

Dès que l'on considère des mouvements non uniformément accélérés, on doit étendre la notion d'accélération de la même façon que l'on a dû étendre celle de vitesse. Reprenons les figures 1 et 2, dans lesquelles les abscisses représentent toujours les temps, mais où, maintenant, les ordonnées représentent les *vitesses*. En reprenant point par point le raisonnement précédent, nous définirons l'accélération par la formule $\frac{dv}{dt}$, où dv représente l'accroissement infiniment petit de vitesse pendant le temps infiniment petit dt. En nous servant des notations du calcul différentiel, nous aurons, pour l'accélération φ dans un mouvement *rectiligne* :

$$\varphi = \frac{dv}{dt} = \frac{d^2s}{dt^2}.$$

Les idées qui viennent d'être développées sont d'ailleurs susceptibles d'une représentation graphique. En portant les temps en abscisses et les chemins en ordonnées, on obtient une courbe des espaces dont la *pente* en chaque point représente la vitesse à l'instant correspondant. En portant de même les temps et les vitesses en abscisses et en ordonnées, on obtient une courbe des vitesses dont la pente représente l'accélération. Mais la courbure de la courbe des espaces permet déjà de reconnaître la variation de la pente des vitesses. Considérons, en effet, un mouvement uniforme représenté, comme d'habitude, par la ligne droite OCD et comparons-le avec un second mouvement OCE dont la vitesse est plus grande, dans la seconde moitié du mouvement et pour lequel l'ordonnée BE, correspondant à l'abscisse OB = 2 OA, sera par conséquent plus grande, et, enfin, avec un mouvement OCF, dont la vitesse dans la seconde moitié est moindre que la vitesse du mouvement uniforme et pour lequel l'ordonnée finale BF sera moindre que BD. La simple superposition des diagrammes de ces trois mouvements montre qu'à un mouvement accéléré correspond une courbe des espaces convexe vers l'axe des abscisses et à un mouvement retardé, une courbe concave. Supposons qu'un mobile, animé d'un mouvement vertical quelconque, porte un crayon dont la pointe reste en contact avec une feuille de papier que l'on déplace d'un mouvement horizontal uniforme de droite à gauche. Le crayon dessine un diagramme (fig. 96) d'où l'on peut déduire les particularités du mouvement. En a, la vitesse du crayon est dirigée vers le haut ; en b, elle est plus grande ; en c, nulle ; en d, elle est dirigée vers le bas ; en e, de nouveau nulle. En a, b, d, e, l'accélération est dirigée vers le haut ; en c, elle est dirigée vers le bas ; en c et en e, elle est maximum.

14. — Un tableau de temps, des vitesses acquises et des chemins parcourus permet d'embrasser d'un coup d'œil le résumé des découvertes de Galilée :

t	v	s
1	g	$1 . \dfrac{g}{2}$
2	$2g$	$4 . \dfrac{g}{2}$
3	$3g$	$9 . \dfrac{g}{2}$
. . . .		
t	tg	$t^2 \dfrac{g}{2}$

Les nombres qui y sont contenus suivent une loi si simple et si immédiatement reconnaissable qu'il est tout aussi facile de remplacer

tout le tableau par une *règle de construction*. La relation qui existe
entre la première et la deuxième colonne est exprimée par l'équation
suivante, qui n'est au fond que l'expression de la méthode de construction du tableau : $v = gt$. Les relations entre les nombres de la

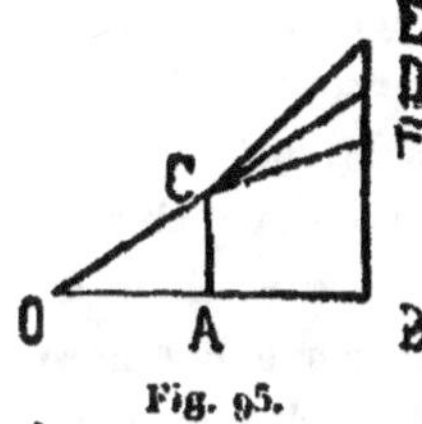

Fig. 95.

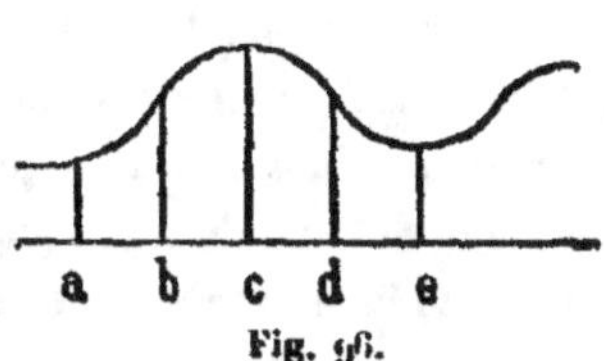

Fig. 96.

première et de la troisième colonne, et entre ceux de la deuxième et
de la troisième, sont respectivement : $s = \frac{1}{2} gt^2$ et $s = \frac{v^2}{2g}$. On
trouve ainsi les trois relations :

$$(1) \qquad v = gt,$$

$$(2) \qquad s = \frac{1}{2} gt^2,$$

$$(3) \qquad s = \frac{v^2}{2g}.$$

Galilée n'emploie que les relations (1) et (2); Huyghens, le
premier, mit en évidence l'utilité de la troisième, ce qui fut pour
la science un progrès considérable.

15. — Une remarque suggestive peut être faite à propos de ce
tableau. Nous avons déjà dit que, par la vitesse qu'il acquiert
en tombant, un corps peut remonter au niveau d'où il est parti.
Dans ce mouvement d'ascension, la vitesse diminue (par rapport
au temps et à l'espace) exactement de la même manière qu'elle
avait augmenté pendant la chute. Or, un corps tombant librement acquiert une vitesse double dans une chute *de durée double*,
mais la hauteur qu'il parcourt pendant ce temps double est quatre
fois plus grande. Donc un corps lancé verticalement vers le haut
avec une vitesse double montera pendant un temps *deux fois* plus

grand et à une hauteur *quatre fois* plus grande qu'un corps lancé avec une vitesse simple.

Peu de temps après Galilée, on reconnut que, dans la vitesse d'un corps, il se trouve quelque chose qui correspond à une force, par quoi une force peut être vaincue, une certaine « *capacité d'action* ». On ne discuta que le point de savoir si cette capacité d'action était proportionnelle *à la vitesse*, ce qui était l'avis des cartésiens, ou bien au *carré de la vitesse*, ce que prétendait l'école de Leibnitz. Mais on sait aujourd'hui qu'il n'y a plus là matière à discussion. Le corps lancé vers le haut avec une vitesse double surmonte une force donnée pendant un temps *double* mais le long d'un chemin *quadruple*. Donc, par rapport au temps, la capacité d'action de la vitesse lui est proportionnelle, par rapport à l'espace, elle est proportionnelle à son carré. D'Alembert signale cette erreur, mais en termes peu clairs. Ajoutons encore que Huyghens déjà avait sur ce sujet des idées parfaitement précises.

16. — Les procédés expérimentaux par lesquels on vérifie aujourd'hui les lois de la chute des corps sont quelque peu différents de ceux de Galilée. On peut employer deux méthodes. Ou bien, afin de pouvoir l'observer commodément, on ralentira le mouvement de chute qui, par sa rapidité, est difficile à observer directement, mais de telle façon qu'il ne s'ensuive aucune modification de sa loi ; ou bien on l'observera directement, sans y rien changer, par des procédés perfectionnés. Sur le premier de ces principes reposent le plan incliné de Galilée et la machine d'Atwood. Ce dernier appareil consiste en une poulie légère sur laquelle passe un fil tendu par deux poids égaux P suspendus à ses extrémités. Ajoutons à l'un des poids P un petit poids p. Ce petit excès de poids fait naître un mouvement uniformément accéléré d'accélération $\dfrac{p}{2P + p}\, g$, comme nous le verrons sans peine dès que nous aurons discuté le concept « masse ». Une échelle graduée verticale liée à la poulie permet alors de vérifier

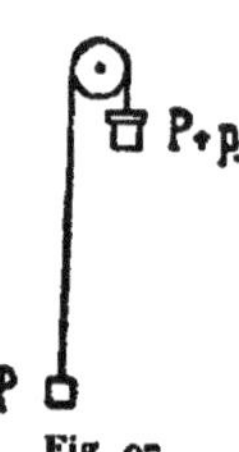

Fig. 97.

que les chemins, 1, 4, 9, 16... sont parcourus dans les temps 1, 2, 3, 4... Pour observer la vitesse finale acquise au bout d'une durée donnée de chute, on enlève le poids additionnel p, qui dépasse un peu P, à l'aide d'un anneau à l'intérieur duquel doit passer le corps P + p, et, à partir de cet instant, le mouvement continue sans accélération.

L'appareil de Morin est basé sur le second principe. Une feuille de papier disposée verticalement est animée d'un mouvement uniforme au moyen d'un appareil d'horlogerie. Un corps pesant est muni d'un crayon qui, lorsque le papier se meut, trace une ligne horizontale. Si le corps tombe, le papier restant immobile, le crayon trace une droite verticale. Si les deux mouvements sont simultanés, le crayon trace une parabole dont les abscisses horizontales représentent les temps écoulés et dont les ordonnées verticales représentent les espaces parcourus. Pour les abscisses 1, 2, 3, 4... on obtient les ordonnées 1, 4, 9, 16... Il est accessoire que Morin se serve, au lieu d'une feuille de papier plane, d'un tambour cylindrique animé d'une rotation rapide autour de son axe vertical; le corps, guidé par un fil de fer, tombe le long d'une génératrice de ce cylindre.

Un appareil différent basé sur le même principe fut inventé à la fois par Laborde, Lippich et von Babo, indépendamment l'un de l'autre. Un long rectangle de verre noirci au noir de fumée tombe librement devant une tige élastique qui vibre horizontalement, en traçant une courbe sur le verre noirci. Le premier passage de la tige par sa position d'équilibre fait commencer le mouvement de chute. Les ondulations tracées sur le verre deviennent de plus en plus longues à cause de la constance de la durée d'oscillation et de l'accroissement de la vitesse verticale. On constate (fig. 98) que $bc = 3\,ab$, $cd = 5\,ab$, $de = 7\,ab$,... Les égalités :

$$ac = ab + bc = 4\,ab,$$
$$ad = ab + bc + cd = 9\,ab,$$
$$ae = ab + bc + cd + de = 16\,ab,\ \text{etc.},$$

nous montrent immédiatement la loi des espaces. La loi des vitesses est vérifiée par l'inclinaison des tangentes aux points a, b, c, d, etc.

Cette expérience permet de déterminer très exactement la valeur de g, si l'on connaît la durée de l'oscillation du barreau.

Wheatstone employa, pour la mesure des temps très petits, un chronoscope formé d'un mécanisme d'horlogerie à mouvement très rapide qui se mettait en marche au commencement du temps à me-

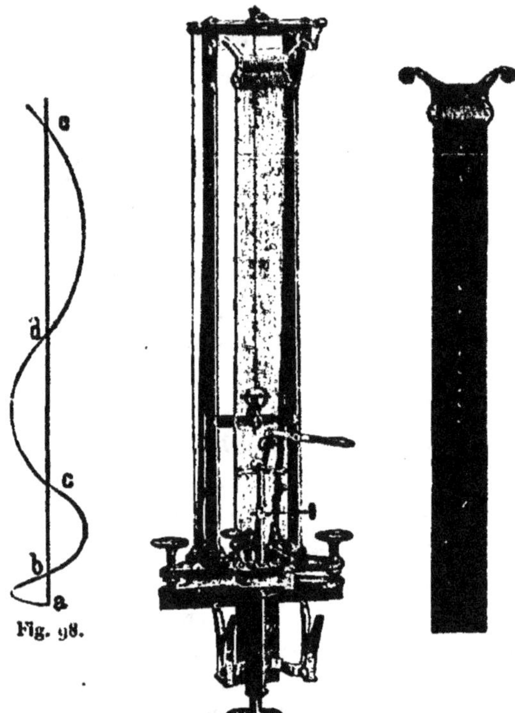

Fig. 98.

Fig. 98 a.

surer et cessait de marcher à la fin. Hipp a modifié avantageusement ce procédé comme suit : Le mécanisme d'horlogerie à mouvement rapide est réglé par un diapason donnant une note élevée, au lieu de balancier. Un index très léger peut être engrené avec le mécanisme ou désengrené, par l'intermédiaire d'un courant électrique. Dès que le corps tombe, le courant s'ouvre et l'index est engrené ; dès que le corps arrive au but le courant se ferme, l'index est désengrené et le chemin qu'il a parcouru donne le temps écoulé.

17. — Parmi les travaux ultérieurs de Galilée nous devons encore citer ses réflexions sur le mouvement du pendule, et sa réfutation de l'opinion d'après laquelle les corps de poids plus grand tomberaient plus vite que ceux de poids moindre. Nous reviendrons plus tard sur ces deux points. On peut cependant signaler ici qu'en découvrant l'isochronisme des oscillations du pendule, il proposa immédiatement de s'en servir pour la mesure du nombre les battements du pouls des malades, ainsi que pour les observations astronomiques, et que, jusqu'à un certain point, il l'utilisa lui-même dans ce but.

18. — Ses recherches sur le mouvement des projectiles sont d'une importance plus grande encore. D'après Galilée un corps libre possède toujours une accélération verticale g dirigée vers la terre. Si au début du mouvement le corps est déjà animé d'une vitesse c, sa vitesse après le temps t sera :

$$v = c + gt,$$

formule dans laquelle la vitesse initiale est prise avec le signe moins lorsqu'elle est dirigée vers le haut. Le chemin parcouru au bout du temps t est donné par

$$s = a + ct + \frac{1}{2}gt^2,$$

ct et $\frac{1}{2}gt^2$ sont les parties de chemin décrites respectivement dans le mouvement uniforme et dans le mouvement uniformément accéléré. La constante a est nulle lorsque l'on compte les espaces à partir du point où le corps se trouve au temps $t = o$.

Dès qu'il eut acquis ses conceptions fondamentales sur la dynamique, Galilée reconnut sans peine que le jet horizontal est une combinaison de deux mouvements *indépendants* l'un de l'autre, un mouvement horizontal uniforme et un mouvement vertical uniformément accéléré. Il fit ainsi connaître le *parallélogramme du mouvement*. Dès lors le jet oblique ne présentait plus de difficultés réelles.

Si un corps est animé d'une vitesse horizontale c, il décrit dans le temps t un chemin horizontal $y = ct$, pendant que, verticalement, il tombe de la hauteur $x = \frac{1}{2}gt^2$. Des circonstances déterminantes de mouvement distinctes n'exercent aucune influence les unes sur les autres, et les mouvements qu'elles déterminent sont *indépendants les uns des autres*. Galilée fut conduit à cette hypothèse par une observation attentive et l'expérience l'a confirmée. Les deux équations ci-

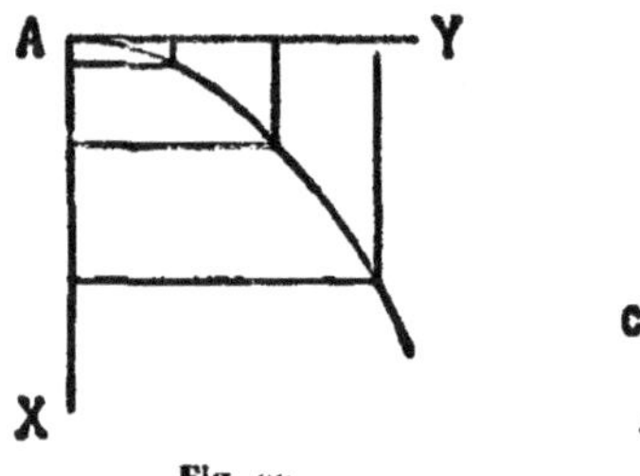

Fig. 99.

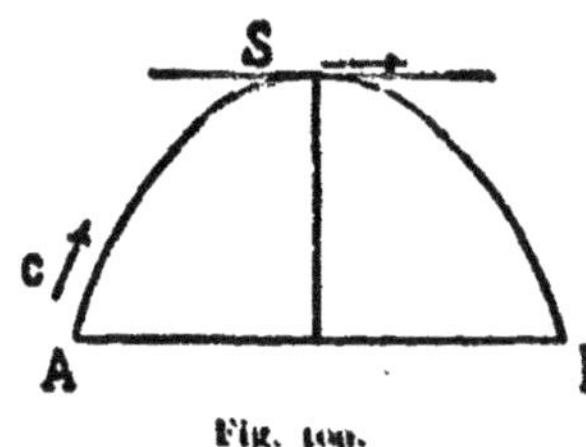

Fig. 100.

dessus donnent, par élimination de t, l'équation de la courbe décrite sous l'action combinée de ces deux mouvements :

$$y = \sqrt{\frac{2c^2}{g}\,x}.$$

C'est une parabole d'Appolonius, à axe vertical et de paramètre $\frac{c^2}{g}$, ainsi que Galilée le savait.

On peut aisément reconnaître avec Galilée que le jet oblique ne constitue pas un problème nouveau. Si l'on imprime à un corps une vitesse c, inclinée d'un angle α sur l'horizon, on peut décomposer cette vitesse en une composante horizontale $c \cos \alpha$ et une composante verticale $c \sin \alpha$. Cette dernière fait monter le corps pendant un temps t égal au temps que mettrait pour l'acquérir le corps tombant librement. Ce temps est donné par

$$c \sin \alpha = gt.$$

Dès que le corps atteint sa hauteur maximum, la composante verticale de sa vitesse initiale est détruite et le mouvement continue à partir de S comme dans le cas du jet horizontal. Considérons deux moments également distants du moment du passage en S, l'un avant, l'autre après. Les positions du corps à ces deux instants se trouvent sur une même horizontale, à des distances égales de la verticale du point S, et de part et d'autre de celle-ci. Cette verticale est donc un axe de symétrie de la trajectoire, qui est une parabole de paramètre $\dfrac{(c \cos \alpha)^2}{g}$.

Pour trouver la portée du jet, il suffit de considérer le mouvement horizontal pendant le temps de la montée et de la descente du projectile. Or nous venons de voir que le projectile monte pendant le temps $t = \dfrac{c \sin \alpha}{g}$; il met le même temps pour descendre, soit en tout $\dfrac{2c \sin \alpha}{g}$. Le parcours horizontal pendant ce temps est :

$$\omega = c \cos \alpha . 2 \frac{c \sin \alpha}{g} = \frac{c^2}{g} 2 . \sin \alpha \cos \alpha = \frac{c^2}{g} \sin 2\alpha.$$

La portée du jet est donc maximum pour $\alpha = 45°$; elle est la même pour les 2 angles $\alpha = 45° \pm \beta°$.

19. — Pour apprécier à sa valeur l'importance du progrès réalisé par Galilée en analysant le mouvement des projectiles, il est nécessaire de considérer les recherches plus anciennes sur le même sujet. Santbach (1561) pense qu'un boulet de canon se meut en ligne droite jusqu'à épuisement de sa vitesse et qu'alors il tombe verticalement. Tartaglia (1537) compose la trajectoire du projectile d'un segment de droite, d'un arc de cercle qui s'y raccorde et enfin de la tangente verticale à celui-ci. Il sait qu'en toute rigueur la trajectoire est courbe partout, puisque la pesanteur provoque en chaque point une déviation, mais il ne parvient pas à une analyse plus complète du phénomène. Rivius (1582) exprime encore plus clairement la même idée. La portion initiale de la trajectoire fait aisément croire à une destruction de la pesanteur par la très grande vitesse ; nous avons vu (p. 120) que Benedetti a commis cette erreur. Le segment de courbe ne présente pas de chute et nous oublions la petitesse de la *durée* de celle-ci. En négligeant cette circonstance, nous pourrions encore aujourd'hui regarder un jet d'eau comme un corps grave suspendu dans l'air, si nous faisions abstraction du mouvement rapide de ses particules. La même illusion est produite par le pendule conique, par la toupie, par la rotation rapide d'une chaîne solide (Philos. Mag. 1878), par la locomotive qui détruirait un pont délabré si elle reposait sur lui, mais qui, lancée à toute vitesse, parvient à le traverser sans encombre, grâce à une durée de chute et de travail insuffisante. Une analyse plus approfondie montre que ces phénomènes ne sont pas plus merveilleux que les phénomènes les plus ordinaires. Ainsi que le croit Vailati, la diffusion de l'emploi des armes à feu, au XIV⁰ siècle, a énormément réagi sur toute la mécanique. Il est vrai que ces phénomènes se présentaient déjà dans les anciennes machines de jet et aussi dans le jet à la main, mais leur forme nouvelle et imposante peut avoir forcé l'attention d'une manière particulièrement efficace.

20. — La reconnaissance de l'*indépendance* des circonstances déterminantes de mouvement (ou forces) qui se rencontrent dans la nature est d'une importance capitale. Elle fut découverte et exprimée à propos de l'étude du mouvement des projectiles. Supposons qu'un corps se meuve suivant AB (fig. 101) pendant que le champ du mouvement se déplace suivant AC. Le déplacement du corps est

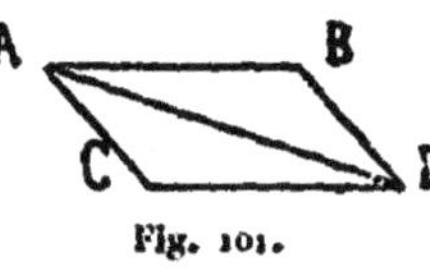

Fig. 101.

alors AD. Mais cela n'est vrai que si les circonstances qui, dans le même temps, déterminent les mouvements AB et AC n'ont aucune influence l'une sur l'autre. Dès lors on voit sans peine que la construction du parallélogramme donne non seulement la composition des mouvements simultanés, mais aussi celle des vitesses et des accélérations.

Galilée envisage donc le mouvement du projectile comme un phénomène composé de deux mouvements indépendants l'un de l'autre. Cette conception ouvre tout un domaine de connaissances analogues fort importantes. On peut dire qu'il est de la même importance de reconnaître l'*indépendance* de deux circonstances A et B que la *dépendance* de deux circonstances A et C, car ce n'est qu'après avoir reconnu le premier de ces points que nous pouvons poursuivre, sans être troublé, l'étude du second. On peut comparer à la découverte de Galilée celles du parallélogramme des forces par Newton, de la composition des vibrations des cordes par Sauveur, de la composition des mouvements de propagation de la chaleur par Fourier. Ces derniers chercheurs firent pénétrer dans tout le domaine de la physique mathématique la méthode de composition d'un phénomène à l'aide de phénomènes partiels indépendants les uns des autres, méthode analogue à la représentation d'une intégrale générale par une somme d'intégrales particulières. P. Volkmann a donné à cette méthode de décomposition d'un phénomène en parties indépendantes les unes des autres et de composition d'un phénomène à l'aide de parties de ce genre, les noms très justes *d'isolation* et de *superposition*. Ces deux procédés nous permettent de comprendre *par fragments* et de reconstruire dans la pensée ce que nous n'aurions pu concevoir *en une fois*.

« Ce n'est que dans des cas *très rares* que les phénomènes se pré-
« sentent à nous avec un caractère parfaitement unitaire ; le monde
« des phénomènes offre tout au contraire un caractère entièrement
« composite..... Notre connaissance doit alors résoudre le problème
« de discerner dans les phénomènes tels qu'ils se présentent les séries
« de phénomènes partiels qui les composent et d'étudier d'abord ces
« phénomènes partiels dans leur pureté. Nous ne nous rendons maître
« de l'ensemble qu'après avoir démêlé la part que chaque circonstance
« particulière prend au phénomène composé..... » Cf. *Volkmann* :
« *Erkenntnisstheoretische Grundzüge der Naturwissenschaft* ;
« 1896, p. 70, et mes *Principien der Wärmelehre* p. 123, 151, 452.

II. — TRAVAUX DE HUYGHENS

1. — Parmi les successeurs de Galilée on doit considérer Huyghens comme son égal à tous égards. Peut-être avait-il l'esprit moins philosophique, mais il compensait cette infériorité par son génie de géomètre. Non seulement Huyghens poussa plus loin les recherches commencées par Galilée, mais il résolut les premiers problèmes de la *dynamique de plusieurs masses*, alors que Galilée s'était toujours limité à la dynamique *d'un seul corps*.

L'abondance des travaux d'Huyghens se montre déjà dans son traité *Horologium oscillatorium*, paru en 1673. Des problèmes d'une importance capitale y sont pour la première fois traités. Ce sont : la théorie du centre d'oscillation, la découverte et la construction de l'horloge à balancier, la découverte de l'échappement dans le mécanisme des horloges, la détermination de l'accélération g par l'observation du pendule, une proposition relative à l'emploi de la longueur du pendule à seconde comme unité de longueur, des théorèmes sur la force centrifuge ; les propriétés géométriques et mécaniques de la cycloïde, la théorie de la développée et du cercle de courbure.

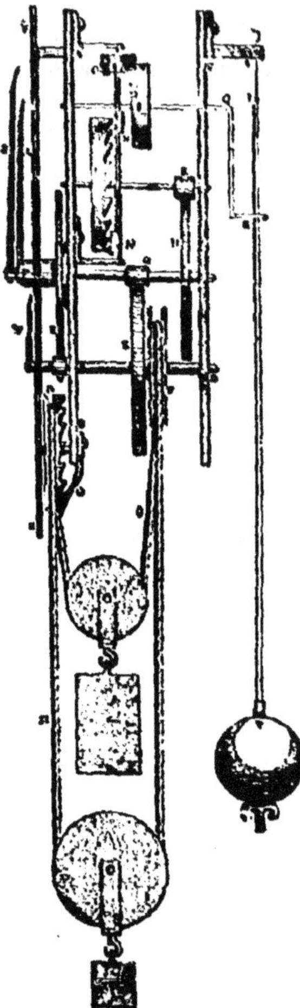

Horloge à balancier de Huyghens.

2. — Dans son exposition, Huyghens se fait remarquer comme Galilée par une sincérité parfaite qui montre une grande élévation de caractère. Il expose ouvertement les méthodes par lesquelles il fut conduit à ses découvertes et permet ainsi au lecteur d'arriver à la complète intelligence de ses théories. Il n'a d'ailleurs aucune raison de cacher ses méthodes. Si dans quelque mille ans son nom est encore présent à la mémoire des hommes, on y reconnaîtra toujours sa grandeur intellectuelle et morale.

Dans la discussion des travaux de Huyghens, nous devrons procéder un peu autrement que nous ne l'avons fait pour Galiléo, dont les

conceptions pouvaient être exposées presque sans modifications, grâce à leur simplicité classique. Cela n'est plus possible pour Huyghens qui traite des problèmes bien plus compliqués. Ses méthodes et ses notations mathématiques sont devenues insuffisantes et pénibles.

Pour être plus bref, nous reproduirons ses conceptions sous une forme moderne, tout en respectant ses idées essentielles et caractéristiques.

3. — Nous commencerons par ses recherches sur la force centrifuge. Dès que l'on accepte cette conception de Galilée que la force détermine une accélération, on doit nécessairement attribuer à une *force* toute *modification* dans la vitesse et par conséquent aussi toute modification dans la *direction* d'un mouvement — car cette direction est déterminée par trois composantes de la vitesse perpendiculaires entre elles. Par conséquent le phénomène d'un corps, par exemple une pierre attachée à une corde, animé d'un mouvement circulaire uniforme, n'est concevable que dans l'hypothèse d'une force continue qui le fait dévier de son chemin rectiligne.

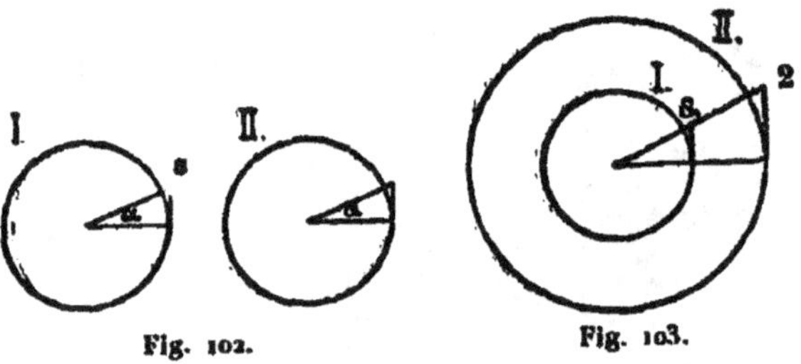

Fig. 102.   Fig. 103.

Cette force est la tension de la corde qui, à chaque instant, attire le corps vers le centre du cercle, hors de la ligne droite et qui représente donc une force centripète. D'un autre côté, elle agit aussi sur l'axe ou le centre fixe du cercle et, envisagée ainsi, elle constitue une force centrifuge.

Considérons un corps auquel on a donné une vitesse quelconque et que l'on force à se mouvoir d'un mouvement uniforme sur une circonférence, par une accélération constamment dirigée vers le centre, et proposons-nous de rechercher les circonstances dont dépend cette accélération. Soient (fig. 102) deux circonférences égales sur lesquelles se meuvent uniformément deux corps, l'un avec une vitesse simple sur la circonférence I, l'autre avec une vitesse double sur la circonférence II. Considérons dans ces deux cercles le même angle très petit α et son arc élémentaire; soit s le chemin élémentaire correspondant dont le corps s'est éloigné du chemin rectiligne (suivant la tangente) sous l'influence de l'accélération centripète; ce chemin est le même dans les deux cas. Soient φ_1 et φ_2 les accélérations respectives; τ et $\frac{\tau}{2}$ sont les éléments de temps correspondants à l'angle α; la loi de Galilée donne :

$$\varphi_1 = \frac{2s}{\tau^2}, \qquad \varphi_2 = 4 \cdot \frac{2s}{\tau^2},$$

d'où :

$$\varphi_2 = 4 \, \varphi_1.$$

Par une généralisation fort simple on voit que dans des cercles égaux les accélérations centripètes sont entre elles comme les carrés des vitesses.

Étudions maintenant le mouvement sur les circonférences I et II de la figure 103, dont les rayons sont dans le rapport de 1 à 2; prenons des vitesses qui soient dans le même rapport, de telle sorte que des éléments semblables d'arc soient décrits dans des temps égaux. Soient φ_1, φ_2, s et $2s$ les accélérations et les chemins élémentaires, τ le temps qui a la même valeur dans les deux cas; on a :

$$\varphi_1 = \frac{2s}{\tau^2}, \qquad \varphi_2 = \frac{4s}{\tau^2},$$

d'où

$$\varphi_2 = 2 \, \varphi_1.$$

Si maintenant l'on réduit de moitié la vitesse sur la circonférence II, de telle sorte que les deux mouvements aient la même vitesse, φ_2 sera réduit au quart c'est-à-dire à $\frac{1}{2} \varphi_1$. En généralisant on voit que pour des vitesses *égales* les accélérations sont en raison inverse des rayons des circonférences.

4. — Les méthodes suivies par les chercheurs anciens les conduisirent presque toujours à trouver leurs théorèmes sous la forme pénible de proportions. Nous choisirons donc une autre voie. Sur un mobile animé d'une vitesse v, faisons agir pendant un élément de

temps τ une force qui lui donne l'accélération φ perpendiculaire à la direction de son mouvement. Cette force fait naître une vitesse nouvelle φτ, qui, composée avec la vitesse primitive, donne la nouvelle direction du mouvement; soit α l'angle de celle-ci avec l'ancienne ; supposons enfin que la trajectoire soit un cercle de rayon r, on trouve:

$$\frac{\varphi\tau}{v} = tg\,\alpha = \alpha = \frac{v\tau}{r},$$

car on peut remplacer la tangente par l'angle, qui est supposé *très petit*. On a donc :

$$\varphi = \frac{v^2}{r},$$

qui est l'expression complète de l'accélération centripète dans un mouvement circulaire uniforme.

Cette conception du mouvement circulaire uniforme produit par une accélération centripète constante a une apparence paradoxale.

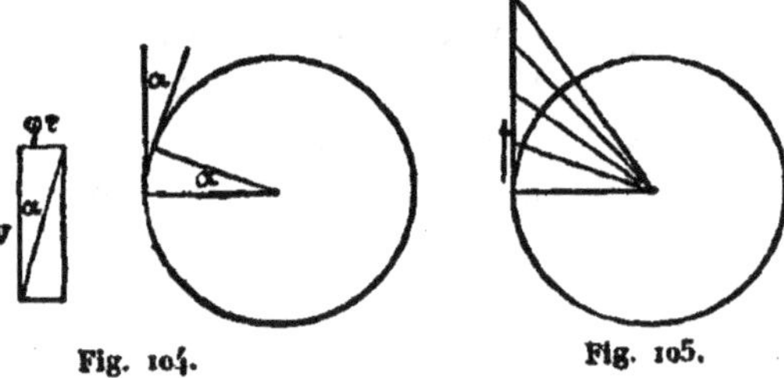

Fig. 104.   Fig. 105.

Le paradoxe consiste dans l'acceptation du fait qu'une accélération centripète continue existe sans qu'il s'ensuive de rapprochement réel du centre ou d'accroissement de vitesse. Mais cette impression disparaît si l'on réfléchit que, sans cette accélération centripète, le mobile s'éloignerait indéfiniment du centre, que la direction de l'accélération varie à chaque instant et qu'une variation de vitesse, inexistante dans le cas présent, entraîne (comme on le verra dans la discussion du principe des forces vives) un rapprochement des corps qui se donnent mutuellement les accélérations. L'exemple plus compliqué du mouvement elliptique s'explique d'une manière analogue.

5. — On peut mettre sous une autre forme l'expression de l'accélération centripète ou centrifuge $\varphi = \dfrac{v^2}{r}$. Appelons T la durée d'une révolution du mobile. On a :

$$vT = 2r\pi,$$

$$\varphi = \frac{4r\pi^2}{T^2}.$$

Nous nous servirons plus tard de cette expression. Si plusieurs corps sont animés de mouvements circulaires uniformes tels que les durées des révolutions soient égales, les accélérations centripètes qui les retiennent sur leurs circonférences respectives sont proportionnelles aux rayons ; cela résulte évidemment de la formule que nous venons d'établir.

A propos de l'accélération centrifuge, disons aussi un mot des démonstrations qui reposent sur le principe de l'hodographe de

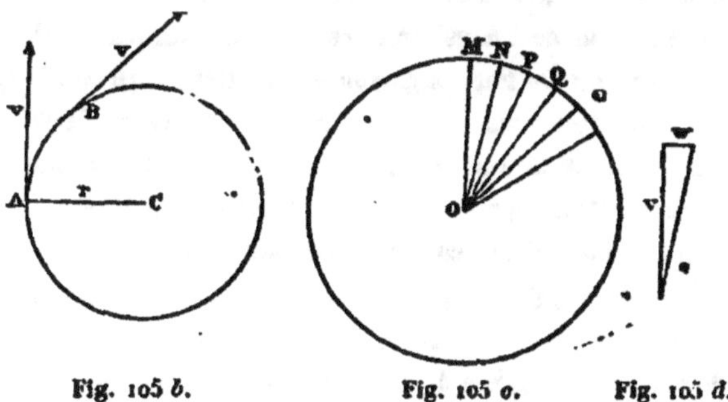

Fig. 105 b.　　　Fig. 105 c.　　　Fig. 105 d.

Hamilton. Considérons un mobile parcourant uniformément le cercle de rayon r (fig. 105 b) : la tension du fil transforme la vitesse v au point A en une vitesse égale, mais d'une autre direction, au point B. Portons à partir d'une même origine O les vitesses successives du mobile en grandeur et directions (fig. 105 c) ; le lieu de leurs extrémités est une circonférence de rayon v. En même temps que OM se transforme en ON, il s'introduit une composante MN perpendiculaire à la première. Pendant la durée T d'une révolution du mobile, la vitesse croît *uniformément* de la quantité $2\pi v$ suivant la direction du rayon r.

La valeur de l'accélération centrale est donc $\varphi = \dfrac{2\pi v}{T}$ ou $\varphi = \dfrac{v^2}{r}$, puisque $vT = 2\pi r$.

Si l'on ajoute à $OM = v$ la petite composante w (fig. 105 d), la vitesse résultante sera $\sqrt{v^2 + w^2} = v + \dfrac{w^2}{2v}$ approximativement ; mais, à cause de la rotation *continue* du rayon, le terme $\dfrac{w^2}{2v}$ disparaît devant v et l'on voit que seule la direction de la vitesse change, sa grandeur restant invariable.

6. — Les phénomènes tels que la rupture de fils trop peu résistants à l'aide desquels on imprime à des corps un mouvement de rotation trop rapide, ou l'aplatissement de sphères molles animées de mouvements de rotation sont bien connus et s'expliquent par les considérations précédentes. C'est ainsi qu'Huyghens put donner, à l'aide de cette notion nouvelle, l'explication immédiate de toute une catégorie de phénomènes. Ainsi, par exemple, une horloge à balancier ayant été transportée de Paris à Cayenne par Richer (1671-1673), il se trouva qu'elle retardait. Huyghens observant que la force centrifuge due à la rotation de la terre est maximum à l'équateur, en déduisit la diminution apparente de l'accélération g due à la pesanteur et donna ainsi l'explication immédiate du retard.

Parmi les expériences qu'Huyghens fit dans cet ordre d'idées, nous en citerons encore une, à cause de son intérêt historique. Lorsque Newton développa sa théorie de la gravitation universelle, Huyghens fut du grand nombre de ceux qui ne purent pas admettre l'idée de l'action à distance. Il croyait pouvoir au contraire expliquer la gravitation par le mouvement très rapide de particules d'un milieu intermédiaire. Il enferma dans un corps plein d'eau quelques corps légers, tels que de petites sphère de bois, et fit alors tourner le vase autour d'un axe ; il observa qu'aussitôt les sphères de bois se rapprochaient de celui-ci. Si l'on fait par exemple tourner autour d'un axe horizontal les tubes cylindriques de verre RR, fixés sur le pivot Z, et contenant les sphères de bois KK, celles-ci s'éloignent de l'axe dès que l'appareil est mis en mouvement. Lorsqu'on remplit d'eau les tubes, les sphères plus légères se placent aux extrémités supérieures EE et l'on voit qu'une rotation imprimée à l'appareil les rapproche de l'axe. L'explication de ce phénomène est la même que celle du principe d'Archimède : les sphères reçoivent une poussée centripète égale et directement opposée à la force centrifuge qui agirait sur le liquide dont elles tiennent la place.

Descartes pensait déjà à cette explication de la poussée centripète des corps flottants dans un milieu tourbillonnaire. Mais Huyghens remarqua avec raison que l'on doit alors accepter que les corps *les plus légers* reçoivent *la plus forte* poussée centripète et que, par conséquent, tous les corps pesants devraient être plus légers que le milieu tourbillonnaire. Il remarqua en outre que des phénomènes analogues doivent se produire avec des corps *quelconques* qui *ne* participent *pas* au mouvement du tourbillon, et qui se trouvent ainsi, sans force centrifuge, dans un milieu

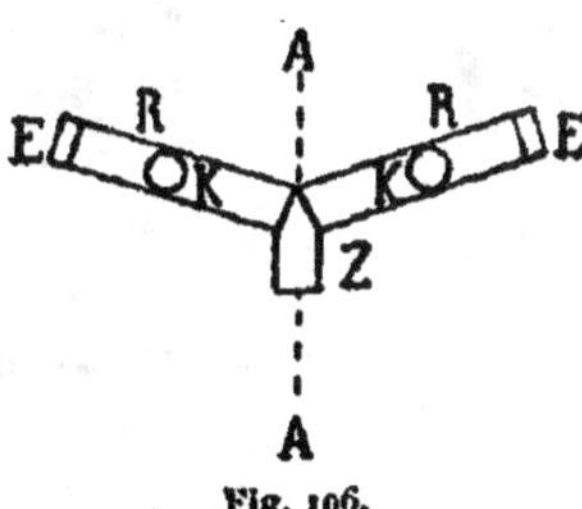

Fig. 106.

animé de forces centrifuges. Par exemple, une sphère de matière quelconque et mobile seulement autour d'un rayon *fixe* (fil de fer) sera, dans le milieu tourbillonnaire, poussée contre l'axe de rotation.

Huyghens immergea dans un vase fermé rempli d'eau des morceaux de cire à cacheter qui, à cause de leur densité un peu *plus grande*, se déposent sur le fond du vase. Celui-ci étant ensuite animé d'un mouvement de rotation, les morceaux de cire à cacheter vont se placer au bord extérieur. Si l'on fait cesser brusquement la rotation l'eau continue à tourner tandis que les morceaux de cire, qui reposent sur le fond et dont le mouvement est par suite plus vite contrarié, sont maintenant poussés sur l'axe. Huyghens voit dans ce phénomène une image de la pesanteur. L'acceptation d'un éther tourbillonnant *dans un sens* ne lui paraît correspondre à aucune nécessité ; il est d'avis que cet éther aurait tout entraîné avec lui. Il fait donc l'hypothèse de particules d'éther se mouvant rapidement dans tous les sens, et est d'avis que, dans un espace fermé, ce phénomène entraînera un mouvement circulaire prépondérant qui s'établira de lui-même. Cet éther lui semble suffisant pour l'explication de la gravité. L'exposition détaillée de cette théorie cinétique de la pesanteur, se trouve dans le traité d'Huyghens. « *Sur les causes de la pesanteur* » (¹) ; cf. aussi Lasswitz « *Geschichte der atomistik* » 1890 vol. II, p. 344.

7. — Avant de parler des recherches d'Huyghens sur le centre d'oscillation, nous présenterons au sujet du mouvement pendulaire et oscillatoire en général, quelques considérations très élémentaires et par conséquent très claires, malgré leur manque de rigueur.

Galilée déjà connaissait plusieurs propriétés du mouvement du pendule. De nombreuses allusions disséminées dans ses dialogues prouvent qu'il possédait déjà les idées que nous allons exposer, ou qu'il était sur le point de les acquérir. Le corps pesant suspendu au fil du pendule se meut sur une circonférence dont le rayon est la

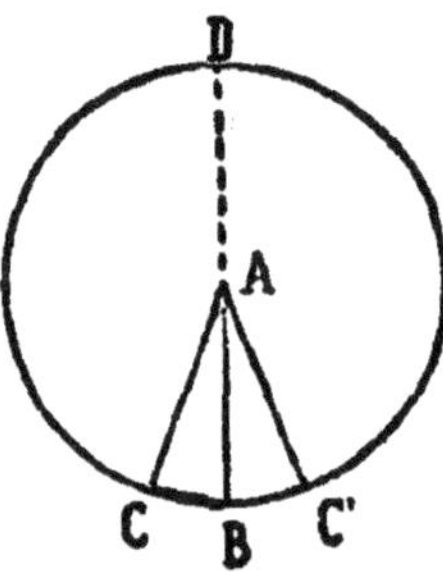
Fig. 107.

longueur l de ce fil (fig. 107). Donnons lui un déplacement très petit : il oscillera en décrivant un arc très petit, sensiblement confondu avec sa corde CB, qui est parcourue dans le même temps que le diamètre vertical BD $= 2l$. Soit t la durée de la chute ; on a :

$$2l = \frac{gt^2}{2}, \qquad \text{d'où} \qquad t = 2\sqrt{\frac{l}{g}}.$$

Mais, comme le mouvement au delà de B, sur l'arc BC', prend le même temps que le mouvement sur CB, on obtient pour la durée MT d'une oscillation de C en C' :

$$T = 4\sqrt{\frac{l}{g}}.$$

Malgré que cette explication soit grossière on voit qu'elle fait appa-

<hr>

(¹) *Discours sur les causes de la Pesanteur*, à la fin du *Traité de la lumière*, Leyde, 1690.

raître la *forme* réelle de la loi du pendule : on sait, en effet, que la formule exacte de la durée des oscillations très petites est

$$T = \pi \sqrt{\frac{l}{g}}.$$

Le mouvement du pendule peut être considéré comme une chute sur une succession des plans inclinés. Soit α l'angle du fil avec la verticale ; le pendule reçoit l'accélération $g \sin \alpha$ vers la position d'équilibre. Pour de *petites* valeurs de α, cette accélération peut s'écrire $g.\alpha$; elle est donc toujours proportionnelle à l'élongation et dirigée en sens contraire. Pour de *petites* élongations on peut aussi négliger la courbure du chemin.

8. — Ces préliminaires permettent de représenter par le *schéma élémentaire* suivant la notion fondamentale du mouvement oscillatoire. Un corps est mobile sur une droite OA (fig. 108) et est constamment animé d'une accélération dirigée vers le point O et proportionnelle à sa distance à ce point. Nous représenterons en chaque point cette accélération par une ordonnée normale à la droite du mouvement et portée au dessus ou au dessous, suivant que l'accélération est dirigée vers la gauche ou vers la droite.

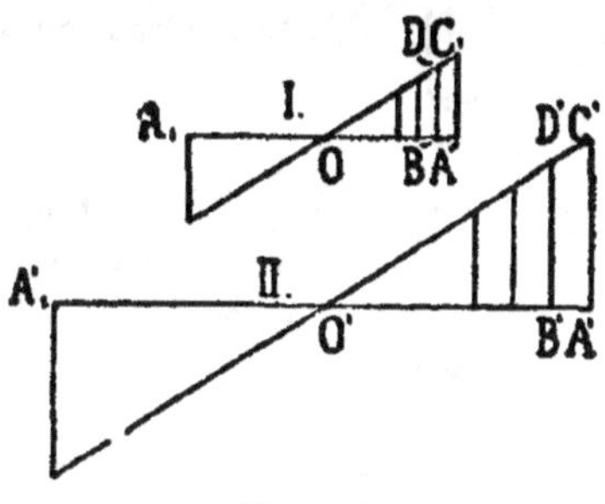

Fig. 108.

Le corps, abandonné au point A, se mouvra vers O d'un mouvement uniformément accéléré, puis de O vers le point A_1 tel que $OA_1 = OA$, puis il reviendra de A_1 vers O, etc. On reconnaît d'abord aisément l'indépendance de la durée de l'oscillation (durée du mouvement AOA_1) et de son amplitude (longueur OA). Considérons à cet effet en I et II, deux oscillations semblables d'amplitudes 1 et 2. L'accélération étant variable d'un point à l'autre, partageons les longueurs OA et $O'A' = 2\,OA$ en un très grand nombre de parties élémentaires, chaque élément A'B' de O'A' étant double de l'élément correspondant AB de OA.

Les accélérations initiales φ et φ' se trouvent dans le rapport $\varphi' = 2\varphi$. Les éléments AB et A'B' $= 2$AB seront donc parcourus par les accélérations respectives φ et 2φ dans le même temps τ et les vitesses des deux corps I et II, à la fin du premier élément de chemin, seront $v = \varphi\tau$ et $v' = 2\varphi\tau$, d'où $v' = 2v$. Les accélérations et les vitesses initiales se retrouvent dans le rapport $1 : 2$ aux points B et B'. Les chemins infinitésimaux correspondants suivants seront parcourus dans le même temps et cette égalité des temps de parcours subsiste pour tous les couples consécutifs de chemins élémentaires. Une généralisation immédiate montre que la durée de l'oscillation est indépendante de l'amplitude.

Considérons maintenant (fig. 109, I et II) deux mouvements oscil-
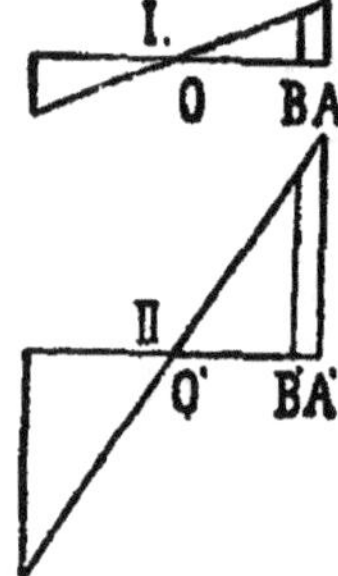
Fig. 109.

latoires de même amplitude mais tels que, dans l'oscillation II, le même écartement du point O produise une accélération quatre fois plus grande que dans le mouvement I. Partageons de même les deux amplitudes OA et O'A' $= $OA en un très grand nombre de parties égales ; les parties de I sont donc égales à celles de II. Des accélérations initiales en A et A' sont φ et 4φ ; les chemins élémentaires sont AB $=$ A'B' $= s$ et, en appelant τ et τ' les durées respectives de parcours, on voit que :

$$\tau = \sqrt{\frac{2s}{\varphi}}, \qquad \tau' = \sqrt{\frac{2s}{4\varphi}} = \frac{\tau}{2}.$$

L'élément A'B' est donc parcouru en un temps égal à la moitié de celui du parcours de l'élément AB. Les vitesses finales v et v' en B et B' sont :

$$v = \varphi\tau, \qquad v' = 4\varphi\,\frac{\tau}{2} = 2v.$$

Les vitesses initiales en B et B' étant dans le rapport de 1 à 2 et les accélérations dans le rapport de 1 à 4, on voit que l'élément de chemin suivant en I sera parcouru dans un temps double de celui du parcours de l'élément correspondant en II. En généralisant on voit que, pour des amplitudes égales, les durées des oscillations sont inversement proportionnelles aux racines carrées des accélérations.

9. — Ces considérations peuvent être abrégées et rendues beaucoup plus claires par un mode de représentation employé pour la première fois par Newton. Newton appelle systèmes matériels *semblables* des systèmes matériels dont les figures géométriques sont semblables et dont les masses homologues sont entre elles dans le même rapport de similitude. Il dit en outre que ces systèmes sont animés de mouvements semblables lorsque les points homologues décrivent des chemins semblables dans des temps proportionnels. Dans la terminologie géométrique actuelle, ces systèmes mécaniques, qui ont 5 dimensions, ne sont dits *semblables* que lorsque les dimensions linéaires, les temps et les masses sont dans le *même* rapport. Ils seraient donc plus correctement appelés *affins* l'un à l'autre.

Nous conserverons cette dénomination bien appropriée de systèmes semblables, et, dans les considérations qui suivent, nous ferons abstraction des masses. Soient donc, dans deux mouvements semblables, s et αs les chemins homologues, t et βt les temps homologues ; on aura :

pour les vitesses homologues : $v = \dfrac{s}{t}, \quad \gamma v = \dfrac{\alpha s}{\beta t}$;

pour les accélérations homologues : $\varphi = \dfrac{2s}{t^2}, \quad \varepsilon \varphi = \dfrac{\alpha}{\beta^2} \dfrac{2s}{t^2}.$

On reconnaît maintenant sans peine que les oscillations d'amplitudes 1 et α, décrites par un corps dans les conditions posées plus haut sont des mouvements *semblables*. Dès lors en remarquant que le rapport des accélérations homologues est $\varepsilon = \alpha$, on trouve

$$\alpha = \frac{\alpha}{\beta^2},$$

d'où, pour le rapport des temps homologues, et par suite aussi pour celui des durées d'oscillation :

$$\beta = \pm 1.$$

Il en résulte donc que les durées d'oscillation sont indépendantes des amplitudes.

Si deux oscillations ont leurs amplitudes dans le rapport $1 : \alpha$ et leurs accélérations dans le rapport $1 : \alpha\mu$, on trouve :

$$\epsilon = \alpha\mu = \frac{\alpha}{\beta^2} \qquad \text{et} \qquad \beta = \frac{1}{\pm\sqrt{\mu}} \cdot$$

ce qui démontre à nouveau la seconde loi du mouvement oscillatoire.

Deux mouvements circulaires uniformes sont toujours semblables; appellons $\frac{1}{\alpha}$ le rapport des rayons et $\frac{1}{\gamma}$ celui des vitesses; le rapport des accélérations sera :

$$\epsilon = \frac{\alpha}{\beta^2},$$

d'où, puisque $\gamma = \frac{\alpha}{\beta}$:

$$\epsilon = \frac{\gamma^2}{\alpha},$$

formule qui donne les lois de l'accélération centripète.

Il est regrettable que ces questions sur l'*affinité* mécanique et phoronomique soient *si peu* étudiées, car elles promettent le plus bel et le plus lumineux élargissement de nos conceptions.

10. — Entre le mouvement circulaire uniforme et les mouvements oscillatoires que nous avons étudiés existe une relation importante. Rapportons le mouvement circulaire à deux axes coordonnés rectangulaires, l'origine étant au centre de la circonférence, et décomposons suivant les directions X- et Y l'accélération centripète φ qui est la condition de ce mouvement. Remarquons que la projection du mouvement sur les X ne dépend que de la composante X de l'accélération. Nous pouvons considérer les deux mouvements et les deux accélérations comme indépendants l'un de l'autre.

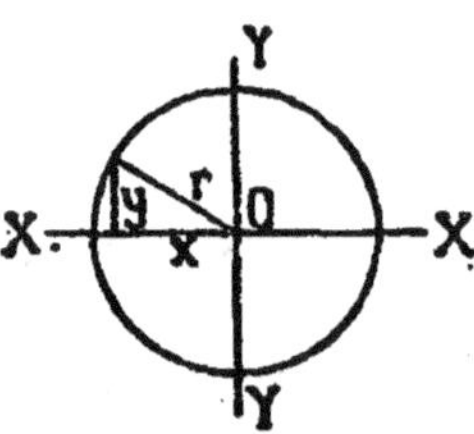

Fig. 110.

Les deux mouvements composants sont des mouvements oscillatoires autour du centre. L'écartement x correspond à une accélération $\varphi \cdot \frac{x}{r}$ ou $\frac{\varphi}{r} \cdot x$ dirigée vers le point o. L'accélération est donc *proportionnelle* à l'écartement et le mouvement est par conséquent identique au mouvement oscillatoire dont nous venons de parler. La durée T d'une oscillation complète, comprenant le mouvement d'aller et celui de retour, est égale à la durée de la révolution du mobile. Mais nous savons que :

$$\varphi = \frac{4\pi^2 r}{T^2},$$

nous avons donc

$$T = 2\pi \sqrt{\frac{r}{\varphi}}.$$

Or $\frac{\varphi}{r}$ est l'accélération pour $x = 1$; en appelant f la valeur qu'elle possède pour un écartement égal à l'unité de longueur, il vient

$$T = 2\pi \sqrt{\frac{1}{f}}.$$

et, en désignant comme d'habitude par T la durée d'une oscillation simple, formée d'un aller ou d'un retour, nous aurons :

$$T = \pi \sqrt{\frac{1}{f}}.$$

11. — Ce résultat peut être immédiatement appliqué aux oscillations pendulaires d'amplitude *très petite*, pour lesquelles on pourrait répéter les raisonnements qui précèdent, parce que la courbure est négligeable. En appelant z l'angle du fil avec la verticale, la masse du pendule est écartée de sa position d'équilibre de la longueur lz et l'accélération correspondante est gz ; il s'ensuit que :

$$f = \frac{gz}{lz} = \frac{g}{l}, \qquad \text{et} \qquad T = \pi \sqrt{\frac{l}{g}}.$$

On voit donc que la durée de l'oscillation est en raison directe de la racine carrée de la longueur du pendule et en raison inverse de la racine carrée de l'accélération de la pesanteur. Un pendule dont la longueur serait le quadruple de celle du pendule à seconde aurait par

conséquent une oscillation de deux secondes. Un pendule à seconde, éloigné de la surface de la terre à une distance égale au
rayon terrestre, n'éprouverait plus qu'une accélération $\frac{g}{4}$ et sa durée
d'oscillation serait aussi de deux secondes.

12. — On peut facilement prouver par l'expérience la relation
entre la longueur du pendule et la durée de son oscillation. On emploie des pendules a, b, c (suspendus par deux fils pour assurer l'in-

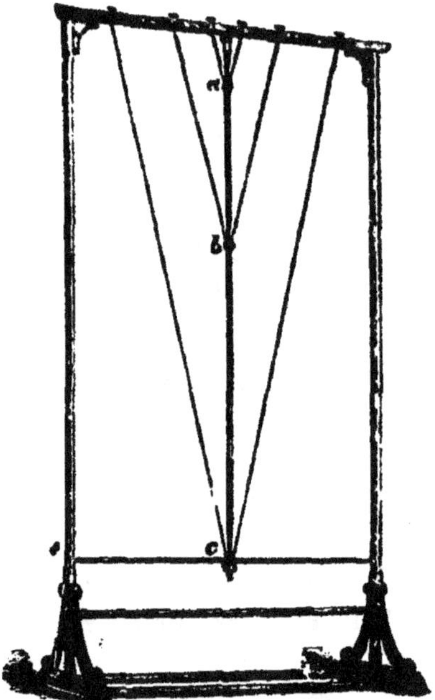

Fig. 111.

variabilité du plan des oscillations), de longueurs respectives 1, 4, 9.
On constate que a fait deux oscillations sur le temps que b n'en fait
qu'une et qu'il en fait trois pendant que c en fait une.

Il est un peu plus difficile de vérifier expérimentalement
la relation entre T et g, car on ne peut faire varier à volonté
l'accélération due à la pesanteur. On peut cependant y arriver en
ne faisant agir sur le pendule qu'une composante de g. Soit en

effet AA l'axe de rotation du pendule, situé dans le plan du dessin supposé vertical; l'intersection EE du plan du dessin et du plan d'oscillation est par conséquent la position d'équilibre du pendule. Soit β l'angle de l'axe de rotation AA avec le plan horizontal, égal à l'angle du plan d'oscillation EE avec le plan vertical. L'accélération qui agit dans le plan d'oscillation est $g \cos \beta$. Dès lors, en donnant au pendule une petite élongation x dans son plan d'oscillation, l'accélération correspondante sera $(g \cos \beta)\, x$, et la durée de l'oscillation sera

Fig. 112.

$$T = \pi \sqrt{\frac{l}{g \cos \beta}}.$$

Il en résulte que lorsque β croît l'accélération $g \cos \beta$ diminue et que, par conséquent, la durée de l'oscillation augmente. L'expérience

Fig. 113.

peut se faire aisément à l'aide de l'appareil de la figure 113. Le cadre RR, mobile autour d'une charnière C, peut être incliné et fixé dans une position d'inclinaison donnée, à l'aide d'un arc gradué G et d'une vis de pression. On constate que la durée d'oscillation augmente avec β. Si l'on amène le plan d'oscillation à être horizontal, le cadre reposant alors sur le pied F, la durée d'oscillation devient infiniment grande. Le pendule ne retourne plus alors vers aucune position d'équilibre déterminée, mais effectue des révolutions successives dans le même sens jusqu'à ce que toute sa vitesse ait été détruite par le frottement.

13. — Lorsque le pendule cesse de se mouvoir dans un *plan* et se meut dans l'*espace* autour du point de suspension, le fil du pendule décrit un cône. Huyghens étudia aussi le mouvement du pendule conique ; nous en examinerons un cas particulier simple. Considérons un pendule (fig. 114) de longueur l, écarté de la verticale d'un angle α et donnons à la masse qu'il soutient une vitesse v perpendiculaire au plan du fil et de la verticale. Si l'accélération centrifuge développée fait équilibre à celle de la pesanteur, c'est-à-dire si l'accé-

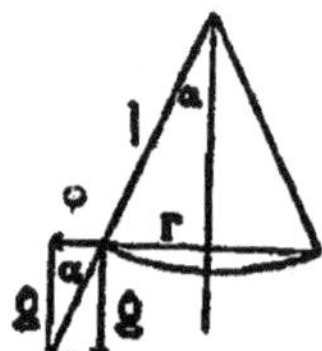

Fig. 114.

lération résultante est dirigée suivant le fil, la masse suspendue décrira une circonférence horizontale. On a dans ce cas $\dfrac{\varphi}{g} = \operatorname{tg}\alpha$. En appelant T la durée d'une révolution, il vient

$$\varphi = \frac{4r\pi^2}{T^2}, \qquad \text{d'où} \qquad T = 2\pi\sqrt{\frac{r}{\varphi}},$$

et, en remplaçant $\dfrac{r}{\varphi}$ par sa valeur,

$$\frac{r}{\varphi} = \frac{l\sin\alpha}{g\operatorname{tg}\alpha} = \frac{l\cos\alpha}{g};$$

il vient donc pour la durée de la révolution du pendule :

$$T = 2\pi\sqrt{\frac{l\cos\alpha}{g}}.$$

La vitesse v du mouvement est donnée par

$$v = \sqrt{r\varphi},$$

ou, puisque $\varphi = g \operatorname{tg} \alpha$:

$$v = \sqrt{gl \sin \alpha \operatorname{tg} \alpha}.$$

Si l'angle du cône est très petit on peut écrire

$$T = 2\pi \sqrt{\frac{l}{g}},$$

formule identique à celle du pendule ordinaire, car *une* révolution du pendule conique correspond à *deux* oscillations simples du pendule plan.

14. — Huyghens, le premier, se proposa la détermination exacte de l'accélération de la pesanteur à l'aide du pendule. La formule d'un pendule simple, formé d'une petite sphère attachée à un fil, étant $T = \pi \sqrt{\frac{l}{g}}$, on a

$$g = \frac{\pi^2 l}{T^2}.$$

A la latitude de $45°$ on trouve pour g la valeur $9{,}806$, exprimée en $\frac{\text{mètre}}{\text{seconde}^2}$, soit, en nombre rond, 10 mètres par seconde^2, valeur très suffisante pour un calcul provisoire et qui a l'avantage d'être facile à retenir.

15. — Tout commençant qui réfléchit se demande comment l'on peut trouver la durée de l'oscillation, c'est-à-dire un *temps*, en divisant un nombre qui mesure une *longueur* par un nombre qui mesure une *accélération*, et en prenant la racine carrée du quotient. Pour le comprendre il faut se rappeler que $g = \frac{2s}{t^2}$ est le quotient d'une longueur par le carré d'un temps. La formule de la durée est donc en réalité

$$T = \pi \sqrt{\frac{l}{2s} t^2};$$

$\frac{l}{2s}$, étant le rapport de deux longueurs, est un nombre ; la quantité qui se trouve sous le radical est donc le carré d'un temps. Il va de soi que la valeur T sera exprimée en secondes si l'on a choisi la seconde pour unité de temps dans l'évaluation de g.

La formule

$$g = \frac{\pi^2 l}{T^2}$$

fait voir directement que g est le quotient d'une longueur par le carré d'un temps, ainsi que le veut la nature de l'accélération.

18. — Le plus important des résultats obtenus par Huyghens est la solution du problème de la détermination du centre d'oscillation. Tant qu'il ne s'agit que de la dynamique d'un corps *unique* les principes de Galilée suffisent parfaitement. Or ce nouveau problème consiste dans la détermination du mouvement de *plusieurs* corps qui agissent les uns sur les autres, et l'on ne peut le résoudre sans faire appel à un principe *nouveau*. C'est ce principe nouveau qui fut donné par Huyghens.

Nous savons que les pendules plus longs oscillent plus lentement et que les pendules plus courts oscillent plus vite. Un corps solide pesant, mobile autour d'un axe quelconque ne passant pas par son centre de gravité, constitue un pendule composé. Chacune des particules matérielles de ce corps, située seule à la même distance de l'axe, aurait une durée d'oscillation particulière ; mais, à cause de la liaison de ses parties entre elles, le corps se meut comme un tout et la durée de son oscillation a une valeur unique et bien déterminée. Imaginons plusieurs pendules de longueurs inégales, les plus courts oscillant plus vite et les plus longs, moins vite ; si on les réunit

Fig. 115.

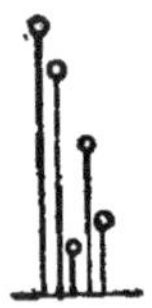

en un seul, on peut prévoir que le mouvement des pendules plus longs sera accéléré, celui des pendules plus courts retardé, et qu'il en résultera, pour l'ensemble, une durée d'oscillation intermédiaire. Il y aura donc un pendule simple, de longueur intermédiaire entre celles du plus grand et du plus petit des pendules considérés, dont l'oscillation aura la même durée que celle du pendule composé. En portant la longueur de ce pendule simple sur le pendule composé, on trouve un point qui, malgré ses liaisons avec les autres points, oscille comme s'il était seul. Ce point est appelé *centre d'oscillation*. C'est Mersenne qui, le premier, a posé le problème de la détermination de ce centre ; la solution qu'en a donnée Descartes est beaucoup trop rapide et insuffisante.

17. — La première solution générale fut donnée par Huyghens. En dehors de celui-ci presque tous les chercheurs de son époque se sont occupés de cette question et l'on peut dire qu'elle provoqua le développement des principes les plus importants de la mécanique moderne.

Huyghens partit de l'idée *nouvelle* suivante, de beaucoup plus importante que le problème lui-même : Dans tous les cas, quelles que soient les modifications que les réactions mutuelles des particules matérielles du pendule apportent au mouvement de chacune d'elles, les vitesses acquises dans le mouvement de descente du pendule doivent être telles que le centre des masses puisse *remonter exactement à la hauteur d'où il est descendu*, soit que les masses conservent leurs liaisons, soit que ces liaisons soient détruites. Devant les doutes de ses contemporains au sujet de l'exactitude de ce principe, Huyghens se vit forcé de faire remarquer qu'il ne contient pas autre chose que l'affirmation du fait que les corps pesants ne se meuvent point *d'eux-mêmes* vers le haut. Supposons en effet que le centre de gravité de masses liées entre elles pendant la chute puisse, par la suppression des liaisons, monter à une hauteur plus grande que celle de la descente ; il s'ensuivra que des corps pesants peuvent, par leur propre poids, pourvu que cette opération soit répétée un nombre suffisant de fois, s'élever à une hauteur quelconque. Si, au contraire, après la suppression des liaisons, le centre de gravité ne peut s'élever qu'à une hauteur moindre que celle de la chute, il suffira de renverser le sens des opérations pour que, de nouveau, le corps s'élève par son propre poids à une hauteur quelconque. Le postulat de Huyghens était donc en réalité de ceux dont personne n'a jamais douté et que chacun au contraire connaît *instinctivement*. Huyghens donnait toutefois à cette connaissance instinctive une valeur *abstraite* et ne manqua pas de partir de ce point pour montrer l'inutilité de la recherche du mouvement perpétuel. Nous pouvons reconnaître dans la proposition que nous venons de développer *la généralisation d'une des conceptions de Galilée.*

18. — Occupons-nous maintenant du rôle de ce principe dans la détermination du centre d'oscillation. Considérons pour la simplicité un pendule linéaire OA (fig. 116) formé d'un grand nombre de masses indiquées sur la figure par des points. Si on l'abandonne à lui-même dans la position OA, il descendra jusqu'en B et montera jusqu'à la position A' pour laquelle AB = BA'. Son centre de gravité montera d'un côté aussi haut qu'il est descendu de l'autre. Mais la solution ne peut être déduite de cette remarque. Supposons maintenant qu'au moment où le pendule passe par OB les particules matérielles soient soudainement affranchies de leurs liaisons ; leurs

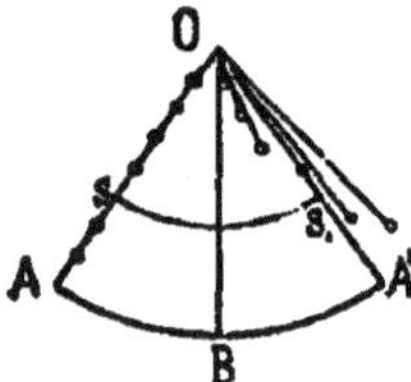

Fig. 116.

vitesses acquises élèveront leur centre de gravité à la même hauteur qu'avant cette suppression, et si l'on imagine que chacune de ses particules matérielles, oscillant librement, soit fixée à sa position *d'élévation maximum*, les pendules plus courts se trouveront en deçà et les plus longs au delà de OA', mais le centre de gravité du système se trouvera sur cette ligne, à sa hauteur primitive.

D'autre part les vitesses imprimées aux particules matérielles sont proportionnelles à leurs distances à l'axe ; une de ces vitesses étant *donnée*, toutes les autres sont connues et la hauteur d'ascension du centre de gravité s'en déduira. Inversement, la vitesse d'une masse quelconque est déterminée par la hauteur du centre de gravité. Or, pour connaître tout le mouvement d'un pendule, il *suffit* de la vitesse correspondant à une hauteur de chute donnée.

19. — Ces remarques faites, nous aborderons la solution du problème. Etant donné un pendule linéaire, coupons-en un segment de longueur l à partir de l'axe et soit k la hauteur d'où tombe

l'extrémité de ce segment lorsque le pendule se meut de sa position d'écart maximum à sa position d'équilibre.
Les hauteurs de chute des masses m, m', m'', ...
situées aux distances r, r', r'',..... de l'axe, seront rk,
$r'k$, $r''k$,..... et la hauteur de chute du centre de gravité sera

Fig. 117.

$$\frac{mrk + m'r'k + m''r''k + \ldots}{m + m' + m'' + \ldots} = k\,\frac{\Sigma\, mr}{\Sigma\, m}.$$

Ce passage à la position d'équilibre communique au point situé à la distance 1 de l'axe une vitesse v encore inconnue. La hauteur d'ascension de ce point, après la suppression des liaisons, sera donc $\dfrac{v^2}{2g}$ et les hauteurs correspondantes pour les autres masses seront $\dfrac{(rv)^2}{2g}$, $\dfrac{(r'v)^2}{2g}$, $\dfrac{(r''v)^2}{2g}$,..... La hauteur d'ascension du centre de gravité des masses rendues libres sera par conséquent :

$$\frac{m\,\dfrac{(rv)^2}{2g} + m'\,\dfrac{(r'v)^2}{2g} + m''\,\dfrac{(r''v)^2}{2g} + \ldots}{m + m' + m'' + \ldots} = \frac{v^2}{2g}\,\frac{\Sigma\, mr^2}{\Sigma\, m}.$$

Le principe fondamental de Huyghens donne

$$k\,\frac{\Sigma\, mr}{\Sigma\, m} = \frac{v^2}{2g}\,\frac{\Sigma\, mr^2}{\Sigma\, m}. \qquad a)$$

Cette équation lie la hauteur de chute k à la vitesse v. Puisque tous les mouvements pendulaires de même écartement sont phoronomiquement semblables, il s'ensuit que le mouvement étudié est entièrement déterminé.

Pour trouver la longueur du pendule simple dont l'oscillation se fait dans le même temps que celle du pendule composé proposé, remarquons qu'entre sa hauteur de chute et sa vitesse il doit exister la même relation que dans le cas de la chute libre. Soit y la longueur de ce pendule, sa hauteur de chute est ky et sa vitesse vy, on a :

$$\frac{(vy)^2}{2g} = ky.$$

ou

$$y \cdot \frac{v^2}{2g} = k \; ; \qquad b)$$

en multipliant membre à membre les équations a) et b) il vient :

$$y = \frac{\Sigma mr^2}{\Sigma mr} \cdot$$

On peut aussi se servir de la similitude phoronomique et procéder comme suit : a) donne

$$v = \sqrt{2gk} \; \sqrt{\frac{\Sigma mr}{\Sigma mr^2}} \cdot$$

Le pendule simple de longueur 1 a, dans les circonstances présentes, la vitesse

$$v_1 = \sqrt{2gk} \cdot$$

Soit T la durée d'oscillation du pendule composé; celle du pendule simple de longueur 1 est $T_1 = \pi \sqrt{\frac{1}{g}}$, et l'on trouve, dans l'hypothèse des écartements égaux où nous nous sommes placés :

$$\frac{T_1}{T} = \frac{v_1}{v},$$

d'où

$$T = \pi \sqrt{\frac{\Sigma mr^2}{g \Sigma mr}} \cdot$$

20. — On découvre sans peine que le principe fondamental posé par Huyghens consiste dans la reconnaissance du *travail comme déterminante de la vitesse* ou plus exactement *comme déterminante de la force vive*. On appelle force vive d'un système de masse m, m', m'', ..., animées des vitesses respectives v, v', v'',..., la somme

$$\frac{mv^2}{2} + \frac{m'v'^2}{2} + \frac{m''v''^2}{2} + \dots$$

Le principe fondamental de Huyghens est identique au principe des forces vives et les additions qu'y apportèrent plus tard les autres chercheurs en intéressent bien moins le fond que la forme.

Considérons un système tout à fait quelconque de poids $p, p', p'', \ldots$ liés entre eux ou non, tombant de hauteurs $h, h', h'', \ldots$, et acquérant ainsi des vitesses $v, v', v'' \ldots$; le principe de Huyghens, exprimant l'égalité de la *hauteur de chute* et de la *hauteur d'ascension* du centre de gravité, fournit l'équation

$$\frac{ph + p'h' + p''h'' + \ldots}{p + p' + p'' + \ldots} = \frac{p\,\dfrac{v^2}{2g} + p'\,\dfrac{v'^2}{2g} + p''\,\dfrac{v''^2}{2g} + \ldots}{p + p' + p'' + \ldots},$$

ou

$$\Sigma ph = \frac{1}{g}\,\Sigma\,\frac{pv^2}{2}.$$

Une fois en possession du concept « masse », qui manquait encore à Huyghens, on peut remplacer le rapport $\dfrac{p}{g}$ par la masse m et l'on obtient

$$\Sigma ph = \frac{1}{2}\,\Sigma mv^2,$$

équation que l'on peut très aisément généraliser pour le cas de forces variables.

21. — Le théorème des forces vives permet de déterminer la durée des oscillations infiniment petites d'un pendule quelconque. Abaissons, du centre de gravité S du corps, une normale à l'axe de rotation et fixons sur celle-ci le point qui se trouve à l'unité de distance de l'axe ; appelons k la hauteur verticale dont est tombé ce point au moment où il passe par sa position d'équilibre et v la vitesse qu'il possède alors. Le travail effectué pendant la chute est déterminé par le mouvement du centre de gravité ; nous avons donc :

Fig. 118.

$$\textit{travail effectué pendant la chute} = \textit{force vive},$$

$$akgM = \frac{v^2}{2}\,\Sigma mr^2,$$

M étant la masse totale du corps. Dans cette formule nous faisons un usage anticipé de l'expression de la force vive. En raisonnant comme nous l'avons fait dans le cas précédent, nous aurons :

$$T = \pi \sqrt{\frac{\Sigma m r^2}{ag\mathrm{M}}}.$$

22. — Nous voyons donc que la durée de l'oscillation infiniment petite d'un pendule dépend de deux facteurs : la valeur de l'expression $\Sigma m r^2$, qu'Euler a appelée *moment d'inertie* et que Huyghens emploie sans lui donner de nom particulier, et la valeur de $ag\mathrm{M}$. Cette dernière expression, que pour la brièveté nous appellerons *moment statique*, est le produit $a\mathrm{P}$ du poids du pendule par la distance du centre de gravité à l'axe de rotation. La connaissance de ces deux valeurs détermine la longueur du pendule simple de même durée d'oscillation (isochrone) et la position du centre d'oscillation.

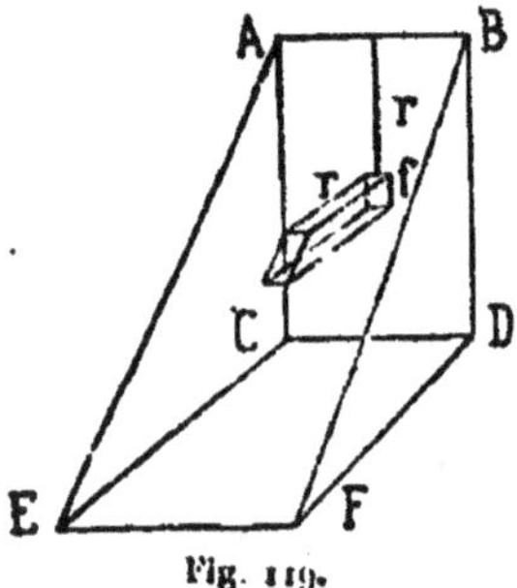

Fig. 119.

Pour calculer la longueur de ce pendule simple isochrone, Huyghens ne possédait pas de méthodes analytiques qui ne furent découvertes que plus tard. Il employa un procédé géométrique vraiment ingénieux dont nous donnerons quelques exemples. Proposons-nous de déterminer la durée d'oscillation d'un rectangle matériel pesant ABCD, oscillant autour de l'axe AB. Partageons le en petits éléments de surface f, f', f'',... situés aux distances r, r', r''... de l'axe. La longueur du pendule simple isochrone — égale à la distance du centre d'oscillation à l'axe, — est donnée par la formule

$$\frac{fr^2 + f'r'^2 + f''r''^2 + \dots}{fr + f'r' + f''r'' + \dots}.$$

Aux points C et D élevons CE et DF perpendiculaires sur ABCD, telles que CE = DF = AC = BD, et construisons ainsi le prisme homogène ABCDEF. Cherchons la distance du centre de gravité de ce prisme au plan mené par AB parallèlement à CDEF. Nous devons pour cela considérer les colonnes minces fr, $f'r'$, $f''r''$ ..., et leurs distances r, r', r'', ... à ce plan ; la distance cherchée est donnée par l'expression :

$$\frac{fr \cdot r + f'r' \cdot r' + f''r'' \cdot r'' + \ldots}{fr + f'r' + f''r'' + \ldots}.$$

On retrouve donc la formule précédente. Le centre d'oscillation du rectangle et le centre de gravité du prisme sont donc situés à la même distance : $\frac{2}{3}$ AC.

Dans cet ordre d'idées on reconnaît sans peine l'exactitude des propositions suivantes : Pour un rectangle homogène de hauteur h, oscillant autour de sa base supérieure, le centre de gravité est à la distance $\frac{h}{2}$ de l'axe et le centre d'oscillation à la distance $\frac{2h}{3}$. Pour un triangle homogène de hauteur h, dont l'axe de rotation

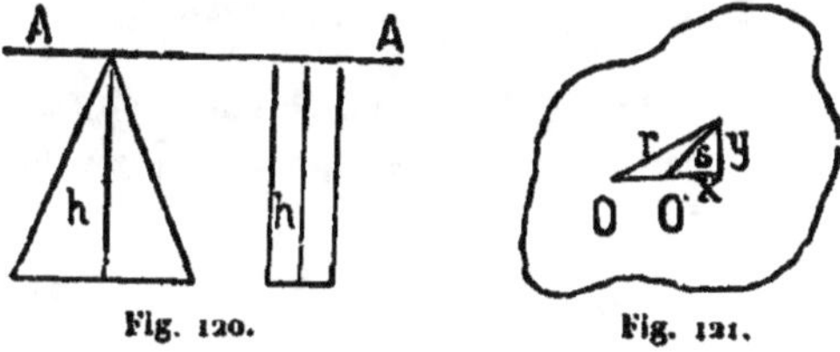

Fig. 120.   Fig. 121.

passe par le sommet et est parallèle à la base, les distances à l'axe des centres de gravité et d'oscillation sont respectivement $\frac{2}{3} h$ et $\frac{3}{4} h$. En appelant Δ_1, Δ_2 les moments d'inertie et M_1, M_2 les masses du rectangle et du triangle on trouve :

$$\frac{2}{3} h = \frac{\Delta_1}{\frac{h}{2} M_1}, \qquad \frac{3}{4} h = \frac{\Delta_2}{\frac{2}{3} h M_2},$$

d'où

$$\Delta_1 = \frac{h^2 M_1}{3}, \qquad \Delta_2 = \frac{h^2 M_2}{2}.$$

Ce procédé géométrique très élégant permet de résoudre nombre d'autres problèmes de ce genre, que l'on traite aujourd'hui d'une façon routinière mais sans contredit beaucoup plus commode.

23. — Huyghens se servit aussi, mais sous une forme un peu différente, du théorème suivant relatif aux moments d'inertie. Soit O le centre de gravité d'un corps quelconque (fig. 121) ; choisissons-le pour origine d'un système d'axes coordonnés rectangulaires et supposons connu le moment d'inertie par rapport à l'axe des z. En appelant m un élément de masse et r sa distance à cet axe, ce moment d'inertie est :

$$\Delta = \Sigma m r^2.$$

Déplaçons l'axe de rotation, parallèlement à lui-même, d'une longueur a suivant l'axe des x ; soit O' sa nouvelle position. La distance r de l'élément de masse à l'axe devient ρ et le nouveau moment d'inertie est :

$$\theta = \Sigma m \rho^2 = \Sigma m \left[(x - a)^2 + y^2 \right],$$
$$= \Sigma m (x^2 + y^2) - 2 a \Sigma m x + a^2 \Sigma m,$$

or $\Sigma m (x^2 + y^2) = \Sigma m r^2 = \Delta$ et les propriétés du centre de gravité donnent $\Sigma m x = 0$; d'autre part $\Sigma m = M$ est la masse totale du corps ; par conséquent :

$$\theta = \Delta + a^2 M.$$

Cette formule permet donc de calculer aisément le moment d'inertie par rapport à un axe quelconque, étant donné le moment d'inertie par rapport à une axe passant par le centre de gravité et *parallèle* au premier.

24. — Ce théorème conduit à une proposition importante. La distance du centre d'oscillation est donnée par ·

$$l = \frac{\Delta + a^2 M}{a M},$$

Δ, M et a conservant leurs significations précédentes. Les valeurs Δ et M sont invariables pour un corps donné ; il s'en suit que l est constant tant que a ne varie pas. Donc le pendule composé formé par un corps oscillant autour d'un axe a la même durée d'oscillation pour tous les axes *parallèles situés à la même distance* du centre de gravité. En posant $\dfrac{\Delta}{M} = \varkappa$, il vient :

$$l = \frac{\varkappa}{a} + a,$$

l et a sont respectivement les distances à l'axe du centre d'oscillation et du centre de gravité. On voit donc que le centre d'oscillation est toujours plus loin de l'axe que le centre de gravité et que l'excès de sa distance à l'axe sur celle du centre de gravité est $\dfrac{\varkappa}{a}$, qui représente donc la distance de ces deux points. Menons par le centre d'oscillation un axe parallèle à l'axe primitif. Choisissons-le pour nouvel axe de rotation ; la longueur l' du pendule composé nouveau ainsi formé s'obtiendra en remplaçant a par $\dfrac{\varkappa}{a}$ dans la formule précédente, ce qui donne

$$l' = \frac{\varkappa}{\dfrac{\varkappa}{a}} + \frac{\varkappa}{a} = a + \frac{\varkappa}{a} = l.$$

La durée d'oscillation est donc la même pour un axe parallèle mené par le centre d'oscillation et, par conséquent, pour tout axe parallèle dont la distance au centre de gravité est égale à la distance $\dfrac{\varkappa}{a}$ du centre d'oscillation.

L'ensemble de tous les axes parallèles donnant la même durée d'oscillation et situés, par conséquent, aux distances a ou $\dfrac{\varkappa}{a}$ du centre de gravité forme donc deux cylindres coaxiaux. La durée d'oscillation est la même, quelle que soit la génératrice de ces cylindres que l'on prenne pour axe de rotation.

25. — Nous donnerons à ces deux cylindres le nom de cylindres des axes. Pour établir les relations qui existent entre eux, on peut procéder comme suit. Posons $\Delta = k^2 M$, il vient

$$l = \frac{k^2}{a} + a.$$

En cherchant la valeur de a qui correspond à une valeur donnée de l, c'est-à-dire à une durée d'oscillation donnée, il vient :

$$a = \frac{l}{2} \pm \sqrt{\frac{l^2}{4} - k^2}.$$

Donc, en général, *deux* valeurs de a correspondent à *une* valeur de l. Mais si

$$\sqrt{\frac{l^2}{4} - k^2} = 0, \qquad \text{c'est-à-dire} \qquad l = 2k,$$

ces deux valeurs coïncident et deviennent $a = k$.

Appelons α et β les deux valeurs de a correspondant à une valeur de l, nous aurons :

$$l = \frac{k^2 + \alpha^2}{\alpha} = \frac{k^2 + \beta^2}{\beta},$$

d'où

$$\beta(k^2 + \alpha^2) = \alpha(k^2 + \beta^2),$$
$$k^2(\beta - \alpha) = \alpha\beta(\beta - \alpha),$$
$$k^2 = \alpha\beta.$$

Supposons que l'on connaisse dans un corps *deux* axes parallèles, donnant la même durée d'oscillation et situés à des distances inégales α et β du centre de gravité, — ceci aura lieu lorsque l'on connaîtra le

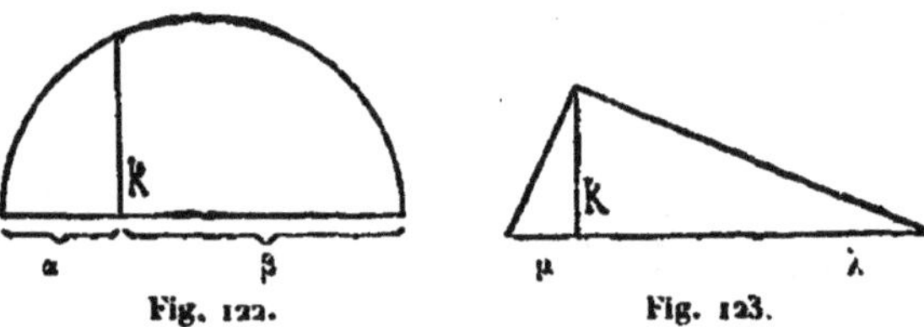

Fig. 122.   Fig. 123.

centre d'oscillation correspondant à *un* axe de suspension quelconque, — la formule précédente nous permet alors de construire k; il suffit de porter α et β bout à bout et de décrire sur leur somme, une demi-circonférence, dont l'ordonnée, correspondante à l'extrémité commune de α et β, est égale à k (fig. 122). Inversement, si k est donné, on pourra obtenir pour toute valeur donnée λ de a une autre valeur μ qui donne la même durée d'oscillation en en construisant un triangle rectangle de côtés λ et k ; la perpendiculaire élevée sur l'hypothénuse à l'extrémité du côté k détermine le segment μ sur le prolongement de λ.

Considérons un corps quelconque, de centre de gravité O situé dans le plan du dessin (fig. 124). Faisons-le osciller autour de tous les axes perpendiculaires à ce plan. Pour ce qui a rapport à la durée d'oscillation, tous les axes qui ont leurs pieds sur l'une ou l'autre des circonférences α et β sont interchangeables entre eux. Si l'on substitue à α une circonférence plus petite λ, on doit rem-

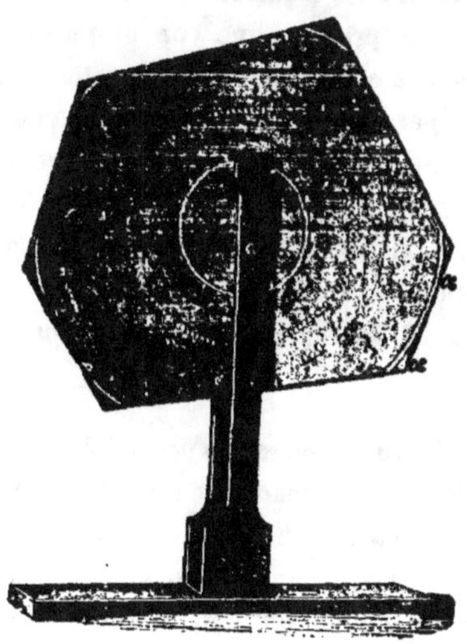

Fig. 124.

placer β par une circonférence plus grande μ et, si α diminue de plus en plus, les deux circonférences finissent par se confondre en une seule de rayon k.

26. — Ce n'est pas sans raisons que nous avons tant appuyé sur ces problèmes particuliers. Ils mettent tout d'abord bien en lumière la richesse des résultats de Huyghens, car tous ceux que nous avons donnés ici sont contenus dans ses écrits, quoique sous une forme un peu différente, et ceux qui n'y sont pas expressément s'y trouvent

sous une forme si voisine que l'on peut les compléter sans la
moindre difficulté. Bien peu de ces résultats se trouvent dans les
traités élémentaires modernes ; un de ceux que l'on y rencontre est
la réversibilité des centres de suspension et d'oscillation, mais
la façon dont il est ordinairement présenté n'épuise point le sujet.
Kater s'est servi de ce résultat pour la détermination précise de la
longueur du pendule à secondes.

Les considérations précédentes nous ont été utiles aussi en ce
qu'elles ont éclairci la notion de « moment d'inertie ». Cette notion
ne conduit à aucun aperçu de principe que l'on ne puisse acquérir
sans elle, mais elle *épargne* la considération individuelle de chacune
des masses du système et permet d'en disposer une fois pour toutes.
Elle conduit donc ainsi à une solution plus rapide et plus commode
et a, par conséquent, une grande importance dans l'économie de
la mécanique. Après des essais moins heureux d'Euler et de Segner,
Poinsot a beaucoup développé ces idées et y a apporté de nouvelles
simplifications, par l'emploi de son ellipsoïde et de son ellipsoïde
central d'inertie.

27. — Les recherches de Huyghens sur les propriétés géométriques
et mécaniques de la cycloïde sont de moindre importance. Huyghens
réalisa par le pendule cycloïdal l'isochronisme des oscillations, non
plus approché, mais rigoureux, pour des oscillations d'amplitude
quelconque. Ce pendule est aujourd'hui sans utilité pratique. Nous
ne nous occuperons donc pas davantage de ces études, quelle que
soit d'ailleurs leur beauté géométrique.

Quelque grands que soient les mérites de Huyghens dans les théories physiques les plus différentes, dans l'art de l'horloger, dans
la dioptrique pratique et surtout dans la mécanique, son *chef-
d'œuvre*, celui qui demanda la plus grande énergie intellectuelle et qui eut aussi les conséquences les plus importantes,
reste l'énoncé du principe par lequel il résolut le problème du
centre d'oscillation. Ce fut justement ce principe qui ne fut pas ap-
précié à sa valeur par les vues peu perspicaces de ses contemporains
et même encore longtemps après. Nous avons montré qu'il est équi-

valent au principe de la force vive et nous pensons l'avoir ainsi présenté sous son véritable jour.

28. — Il est impossible de parler ici des importants travaux de Huyghens dans le domaine de la physique. Nous en citerons seulement quelques-uns. Il est le créateur de la théorie vibratoire de la lumière, qui l'a enfin emporté sur la théorie newtonienne de l'émission. Son attention se tourna vers les côtés des phénomènes lumineux qui avaient échappé à Newton. En physique, il fut un ardent partisan de l'idée cartésienne du mécanisme universel, sans pourtant fermer les yeux sur ses défauts qu'il critiqua plus d'une fois d'une façon catégorique et rigoureuse. Ses préférences pour les explications purement mécaniques firent de lui un adversaire des actions à distance affirmées par l'école de Newton ; il les remplaçait volontiers par des pressions et des chocs, c'est-à-dire par des actions au contact. Dans cette controverse il émit certaines idées nouvelles, comme celle d'un flux magnétique, qui resta sans écho à cause de la grande influence de Newton, mais qui, grâce à l'impartialité de Faraday et de Maxwell, a été dans ces derniers temps appréciée à sa valeur. Huyghens fut en outre un grand géomètre et un grand mathématicien et, dans cet ordre d'idées, il est nécessaire de citer sa théorie des jeux de hasard. Ses observations astronomiques et ses travaux dans la dioptrique théorique et pratique ont fait avancer considérablement ces sciences. Comme technicien, il est l'inventeur d'une machine à poudre dont l'idée a été pratiquement réalisée dans nos moteurs à gaz modernes. En physiologie, il pressentit la théorie de l'accommodation par déformation du cristallin. Tout cela peut à peine être indiqué ici. Le génie de Huyghens se révèle davantage à mesure que ses travaux viennent successivement au jour, dans la collection de ses œuvres complètes (¹). Dans une courte notice, imprégnée d'une pieuse vénération, J. Bosscha a donné un aperçu de l'ensemble de ses travaux (cf. J. Bosscha : *Christian Huyghens ; Discours prononcé au 200ᵉ anniversaire de sa mort*, 1895).

(¹) Christian Huyghens. — *Œuvres complètes*, publiées par la société hollandaise des sciences. Haarlem, 1888.

III. — TRAVAUX DE NEWTON

1. — Newton rendit à la science de la mécanique un double service. Tout d'abord sa découverte do la *gravitation universelle* agrandit considérablement le domaine de la mécanique physique. En second lieu on lui doit *l'énoncé formel des principes de la mécanique* encore généralement acceptés aujourd'hui. Depuis Newton aucun principe essentiellement nouveau n'a été posé, et le travail accompli en mécanique depuis lors a été un développement déductif, formel et mathématique, sur la base des principes newtoniens.

2. — Considérons d'abord un instant les travaux de Newton dans le domaine de la physique. Des observations de Tycho-Brahé et des siennes propres, Képler avait déduit les trois lois empiriques suivantes du mouvement des planètes autour du soleil, que Newton expliqua par son principe nouveau :

1) Les planètes se meuvent suivant des ellipses, autour du soleil comme foyer ;

2) Le rayon vecteur joignant une planète au soleil décrit des aires égales dans des temps égaux ;

3) Les cubes des grands axes des orbites sont proportionnels aux carrés des temps des révolutions.

Le point de vue de Galilée et de Huyghens étant acquis, si l'on cherche à en déduire les conséquences logiques, il apparaît que le mouvement *curviligne* d'un corps ne peut se comprendre que par la présence d'une accélération continue *déviatrice*, et l'on se trouve ainsi conduit à chercher, dans le mouvement des planètes, une accélération de cette nature, qui sera d'ailleurs toujours dirigée vers la concavité de l'orbite.

Or la loi des aires s'explique fort simplement si l'on suppose que la planète éprouve une accélération constamment dirigée vers le soleil. Soit en effet SAB le secteur décrit par le rayon vecteur dans un élément de temps. Si l'accélération était nulle, ce rayon décrirait, dans l'élément de temps suivant, le secteur SBC, BC étant égal à AB et situé sur le prolongement de AB. Mais si, pendant le premier élément de temps, une accélération centrale a produit une certaine vitesse, qui fait parcourir à la planète le chemin BD dans le même temps, le second secteur élémentaire décrit par le rayon n'est plus SBC mais bien SBE, BE étant la diagonale du parallélogramme construit sur BC et BD. Mais on voit que SBE = SBC = SAB. La loi des aires ou des secteurs est donc une conséquence immédiate de l'hypothèse d'une accélération centrale.

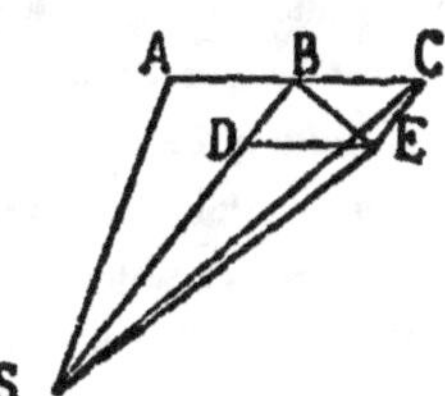

Fig. 125.

Nous sommes ainsi conduits à accepter l'hypothèse de l'accélération centrale. Dès lors la *troisième loi* donne la *forme* de celle-ci. En effet, les orbites des planètes étant des ellipses différant fort peu de circonférences, nous admettrons pour la simplicité qu'elles sont exactement circulaires. En appelant alors R_1, R_2, R_3 leurs rayons, et T_1, T_2, T_3 les temps respectifs des révolutions, la troisième loi de Képler exprime que :

$$\frac{R^3_1}{T^2_1} = \frac{R^3_2}{T^2_2} = \frac{R^3_3}{T^2_3} = \ldots = C^{te}.$$

D'autre part, nous avons trouvé que l'accélération centripète dans le mouvement circulaire était donnée par la formule $\varphi = \frac{4\pi^2 R}{T^2}$. Si nous supposons que pour toutes les planètes φ suit la loi $\varphi = \frac{K}{R^2}$, K étant une constante, nous trouverons :

$$\frac{K}{R^2} = \frac{4\pi^2 R}{T^2} \qquad \text{d'où} \qquad \frac{R^3}{T^2} = \frac{K}{4\pi^2},$$

et

$$\frac{R^3_1}{T^2_1} = \frac{R^3_2}{T^2_2} = \frac{R^3_3}{T^2_3} = \ldots = \frac{K}{4\pi^2} = C^{te}.$$

Dès que l'on est amené ainsi à l'hypothèse d'une accélération centrale en raison inverse du carré de la distance, la réciproque, c'est-à dire la démonstration du fait que cette accélération produit un mouvement dont la trajectoire est une conique et spécialement une ellipse, n'est plus qu'une pure question de mathématiques.

3. — A côté de cette *contribution déductive*, d'ailleurs en tous points préparée par Képler, Galilée et Huyghens, la science est encore redevable à Newton d'un *travail d'invention* qu'il nous reste à apprécier, et que, pour notre part, nous n'hésitons pas à considérer comme le plus important des deux : de quelle nature est l'accélération qui est la condition nécessaire du mouvement curviligne des planètes autour du soleil et des satellites autour des planètes ?

Avec une grande hardiesse de pensée, Newton admet (et premièrement par l'exemple de la lune,) que cette accélération n'est pas essentiellement différente de cette accélération de la pesanteur qui nous est familière. C'est vraisemblablement le principe de continuité, dont nous avons déjà signalé le rôle important dans les travaux de Galilée, qui conduisit Newton à cette découverte. Il avait coutume — et cette habitude paraît être commune à tous les penseurs véritablement grands, — de s'en tenir fermement et aussi longtemps que possible à une conception une fois bien établie, même pour des cas dont les circonstances étaient modifiées, en sorte de conserver dans la représentation cette uniformité que la nature nous apprend à reconnaître dans ses phénomènes. Une propriété de la nature, constatée *une* fois et en *un* lieu quelconque, se retrouve *partout* et *toujours*, quoique peut-être d'une façon moins apparente. Voyant que l'attraction terrestre ne se fait pas sentir seulement à la surface de la terre, mais aussi sur les hautes montagnes et dans les mines profondes, le physicien habitué à la continuité de la pensée se représente cette attraction comme agissant encore à des hauteurs et à des profondeurs plus grandes que celles qui nous sont accessibles. Il se demande où est la limite de son influence, et si celle-ci ne s'étendrait pas jusqu'à la lune ? Cette question provoque un puissant élan d'imagination et, lorsqu'elle se pose à un génie intellectuel tel que Newton, elle a pour conséquence nécessaire les progrès scientifiques les plus grands.

Ainsi que Rosenberger le fait ressortir dans son ouvrage : *Newton und seine physikalischen Principien* (1895), Il est vrai que Newton n'est pas le premier à qui l'idée de la gravitation universelle est venue, et qu'il a eu, au contraire, de nombreux et très méritants devanciers. Cette appréciation est exacte, mais on peut dire que chez tous ses prédécesseurs on ne trouve que des pressentiments, des tentatives et des discussions imparfaites de la question, et que, avant Newton, personne n'a émis cette idée d'une façon si complète et avec autant de force. A côté de la solution du grand problème mathématique, que Rosenberger reconnaît, il reste un apport peu ordinaire de l'imagination scientifique.

Parmi les prédécesseurs de Newton nous citerons d'abord Copernic qui disait, en 1543 : « Je suis du moins d'avis que le poids n'est « pas autre chose qu'une tendance naturelle que la providence di- « vine du maître du monde a donnée aux parties, selon laquelle « elles peuvent former leur unité et leur ensemble, en se rassem- « blant sous la forme sphérique. Et l'on peut accepter que cette ten- « dance se trouve aussi dans le soleil, la lune et les autres pla- « nètes... ». Képler en 1609, et déjà Gilbert en 1600, conçoivent de même la gravité comme semblable à l'attraction magnétique. Il semble que ce fut par cette analogie que Hooke parvint à l'idée d'une diminution du poids avec la distance et, comme il se repré- sentait la gravité agissant par un *rayonnement*, il pensa aussi à l'action en raison inverse du carré. Il chercha à prouver la diminu- tion de la pesanteur par des pesées faites en haut de l'abbaye de Westminster sur des corps suspendus en haut et en bas, à l'aide de pendules et de plateaux (Cf. les expériences modernes de Jolly) : ces expériences n'eurent évidemment aucun résultat. Pour faire sai- sir le mouvement des planètes, il le représente judicieusement par le pendule conique. Hooke parvint donc en réalité très près des con- ceptions de Newton, sans toutefois arriver à leur hauteur.

Dans deux mémoires fort remarquables (*Kepler's Lehre von der Gravitation*, Halle, 1896; *Die Gravitation bei Galilei und Borelli*, Berlin, 1897) E. Goldbeck suit la préhistoire de la gravitation, d'une part chez Képler et d'autre part chez Galilée et Borelli. Képler, malgré ses *attaches* aux idées aristotéliciennes et scolastiques, sait reconnaître que la question du système planétaire est une question physique. Pour lui, la lune est *entraînée* par la terre et, d'autre part, elle *attire* à elle le flux de la marée, comme la terre le fait pour les corps pesants. Il attribue aussi l'origine du mouvement des planètes au soleil, qu'il considère comme l'une des parties d'un levier non matériel, entraînant, dans sa rotation, les planètes d'autant plus vite qu'elles sont plus rapprochées. Cette conception lui permet de deviner que le soleil tourne sur lui-même en moins de 88 jours (qui est la durée de la révolution de Mercure). Occasionnellement il se représente le soleil comme un aimant animé d'un mouvement de rotation en face des planètes aimantées aussi. Dans le système du monde de Galilée prédomine le point de vue formel, mathématique et esthétique. Il rejette toute hypothèse d'attraction et traite de puérilités les idées de Képler. A proprement parler le problème du système planétaire ne constitue pas encore pour lui un problème physique. Il admet toutefois avec Gilbert qu'un point mathématique « vide » ne peut avoir d'action et rend à la science un service véritable par sa démonstration de la nature terrestre des corps de l'univers. Borelli, dans ses recherches sur les satellites de Jupiter, se représente les planètes comme nageant entre deux couches d'éther inégalement denses. Il leur attribue une tendance *naturelle* à se rapprocher du corps central (l'expression d'attraction est évitée), qui est retenu en équilibre, pendant leur révolution, à la façon du point fixe d'une fronde. Borelli explique ses conceptions par une expérience fort semblable à celle que nous avons décrite p. 155 (fig. 106). Comme on le voit, ses idées se rapprochent beaucoup de celles de Newton. Son système est cependant une combinaison de ceux de Descartes et de Newton.

Ce fut d'abord à propos de la lune que Newton reconnut que cette même accélération qui régit la chute des pierres empêche aussi cet astre de s'éloigner de la terre indéfiniment et en ligne droite, tandis que sa vitesse tangentielle l'empêche de tomber sur la terre. Le problème du mouvement de la lune lui apparut alors, instantanément, dans une lumière entièrement nouvelle, et cependant sous des points de vue qui étaient parfaitement connus. La conception nouvelle était à la fois *stimulante* et *convaincante*, car elle réunissait des objets jusqu'alors très éloignés, et ne renfermait que les éléments les plus connus ; c'est ce qui explique sa rapide application à d'autres domaines et son influence *universelle*.

La conception nouvelle de Newton n'apporta pas seulement la solution du problème du mouvement des planètes, posé depuis des milliers d'années, mais rendit aussi possible l'intelligence d'autres phénomènes. De même que l'accélération de la pesanteur se fait sentir jusqu'à la lune, et qu'il n'y a pas de limite à son action, de même les accélérations produites par les autres corps célestes, — auxquels le principe de continuité veut que nous attribuions les mêmes propriétés, — se font sentir partout et ont donc une action sur la terre. Mais si le poids n'est pas un phénomène local, appartenant en particulier à la terre, il n'a par conséquent pas son siège *uniquement au centre de la terre* : chaque partie de celle-ci y participe, quelque petite qu'elle soit ; chacune d'elles accélère les autres parties. Les conceptions physiques ont ainsi gagné une ampleur et une liberté dont, avant Newton, l'on n'avait aucun pressentiment.

Cette conception généra pour ainsi dire spontanément toute une série de questions concernant l'action des sphères sur d'autres corps extérieurs, intérieurs ou situés sur leur surface, en même temps que des recherches sur la forme de la terre et son aplatissement par la rotation. L'énigme du problème des marées, dont la relation avec la lune avait été depuis longtemps remarquée, se trouva tout à coup résolue par l'accélération imprimée par cet astre à la masse plus mobile des eaux terrestres.

Newton parvint à comprendre l'identité de la pesanteur terrestre et de la pesanteur générale, c'est-à-dire de la gravitation déterminant les mouvements des corps célestes, en imaginant une pierre lancée horizontalement du sommet d'une haute montagne, avec des vitesses successives de plus en plus grandes. Si l'on fait abstraction de la résistance de l'air, la parabole du jet s'étendra de plus en plus, jusqu'à ce qu'enfin elle n'atteigne plus la terre et que le projectile se mette à tourner autour de celle-ci comme

un satellite. Son point de départ est le *fait* de la pesanteur générale.
Il dit expressément qu'il n'a pas réussi à trouver l'explication de ce
phénomène et ne s'aventure à ce sujet dans aucune hypothèse. Cependant ont peut voir, par une de ses lettres à Bentley, qu'il lui
reste dans l'esprit quelqu'inquiétude. Il lui semble *absurde* d'admettre que la gravitation de la matière soit essentielle et spontanée
et qu'un corps puisse agir sur un autre corps au travers de l'espace
vide et sans intermédiaire. Mais il refusa de s'occuper de la nature
matérielle ou immatérielle (spirituelle ?) de cet agent intermédiaire.
Newton a donc partagé avec d'autres chercheurs, dont les uns lui
sont antérieurs et les autres vinrent après lui, le besoin d'une explication de la pesanteur par des sortes d'actions au contact. Mais le
très grand succès que Newton obtint en astronomie, en posant les
forces à distance comme base de la déduction, changea bientôt
complètement la situation. On s'habitua aux forces à distance, considérées comme point de départ donné de l'explication et le besoin
de s'enquérir de leur provenance disparut bientôt tout à fait. On les
essaya alors dans tous les autres domaines de la physique, en se représentant les corps comme constitués de particules séparées par des
espaces vides et agissant à distance les unes sur les autres. Finalement cette action à distance de leurs particules servit même à expliquer la résistance que les corps opposent à la pression et au choc,
c'est-à-dire l'action au contact : en fait, à cause de la discontinuité,
cette dernière action est représentée par une fonction plus compliquée que la première. C'est ainsi que chez *Laplace* et ses contemporains les forces à distance furent universellement en faveur. Les
conceptions naïves et géniales de Faraday et leur formulation mathématique par Maxwell ont remis au premier plan les actions au
contact. Différentes difficultés avaient déjà induit les astronomes à
douter de la rigueur des lois de Newton et l'on cherchait à y introduire de petites modifications quantitatives, mais après qu'il eut été
prouvé que les actions électriques mettaient un certain temps à se
propager, la question se posa naturellement à nouveau de chercher
une propriété analogue dans les actions semblables de la pesanteur
En réalité la pesanteur a la plus grande analogie avec les actions

électriques à distance, mais, du moins dans tous les phénomènes connus jusqu'ici, elle n'entraîne qu'une attraction et non une répulsion. Föppl (*Ueber eine Erweiterung des Gravitationsgesetzes*. Sitzungsber. d. Münch. Akad., 1897, p. 6 et suiv.) est d'avis que l'on peut, sans qu'il s'ensuive de contradictions avec les faits, admettre l'existence des masses négatives, s'attirant de même entre elles, mais repoussant les masses positives et repoussées par celles-ci, et, ainsi, en arriver à concevoir des champs de gravitation *finis*, analogues aux champs électriques. Drude (dans son rapport sur les actions à distance au Congrès des Sciences naturelles de 1897,) compte, en remontant jusqu'à Laplace, un grand nombre de recherches qui ont pour but de trouver la vitesse de propagation de la gravitation. Leur résultat peut être considéré comme négatif, car les vitesses de propagation possibles ne concordent pas entre elles et sont toutes de très grands multiples de la vitesse de la lumière. Seul Paul Gerber (*Ueber die räumliche und zeitliche Ausbreitung der Gravitation*, Zeitschr. f. Math. u. Phys., 1898, II) trouve, par le mouvement du périhélie de Jupiter, qui est de 41 secondes par siècle, que la vitesse de la gravitation est égale à celle de la lumière; cette expérience est favorable à l'hypothèse qui fait de l'éther l'agent de la gravitation. Cf. aussi un mémoire de Wien sur la possibilité d'une base électromagnétique de la mécanique (Archives néerlandaises. La Haye, 1900, V, p. 96).

4. — La réaction des nouvelles découvertes physiques sur la mécanique ne pouvait tarder à se faire sentir. Les accélérations que, d'après les conceptions nouvelles, le même corps *peut* prendre, selon les positions qu'il occupe dans l'espace, présentaient immédiatement à l'esprit l'idée d'un corps, de poids *variable*, dans lequel on reconnaîtrait encore toutefois *une* caractéristique invariable. Ainsi les concepts de *poids* et de *masse* se séparèrent pour la première fois nettement. Après avoir reconnu la variabilité de l'accélération, Newton constata, par des expériences appropriées, que l'accélération de la gravité était indépendante de la constitution chimique des corps. Il en résultait de nouveaux points de repère pour l'élucidation du rap-

port entre la masse et le poids ; nous en parlerons tout à l'heure. Enfin les travaux de Newton firent comprendre, bien mieux qu'on n'avait pu le faire auparavant, la possibilité *d'appliquer universellement la notion de force* telle que l'avait posée Galilée. On ne put plus croire désormais que ce concept était uniquement applicable à la chute des corps et aux phénomènes voisins. La généralisation suivit pour ainsi dire d'elle-même, sans attirer autrement l'attention.

5. — Nous en sommes arrivés à la discussion des recherches de Newton dans leurs rapports avec *les principes de la mécanique*. Dans cette discussion nous essayerons d'abord de présenter exactement au lecteur les idées de Newton, en nous restreignant, dans notre exposé, à quelques remarques préparatoires et en réservant notre critique pour des paragraphes ultérieurs.

La simple lecture de son traité (*Philosophiæ naturalis principia mathematica*, Londini, 1687) montre immédiatement que ses principaux progrès sur Galilée et Huyghens portent sur les points suivants :

1) La généralisation du concept de force ;

2) L'introduction du concept de masse ;

3) L'énoncé précis et général du principe du parallélogramme des forces.

4) L'introduction du principe de l'égalité de l'action et de la réaction ;

6. — Sur le premier point il ne reste que peu à ajouter à ce que nous avons déjà dit. Newton concevait toutes les circonstances *déterminantes de mouvement*, non seulement la gravité, mais aussi l'attraction des planètes, le magnétisme, etc., comme des *déterminantes d'accélération*. Il fait expressément remarquer que par les mots d'attraction, etc., il n'exprime aucune opinion sur l'origine ou le caractère de cette action mutuelle, mais veut simplement désigner l'apparence sensible des phénomènes du mouvement. Newton nous donne l'assurance, et il y insiste à plusieurs reprises, qu'il ne s'occupe pas de spéculations sur les causes cachées des phénomènes, mais uniquement de la recherche et de la constatation des faits ; cette direction de pensée, qu'il exprime si clairement dans ces paroles : *hypotheses non fingo*, le montre comme un *philosopha de haute valeur* qui, dans la complète maîtrise de soi-même, se propose de connaître la nature (¹).

7. — Au sujet du concept *masse*, remarquons en premier lieu que la définition qu'en donne Newton et suivant laquelle la masse est la *quantité de matière d'un corps, déterminée par le produit du volume*

(¹) Les règles que Newton s'impose dans la recherche des phénomènes naturels en sont une excellente preuve :

« *Règles qu'il faut suivre dans l'étude de la physique* :

« Règle I. — Il ne faut admettre de causes, que celles qui sont nécessaires
« pour expliquer les phénomènes.

« Règle II. — Les effets du même genre doivent toujours être attribués ainsi,
« autant qu'il est possible, à la même cause (Ainsi la respiration de l'homme
« et celle des bêtes; la chute d'une pierre en Europe et en Amérique; la lumière
« du feu d'ici bas et celle du soleil; la réflexion de la lumière sur la terre et
« dans les Planettes .

« Règle III. — Les qualités des corps qui ne sont susceptibles ni d'augmenta-
« tion ni de diminution, et qui appartiennent à tous les corps sur lesquels on
« peut faire des expériences, doivent être regardées comme appartenant à tous
« les corps en général. — [Newton fait suivre cette règle d'une énumération
des propriétés générales, qui a passé dans tous les manuels.]

« Enfin, puisqu'il est constant, par les expériences et par les observations as-
« tronomiques, que tous les corps qui sont près de la surface de la terre pèsent
« sur la terre, selon la quantité de leur matière ; que la lune pèse sur la terre à
« raison de sa quantité de matière, que notre mer pèse à son tour sur la lune,
« que toutes les planettes pèsent mutuellement les unes sur les autres, et que
« les comètes pèsent aussi sur le soleil, on peut conclure, suivant cette troi-
« sième règle, que tous les corps gravitent mutuellement les uns vers les autres.

« Règle IV. — Dans la philosophie expérimentale les propositions tirées par
« induction des phénomènes doivent être regardées malgré les hypothèses con-
« traires, comme exactement ou à peu près vraies, jusqu'à ce que quelques
« autres phénomènes les confirment entièrement ou fasse voir qu'elles sont su-
« jettes à des exceptions.

« Car une hypothèse ne peut affaiblir les raisonnements fondés sur l'induction
« tirée de l'expérience. »

(Toutes les citations de Newton, faites dans cet ouvrage, sont tirées de ses *Principes mathématiques de la Philosophie naturelle*, trad. de Mme la marquise du Chastelet, Paris, 1756.)

et de la densité, est malheureuse. Le cercle vicieux est évident puisque l'on ne peut définir la densité que comme masse de l'unité de volume. Newton a distinctement senti qu'à chaque corps était inhérente une caractéristique déterminante de mouvement, différente de son poids, que nous appellerons avec lui masse ; mais il n'a pas réussi à expliquer correctement cette connaissance. Nous reviendrons sur ce point et nous nous bornerons, pour le moment, aux remarques préliminaires suivantes.

8. — De très nombreuses expériences, dont beaucoup étaient connues de Newton, enseignent clairement l'existence d'une *caractéristique déterminante de mouvement* distincte du poids. Si l'on suspend un volant par un fil et qu'on l'élève à l'aide d'une poulie, on a la sensation du poids du volant. Si celui-ci est placé sur un axe parfaitement cylindrique et poli, aussi bien équilibré que possible, son poids ne lui fera prendre aucune position déterminée. Cependant nous éprouvons une forte résistance dès que nous essayons, soit de le mettre en mouvement s'il est immobile, soit de l'arrêter s'il est en mouvement. C'est cette expérience qui conduisit à admettre une propriété particulière de la matière, appelée inertie ou plutôt force d'inertie, ce qui est inutile, comme nous l'avons vu et comme nous l'expliquerons

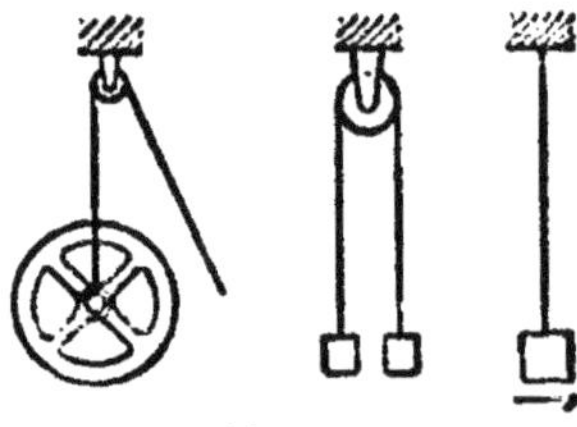

Fig. 126.

encore plus loin. Deux charges égales, simultanément soulevées, résistent par leurs poids, mais si on les attache aux extrémités d'une chaîne passant sur une poulie, elles résistent par leur *masse* au mouvement, ou plutôt au changement de vitesse de la poulie. Un poids considérable suspendu à l'extrémité d'un fil très long, et formant pendule, peut être retenu par un très petit effort dans une position très voisine de la verticale : la composante du poids qui pousse le pendule vers sa position d'équilibre est très petite. Nous éprouvons néanmoins une résistance notable si nous essayons de mettre rapidement le pendule en mouvement ou de le retenir. Supposons qu'un poids soit soutenu par un ballon, son poids n'entre plus en ligne de compte et cependant il oppose une résistance sensible à tout mouvement. Ajoutons encore qu'un même corps, observé sous différentes latitudes et en différents lieux, présente des variations notables dans l'accélération due à la pesanteur. On reconnaît ainsi que la masse est une caractéristique de mouvement distincte du poids.

Il est encore nécessaire de montrer que, étant donné la marche des idées particulière à Newton, sa conception de la *masse* fut *psychologiquement* très voisine de celle de *quantité de matière*. Il ne faut d'ailleurs point s'attendre à ce qu'un chercheur, à cette époque, se soit préoccupé d'études critiques sur la naissance du concept de matière. Ce dernier s'est développé d'une manière tout instinctive ; il se trouva pour ainsi dire tout formé et fut accepté tout naturellement. Le même phénomène se produisit pour la notion de *force*. Mais la force semble attachée à la matière, et Newton, précisément en assignant à toutes les particules matérielles des forces de gravitation analogues et en considérant les attractions mutuelles des astres comme les sommes de ces attractions particulières, fait directement apparaître ces forces comme liées à la quantité de matière. Rosenberger a insisté sur cette dernière circonstance (*Newton und seine physikalischen Principien*, Leipzig, 1895 ; en particulier p. 192).

Dans un autre ouvrage (*Analyse der Empfindungen*), j'ai cherché à montrer comment la fixité de la *liaison* entre des sensations distinctes nous conduit à l'hypothèse d'une fixité *absolue*, que nous appelons *substance*. L'exemple d'une telle substance qui se présente comme le plus proche ou le plus immédiat est celui d'un corps mobile qu'il est possible de distinguer de son entourage. Si ce corps peut être partagé en parties semblables dont chacune présente un ensemble de propriétés fixes, nous obtiendrons la représentation d'une substance variable *quantitativement* que nous appellerons *matière*. D'un autre côté, la partie que nous enlevons à un corps reparaît à un autre endroit précisément parce qu'elle a été enlevée ; l'ensemble de la quantité de matière semble donc constant. Mais un examen plus rigoureux nous montre qu'il y a en réalité autant de quantités substantielles distinctes qu'il y a de propriétés des corps ; la *matière* ne conserve alors d'autre fonction que celle de représenter la liaison fixe entre les propriétés particulières, la *masse* est simplement une de celles-ci ; (Cf. *Principien der Wärmelehre*, 1896, p. 425).

9. — Newton démontre que dans certaines circonstances la masse d'un corps peut néanmoins être mesurée par son poids. Ce point est important. Considérons un corps posé sur un support sur lequel il exerce une pression par son poids. On acquiert aisément l'idée qu'un autre corps égal au double, au triple, à la moitié ou au tiers du premier, exerce une pression égale au double, au triple, à la moitié ou au tiers de la pression primitive. Imaginons que l'accélération due à la gravité soit accrue, diminuée ou anéantie ; nous nous attendons à ce que la pression s'accroisse, diminue ou disparaisse. Nous *voyons* que la pression produite par le poids augmente, décroît ou s'évanouit avec la « quantité de matière » et avec l'intensité de l'accélération due à la pesanteur. La manière la plus simple dont nous puissions alors concevoir la pression p est de la concevoir comme pouvant être quantitativement représentée par le produit de la quantité de ma-

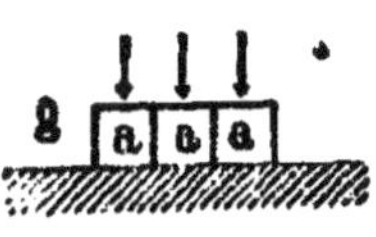

Fig. 127.

tière m et de l'accélération g, d'où $p = mg$. Prenons maintenant deux corps qui exercent respectivement les pressions p et p' ; soient m et m' leurs « quantités de matière » et g et g' les accélérations dues à la pesanteur ; on aura $p = mg$ et $p' = m'g'$. Si nous pouvons maintenant démontrer que, quelle que soit la constitution chimique des corps on a, en chaque point de la surface terrestre $g = g'$, il viendra $\dfrac{m}{m'} = \dfrac{p}{p'}$, d'où résulte qu'en chaque point de la surface terrestre *la masse peut être mesurée par le poids*.

A l'aide de pendules de mêmes longueurs, formés de matériaux *différents*, dont l'accélération *se* trouva être la *même*, Newton prouva que l'accélération g est indépendante de la constitution chimique des corps. Il eut soin de se mettre à l'abri des perturbations causées par la résistance de l'air en employant des pendules formés de sphères de grand diamètre, exactement égales et plus ou moins évidées afin que leurs poids fussent égaux. Ces expériences prouvèrent que l'accélération g est la même pour tous les corps et que l'on peut, par conséquent, suivant la conclusion de Newton, mesurer les quantités de matière ou masses par les poids.

Supposons une série de corps et un aimant séparés par une cloison. Si l'aimant est assez fort, ces corps, ou tout au moins le plus grand nombre d'entre eux, presseront sur la cloison. Mais personne ne pensera à se servir de ces pressions magnétiques comme mesures des masses, selon ce que nous avons fait pour les pressions dues aux poids. L'inégalité trop évidente des accélérations imprimées par l'aimant aux différents corps ne permet pas à cette idée de venir à l'esprit. Le lecteur remarquera du reste que toute cette déduction prête à la critique, car elle *suppose la définition* du concept de masse qui jusqu'à présent n'a été que *dénommé* et dont on a simplement senti la *nécessité*.

10. — *On est redevable à Newton de l'énoncé clair du principe de la composition des forces* (¹). Un corps soumis en même temps à deux forces qui séparément lui feraient décrire dans le même temps l'une le chemin AB, l'autre le chemin AC, se meut suivant AD, car les deux *forces et les mouvements qu'elles produisent sont indépendants l'un de l'autre*. Cette manière de voir est parfaitement naturelle en même temps

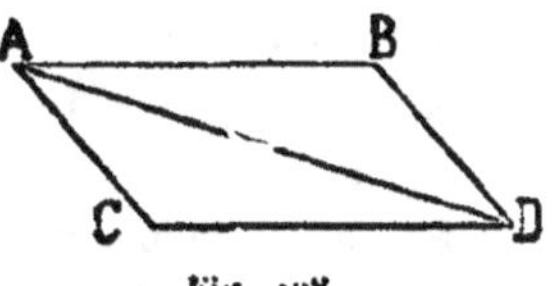

Fig. 128.

qu'elle indique nettement le point essentiel. Elle ne renferme aucune des ajoutes artificielles et forcées que l'on fit ultérieurement à la théorie de la composition des forces.

On peut énoncer le théorème d'une manière un peu différente afin de le rapprocher de la forme qu'il possède aujourd'hui. *Les accélérations que différentes forces impriment à un même corps sont les mesures de ces forces: mais les chemins décrits dans des temps égaux sont proportionnels aux accélérations* et peuvent donc être

(¹) A propos du théorème de la composition des forces on doit citer également Roberval (1668) et Lami (1687). Nous avons déjà cité Varignon.

pris eux-mêmes pour mesure des forces. Nous pouvons dire que si deux forces de directions AB et AC et d'intensités proportionnelles aux longueurs de ces segments sont appliquées au corps A, ce corps prend un mouvement qui pourrait aussi bien être produit par une troisième force, unique, représentée en intensité et direction par la diagonale du parallélogramme construit sur les segments AB et AC. Cette dernière force peut donc remplacer les deux premières. Soient φ et ψ les accélérations suivant AB et AC, on a, pour un temps t de parcours, $AB = \frac{1}{2}\varphi t^2$ et $AC = \frac{1}{2}\psi t^2$. Supposons que AD soit décrit dans le même temps par une force qui produirait l'accélération χ, il vient : $AD = \frac{1}{2}\chi t^2$ et

$$AB : AC : AD = \varphi : \psi : \chi.$$

Ainsi donc la notion de force telle que l'a établie Galilée conduit sans peine au principe du parallélogramme dès que l'on admet l'indépendance des forces mais, sans cette hypothèse, on chercherait en vain à établir ce théorème par une méthode purement déductive.

11. — La plus importante contribution de Newton aux principes de la mécanique est peut-être l'énoncé clair et général du principe de *l'égalité de l'action et de la réaction*. Les problèmes sur le mouvement des corps qui agissent les uns sur les autres ne peuvent être résolus sans une aide autre que celle des principes de Galilée. Mais pour déterminer les actions mutuelles un nouveau principe est nécessaire : tel est par exemple celui dont Huyghens se servit dans la recherche du centre d'oscillation, tel est aussi le principe de l'action égale à la réaction, énoncé par Newton.

D'après Newton, un corps qui exerce sur un autre corps une pression ou une traction reçoit de celui-ci une pression ou une traction égale et opposée. L'action et la réaction, la pression et la répulsion sont toujours égales entre elles. D'ailleurs, puisque Newton définit comme mesure de la force la quantité de mouvement (produit de la masse par la vitesse) acquise en l'unité de temps, il en résulte que deux corps agissant l'un sur l'autre acquièrent dans un même temps des quantités de mouvement égales et contraires et se communiquent par conséquent des vitesses inversement proportionnelles à leurs masses.

Quoique le principe de Newton paraisse, d'après cet exposé, beaucoup plus simple, plus immédiat et au premier abord plus acceptable que celui de Huyghens, on reconnaît cependant qu'il ne renferme en aucune façon moins d'expériences inanalysées et moins d'éléments instinctifs. L'impulsion première qui conduit à poser ce principe est sans aucun doute de nature purement instinctive. On sait que l'on n'éprouve une résistance de la part d'un corps que du moment où l'on cherche à le mettre en mouvement. Plus vite voulons-nous lancer une pierre, plus forte est l'impulsion que notre propre corps subit en sens contraire. La pression et la répulsion vont de pair. L'hypothèse de l'égalité de l'action et de la réaction est donc immédiate si, à l'exemple de Newton, on imagine un fil tendu, ou un ressort tendu ou comprimé, reliant les deux corps.

En statique l'on trouve de nombreuses connaissances instinctives qui renferment le principe dont nous parlons, par exemple cette expérience vulgaire d'après laquelle on ne peut s'élever dans les airs soi-même, en tirant sur sa chaise. Dans un scholie où il cite les physiciens Wren, Huyghens et Wallis comme ayant fait avant lui usage de ce principe, Newton expose des considérations analogues. Il suppose la terre, dont chaque particule gravite vers toutes les autres, coupée par un plan quelconque. Si la pression d'une des deux parties sur l'autre n'était pas égale à la contrepression, la terre devrait se mouvoir dans le sens de la plus grande de ces deux actions : or notre expérience enseigne que le mouvement d'un corps ne peut être déterminé que par des corps extérieurs. De plus, comme nous pouvons faire passer ce plan de division par n'importe quel point et lui donner une orientation arbitraire, la direction de ce mouvement serait tout à fait indéterminée.

12. — L'obscurité de la notion de masse se fait de nouveau sentir dès que l'on veut faire usage, en dynamique, du principe de l'action égale à la réaction. L'action et la réaction peuvent être égales, mais d'où saurions-nous que des actions égales produisent des vitesses qui sont en raison inverse des masses? Newton sentit aussi le besoin réel de confirmer ce principe fondamental par l'expérience. Dans un scholie il parle de l'expérience de Wren sur le choc et d'expériences analogues qu'il a lui-même poursuivies. Il enferme dans un premier flacon un aimant et dans un second un morceau de fer, et, après les avoir bouchés, il les fait flotter dans un vase plein d'eau et les laisse agir l'un sur l'autre. Les flacons se rapprochent, se heurtent, restent joints, et finalement le repos se fait. Cette expérience prouve l'égalité de l'action et de la réaction ainsi que l'égalité des quantités de mouvement acquises en sens contraires, comme nous le verrons dans la discussion des lois du choc.

13. — Le lecteur a déjà compris que les divers exposés faits par Newton du principe de l'action égale à la réaction et du concept de masse *dépendent* l'un de l'autre et se prêtent un appui mutuel. Les expériences qui se trouvent à la base de ces notions sont : la reconnaissance du fait que les corps résistent à toute variation de vitesse, proportionnellement à leurs poids, sans que cependant ce poids ait un rôle dans le phénomène, — et l'observation du fait qu'une même pression imprime à des corps de poids de plus en plus grands des vitesses de plus en plus petites. Newton a eu un sens merveilleux *des* concepts et *des* propositions fondamentales indispensables à la mécanique. La forme de son exposé laisse du reste beaucoup à désirer; nous reviendrons ultérieurement sur ce point, mais cela ne nous autorise pas à déprécier ses découvertes, car il eut à vaincre les plus grandes difficultés et il les évita moins que tous les autres chercheurs.

IV. — DISCUSSION ET EXPLICATION DU PRINCIPE DE L'ÉGALITÉ DE L'ACTION ET DE LA RÉACTION

1. — Nous chercherons maintenant à pénétrer davantage dans la pensée de Newton afin d'avoir une intelligence et un sentiment plus clairs du principe de l'action égale à la réaction. D'après Newton, deux masses M et m qui agissent l'une sur l'autre se communiquent des vitesses *opposées* V et v qui sont dans le rapport inverse des masses ; on a donc :

$$MV + mv = 0.$$

Les considérations suivantes donnent à ce principe un caractère de grande évidence. Prenons d'abord deux corps a parfaitement

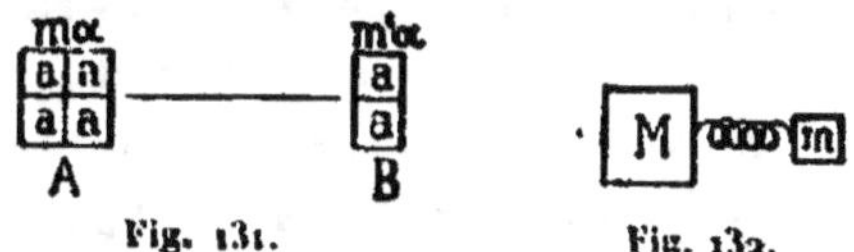

identiques, même sous le rapport de leur constitution chimique. Puis-qu'on exclut l'influence de tout troisième corps et celle de l'opérateur, on voit que la seule action mutuelle déterminée *d'une façon unique* est la communication de vitesses *égales*, opposées, dirigées suivant la droite qui joint les deux corps.

Réunissons en A et en B (fig. 131) respectivement m et m' corps a; nous formons ainsi deux corps dont les quantités de matière ou masses sont entre elles comme $m : m'$, et nous supposons que leur

distance est assez grande pour pouvoir négliger les dimensions de leurs volumes. Appelons α l'accélération que deux corps a, indépendants l'un de l'autre, se communiquent. Chaque partie de A recevra donc de B l'accélération $m'\alpha$ et chaque partie de B recevra A l'accélération $m\alpha$. On voit que ces accélérations sont en raison inverse des masses.

2. — Considérons deux masses M et m (formées toutes deux de corps a identiques,) liées l'une à l'autre par un ressort (fig. 132). Supposons qu'une cause *extérieure* imprime à la masse m l'accélération φ; la liaison élastique éprouve aussitôt une déformation qui ralentit m et accélère M, et dès que les deux masses se meuvent avec

la même accélération, la déformation du ressort *cesse de s'accentuer*.
Appelons α l'accélération de M, β la diminution de l'accélération de
m, on a $\alpha = \varphi - \beta$, or il résulte de ce qui précède que $\alpha M = \beta m$,
donc

$$\alpha + \beta = \alpha + \frac{\alpha M}{m} = \varphi,$$

d'où

$$\alpha = \frac{m\varphi}{M + m}.$$

En examinant le phénomène d'une manière plus détaillée on reconnaît que, outre leur mouvement global commun, les deux masses
sont animées l'une par rapport à l'autre d'un mouvement oscillatoire ; mais si la liaison développe une tension considérable pour une
faible déformation, l'amplitude de l'oscillation sera très petite et l'on
pourra négliger ce mouvement accessoire, ainsi que nous l'avons fait
tout d'abord.

L'expression $\alpha = \frac{m\varphi}{M + m}$, qui représente l'accélération du système entier, montre que le produit $m\varphi$ est le facteur le plus important de cette détermination. Newton donna à ce produit de la masse
par l'accélération qu'elle possède le nom de « force de mouvement ».
D'autre part $M + m$ représente la masse totale du système solide.
L'expression $\frac{p}{m}$ représente donc l'accélération d'une masse m à
laquelle est appliquée la force de mouvement p.

3. — Ce résultat n'exige en rien que les deux masses liées
entre elles agissent directement l'une sur l'autre dans toutes leurs
parties. Considérons trois masses m_1, m_2, m_3, telles
que m_1 et m_3 n'agissent que sur m_2 sans agir l'une
sur l'autre. Une cause extérieure donne à la masse m_1
l'accélération φ. Par la déformation produite :

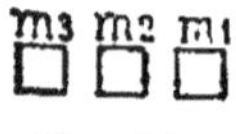

Fig. 133.

les masses.	m_1,	m_2,	m_3,
reçoivent les accélérations	$+\varphi$,	$+\beta$,	$+\delta$,
	$-\alpha$,	$-\gamma$,	

les signes $+$ et $-$ indiquant les directions vers la droite et vers la gauche. Il est évident que la déformation cesse de s'accentuer lorsque

$$\delta = \beta - \gamma = \zeta - \alpha,$$

formules dans lesquelles

$$\delta m_1 = \gamma m_2 \qquad \text{et} \qquad \alpha m_1 = \beta m_2.$$

La résolution de ces équations donne l'accélération commune

$$\delta = \frac{m_1 \zeta}{m_1 + m_2 + m_3},$$

résultat de même forme que le précédent. Si, par exemple, un aimant agit sur un morceau de fer lié à une pièce de bois, il est inutile de rechercher quelles sont les particules de bois déformées sous l'action du mouvement du fer, soit directement, soit indirectement (par l'intermédiaire d'autres particules de bois). Ces considérations montrent bien quelle énorme importance les conceptions de Newton possèdent dans le domaine de la mécanique. Elles faciliteront plus tard la mise en évidence des points faibles de leurs énoncés.

4. — Etudions maintenant quelques exemples physiques de l'égalité de l'action et de la réaction. Soit un poids L reposant sur une table T. La table reçoit du poids une pression *exactement* égale à celle que, réciproquement, elle exerce sur celui-ci ; elle *empêche* ainsi le poids de tomber. Soit p le poids, m sa masse et g l'accélération de la pesanteur ; d'après Newton on a $p = mg$. Laissons tomber la table librement ; la pression qui

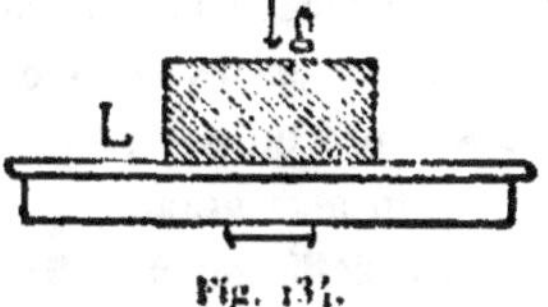

Fig. 134.

s'exerçait sur elle cesse. On reconnait donc que la pression du poids sur la table est déterminée par son accélération relative par rapport à celle-ci. Si la table se meut vers le bas avec l'accélération γ, la pression qu'elle subit devient $m(g - \gamma)$; si ce mouvement a lieu vers le haut, la pression est $m(g + \gamma)$. Il faut encore remarquer qu'un mouvement d'ascension ou de chute de *vitesse cons-tante* n'influe en rien sur la pression. L'accélération relative est la circonstance déterminante.

Galilée connaissait parfaitement ces relations. Non seulement il réfuta par l'expérience l'opinion des Aristotéliciens qui admettaient que les corps plus lourds tombent plus vite, mais il défit aussi ses contradicteurs par une argumentation logique. Les aristotéliciens disaient que les corps plus grands tombent plus vite parce que les parties supérieures pressent sur les parties inférieures et accélèrent ainsi la chute. Galilée opposa à cela que si un corps plus petit possède en lui la propriété d'une descente moins rapide, ce corps plus petit, lié à un corps plus considérable, devra en ralentir la chute, et que le corps plus grand tombe par conséquent moins vite que le petit. Toute l'hypothèse fondamentale, dit Galilée, est fausse, car une *partie* quelconque d'un corps *en train de tomber* ne peut produire, par son poids, absolument aucune pression sur une *autre* partie.

Si l'on prend un pendule dont la durée d'oscillation est $T = \pi \sqrt{\dfrac{l}{g}}$, et qu'on l'anime d'une accélération γ vers le bas, cette durée devient $T = \pi \sqrt{\dfrac{l}{g - \gamma}}$. Si le pendule tombe librement, cette durée devient infinie : le pendule cesse d'osciller.

Lorsque nous sautons ou que nous tombons d'une certaine hauteur, nous éprouvons une sensation particulière qui doit provenir de la cessation des pressions que les particules du corps (le sang, etc.) exercent par leur poids les unes sur les autres. Si nous étions brusquement transportés sur une planète plus petite nous éprouverions la sensation d'un sol se dérobant sous nos pieds. Transportés sur une planète plus grande, nous éprouverions une sensation d'ascension perpétuelle comme celle qui est ressentie dans les tremblements de terre.

5. — Un appareil construit par Poggendorff (fig. 135 *c*) montre très clairement ces diverses relations. Il se compose d'un fil tendu par deux poids P, passant sur une poulie fixée à l'une des extrémités

du fléau d'une balance. On ajoute d'un côté un poids p, attaché à l'axe de la poulie par un fil fin ; celle-ci supporte maintenant le poids $2P + p$. Si l'on brûle le fil qui retient le poids p, un mouvement uniformément accéléré commence, qui fait descendre le poids $P + p$ et monter le poids P avec l'accélération γ. Ce mouvement diminue la pression sur la poulie, et cette diminution est accusée par la balance. La descente d'un des poids P est compensée par la montée de l'autre, tandis que le poids additionnel, au lieu de peser p, ne pèse plus que $p \cdot \dfrac{g - \gamma}{g}$. Or

$$\gamma = \frac{p}{2P + p}\, g,$$

donc, au lieu de p, la charge additionnelle de la poulie est $p \cdot \dfrac{2P}{2P + p}$. Le poids p, n'étant empêché que partiellement dans sa chute, ne pèse que partiellement sur la poulie.

On peut varier l'expérience. Sur les poulies a, b, d, (fig. 135 b), on fait passer un fil tendu par le poids P et dont on fixe l'extrémité en m ; on équilibre ensuite l'appareil. Une traction quelconque exercée

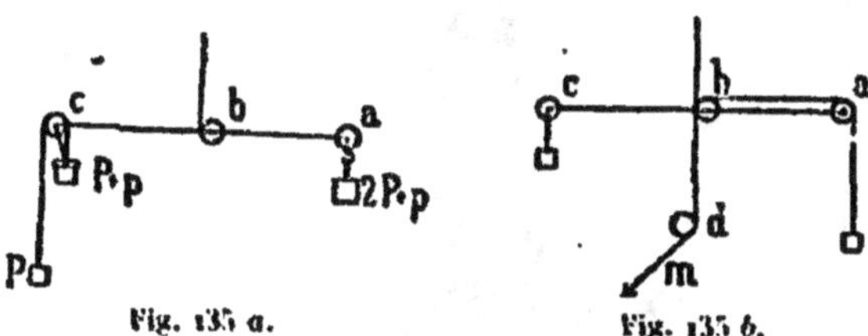

Fig. 135 a.　　　　　Fig. 135 b.

en m sur le fil ne peut avoir d'action *directe* sur la balance, puisque la direction du fil passe exactement par l'axe de suspension. Cette traction fait cependant incliner aussitôt le bras a du fléau. Au contraire, si on lâche le fil, a monte. Un mouvement *non accéléré* du poids ne détruirait pas l'équilibre, mais il est impossible de passer du repos au mouvement sans accélération.

6. — Un phénomène assez étonnant au premier abord est celui de corps très petits qui restent très longtemps en suspension dans un liquide de poids spécifique supérieur ou moindre.

On voit sans peine que ces particules doivent valuere le frottement du liquide. Supposons que le cube de la figure 136 soit partagé en huit parties par les trois sections indiquées et que ces parties soient immergées. La masse et l'excès du poids sur la poussée resteront les mêmes, mais la surface, à laquelle le frottement est proportionnel, sera doublée.

A propos de ce phénomène, l'opinion fut parfois émise que les particules en suspension n'avaient aucune influence sur l'indication

Fig. 136.

du poids spécifique donnée par un aréomètre immergé, parce qu'elles étaient elles-mêmes des aréomètres. Mais on voit aisément que, aussitôt que ces particules montent ou descendent avec une vitesse constante, ce qui arrive immédiatement si elles sont très petites, l'effet sur l'aréomètre doit être identique à celui qui se produirait sur une balance. Si par exemple l'aréomètre oscille autour de sa position

d'équilibre, le liquide avec tout ce qu'il contient se meut avec lui.
L'application du principe des déplacements virtuels met hors de doute
le fait que l'appareil donne le poids spécifique moyen. L'opinion
contraire, d'après laquelle il n'indiquerait que le poids spécifique du
liquide et non pas en même temps celui des
particules en suspension, est insoutenable, ainsi
que le prouvent les considérations suivantes.
Supposons que dans un liquide A une petite
quantité d'un liquide B plus dense soit répartie
en gouttelettes très fines et admettons que
l'aréomètre n'indique que le poids spécifique du
liquide A. Augmentons la quantité de liquide

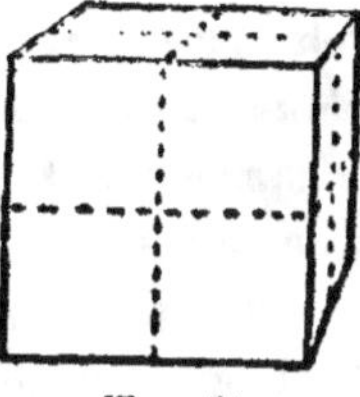

Fig. 16.

B jusqu'à ce qu'il y en ait autant que de liquide A : il devient impossible de dire lequel des deux liquides est en suspension dans
l'autre et par conséquent quel poids spécifique doit indiquer l'aréomètre.

7. — Un phénomène majestueux, dans lequel l'accélération relative des corps en présence est la déterminante de leurs pressions
mutuelles, est celui des marées. Nous ne l'étudierons qu'en tant qu'il
puisse servir à élucider la question qui nous occupe. La relation entre
ce phénomène et le mouvement de la lune est prouvée par la concordance des périodes des marées et des périodes lunaires, par l'augmentation des marées à la pleine et à la nouvelle lune, par leur retard
journalier (environ 50') correspondant au retard journalier du point
de culmination de la lune, etc. En fait, on a pensé de bonne heure à
une relation entre les deux phénomènes. A l'époque de Newton l'on
supposait une sorte de vague de pression atmosphérique par laquelle
le mouvement de la lune provoquait la vague de la marée.

Ce phénomène fait sur celui qui le voit pour la première fois dans
toute sa grandeur une impression saisissante. Il ne faut donc pas
s'étonner que tous les chercheurs de tous les temps s'en soient occupés avec passion. Les guerriers d'Alexandre le Grand, qui ne con-
naissaient que la Méditerranée, en avaient à peine une idée très faible,
aussi furent-ils profondément impressionnés par le flux et le

reflux puissants aux bouches de l'Indus. Voici ce qu'en rapporte Quinte-Curce (*De Rebus gestis Alexandri Magni*, lib. IX cap. 34-37.) (¹)

« 34. Comme ils descendaient avec un peu plus de peine, à cause « que la marée remontait, ils abordèrent à une autre île assise au milieu « de l'eau, et coururent aux provisions, ne se doutant point de ce qui « devait leur arriver.

« 35. Sur les trois heures, le flot revenant à son ordinaire ne fit « au commencement qu'arrêter le cours de la rivière ; mais après il la « poussa avec tant d'impétuosité, qu'elle rebroussa plus vite que ne « roule un torrent dans la vallée. Les soldats ne savaient ce que c'était « que du flux et du reflux de l'océan, si bien que le voyant entrer tout- « à-coup et inonder les campagnes, ils croyaient que c'était un signe « de l'ire des dieux, qui voulaient punir leur témérité. Cependant la « marée ayant haussé les navires et dispersé la flotte, ceux qui étaient « descendus, surpris d'un accident si inopiné, courent pour regagner « leurs bords. Mais plus on se hâte en ces rencontres, moins on avance. « Les uns s'efforcent d'aborder avec des crocs ; les autres, qui cherchent « à se placer, troublent les forçats et le comite ; les plus hâtés, n'ayant « pas attendu leurs compagnons, ne peuvent gouverner leurs « vaisseaux ; et les galères, où l'on se jette en foule, sont si pleines « qu'on ne peut s'y remuer ; si bien que pour trop de gens ou trop peu « le désordre est égal.

« Les uns crient qu'on attende, les autres qu'on aille. les autres « une autre chose ; et tant de cris différents étourdissent le matelot, « qui ne sait auquel entendre. Les pilotes mêmes étaient alors inu- « tiles ; car le bruit empêche d'ouïr leurs ordres, et l'effroi de les exé- « cuter. Les vaisseaux commencent donc à s'entre-choquer rudement, « les avirons se brisent, on se mêle, et il ne semble pas que ce soit une « seule armée navale, mais deux qui combattent l'une contre l'autre. « Les poupes heurtent contre les proues et le mal qu'on a fait à ceux « de devant on le reçoit de ceux de derrière ; enfin on crie, on conteste « tant, que des paroles on en vient aux mains.

(¹) Traduction Nisard.

« 36. Le flot avait déjà recouvert toute la campagne qui était au-
« tour du fleuve, et il ne paraissait plus que quelques éminences comme
« de petites îles, où plusieurs se sauvaient à la nage, abandonnant leurs
« navires, dont une partie flottait en pleine eau et l'autre était échouée
« selon l'inégalité des lieux. Mais ils eurent une autre peur plus grande
« que la première quand ils virent le reste de la mer qui se retirait avec
« la même impétuosité qu'elle était venue, laissant revoir les terres
« qu'elle avait submergées un peu auparavant ; car les vaisseaux
« demeurés à sec tombaient les uns sur la proue, les autres sur le flanc,
« et les champs étaient semés de barils, de rames brisées, d'ais fra-
« cassés, comme les débris d'un naufrage. Les soldats n'osaient des-
« cendre, ni se tenir sur leurs bords, se défiant toujours de quelque
« nouvelle aventure pire que les précédentes, et ne pouvaient croire ce
« qu'ils voyaient, des naufrages sur la terre, et la mer dans une rivière.
« Et encore ils ne pensaient pas être à la fin de leurs maux, parce que,
« ne sachant pas que le flot dût bientôt revenir, qui relèverait leurs
« navires, ils s'attendaient de mourir de faim et de tomber en d'étranges
« extrémités. D'ailleurs, ils voyaient cent monstres marins que la mer
« avait laissés, et qui, rampant autour d'eux, les faisaient frémir
« d'horreur.

« 37. Cependant il se faisait nuit, et le roi ne sachant qu'espérer,
« non plus que les autres, était dans de grandes inquiétudes ; mais
« comme rien ne pouvait abattre ce courage, il fut toute la nuit sur la
« hune ou bien sur le tillac à donner des ordres, et fit monter des gens
« à cheval pour aller jusqu'à l'embouchure du fleuve et avertir quand
« la marée reviendrait. Il fit radouber aussi ses vaisseaux, et redresser
« ceux qui étaient renversés, commandant à chacun de se tenir prêt au
« retour du flot. Toute cette nuit là se passa à faire le guet et à donner
« du courage à l'armée, jusqu'à ce que les cavaliers revinrent à toute
« bride, et la marée après eux, qui d'abord coulant doucement, ne fit
« que soulever les navires, puis bientôt après remit en pleine eau cette
« flotte désolée, toute retentissante des cris de joie que poussaient les
« soldats et les matelots, pour un bien si inespéré. Ils demandaient,
« pleins d'étonnement, « d'où revenait tout-à-coup ce grand regorge-
« ment d'eaux, en quelle part elle s'était retirée le jour de devant, et

« quelle était la nature d'un élément tout ensemble si déréglé et si
« assujetti aux mêmes vicissitudes ? » Le roi conjectura par ce qui était
« arrivé que la marée reviendrait au lever du soleil, si bien qu'il la
« voulut prévenir ; et, s'étant mis à la voile sur le minuit avec peu de
« vaisseaux, il gagna l'embouchure du fleuve et cingla quatre cents
« stades sur l'océan, possédant enfin l'objet de ses vœux et le comble
« de ses désirs. Puis, après avoir sacrifié aux dieux tutélaires de la mer
« et de ces contrées, il retourna joindre sa flotte. »

8. — Pour l'explication du phénomène des marées, il est essentiel de remarquer que la partie solide de la terre ne peut prendre
qu'*une* accélération déterminée vers la lune, tandis que les particules

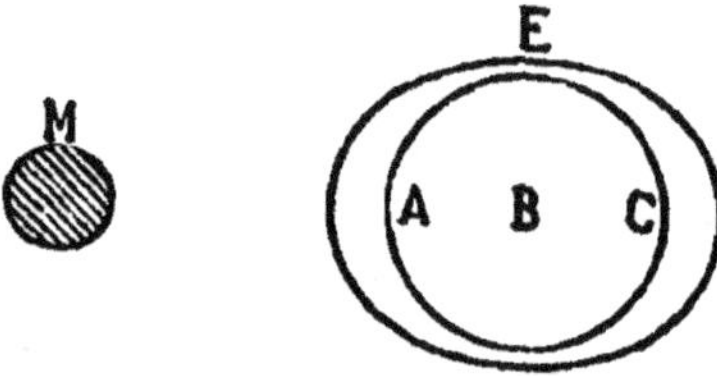

Fig. 137.

mobiles des eaux peuvent prendre des accélérations différentes suivant
qu'elles se trouvent du côté éloigné ou du côté rapproché de l'astre
attirant.

Soit en E la terre, et, vis-à-vis d'elle, la lune M. Considérons trois
points A, B, C de la terre. Supposés libres, ces trois points auraient,

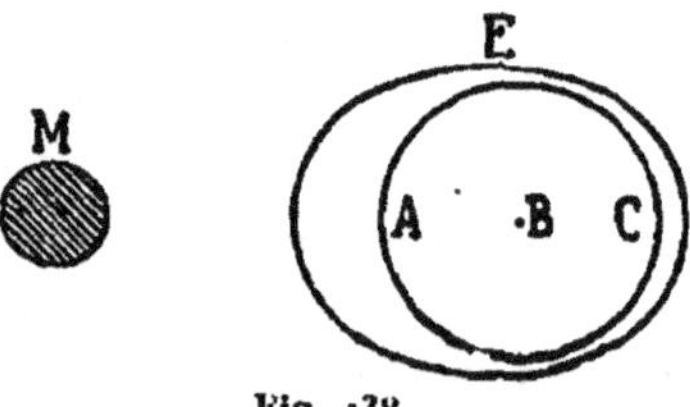

Fig. 138.

vers la lune, des accélérations que nous pouvons représenter par
$\varphi + \Delta\varphi$, φ et $\varphi - \Delta\varphi$. L'ensemble de la terre étant solide prendra
cependant l'accélération φ. Appelons g l'accélération vers le centre

de la terre et comptons positivement ou négativement les accélérations suivant qu'elles sont dirigées vers la droite ou vers la gauche;

	A,	B,	C,
les points libres			
ont les accélérations . . .	$-(\varphi + \Delta\varphi)$,	$-\varphi$,	$-(\varphi - \Delta\varphi)$,
	$+ g$,		$- g$,
L'accélération de la terre est	$-\varphi$,	$-\varphi$,	$-\varphi$,
Il s'en suit pour l'accélération vers la terre :	$(g - \Delta\varphi)$,	o,	$-(g - \Delta\varphi)$.

Ce tableau montre que le poids de l'eau éprouve en A et en C une diminution apparente exactement la même. L'eau se soulèvera en A et en C; il y aura en chaque point un flux deux fois par jour.

On n'attire pas toujours assez l'attention sur le fait que ce phénomène serait essentiellement différent si la lune et la terre n'étaient pas en mouvement accéléré l'une par rapport à l'autre, mais étaient au repos et fixes relativement. En modifiant nos considérations nous pouvons les appliquer à ce nouveau problème. On a, en premier lieu, pour la terre solide, $\varphi = o$, ensuite :

	A,	C,
les points libres		
reçoivent les accélérations .	$-(\varphi + \Delta\varphi)$,	$-(\varphi - \Delta\varphi)$,
	$+ g$,	$- g$,
c'est-à-dire	$(g - \Delta\varphi) - \varphi$,	$-(g - \Delta\varphi) - \varphi$,
ou, en posant $g' = g - \Delta\varphi$:	$g' - \varphi$,	$-(g' + \varphi)$.

Le poids de l'eau serait donc diminué en A et augmenté en C; et par conséquent le niveau des eaux élevé en A et abaissé en C. Le flux ne se produirait que du côté de la lune.

9. — Il ne vaut presque pas la peine d'illustrer, par des expériences pénibles des propositions auxquelles on arrive de la meilleure manière par la voie déductive. Ces expériences ne sont pourtant pas impossibles. Imaginons qu'un pendule conique, formé d'une petite boule de fer K, oscille et tourne autour du pôle magnétique N. Recouvrons la sphère d'une solution de sulfate magnétique de fer. Si l'aimant est assez fort la gouttelette liquide présentera le phénomène des marées.

Arrêtons maintenant la sphère dans une position quelconque : la gouttelette ne se soulève plus à la fois du côté de l'aimant et du côté opposé, mais reste suspendue uniquement du côté du pôle de l'aimant.

10. — Il ne faut naturellement pas se figurer le flux entier de la marée produit en une fois par la lune. Le phénomène du flux et du reflux apparaît bien plutôt comme un mouvement oscillatoire *entretenu* par cet astre. Sur le pourtour d'un canal circulaire promenons régulièrement un éventail ; nous produisons ainsi une impulsion continue qui provoque bientôt une vague prononcée dont le mouvement suit celui de l'éventail. Le phénomène des marées est produit par une cause analogue mais il est énormément compliqué par la forme irrégulière des continents, la variation périodique des dérangements, etc.

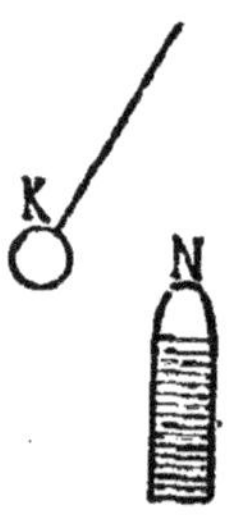

Fig. 139.

11. — De toutes les théories des marées qui ont précédé celle de Newton, nous ne retiendrons que celle de Galilée qui explique le flux et le reflux par le mouvement relatif des particules terrestres solides et liquides et qui considère ce phénomène comme une preuve évidente du mouvement de la terre et comme un argument capital en faveur du système de Copernic. La terre tourne de l'est à l'ouest en même temps qu'elle est animée d'un mouvement de translation (fig. 139 *b*). Il résulte de là qu'en *a* et en *b* les particules terrestres prennent des vitesses respectivement égales à la somme et à la différence de celles qu'elles possèdent dans ces deux mouvements. Les eaux des mers ne peuvent pas suivre aussi vite ces variations de vitesse et il se produit un phénomène analogue à celui que l'on constaterait dans un seau d'eau oscillant ou dans un canot plein d'eau allant tantôt plus vite, tantôt moins vite : les eaux se rassemblent alternativement à l'arrière et à l'avant. Telle est, dans ses lignes essentielles, l'explication que Galilée développe dans le dialogue sur les deux systèmes

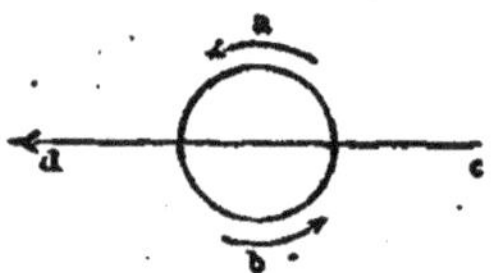

Fig. 139 *b*.

du monde. L'opinion de Képler, qui attribuait le phénomène à l'attraction de la lune, lui parait mystique et enfantine ; il la relègue dans la catégorie des explications par sympathie et antipathie et pense la détruire aussi aisément que cette autre explication, d'après laquelle les marées seraient dues à une dilatation de l'eau sous l'effet de l'irradiation solaire. Dans cette théorie, le flux et le reflux ne devraient se produire qu'*une fois* par jour ; Galilée le remarque évidemment mais il se trompe sur cette difficulté en pensant expliquer les périodes journalières, mensuelles et annuelles des marées par les oscillations propres de l'eau et les variations du mouvement. Le principe du mouvement relatif est ici un élément parfaitement *correct* mais si *malheureusement* appliqué qu'il ne peut conduire qu'à une théorie tout à fait erronée. Les circonstances considérées dans ce phénomène ne pouvaient en effet pas entraîner les conséquences que Galilée leur attribue. Pour le démontrer, prenons une sphère aqueuse homogène. La rotation de cette sphère ne peut avoir d'autre effet qu'un certain aplatissement. Supposons qu'elle reçoive en outre un mouvement régulier de translation ; celui ci ne pourra avoir aucune influence sur le repos relatif des particules liquides, puisque, dans notre manière de voir, ce cas nouveau n'est pas essentiellement distinct du précédent et s'y ramène en supposant le mouvement de translation de la sphère remplacé par un mouvement contraire de tous les corps environnants. La même conclusion subsiste encore si l'on admet le mouvement « absolu » ; dans cette hypothèse, la translation régulière ne pourrait encore avoir aucune action sur les relations mutuelles des particules liquides. Solidifions maintenant des portions de cette sphère dont les particules ne cherchent pas à se mouvoir les unes par rapport aux autres, de telle manière qu'il y reste des bassins maritimes contenant de l'eau fluide : la rotation uniforme continuera sans interruption. On voit donc que la théorie de Galilée n'est pas correcte. Elle semble cependant au premier coup d'œil parfaitement acceptable. Ce paradoxe provient de la conception *négative* du principe de l'inertie. Au contraire tout s'éclaircit dès que l'on se demande *quelle accélération* éprouve l'eau ? L'eau *sans poids* serait dispersée par la prenière rotation. L'eau *pesante*, elle, est animée d'un mouvement circulaire autour du centre de la terre. Etant donné que la vitesse de rotation est petite, une particule quelconque d'eau se rapprocherait encore davantage du centre de la terre, si la résistance des particules inférieures ne détruisait pas le reste d'accélération centripète que son mouvement circulaire, de vitesse tangentielle donnée, a laissé subsister. Tous les points douteux ou obscurs se trouvent ainsi éclaircis.

Pour être juste, il faut dire que, dans ce cas, à moins d'un génie surhumain, il était impossible à Galilée de pénétrer le fond du phénomène : il aurait dû avoir franchi au préalable l'énorme chemin intellectuel parcouru par Huyghens et Newton.

V. — CRITIQUE DU PRINCIPE DE L'ÉGALITÉ DE L'ACTION ET DE LA RÉACTION ET DU CONCEPT DE MASSE

1. — L'exposé précédent nous a rendu familières les idées de Newton ; il était la préparation nécessaire à leur critique. Nous nous limiterons d'abord au concept de masse et au principe de l'égalité de l'action et de la réaction. Ces deux notions sont inséparables ; elles renferment le point capital des contributions de Newton.

2. — Tout d'abord, on ne reconnaît dans la notion de « quantité de matière » aucune représentation qui puisse élucider le concept de masse car cette notion manque de clarté. Cette obscurité subsiste encore si, à l'exemple de maints auteurs, nous allons jusqu'au dénombrement des atomes d'ailleurs hypothétiques. Ce procédé ne fait qu'accumuler des représentations qui demandent à être justifiées. En rassemblant un nombre donné de corps identiques et de même substance nous pouvons sans doute mettre une idée claire en rapport avec l'idée de « quantité de matière » et reconnaître que la résistance au mouvement croit avec cette quantité. Si l'on n'exige plus

l'identité chimique de la substance de ces corps, les expériences
mécaniques conduisent fort près de l'hypothèse que, dans des corps
différents, subsiste une chose mesurable par *la même* unité, et que
nous pouvons appeler quantité de matière ; mais une justification
reste cependant toujours nécessaire. Dans la question de la pression
due au poids, en faisant avec Newton l'hypothèse $p = mg$, $p' = m'g$
et en en déduisant $\dfrac{p}{p'} = \dfrac{m}{m'}$, on fait déjà usage de *l'hypothèse* qu'il
s'agit de légitimer, et qui est celle de la mesurabilité de divers corps
par la même unité.

Nous pourrions poser *à priori* $\dfrac{m}{m'} = \dfrac{p}{p'}$. Cela reviendrait à définir
le rapport des masses par le rapport des pressions dues aux poids
pour une même valeur de g, mais il resterait alors à *motiver* l'emploi
de ce concept de masse dans le principe de l'égalité de l'action et de
la réaction et dans d'autres questions.

3. — Etant donné deux corps identiques sous tous les rapports
le principe de symétrie fait que nous nous attendons à ce que les
accélérations qu'ils peuvent se communiquer soient dirigées suivant
la droite qui les joint, égales et opposées. Dès que ces deux corps
présentent quelque différence de forme ou de propriétés chimiques,

Fig. 140 a.    Fig. 140 b.

etc., le principe de symétrie ne peut plus être appliqué, à moins
qu'*a priori nous ne sachions ou nous ne fassions l'hypothèse* que
l'identité de forme ou de propriété chimique est sans influence. Mais
si l'expérience mécanique nous a rapproché de la notion de l'existence
d'une caractéristique des corps déterminante d'accélération, rien
ne nous empêche de poser à priori la proposition suivante :

*On appelle corps de mêmes masses deux corps qui, agissant l'un
sur l'autre, se communiquent des accélérations égales et directement
opposées.*

Cette proposition ne fait que *dénommer* une relation entre des faits.

Si, en agissant l'un sur l'autre, les corps A et B se communiquent des accélérations respectives — φ et $+ \varphi'$, dont les sens sont indiqués par les signes, nous dirons que le corps B a $- \dfrac{\varphi}{\varphi'}$ fois la masse de A. D'après cela : en *faisant choix du corps A comme unité, on dira qu'un corps est de masse m lorsque ce corps, agissant sur le corps A, lui communique une accélération égale à m fois l'accélération qu'il reçoit par la réaction du corps A sur lui. Le rapport des masses est le rapport inverse des accélérations pris avec le signe moins.* L'expérience apprend et seule peut apprendre que ces accélérations sont toujours de signes contraires et qu'il n'y a par conséquent, d'après la définition, que des masses positives. Dans ce concept de masse ne se trouve aucune théorie ; la « quantité de matière » lui est tout à fait inutile ; il ne contient rien d'autre que la fixation précise, la désignation et la dénomination d'un fait.

M. Streintz (*Die physikalische Grundlagen der Mechanik*; Leipzig 1883, p. 117,) objecte à ma définition qu'une comparaison des masses qui y satisfasse ne peut-être effectuée que par des procédés astronomiques. Je ne puis admettre cette objection. L'exposé fait aux n°s 3 et 4, de ce chapitre et dans ceux qui suivent la réfute suffisamment. Soit dans le choc, soit dans les phénomènes électriques et magnétiques, soit dans la machine d'Atwood par l'intermédiaire d'un fil, les masses se communiquent des accélérations mutuelles. Dans l'ouvrage *Leitfaden der Physik* (2ᵉ édit. 1891, p. 27), j'ai fait voir comment l'on pouvait, par un procédé tout élémentaire et populaire, déterminer le rapport des masses par le régulateur à force centrifuge. On peut donc considérer cette objection comme réfutée.

Ma définition provient d'une tendance à établir *la dépendance mutuelle des phénomènes* et à faire disparaître toute obscurité métaphysique, sans que cependant elle soit, au point de vue de ses résultats, moins bonne qu'aucune autre de celles que l'on a employées jusqu'à présent. J'ai procédé exactement de la même façon dans l'étude du concept de « quantité d'électricité » (*Über die Grundbegriffe der Electrostatik, Vortrag gehalten auf der internationalen eletrischen Ausstellung*, Wien, 4 sept. 1883), de ceux de « température » et de « quantité de chaleur » (*Zeitschrift fur physika-lischen und chemischen Unterricht*, Berlin 1888) etc.

De cette manière de concevoir la masse résulte une autre diffi-culté qui ne peut échapper à une critique plus subtile, et que l'on retrouve dans l'analyse d'autres concepts physiques, par exemple de ceux de la théorie de la chaleur. Maxwell a signalé ce point dans son étude du concept de température à peu près vers l'époque où je l'ai fait pour celui de masse. Je pourrais renvoyer à ce sujet à mon traité « *Die Principien der Wärmelehre, historischkritisch entwickelt* » (Leipzig, 2ᵉ éd. 1902).

6. — Nous allons examiner de plus près cette difficulté qu'il est indispensable de lever pour la formation d'un concept de masse par-faitement clair. Comparons une série de corps A, B, C, D au corps A pris pour unité :

$$A, \quad B, \quad C, \quad D, \quad E, \quad F,$$
$$1, \quad m, \quad m_1, \quad m_2, \quad m_3, \quad m_4,$$

nous trouvons les masses respectives $1, m, m_1, m_2, m_3, m_4$. Dès lors se pose la question suivante : En choisissant B comme étalon ou unité trouverions-nous pour C, D,... les masses $\dfrac{m_2}{m}, \dfrac{m_3}{m},\dots$ ou de tout autres nombres ? Cette question peut être posée plus simplement comme suit : Deux corps B et C qui, agissant séparément sur A, se comportent comme étant de même masse, se comportent-ils encore comme d'égale masse dans une action mutuelle ? Il n'est pas de nécessité *logique* que deux masses égales à une même troisième soient égales entre elles, car il s'agit ici, non pas d'un problème mathématique, mais d'une question *physique*. Une comparaison fera mieux comprendre cette idée : Prenons, de trois substances A, B, C, des poids a, b, c tels que les rapports $a : b : c$ soient les rapports de poids dans lesquels elles se combinent chimiquement pour former les composés AB et AC. Il n'y a aucune nécessité *logique* à ce que dans la combinaison BC les poids corps B et C soient dans le rapport $b : c$. L'expérience cependant nous apprend qu'il en est ainsi. Si nous considérons des poids d'une série de corps proportionnels aux poids dans lesquels ils se combinent avec un même corps A, ces corps se combinent aussi entre eux dans les mêmes rapports de poids. Cette connaissance ne peut être acquise que par l'expérience. Il en est de même des nombres qui mesurent les masses des corps.

L'hypothèse que l'ordre dans lequel les corps ont été rangés pour la détermination des valeurs de leurs masses a une influence sur ces valeurs est, comme nous allons le voir, en contradiction avec l'expérience. Considérons par exemple trois corps élastiques A, B, C, mobiles sur un anneau fixe parfaitement poli. Supposons que A et B se comportent mutuellement comme étant de même masse, de même que B et C. Nous devrons admettre sous peine de contradiction avec l'expérience que A et C aussi se comportent mutuellement comme ayant des masses égales. Si l'on communique à A une vitesse quelconque, il la transmet par le choc à B et celui-ci la transmet à C. Si C se comportait envers A comme une masse plus grande, A prendrait par le choc une vitesse plus grande que sa vitesse première, tandis que C conserverait un restant de vitesse. Chaque tour effectué dans le sens des aiguilles d'une montre *augmenterait la force vive du système*. Si C se comportait envers A comme une masse moindre, il suffirait de changer le sens du mouvement pour arriver au même résultat. Or un tel accroissement de force vive est en complète contradiction avec nos *expériences*.

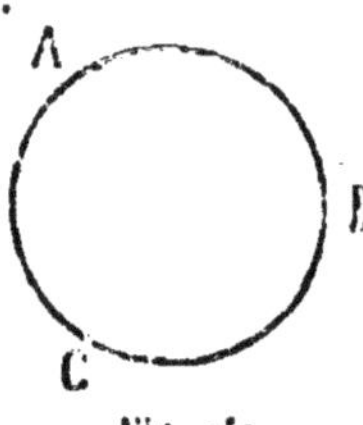

Fig. 14.

5. — L'acquisition du concept de masse, faite comme nous venons de l'exposer, rend inutile la formulation particulière du principe de l'action égale à la réaction. Dans le concept de masse et dans le principe de l'action égale à la réaction, le *même* fait est énoncé *deux fois*. Nous avons fait antérieurement la même remarque pour un autre principe : il y a pléonasme. Étant donné que les masses 1 et 2 agissent l'une sur l'autre, notre définition contient déjà l'énoncé du fait qu'elles se communiquent des accélérations opposées dont le rapport est 2 : 1.

6. — *La mesurabilité de la masse par le poids* (étant donné que l'accélération grave reste constante,) peut aussi être déduite de notre définition de la masse. Notre sensation nous avertit immédiatement des augmentations ou des diminutions de pression mais ne nous donne qu'une mesure très grossière de celle-ci. La remarque que toute pression peut être remplacée par la pression d'un nombre déterminé de corps pesants identiques fournit un procédé de mesure des masses que l'on peut utiliser. Toute pression peut être équilibrée par la pression de corps pesants ainsi choisis. Considérons deux corps m et m' animés des accélérations φ et φ' en sens contraires, dues à des circonstances extérieures. Réunissons les deux corps par un fil. Si l'équilibre s'établit, l'accélération φ de m et l'accélération φ' de m' sont exactement détruites par la *réaction*. Mais dans ce cas on a $m\varphi = m'\varphi'$. Si de plus $\varphi = \varphi'$, ce qui est

Fig. 142.

le cas lorsque les corps sont abandonnés à la pesanteur, on aura $m = m'$. Il va sans dire qu'il est indifférent que nous fassions agir les corps l'un sur l'autre directement par un fil, ou bien par un fil passé sur une poulie, ou en les mettant dans les plateaux d'une balance. Notre définition a donc pour conséquence évidente la mesurabilité de la masse par le poids, sans qu'il soit nécessaire de faire appel à la « *quantité de matière* ».

7. — Ainsi donc une *expérience* nous fait découvrir dans les corps l'existence d'une *caractéristique particulière déterminante d'accélération*. Notre tâche se termine à la reconnaissance distincte et à la désignation précise de ce *fait*. Nous n'irons pas au-delà de cette reconnaissance de fait, car, en le faisant, nous ne pourrions qu'apporter de l'obscurité. Toute difficulté disparaît dès que l'on conçoit clairement que le concept masse ne contient aucune théorie mais bien une expérience. Jusqu'ici ce concept s'est maintenu dans la science. Il est très invraisemblable, mais non pas impossible, qu'il en disparaisse un jour, de la même façon que l'idée d'une quantité de chaleur invariable, qui reposait aussi sur l'expérience, a été modifiée par des expériences nouvelles.

VI. — LES IDÉES DE NEWTON SUR LE TEMPS, L'ESPACE ET LE MOUVEMENT

1. — Dans un scolie qu'il place immédiatement après ses définitions, Newton expose ses idées sur l'espace et le temps. Nous allons les examiner plus en détail, mais nous ne citerons, à cette fin, que les passages indispensables pour les caractériser :

« Je viens de faire voir le sens que je donne dans cet ouvrage à
« des termes qui ne sont pas communément usités. Quant à ceux de
« *temps*, d'*espace*, de *lieu* et de *mouvement*, ils sont connus de tout
« le monde; mais il faut remarquer que pour n'avoir considéré ces
« quantités que par leurs relations à des choses sensibles, on est
« tombé dans plusieurs erreurs.

« Pour les éviter, il faut distinguer le temps, l'espace, le lieu et le
« mouvement, en *absolus* et *relatifs*, *vrais* et *apparents*, *mathéma-*
« *tiques* et *vulgaires*.

« I. Le temps absolu, vrai et mathématique, sans relation à rien
« d'extérieur coule uniformément et s'appelle *durée*. Le temps relatif
« apparent et vulgaire est cette mesure sensible et externe d'une
« partie de durée quelconque (égale ou inégale), prise du mouvement :
« telles sont les mesures d'*heures*, *de jours*, *de mois*, etc., dont on se
« sert ordinairement à la place du temps vrai...

... « Car les jours naturels sont inégaux, quoiqu'on les prenne
« communément pour une mesure égale du temps ; et les astronomes
« corrigent cette inégalité afin de mesurer les mouvements célestes par
« un temps plus exact. Il est très possible qu'il n'y ait point de mou-
« vement parfaitement égal, qui puisse servir à la mesure exacte du
« temps, car tous les mouvements peuvent être accélérés ou retardés,
« mais le temps absolu doit couler toujours de la même manière.

« La durée et la persévérance des choses est donc la même, soit

« que les mouvements soient prompts, soit qu'ils soient lents, et elle
« serait encore la même, quand il n'y aurait aucun mouvement. »

2. — Il semblerait, à lire ces remarques, que Newton se trouve
encore sous l'influence de la philosophie du moyen âge et qu'il est
infidèle à son dessein de n'étudier que les *faits*. Dire qu'une chose A
se transforme avec le temps signifie simplement que les circonstances
de cette chose A dépendent des circonstances d'une autre chose B.
Les oscillations d'un pendule prennent place *dans le temps* dès que
leurs écarts *dépendent* de la position de la terre. Dans l'observation
du pendule il n'est point nécessaire de tenir compte de cette dépendance de la position de la terre ; il suffit de faire la comparaison avec
une autre chose quelconque dont les conditions dépendent naturellement aussi de la position de la terre, et cela donne aisément naissance
à cette illusion que *tous* ces points de comparaison ne sont pas essentiels. Bien plus, on peut, dans l'observation du mouvement pendulaire, faire abstraction complète de toutes les choses extérieures et
trouver que, pour chacune de ses positions, nos pensées et nos sensations sont différentes. *Le temps apparaît donc comme une chose particulière du cours de laquelle dépend la situation du pendule*, tandis
que les choses que nous avons librement choisies pour points de
comparaison semblent ne jouer qu'un rôle accessoire. Il ne faut cependant pas oublier que toutes les choses sont dans une dépendance
réciproque et que nous mêmes, y compris toutes nos représentations mentales, nous ne sommes qu'une parcelle de la nature. Nous
sommes dans l'impossibilité absolue de *mesurer par le temps* les
variations des choses. Le temps est bien plutôt une abstraction à laquelle nous arrivons par ces variations mêmes, grâce à ce fait que
nous ne sommes forcés à aucune mesure *déterminée*, puisque toutes
dépendent les unes des autres. Nous appelons mouvement uniforme
un mouvement dans lequel des accroissements égaux de chemins
correspondent à des accroissements de chemins égaux dans un mouvement de comparaison qui est celui de rotation de la terre. Un mouvement peut être uniforme par rapport à un autre, mais se demander
si un mouvement est uniforme *en soi* n'a aucune signification.

Parler d'un « temps absolu », indépendant de toute variation, est
tout aussi dépourvu de sens. Ce temps absolu ne peut être mesuré
par aucun mouvement ; il n'a donc aucune valeur, ni pratique, ni
scientifique. Personne ne peut dire qu'il sache rien de ce temps absolu ; c'est une oiseuse entité « métaphysique. »

Nous acquérons la notion du temps par la dépendance mutuelle des
choses. On pourrait le faire voir sans peine par la psychologie, l'histoire et l'étude du langage (par les noms des divisions du temps). La
notion de temps contient l'idée la plus profonde et la plus générale de
l'enchaînement des choses. Lorsqu'un mouvement prend place dans
le temps, il dépend du mouvement de la terre. Cette manière de
voir n'est pas en contradiction avec le fait que les mouvements mécaniques sont réversibles. Un certain nombre de grandeurs variables
peuvent être liées de telle façon qu'un groupe d'entre elles puisse être
modifié sans que ce changement affecte les autres. La nature se comporte comme une machine. Les particules individuelles se déterminent
réciproquement les unes par les autres. Dans une machine la position
de l'une des parties détermine celles de toutes les autres mais on
conçoit qu'il existe dans la nature des relations plus compliquées.
La meilleure image que l'on puisse se former de ces relations est de
se représenter un nombre n de grandeurs liées entre elles par un
nombre d'équations n' moindre que n. Si n était égal à n', la nature
serait invariable. Si n était égal à $n' - 1$, une des quantités déterminerait toutes les autres, et si ce cas était celui qui se présente dans
la nature, le temps serait réversible car il aurait été acquis par un
mouvement unique. Mais le véritable état de choses ne correspond
pas à cette différence entre n et n'. Les grandeurs ne sont alors que
partiellement déterminées l'une par l'autre ; elles ont une indétermi-
nation ou une liberté plus grande que dans le dernier cas. Nous
mêmes avons la sensation d'être des éléments analogues de la nature,
partiellement déterminés, partiellement indéterminés. Le temps ne
nous apparait comme irréversible, et le temps passé comme irrévo-
cablement écoulé, qu'en tant qu'une partie seulement des variations
qui se produisent dans la nature dépend de nous et que la réversibilité
de cette partie seulement est en notre pouvoir.

Pour exprimer notre pensée d'une façon brève et accessible à tous, nous dirons que nous arrivons à la notion de temps par le rapport entre le contenu du domaine de notre mémoire et le contenu du domaine de notre perception externe. Lorsque nous disons que le temps s'écoule dans une direction ou un sens défini, cela signifie simplement que les évènements physiques (et par conséquent aussi les évènements physiologiques) se passent dans un sens défini [1]). Les différences de température, les différences électriques et toutes les différences de niveau en général, abandonnées à elles-mêmes, ne croissent pas, mais diminuent. Considérons deux corps de températures inégales, mis en présence et laissés à eux-mêmes ; nous ne pourrons trouver que des différences de température plus grandes dans le domaine de la mémoire et plus petites dans le domaine de la perception sensible, et non pas l'inverse. Tous ces phénomènes n'expriment qu'un enchaînement particulier et profond des choses. Demander actuellement une parfaite élucidation de cette question serait vouloir anticiper, à la façon de la philosophie spéculative, sur les résultats de toutes les recherches futures et exiger une parfaite connaissance de la nature.

J'ai exposé autre part mes vues sur le temps *physiologique*, la sensation de temps et en partie aussi sur le temps *physique* (*Beiträge zur Analyse der Empfindungen*, Iéna. 3ᵉ édit. 1900, p. 103-111 ; 166-168). Dans l'étude des phénomènes caloriques, nous choisissons pour mesurer les températures un *index volumétrique arbitrairement choisi* (thermomètre), d'allure sensiblement parallèle à notre *sensation de la chaleur*, mais qui n'est point soumis aux perturbations incontrôlables des organes des sens. De même, et pour des raisons analogues, nous choisissons pour mesurer le temps un *mouvement arbitrairement choisi*, d'allure sensiblement parallèle à notre sensation de temps ; tel est par exemple l'angle dont la terre a tourné ou le chemin décrit par un corps abandonné à lui même. Les obscurités métaphysiques s'évanouissent dès que l'on s'est parfaitement rendu

---

[1]) Nous ne nous occupons pas ici des recherches sur la nature physiologique des sensations de temps et d'espace.

compte qu'il s'agit simplement d'établir la *dépendance mutuelle* des phénomènes, ainsi que je l'ai fait ressortir déjà en 1865 (*Ueber den Zeitsinn des Ohres*, Sitzungsb. d. Wien. Akad.) et en 1866 (Fichte's Zeitschr. f. Philosophie). — Comp. aussi Epstein, *Die logischen Principien der Zeitmessung*, Berlin 1887.

Dans un autre ouvrage (*Principien der Wärmelehre*, p. 51), j'ai cherché à montrer l'origine de cette tendance naturelle des hommes à hypostasier les concepts qui leur sont précieux, et particulièrement ceux auxquels ils sont arrivés instinctivement sans aucune connaissance de l'histoire de leur développement. Les raisonnements que nous avons faits à propos de la notion de température peuvent sans peine être appliqués à la notion de temps et font comprendre comment s'est introduite la notion de « temps absolu » de Newton. Nous avons fait le même raisonnement (p. 338) à propos de la relation entre le concept d'entropie et la non-réversibilité du temps et nous avons exprimé l'avis que l'entropie de l'univers dans sa totalité, si elle pouvait d'ailleurs être déterminée, constituerait une sorte d'unité absolue de temps. J'indiquerai encore ici la discussion de Petzoldt (*Das Gesetz der Eindeutigkeit*, Vierteljahrschr. f. w. Philosophie 1894, p. 146), à laquelle je répondrai autre part.

3. — Newton expose à propos de l'espace et du mouvement des idées analogues à ses idées sur le temps. Nous citerons encore quelques passages caractéristiques.

« II. L'espace absolu, sans relation aux choses externes, demeure « par sa nature toujours similaire et immobile.

« L'espace relatif est cette mesure ou dimension mobile de l'espace « absolu, laquelle tombe sous nos sens par sa relation aux corps et « que le vulgaire confond avec l'espace immobile.

« IV. Le mouvement absolu est la translation d'un corps d'un lieu « absolu dans un autre lieu absolu et le mouvement relatif est la « translation d'un lieu relatif dans un autre lieu relatif...

..... « Nous nous servons donc des lieux et des mouvements rela- « tifs à la place des lieux et des mouvements absolus, il est à propos « d'en user ainsi dans la vie civile ; mais dans les matières philosophi-

« ques, il faut faire abstraction des sens ; car il se peut faire qu'il n'y
« ait aucun corps véritablement en repos auquel on puisse rapporter
« les lieux et les mouvements.

« Les effets par lesquels on peut distinguer le mouvement absolu
« du mouvement relatif, sont les forces qu'ont les corps qui tournent
« pour s'éloigner de l'axe de leur mouvement, car dans le mouvement
« circulaire purement relatif, ces forces sont nulles, et dans un mou-
« vement circulaire vrai et absolu elles sont plus ou moins grandes
« suivant la quantité du mouvement.

« Si l'on fait tourner en rond un vase suspendu à une corde jus-
« qu'à ce que la corde, à force d'être torse, devienne en quelque sorte
« inflexible ; si l'on met ensuite de l'eau dans ce vase et qu'après avoir
« laissé prendre à l'eau et au vase l'état de repos, on donne à la corde
« la liberté de se détortiller, le vase acquerra par ce moyen un mou-
« vement qui se conservera très longtemps ; au commencement de ce
« mouvement la superficie de l'eau contenue dans ce vase restera plane,
« ainsi qu'elle l'était avant que la corde se détortillât ; mais ensuite le
« mouvement du vase se communiquant peu à peu à l'eau qu'il contient,
« cette eau commencera à tourner, à s'élever vers ses bords, et à deve-
« nir concave, comme je l'ai éprouvé, et son mouvement s'augmentant,
« les bords de cette eau s'élèveront de plus en plus jusqu'à ce que ses
« révolutions, s'achevant dans des temps égaux à ceux dans lesquels
« le vase fait un tour entier, l'eau sera dans un repos relatif par rap-
« port au vase. L'ascension de l'eau vers les bords du vase marque
« l'effort qu'elle fait pour s'éloigner du centre de son mouvement, et
« on peut connaître et mesurer par cet effort le mouvement circulaire
« vrai et absolu de cette eau, lequel est entièrement contraire à son
« mouvement relatif ; car, dans le commencement où le mouvement
« relatif de l'eau dans le vase était le plus grand, ce mouvement n'ex-
« citait en elle aucun effort pour s'éloigner de l'axe de son mouvement :
« l'eau ne s'élevait point sur les bords du vase, mais elle demeurait
« plane, et par conséquent elle n'avait pas encore le mouvement circu-
« laire vrai et absolu. Lorsqu'ensuite le mouvement de l'eau vint à di-
« minuer, l'ascension de l'eau vers les bords du vase marquait l'effort
« qu'elle faisait pour s'éloigner de l'axe de son mouvement ; et cet ef-

« fort, qui allait toujours en augmentant, indiquait l'augmentation de
« son mouvement circulaire vrai. Enfin ce mouvement circulaire vrai
« fut le plus grand, lorsque l'eau fut dans un repos relatif dans le vase...

« Il faut avouer qu'il est très difficile de connaître les mouvements
« vrais de chaque corps, et de les distinguer actuellement des mou-
« vements apparents, parce que les parties de l'espace immobile dans
« lesquelles s'exécutent les mouvements vrais ne tombent pas sous nos
« sens. Cependant il ne faut pas en désespérer entièrement ; car on peut
« se servir, pour y parvenir, tant des mouvements apparents, qui sont
« les différences des mouvements vrais, que des forces qui sont les
« causes et les effets des mouvements vrais. Si, par exemple, deux
« globes attachés l'un à l'autre par le moyen d'un fil d'une longueur
« donnée viennent à tourner autour de leur centre de gravité commun,
« la tension du fil fera connaître l'effort qu'ils font pour l'écarter du
« centre de leur mouvement, et donnera par ce moyen la quantité de
« mouvement circulaire. Ensuite, si en frappant ces deux globes en
« même temps, dans des sens opposés, et avec des forces égales, on
« augmente ou on diminue le mouvement circulaire, on connaîtra par
« l'augmentation ou la diminution de la tension du fil, l'augmentation
« ou la diminution du mouvement, et enfin on trouvera par ce moyen
« les côtés des globes où les forces doivent être imprimées pour au-
« gmenter le plus qu'il est possible le mouvement, c'est-à-dire les
« côtés qui se meuvent parallèlement au fil et qui suivent son mouve-
« ment : connaissant donc ces côtés et leurs opposés qui précèdent le
« mouvement du fil, on aura la détermination du mouvement.

« On parviendrait de même à connaître la quantité et la détermi-
« nation de ce mouvement circulaire dans un vide quelconque, où il
« n'y aurait rien d'extérieur ni de sensible à quoi on put rapporter le
« mouvement de ces globes. »

4. — Il est à peine nécessaire de faire remarquer que, dans ces
considérations, Newton est encore une fois en contradiction avec
son dessein de n'étudier que des *faits*. Personne ne peut rien dire
de l'espace absolu et du mouvement absolu, qui sont des notions purement abstraites, qui ne peuvent en rien être le résultat

de l'expérience. Nous avons montré en détail que tous les principes fondamentaux de la mécanique proviennent d'expériences sur les positions et les mouvements relatifs des corps. Dans les domaines où l'on reconnaît aujourd'hui leur validité, ils n'ont pas été acceptés sans preuves et ne pouvaient pas l'être. Nul n'est autorisé à étendre ces principes hors des limites de notre expérience. Bien plus cette extension n'aurait aucun sens car personne ne saurait en faire usage.

Entrons dans quelques détails. Nous disons qu'un corps K ne peut changer sa direction et sa vitesse que sous l'influence d'un autre corps K'. Or il nous serait impossible d'arriver à cette idée, si d'autres corps A, B, C,... n'étaient présents qui nous permettent de juger du mouvement de K. Nous reconnaissons donc uniquement une relation du corps K aux corps A, B, C,... Faire soudainement abstraction de A, B, C,... et se mettre à parler de l'allure du corps K dans l'espace absolu, c'est tomber dans une double erreur. Il nous est en effet impossible de savoir comment K se comporterait en l'absence des corps A, B, C,... puisque nous ne posséderions alors aucun moyen qui nous permette de juger de l'allure du corps K et de prouver notre affirmation ; celle-ci n'aurait donc plus de signification scientifique.

Deux corps K et K' qui gravitent l'un vers l'autre se communiquent des accélérations inversement proportionnelles à leurs masses m et m' et dirigées suivant la droite qui les joint. Ce théorème ne contient pas seulement une relation réciproque du K au corps K', mais aussi une relation de ces deux corps à tous les autres corps. Il affirme en effet non seulement que les deux corps K et K' ont, l'un relativement à l'autre, l'accélération $\varkappa \dfrac{m+m'}{r^2}$, mais encore que K est animé de l'accélération $- \varkappa \dfrac{m'}{r^2}$ et K' de l'accélération $+ \varkappa \dfrac{m'}{r^2}$, toutes deux dirigées suivant la ligne qui joint les deux corps, et cela ne peut être prouvé que par la présence d'autres corps.

Le mouvement d'un corps K ne peut être observé que par rapport à d'autres corps A, B, C... Mais nous pouvons disposer d'un nombre suffisant de corps relativement fixes les uns par rapport aux autres ou dont les positions ne changent tout au moins que très lentement ; nous ne sommes donc restreints à aucun corps *déterminé* comme point de repère et nous pouvons faire abstraction tantôt de l'un, tantôt de l'autre. C'est ce qui a donné naissance à l'idée que ces corps sont somme toute indifférents.

Il se peut en effet que les corps isolés A, B, C.,.... ne soient qu'accessoires dans la détermination du mouvement du corps K et que ce mouvement soit déterminé par le *milieu* dans lequel K se trouve. Mais on devrait alors substituer ce milieu à l'espace absolu de Newton. Newton n'a certainement pas eu cette idée. On peut d'ailleurs montrer sans peine que l'atmosphère n'est pas ce milieu qui détermine le mouvement. On doit alors imaginer un milieu remplissant à peu près tout l'espace et des propriétés duquel nous n'avons aujourd'hui aucune notion suffisante, pas plus que des conditions de mouvement des corps qui s'y trouvent. Un tel état de choses ne serait pas impossible en soi. Les études récentes sur l'hydrodynamique ont démontré qu'un corps solide, immergé dans un fluide sans frottement, n'éprouve de résistance que par des *variations* de vitesse. A la vérité ce résultat est une conséquence théorique du principe de l'inertie mais on pourrait inversement le regarder comme le fait primitif qui doit servir de point de départ. Ainsi donc, quoique cette représentation ne puisse actuellement être d'aucune utilité pratique, on peut espérer que l'avenir accroîtra notre connaissance de ce milieu hypothétique et, au point de vue scientifique, cette conception est d'une valeur infiniment plus grande que l'idée surannée d'une espace absolu. En considérant qu'il est impossible de faire disparaître les corps isolés A, B, C..... et par conséquent de discerner si leur rôle est essentiel ou accessoire, que d'ailleurs ces corps sont jusqu'ici le seul moyen et le moyen suffisant d'orientation des mouvements et de description des faits mécaniques, on comprendra qu'il est avantageux de considérer en attendant tous les mouvements comme déterminés par ces corps.

5. — Il semble que Newton ait fondé sur des raisons solides sa distinction entre mouvement absolu et mouvement relatif. Si la terre

est animée d'une rotation *absolue* autour de son axe, il s'ensuit que des forces centrifuges s'y manifestent, qu'elle est aplatie, que l'accélération de la pesanteur diminue à l'équateur, que le plan du pendule de Foucault tourne, etc. Tous ces phénomènes disparaissent si la terre est au repos et si les corps célestes sont animés d'un mouvement absolu tel que la même rotation *relative* en résulte. Il en est en réalité ainsi si nous prenons *a priori*, l'espace absolu pour point de départ ; mais, en restant sur le terrain des faits, on ne connaît rien d'autre que l'espace et le mouvement *relatifs*. Abstraction faite de ce milieu inconnu de l'espace, qui ne doit pas être considéré, on trouve que les mouvements dans le système du monde sont relatifs et les mêmes, que l'on adopte le système de Ptolémée ou celui de Copernic. Ces deux conceptions sont également *justes* ; la seconde n'est que plus simple et plus *pratique*. L'univers ne nous est pas donné *deux fois*, d'abord avec une terre au repos, puis avec une terre animée d'une rotation, mais bien *une fois*, avec ses mouvements relatifs seuls déterminables. Il est donc impossible de dire comment seraient les choses si la terre ne tournait pas. Tout ce que nous pouvons faire est d'interpréter de diverses façons le cas qui nous est donné. Si toutefois notre interprétation nous met en contradiction avec l'expérience elle est fausse. Les principes fondamentaux de la mécanique peuvent d'ailleurs être compris de telle manière que des forces centrifuges se manifestent même pour des rotations relatives.

L'expérience du vase rempli d'eau et animé d'un mouvement de rotation nous apprend que la rotation relative de l'eau par rapport au vase n'éveille pas de forces centrifuges apparentes, mais que celles-ci sont éveillées par son *mouvement relatif par rapport à la masse de la terre et aux autres corps célestes* ; elle ne nous apprend rien de plus. Personne ne pourrait dire ce que l'expérience aurait donné si la paroi du vase avait été rendue plus épaisse et plus massive, jusqu'à avoir une épaisseur de plusieurs lieues. Nous n'avons devant nous qu'une expérience unique et nous avons à la mettre d'accord avec l'ensemble des faits qui nous sont connus, mais non pas avec les fictions que l'on imagine.

6. — La manière dont fut acquise la loi de l'inertie ne laisse subsister aucun doute sur sa signification. Galilée découvrit d'abord la constance de la vitesse et de la direction d'un corps par rapport à des objets terrestres. La plupart des mouvements terrestres sont d'une durée et d'un écart si faibles qu'il est tout à fait inutile de tenir compte de la rotation ni de la variation de la vitesse progressive de la terre par rapport aux corps célestes. Cette considération ne devient nécessaire que pour des projectiles lancés à grande distance, pour le pendule de Foucault, ou dans des cas analogues. En cherchant à appliquer au système solaire les principes mécaniques découverts depuis Galilée, Newton observa que, abstraction faite des actions des forces et pour autant qu'il était possible d'en juger, les planètes semblaient conserver leur direction et leur vitesse par rapport aux corps très éloignés de l'univers, de la même façon que les corps en mouvement sur la terre par rapport aux objets fixes placés à sa surface. L'allure des corps terrestres par rapport à la terre est comparable à celle de la terre par rapport aux corps célestes éloignés. Affirmer qu'au sujet du mouvement des corps, on connaît autre chose que leur allure relativement aux corps célestes, allure fournie par l'expérience, est un acte de *mauvaise foi* scientifique. Dire qu'un corps conserve sa vitesse et sa direction dans *l'espace* est simplement une manière abrégée de s'en référer à *l'univers entier*. Il est permis à celui qui découvre le principe de se servir d'une expression abrégée de ce genre, parce qu'il sait qu'elle ne fera en général naître aucune difficulté. Mais si des difficultés surgissent, si par exemple les corps fixes les uns par rapport aux autres, dont la présence est indispensable, viennent à manquer, il restera tout-à-fait désarmé.

7. — Au lieu de rapporter le mouvement d'un corps K à l'espace, c'est-à-dire à un système de coordonnées, nous ferons maintenant l'étude directe de ses relations avec les *corps* de l'univers, puisque le système de coordonnées ne peut être *déterminé* que par ceux-ci. Les distances mutuelles de corps très éloignés l'un de l'autre, qui se meuvent avec une vitesse constante et dans la même direction relativement à des corps fixes très éloignés, varient proportionnellement au temps. On peut aussi dire que, si l'on néglige toutes les actions mutuelles ou autres, les distances des corps très éloignés varient proportionnellement entre elles. Mais si la distance de deux corps qui se meuvent, par rapport à d'autres corps éloignés, avec des vitesses constantes en grandeurs et directions, est petite, sa variation est soumise à une loi plus compliquée. Supposons que les deux corps dépendent l'un de l'autre, appelons r leur distance, t le temps, et a une constante dépendant des grandeurs et des directions des vitesses, on trouvera

$$\frac{d^2 r}{dt^2} = \frac{1}{r}\left[a^2 - \left(\frac{dr}{dt}\right)^2\right].$$

Il est donc évidemment bien plus *simple* et plus *commode* de regarder les deux corps comme indépendants l'un de l'autre, et de considérer la constance de leur vitesse et de leur direction par rapport à d'autres corps très éloignés.

Au lieu de dire que la vitesse d'une masse μ de l'espace reste constante en grandeur et en direction, on peut dire aussi que l'accélération moyenne de cette masse μ par rapport aux masses m, m', m'',.... situées aux distances r, r', r''.... est nulle, ou bien que

$$\frac{d^2}{dt^2}\frac{\Sigma mr}{\Sigma m} = 0.$$

Cette dernière expression est équivalente à la première si l'on envisage un nombre suffisant de masses suffisamment grandes et éloignées. L'influence mutuelle des petites masses plus rapprochées, qui sont en apparence indépendantes les unes des autres, disparaît ici d'elle même. Pour voir que l'invariabilité de la direction et de la vitesse est donnée par cette condition, il suffit d'imaginer des cônes de sommet μ, qui séparent des parties distinctes dans l'espace, et de poser la condition pour les masses contenues dans chacune de ces parties séparément. On peut évidemment aussi poser, pour l'espace *entier* entourant μ :

$$\frac{d^2}{dt^2}\frac{\Sigma mr}{\Sigma m} = 0,$$

mais cette équation ne nous apprend rien sur le mouvement de μ

puisqu'elle subsiste quel que soit ce mouvement, pourvu que μ soit uniformément entouré d'une infinité de masses. Lorsque deux masses μ_1 et μ_2 agissent l'une sur l'autre en fonction de leur distance, on a

$$\frac{d^2 r}{dt^2} = \left(\mu + \mu_1\right) f(r),$$

mais, en même temps, d'après le principe de l'égalité de l'action et de la réaction, l'accélération du centre de gravité des deux masses, ou accélération moyenne du système de masses par rapport aux masses de tout l'espace, reste nulle, c'est à dire que

$$\frac{d^2}{dt^2}\left[\mu_1\,\frac{\Sigma m r_1}{\Sigma m} + \mu_2\,\frac{\Sigma m r_2}{\Sigma m}\right] = 0.$$

En considérant que le temps, qui entre dans l'expression de l'accélération, n'est pas autre chose qu'un nombre qui sert de mesure aux distances ou aux angles de rotation des corps de l'univers, on voit qu'il est *impossible* de faire abstraction du reste de l'univers, même dans le cas le plus simple, dans lequel il semble que l'on ne s'occupe que de l'action mutuelle de *deux* masses. La nature ne commence pas par des éléments, ainsi que nous, qui sommes forcés de le faire. Pour nous, c'est vraiment un bonheur chaque fois que, de temps en temps, nous pouvons détourner l'attention de la toute puissante unité du tout pour la fixer sur des détails. Il ne faut alors pas oublier de chercher aussitôt à corriger et à compléter les résultats par les conditions qui avaient été laissées provisoirement de côté.

8. — Ces considérations montrent qu'il est inutile de rapporter la loi de l'inertie à un espace absolu quelconque. Tout au contraire, on reconnaît que les masses qui, suivant la phraséologie courante, exercent les unes sur les autres des actions mutuelles et celles qui n'en exercent pas se trouvent entre elles dans des relations d'accélération parfaitement identiques, et l'on peut effectivement considérer *toutes* les masses comme en rapport les unes avec les autres. On doit accepter comme un fait expérimental que, dans les relations des masses, les *accélérations* jouent un rôle prépondérant. Cela n'empêche

pas de chercher à *élucider* ce fait en le comparant à d'autres faits, car de nouveaux points de vue peuvent être acquis ainsi. Dans tous les phénomènes de la nature les *différences* de certaines quantités *u* jouent un rôle *déterminant*. Les différences de température, de potentiel, etc. donnent lieu aux phénomènes qui consistent dans l'égalisation de ces différences. Les expressions bien connues $\frac{d^2u}{dx^2}$, $\frac{d^2u}{dy^2}$, $\frac{d^2u}{dz^2}$, qui sont les déterminantes caractéristiques de l'égalisation, peuvent être considérées comme la mesure de l'écart des conditions d'un point à la condition moyenne vers laquelle il tend.

Les accélérations des masses peuvent être conçues d'une manière analogue. Les grandes distances de masses sans action les unes sur les autres varient *proportionnellement à elles-mêmes*. Donc en portant une cer-

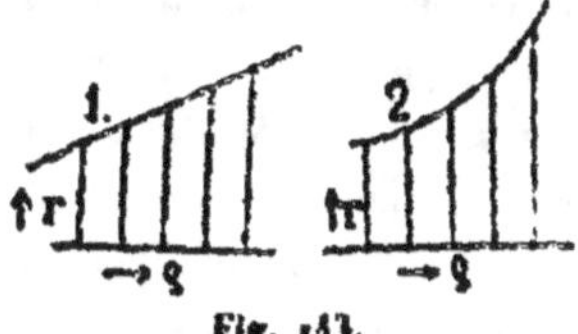

Fig. 143.

taine distance p en abscisse et une distance r en ordonnée, on obtient un diagramme qui est une droite. Chaque ordonnée r correspondant à une valeur donnée de p est moyenne entre les deux ordonnées voisines. Si les corps se trouvent dans une certaine relation de force, une certaine valeur $\frac{d^2r}{dt^2}$ se trouve déterminée, que, d'après les remarques précédentes, nous pouvons remplacer par une expression de la forme $\frac{d^2r}{dp^2}$. Cette relation de force détermine donc une certaine *différence* entre l'ordonnée r et la *moyenne des ordonnées voisines*, différence qui n'existerait pas sans cette relation de force. Cette indication suffit à faire saisir notre idée.

9. — Dans ce qui précède, nous avons essayé de donner à la loi de l'inertie une expression autre que son expression ordinaire. Aussi longtemps que des corps en nombre suffisant sembleront fixes dans l'espace, cette expression nouvelle conduira aux mêmes résultats que l'ancienne. Elle est tout aussi facile à employer et rencontre aussi des difficultés. Dans le premier cas se présente un espace absolu que nous ne pouvons saisir; dans le second, il n'y a qu'un nombre limité de masses dans le champ de notre connaissance, et la somma-

tion indiquée ne peut être parfaite. Il est impossible d'affirmer que la nouvelle expression représenterait encore le véritable état des choses si les étoiles se mouvaient sensiblement les unes vers les autres. Nous ne pouvons pas construire l'expérience générale à l'aide des cas particuliers que nous possédons. Nous devrons au contraire *attendre* que cette expérience se présente. Peut-être, avec l'extension de nos connaissances physiques et astronomiques, s'offrira-t-elle un jour à nous, quelque part dans les espaces célestes, où les mouvements seraient plus puissants et plus compliqués que dans notre entourage. Toutefois, le plus important des résultats auxquels nous sommes arrivés est que : *précisément les principes mécaniques en apparence les plus simples sont d'une nature très compliquée ; qu'ils reposent sur des expériences non réalisées et même non réalisables ; qu'ils sont en vérité suffisamment établis au point de vue pratique pour servir de base à la déduction mathématique, étant donné la stabilité suffisante de notre entourage ; qu'ils ne peuvent en aucune façon être considérés en eux-mêmes comme des vérités mathématiquement démontrées, mais au contraire comme des propositions qui, non seulement admettent, mais encore réclament le contrôle perpétuel de l'expérience.* Cette manière de voir a le grand mérite de favoriser beaucoup les progrès de la science.

Plusieurs ouvrages parus depuis 1883 sur la loi de l'inertie montrent à l'évidence le puissant intérêt qui s'attache à cette question. Je dois tout d'abord mentionner rapidement celui de Streintz (*Physikalische Grundlagen der Mechanik* ; Leipzig, 1883) et celui de L. Lange (*Die geschichtliche Entwickelung der Bewegungsbegriff* ; Leipzig, 1886).

Streintz pense avec raison que l'expression : « mouvement absolu de translation » est vide de sens et il considère par conséquent comme superflues certaines déductions analytiques auxquelles cette notion sert de base. Quant à la *rotation*, Streintz croit avec Newton pouvoir distinguer une rotation *absolue* d'une rotation relative. A ce point de vue on peut donc choisir un corps quelconque non animé d'une rotation absolue comme corps de référence pour l'expression de la loi de l'inertie.

Je ne puis partager cette opinion. D'après moi il n'existe comme toute qu'un mouvement relatif (cf. *Erhaltung der Arbeit*, p. 48, alinéa 2; *Mécanique*, p. 222 ; 4) et je n'aperçois à cet égard *aucune* distinction entre la rotation et la translation. Une *rotation* relativement aux *étoiles fixes* fait naître dans un corps des forces d'éloignement de l'axe ; si la rotation n'est pas relative aux étoiles fixes, ces forces d'éloignement n'existent pas. Je ne m'oppose pas à ce qu'on donne à la première rotation le nom d'*absolue* pourvu que l'on n'oublie pas qu'elle n'est autre qu'une rotation *relative* par rapport *aux étoiles fixes*. Pouvons-nous fixer le vase d'eau de Newton, faire ensuite tourner le ciel des étoiles fixes, et *prouver alors que ces* forces d'éloignement sont absentes ? cette expérience est irréalisable, cette idée est dépourvue de sens, car *les deux* cas sont indiscernables l'un de l'autre dans la perception sensible. Je considère donc ces *deux* cas comme n'en formant *qu'un seul* et la distinction qu'en fait Newton comme illusoire (v. p. 224 ; 5).

Mais on peut dire en toute rigueur que l'on peut, dans un aérostat enveloppé par les nuages, s'orienter sur un corps qui *ne tourne pas* relativement aux étoiles fixes, ce qui n'est d'ailleurs pas autre chose qu'une orientation indirecte sur les étoiles fixes, simplement une orientation mécanique au lieu d'une orientation optique.

Aux objections de Streintz, j'opposerai encore les remarques suivantes. Mon opinion *ne doit pas* être confondue avec celle d'Euler (Streintz, pp. 7, 50). Ainsi que Lange l'a très bien démontré, Euler n'eut de ce sujet aucune conception intelligible bien fondée. — *Je n'ai pas supposé* (Streintz, p. 7) que *seules* les masses éloignées, et non aussi les masses rapprochées, participent à la détermination de l'accélération d'un corps ; je ne parle que d'une influence *indépendante* de la distance. — J'ai peine à croire qu'après mon exposé (pp. 201-228) un lecteur impartial et attentif maintiendrait avec Streintz (p. 50) que, sans connaître ni Newton, ni Euler, et si longtemps après eux, je n'ai été conduit qu'à des opinions que ces chercheurs possédaient déjà et qui furent rejetées plus tard, en partie par eux-mêmes et en parties par d'autres. Streintz ne connaissait que mes remarques de 1872 mais elle ne justifient pas cette critique. Ces remarques étaient fort courtes et cela pour de très bonnes raisons, mais elles n'étaient en aucune façon aussi mesquines qu'elles doivent le paraître à celui qui ne les connaît que par la critique de Streintz. Dès cette époque j'avais expressément rejeté le point de vue auquel Streintz se place.

L'ouvrage de Lange me paraît être l'un des meilleurs qui aient été publiés sur ce sujet. Il est écrit avec une méthode qui en rend la lecture très agréable. Son analyse soigneuse et son exposé historique et critique du concept de mouvement le conduisent à des résultats qui me paraissent être d'une valeur durable. Je considère comme d'un grand mérite la position claire et la *désignation* judicieuse du principe de « détermination particulière », bien que le principe lui-même ne me semble pas *neuf*, pas plus que ses applications. Ce principe est en réalité à la base de toute mesure. Le choix de l'unité de mesure est conventionnel ; le nombre qui donne la mesure est le résultat d'une recherche. L'investigateur qui se rend clairement compte que toute la besogne consiste (ainsi que je l'ai dit il y a longtemps déjà, en 1865 et 1866,) à découvrir la dépendance *mutuelle* des phénomènes, fait usage de ce principe. Lorsque par exemple (v. pp. 211 et suiv..) on appelle, par définition, rapport des masses de deux corps le rapport inverse de leurs accélérations réciproques pris en signe contraire, on fait expressément et volontairement une *convention*, mais le fait que ces rapports sont *indépendants* du mode et de l'ordre des combinaisons des deux corps est le *résultat d'une recherche*. Je pourrais prendre d'autres exemples dans la théorie de la chaleur ou de l'électricité, ainsi que dans d'autres domaines.

D'après Lange, la loi de l'inertie, sous sa forme la plus simple et la plus claire s'énoncerait ainsi :

« Trois points matériels P_1, P_2, P_3, sont lancés simultanément du « même point de l'espace et puis abandonnés à eux-mêmes. Dès que « nous nous sommes assurés qu'ils ne sont pas situés en ligne « droite, nous les joignons à un quatrième point Q *tout à fait* « *arbitraire*. Soient G_1, G_2, G_3, les droites de jonction, qui forment un « trièdre. *Solidifions* ce trièdre et supposons que, *conservant ainsi sa*

« forme, il prenne à chaque instant une position telle que les points
« P_1, P_2, P_3 continuent à se mouvoir respectivement sur les lignes
« Q_1, Q_2, Q_3. Les côtés de ce trièdre pourront être pris pour axes d'un
« système de coordonnées (système d'inertie) par rapport auquel tout
« point matériel abandonné à lui-même décrira une *ligne droite*.
« Les espaces parcourus par les points laissés à eux-mêmes, sur
« les trajectoires ainsi déterminées, sont proportionnels entre
« eux. »

Avec les restrictions posées, Lange considère donc qu'un système
de coordonnées relativement auquel trois points matériels se meuvent
en ligne droite, est une simple convention. Que dans un système
de ce genre un quatrième point, et bien plus un point matériel
quelconque abandonné à lui-même, se meuve en *ligne droite* est le
résultat d'une recherche, de même que le fait de la proportionnalité
des segments parcourus par ces points.

Tout d'abord on ne peut contester que la loi de l'inertie puisse être
rapportée à un système semblable de coordonnées de temps et
d'espace et être mise sous cette forme. Cette conception est moins
appropriée à la pratique que celle de Streintz, mais elle a sur celle-ci
une supériorité marquée au point de vue de la méthode. Pour moi,
personnellement, elle a un attrait particulier, car, voici quelques
années, je me suis préoccupé de *tentatives* analogues ; il n'en reste
dans ce livre pour ainsi dire que des souvenirs (n° 7, p. 226)
et si je les ai abandonnées c'est après avoir acquis la conviction
que tous ces modes d'expression, y compris ceux de Streintz et de
Lange, n'évitent *qu'en apparence* de s'en référer aux étoiles fixes et
à l'angle de rotation de la terre.

En fait, c'est par l'observation des étoiles fixes et par la rotation de
la terre que nous sommes arrivés à la connaissance de la loi de l'inertie dans son domaine actuel de validité. Sans ces *bases fondamentales
jamais on n'aurait pensé* à ces *tentatives* dont nous venons de
parler. La considération de quelques points isolés indépendamment
du reste du monde est pour moi inadmissible (voir p. 226 ; 6 et 7).

Dès que l'on suppose les étoiles fixes absentes, ou non invariables, ou
telles que l'on ne puisse, avec une approximation suffisante, les tenir

pour invariables, il me paraît *fort douteux* qu'un *quatrième* point abandonné à lui-même dans un « système d'inertie » de Lange se meuve d'un mouvement rectiligne uniforme.

Considérer d'abord la loi de l'inertie comme une approximation suffisante, la rapporter aux étoiles fixes dans l'espace et à la rotation de la terre dans le temps, et attendre qu'une expérience plus étendue permette de préciser nos connaissances sur ce point, est encore le le point de vue le plus naturel pour le chercheur sincère et sans détours, ainsi que je l'ai fait voir plus haut (p. 230).

A propos de la loi de l'inertie il reste à citer quelques traités parus depuis 1889. Je mettrai tout d'abord à part le traité de K. Pearson (*Grammar of Science*, Londres, 1892, p. 477) qui, abstraction faite de la terminologie, concorde avec le mien. P. et J. Friedländer (*Absolute und relative Bewegung*, Berlin, 1896) étudient le problème à l'aide d'une expérience dont j'ai tracé le schéma (p. 225), mais j'appréhende qu'elle ne puisse servir à la solution quantitative du problème. Je souscris entièrement à la discussion de Johannesson (*Das Beharrungsgesetz*, Berlin, 1896), toutefois la question de savoir *par quoi se détermine* le mouvement d'un corps *non accéléré* par les autres corps reste inexpliquée. Afin d'être complet, je citerai encore les importantes considérations dialectiques de M. E. *Vicaire* (Société Scientifique de Bruxelles, 1895), ainsi que les recherches de *J. G. Macgregor* (Royal Society of Canada, 1895), bien que ces dernières ne soient que dans un rapport éloigné avec la question dont nous nous occupons. Je n'ai rien à objecter à la manière de voir de Budde qui conçoit l'espace comme une sorte de milieu (v. p. 224), mais je pense que les propriétés de celui-ci peuvent être découvertes par un procédé physique quelconque et ne doivent pas être acceptées *ad hoc*. Dès que l'on considère toutes les actions en apparence à distance, accélérations, etc., comme dues à l'intervention d'un milieu, le problème se présente sous un jour tout autre et sa solution doit peut-être être cherchée dans les considérations de la p. 224.

VII. — CRITIQUE SYNOPTIQUE DES ÉNONCÉS
DE NEWTON

1. — Après cette discussion suffisamment détaillée de la forme et de la disposition des énoncés de Newton, il est utile d'en faire une revue d'ensemble. Newton pose en premier lieu des définitions et il les fait suivre des lois du mouvement. Occupons-nous d'abord des premières.

« *Définition I.* — *La quantité de matière se mesure par la den-* « *sité et le volume pris ensemble.* Je désigne la quantité de matière par « les mots de *corps* ou de *masse*. Cette quantité se connaît par le poids « des corps : car j'ai trouvé par des expériences très exactes sur les « pendules, que les poids des corps sont proportionnels à leur masse ; « je rapporterai ces expériences dans la suite.

« *Définition II.* — *La quantité de mouvement est le produit de la* « *masse par la vitesse.*

« *Définition III.* — *La force qui réside dans la matière* (vis insita) « *est le pouvoir qu'elle a de résister. C'est par cette force que tout* « *corps persévère de lui-même dans son état actuel de repos ou de* « *mouvement en ligne droite.*

« *Définition IV.* — *La force imprimée* (vis impressa) *est l'action* « *par laquelle l'état du corps est changé, soit que cet état soit le* « *repos, ou le mouvement uniforme en ligne droite.*

« *Définition V.* — *La force centripète est celle qui fait tendre les* « *corps vers quelque point, comme vers un centre, soit qu'ils soient* « *tirés ou poussés vers ce point, ou qu'ils y tendent d'une façon quel-* « *conque.*

« *Définition VI.* — *La quantité absolue de la force centripète est* « *plus grande ou moindre selon l'efficacité de la cause qui la pro-* « *page au centre.*

« DÉFINITION VII. — *La quantité accélératrice de la force contri-*
« *pète est proportionnelle à la vitesse qu'elle produit dans un temps*
« *donné.*

« DÉFINITION VIII. — *La quantité motrice de la force centripète*
« *est proportionnelle au mouvement qu'elle produit dans un temps*
« *donné.*

« J'ai appelé ces différentes quantités de la force centripète, mo-
« trices, accélératrices, et absolues, afin d'être plus court.

« On peut, pour les distinguer, les rapporter *aux corps* qui sont
« attirés vers un centre, *aux lieux* de ces corps, et *au centre* des
« forces.

« On peut rapporter la force centripète motrice au corps, en la consi-
« dérant comme l'effort que fait le corps entier pour s'approcher du
« centre, lequel effort est composé de celui de toutes ses parties.

« La force centripète accélératrice peut se rapporter au lieu du
« corps, en considérant cette force en tant qu'elle se répand du centre
« dans tous les lieux qui l'environnent, pour mouvoir les corps qui s'y
« rencontrent.

« Enfin on rapporte la force centripète absolue au centre, comme
« à une certaine cause sans laquelle les forces motrices ne se propa-
« geraient point dans tous les lieux qui entourent le centre ; soit que
« cette cause soit un corps central quelconque, (comme l'aimant dans
« le centre de la force magnétique, et la terre dans le centre de la force
« gravitante,)soit quelqu'autre cause qu'on n'aperçoit pas. Cette façon
« de considérer la force centripète est purement mathématique : et je
« ne prétends point en donner la cause physique.

« La force centripète accélératrice est donc à la force centripète
« motrice, ce que la vitesse est au mouvement ; car de même que la
« quantité de mouvement est le produit de la masse par la vitesse,
« la quantité de force centripète motrice est le produit de la force
« centripète accélératrice par la masse ; car la somme de toutes les
« actions de la force centripète accélératrice sur chaque particule
« du corps est la force centripète motrice du corps entier. Donc
« à la surface de la terre, où la force centripète accélératrice est la
« même sur tous les corps, la gravité motrice ou le poids des corps

« est proportionnel à leur masse ; et si l'on était placé dans des régions
« où la force accélératrice diminuât, le poids des corps y diminuerait
« pareillement ; ainsi il est toujours comme le produit de la masse par
« la force centripète accélératrice. Dans les régions où la force centri-
« pète accélératrice serait deux fois moindre, le poids d'un corps sous-
« double ou soustriple serait quatre ou six fois moindre.

« Au reste, je prends ici dans le même sens les attractions et les
« répulsions accélératrices et motrices, et je me sers indifféremment des
« mots d'*impulsion*, d'*attraction*, ou de *propension* quelconque vers
« un centre : car je considère ces forces mathématiquement et non
« physiquement ; ainsi le lecteur doit bien se garder de croire que j'aie
« voulu désigner par ces mots une espèce d'action, de cause ou de
« raison physique ; et lorsque je dis que les centres attirent, lorsque je
« parle de leurs forces, il ne doit pas penser que j'aie voulu attribuer
« aucune force réelle à ces centres que je considère comme des points
« mathématiques. »

2. — Ainsi que nous l'avons déjà expliqué en détail, la définition I
n'a que l'apparence d'une définition. Le concept de masse n'est pas
plus clair parce qu'on le définit comme produit du volume par la
densité, puisque la densité elle-même ne représente autre chose que
la masse de l'unité de volume. La véritable définition de la masse ne
peut être déduite que des relations dynamiques des corps.

Il n'y a rien à objecter à la définition I qui explique simplement
une expression de calcul. La définition III (inertie) ne sert à rien, à
cause des définitions IV–VIII de la force : en effet, par la nature
accélératrice de la force, l'inertie se trouve déjà donnée.

La définition IV dit que la force est la cause de l'accélération ou la
tendance à l'accélération d'un corps. Cette dernière partie de la définition est justifiée par le fait que, si l'accélération ne peut se produire,
il survient d'autres variations correspondantes, telles que pressions,
déformations du corps, etc. La cause de l'accélération vers un centre
déterminé est appelée force centripète par la définition V ; les définitions VI, VII et VIII la distinguent en absolue, accélératrice et motrice.
Exposer le concept de force en une ou plusieurs définitions est affaire

de forme et de goût ; au point de vue logique, il n'y a rien à reprendre aux définitions de Newton.

3. — Suivent maintenant les axiomes ou lois du mouvement. Newton en pose trois :

« I. Loi. — *Tout corps persévère dans l'état de repos ou de mou-*
« *vement uniforme en ligne droite dans lequel il se trouve, à moins*
« *que quelque force n'agisse sur lui, et ne le contraigne à changer*
« *d'état.*

« II. Loi. — *Les changements qui arrivent dans le mouvement*
« *sont proportionnels à la force motrice, et se font dans la ligne*
« *droite dans laquelle cette force a été imprimée.*

« III. Loi. — *L'action est toujours égale et opposée à la réaction ;*
« *c'est-à-dire, que les actions de deux corps l'un sur l'autre sont tou-*
« *jours égales, et dans des directions contraires.* »

Newton fait suivre ces lois de plusieurs corollaires. Le premier et le second se rapportent au principe du parallélogramme des forces ; le troisième à la quantité de mouvement engendrée par l'action mutuelle des corps entre eux ; le quatrième concerne la conservation du mouvement du centre de gravité quelles que soient les actions mutuelles ; le cinquième et le sixième ont trait au mouvement relatif.

4. — On reconnaît sans peine que les lois I et II sont contenues dans les définitions de la force précédemment données. D'après celles-ci, il ne peut en effet exister, en l'absence de toute force, que le repos ou le mouvement rectiligne uniforme. C'est une tautologie tout-à-fait inutile de répéter que la variation du mouvement est proportionnelle à la force après avoir posé que l'accélération est la mesure de celle-ci. Il eut suffi de dire que les définitions données n'étaient pas des définitions arbitraires et mathématiques, mais répondaient à des propriétés expérimentales des corps. La troisième loi exprime en apparence une chose nouvelle, mais nous avons déjà vu qu'elle n'est intelligible qu'avec une claire notion de la masse, dont l'acquisition n'est possible que par des expériences dynamiques et qui rend cette loi inutile.

Le corollaire I renferme en réalité quelque chose de neuf ; il considère les accélérations déterminées par divers corps M, N, P sur un corps K comme *évidemment* indépendantes les unes des autres, alors que c'est précisément ce fait qui aurait dû être reconnu comme un fait d'expérience. Le second corollaire est une application simple des lois énoncées dans le premier, et tous les autres peuvent être exposés comme conséquences mathématiques des notions et des lois précédentes.

5. — Même en s'en tenant strictement au point de vue newtonien, et en faisant abstraction complète des difficultés et des obscurités que nous avons signalées et que les dénominations abrégées de *temps* et d'*espace* ne font que *cacher* sans les *écarter*, il serait possible de simplifier beaucoup l'exposition de Newton et d'y introduire plus d'ordre et de méthode. On pourrait, à notre avis, s'exprimer ainsi :

A. *Principe expérimental.*| — Deux corps en présence l'un de l'autre, déterminent l'un sur l'autre, dans des circonstances qui doivent être données par la physique expérimentale, des *accélérations* opposées suivant la direction de la droite qui les unit. (Le principe de l'inertie se trouve déjà inclus dans cette proposition).

B. *Définition.* — On appelle rapport des masses de deux corps l'inverse, pris en signe contraire, du rapport de leurs accélérations réciproques.

C. *Principe expérimental.* — Les rapports des masses des corps sont indépendantes des circonstances physiques (qu'elles soient électriques, magnétiques ou autres,) qui déterminent leurs accélérations réciproques. Ils restent aussi les mêmes, que ces accélérations soient acquises directement ou indirectement.

D. *Principe expérimental.* — Les accélérations que plusieurs corps A, B, C,... déterminent sur un corps K sont indépendantes les unes des autres. (Le théorème du parallélogramme des forces est une conséquence immédiate de ce principe.)

E. *Définition.* — La force motrice est le produit de la valeur de la masse d'un corps par l'accélération déterminée sur ce corps.

On pourrait maintenant définir les expressions de calcul appelées quantité de mouvement, force vive, etc. ; mais cela n'est en rien nécessaire. Ces propositions remplissent les conditions de simplicité et d'épargne que pour des raisons d'économie on doit imposer aux bases fondamentales de la science. Elles sont claires, lucides, et ne peuvent donc laisser subsister aucun doute, ni quant à leur signification, ni quant à leur origine, ni sur le point de savoir si elles expriment une vérité d'expérience ou une convention arbitraire.

6. — Comme jugement d'ensemble, on peut dire que le génie de Newton a trouvé quels étaient les concepts et les principes *certainement suffisants* pour servir de base aux constructions ultérieures. Il fut forcé vis-à-vis de ses contemporains, en grande partie par la difficulté et la nouveauté du sujet, à une grande prolixité et par suite à une présentation fragmentaire : c'est ainsi par exemple qu'il énonce plusieurs fois la même propriété des phénomènes mécaniques. D'autre part, on peut prouver qu'il n'avait pas lui-même une notion parfaitement claire du sens et surtout de l'origine de ses principes, mais cela ne jette pas la plus petite ombre sur la splendeur de son génie intellectuel. Celui qui doit acquérir un point de vue nouveau ne peut naturellement pas le posséder *a priori* avec la même certitude ni la même entièreté que celui qui le reçoit sans fatigue. Son œuvre est assez grande s'il a trouvé les vérités sur lesquelles on peut s'établir ; chaque conséquence nouvelle permettra en effet un nouvel examen, un nouveau contrôle, un agrandissement de l'horizon, un éclaircisse ment du point de vue. Pas plus que le général d'armée, le grand inventeur ne peut faire une enquête minutieuse sur le droit qu'il a d'occuper chaque position nouvelle qu'il conquiert. La grandeur du problème à résoudre ne laisse point de temps pour cela. Mais plus tard il n'en est plus ainsi. Newton pouvait attendre des deux siècles à venir l'examen plus serré et la confirmation des fondements de son œuvre. A des époques de plus grande tranquillité scientifique les principes peuvent offrir en vérité plus d'intérêt philosophique que les constructions que l'on a bâties sur eux. Les questions du genre de celles qui font l'objet de ce livre se présentent alors, et nous ne pen—

sons pas avoir apporté autre chose qu'une faible contribution à leur solution. Nous nous associons donc à juste titre à l'illustre physicien W. Thomson dans son respect et son admiration pour Newton, mais nous avons peine à comprendre qu'il considère, encore aujourd'hui, les exposés newtoniens comme les meilleurs et les plus philosophiques.

VIII. — APERÇU RÉTROSPECTIF DU DÉVELOPPEMENT DE LA DYNAMIQUE

1. — La période du développement de la dynamique fut inaugurée par Galilée, continuée par Huyghens et clôturée par Newton. En l'examinant dans son ensemble on reconnaît qu'elle peut se résumer en deux points principaux : le fait que les corps, par une action mutuelle, se communiquent les uns aux autres des *accélérations* qui dépendent des circonstances spatiales et matérielles, et le fait qu'il y a des *masses*. La reconnaissance de ces faits s'éparpille dans un grand nombre de propositions, mais il y a à cela une raison purement historique : ils ne furent pas acquis en une fois, mais lentement et pas à pas. *Un seul* grand fait fut en réalité fermement établi. Différents couples de corps déterminent sur eux-mêmes, et indépendamment l'un de l'autre, des couples d'accélérations tels que les deux accélérations d'un même couple sont dans un rapport invariable qui caractérise le couple de corps correspondant. Il fut impossible, même au génie intellectuel des Galilée, des Huyghens et des Newton, de percevoir ce fait en une fois ; on ne put que le reconnaître peu à peu, comme on le voit dans la loi de la chute des corps, dans la loi particulière de l'inertie, dans le principe du parallélogramme des forces, dans le concept de masse, etc. Aujourd'hui l'on peut sans difficulté embrasser *l'unité* de ce *fait* dans son ensemble et, seules, les nécessités pratiques de la communication peuvent justifier sa présentation par fragments — car cette présentation se fait d'habitude en plusieurs propositions dont le nombre n'est déterminé que par ce que l'on pourrait appeler le goût scientifique. On se convaincra, du reste, en s'en rapportant aux explications que nous avons données sur les notions de temps, d'inertie, etc., que, en réalité, l'*antériorité* du fait en question n'a pas encore été pleinement reconnue sous tous ses aspects.

Ainsi que Newton l'a dit expressément, ce point de vue n'a rien de commun avec les « causes inconnues » des phénomènes de la nature. Ce qu'aujourd'hui, en mécanique, nous appelons *force* n'est pas un principe caché dans le phénomène, mais au contraire un fait, une circonstance de mouvement qui peut-être mesurée : le produit de la masse par l'accélération. Lorsqu'on parle d'attraction ou de répulsion des corps, il n'est pas nécessaire de penser à quelque cause cachée des phénomènes ; le mot *attraction* ne sert à rien d'autre qu'à rappeler la *similitude de fait* qui existe entre le phénomène déterminé par la circonstance de mouvement et le résultat d'une impulsion volontaire. Dans les deux cas, la conséquence est soit un véritable mouvement, soit, lorsque ce mouvement est détruit par une autre circonstance motrice, une pression, une rupture ou un autre phénomène.

2. — L'œuvre qui appartient en propre au génie consiste ici dans l'observation de la dépendance de certaines déterminantes partielles des phénomènes mécaniques. L'énonciation formelle et précise de cette dépendance fut au contraire l'ouvrage du travail circonspect qui élabora les différents concepts et les différents principes de la mécanique. Ce n'est que par la recherche de leurs sources historiques que l'on peut déterminer la véritable valeur et le sens de ces principes et de ces notions. En outre, cette recherche montre à l'évidence que parfois des circonstances accidentelles ont donné au processsus de développement de la science une direction particulière, alors que d'autres circonstances également possibles auraient engagé la science dans une toute autre voie. Nous allons en donner un exemple.

Avant de faire l'hypothèse de la dépendance bien connue entre la vitesse acquise et la durée de chute et de la soumettre à l'expérience, Galilée fit une autre supposition ; ainsi que nous l'avons dit plus haut, il supposa que les vitesses acquises étaient proportionnelles aux chemins parcourus. Il pensa avoir établi, par un raisonnement erroné dont nous avons aussi parlé, que cette hypothèse conduisait à une contradiction. Son raisonnement était celui-ci : puisque la vitesse finale acquise au bout d'un chemin double est double, la durée de parcours de ce chemin double sera la même que celle du parcours du chemin simple ; mais comme ce dernier est forcément parcouru tout d'abord, puisqu'il est la première moitié du chemin double considéré, la seconde moitié devra être décrite instantanément (dans une durée non mesurable). Il en résultait aisément *que la chute des graves devait être en général instantanée.*

L'erreur est manifeste. Galilée n'était naturellement pas versé dans les intégrations mentales ; il n'avait en sa possession aucune méthode et devait par suite nécessairement se tromper pour peu que les relations fussent compliquées. Désignons le chemin par s et le temps par t. En langage actuel, l'hypothèse de Galilée s'exprimerait par l'équation $\frac{ds}{dt} = as$ qui donne $s = Ae^{at}$, où a est une constante expérimentale et A une constante d'intégration. Cette conséquence de l'hypothèse est toute différente de celle que Galilée en a tirée. Il est vrai que ce résultat n'est pas confirmé par l'expérience, et il est probable que Galilée aurait trouvé fort bizarre cette condition générale de mouvement que s soit différent de o pour $t = o$; mais, en elle-même, l'hypothèse n'est pas contradictoire.

Supposons que Képler se soit posé la même question. Galilée recherchait toujours la solution la plus simple et abandonnait aussitôt une hypothèse qui ne revêtait pas ce caractère de simplicité, mais la nature intellectuelle de Képler est toute différente. L'histoire de la découverte des lois du mouvement des planètes montre qu'il n'appréhende point la complexité des hypothèses et qu'il parvient à son but par des modifications successives et graduelles de celles-ci. Il est très vraisemblable qu'après avoir reconnu que l'hypothèse $\frac{ds}{dt} = as$ ne convenait pas, Képler en eut essayé un certain nombre d'autres et, parmi celles-ci, vraisemblablement aussi l'hypothèse correcte

$$\frac{ds}{dt} = a\sqrt{s}.$$

Mais alors le processus de développement de la dynamique eut été entièrement différent.

Ce n'est que graduellement et peu à peu que l'on a reconnu l'importance scientifique du concept de « travail » et nous pensons que ce fait a simplement pour cause la circonstance historique accidentelle dont nous venons de parler. Le hasard a fait que la dépendance entre la vitesse et le temps fut découverte la première; le résultat fut que la relation $v = gt$ apparut comme primordiale et la relation $s = \frac{1}{2} gt^2$ comme immédiatement suivante, tandis que la relation $gs = \frac{1}{2} v^2$ sembla une conséquence éloignée. En introduisant les concepts de masse (m) et de force (p), avec $p = mg$, on obtient, en multipliant par m les trois équations précédentes,

$$ mv = pt, \qquad ms = \frac{1}{2} pt^2, \qquad ps = \frac{1}{2} mv^2, $$

qui sont les équations fondamentales de la mécanique. Les concepts de *force* et de *quantité de mouvement* devaient donc nécessairement sembler plus primordiaux que ceux de *travail* (ps) et de *force vive* (mv^2); il ne faut donc pas s'étonner de ce que l'on chercha, par conséquent, à remplacer, chaque fois qu'on le rencontrait, le concept de travail par les concepts historiquement plus anciens. Toute la dispute des *Cartésiens* et des *Leibnitziens*, qui fut en quelque sorte démêlée pour la première fois par d'Alembert, trouve ici son explication complète.

En toute impartialité, on a exactement le même droit de s'enquérir de la dépendance entre la vitesse acquise et le temps que de la dépendance entre la vitesse acquise et le chemin, et de répondre à ces deux questions par l'expérience. La première conduit au principe expérimental suivant : des corps donnés, mis en présence l'un de l'autre, se communiquent dans des temps donnés des accroissements de vitesse déterminés. La seconde question apprend que des corps donnés, mis en présence l'un de l'autre, se communiquent, pour des déplacements mutuels déterminés, des accroissements de vitesse déterminés. Ces deux propositions sont également fondées et peuvent au même titre être considérées comme primordiales.

La justesse de cette manière de voir a été prouvée de nos jours par l'exemple de J. R. Mayer. Mayer était un esprit moderne, de la taille de Galilée, libre de toute influence d'école. De lui-même il s'engagea dans la seconde voie et fit ainsi faire à la science des progrès auxquels les écoles ne parvinrent que plus tard, et encore d'une façon moins complète et moins simple. Pour Mayer le concept fondamental est celui de travail. Il appelle force ce qui est dénommé travail dans la mécanique des écoles. L'erreur qu'il fait est de croire que sa méthode est la seule correcte.

3. — On peut donc à volonté considérer la *durée de chute* ou la *hauteur de chute* comme *déterminante de la vitesse*. Si l'attention se fixe sur la première circonstance, la force se présente comme concept primitif et le travail comme concept dérivé; mais si l'on recherche d'abord l'influence de la seconde circonstance, le travail apparait aussitôt comme concept primordial. En transportant à des phénomènes plus compliqués les notions acquises par la considération de la chute des graves, on reconnait que la force dépend de la distance des corps, qu'elle est une fonction $f(r)$ de celle-ci ; le travail effectué dans un parcours dr est donc $f(r)\,dr$. La seconde méthode fait découvrir que le travail est une fonction $F(r)$ de la distance et la force n'est alors connue que sous la forme $\dfrac{dF(r)}{dr}$, valeur limite du rapport $\dfrac{\text{accroissement de travail}}{\text{accroissement de chemin}}$.

Galilée suivit de préférence la première de ces deux voies. Newton la préféra aussi. Huyghens suivit plutôt la seconde méthode, mais il ne s'y restreignit en aucune façon. Descartes retravailla à sa manière les idées de Galilée, mais ses contributions sont sans importance comparées à celles de Newton et de Huyghens et leur influence disparut vite. Après Huyghens et Newton les deux manières de penser se mêlèrent; leur indépendance et leur équivalence ne furent pas toujours reconnues, et cette confusion provoqua maintes erreurs dont nous avons déjà donné un exemple dans la dispute de l'école de Descartes et de celle de Leibnitz à propos de la mesure des forces. Jusqu'en ces derniers temps les chercheurs employèrent l'une ou l'autre des deux méthodes, selon leur préférence. Ainsi les idées de Galiléo-Newton furent cultivées par l'école de Poinsot ; celles de Galiléo-Huyghens par l'école de Poncelet.

4. — Newton se servit presqu'exclusivement des notions de force, masse et quantité de mouvement. Le sentiment qu'il eut de la valeur du concept de masse le place au dessus de ses prédécesseurs et de ses contemporains. Il ne vint pas à l'esprit de Galilée que la masse et le poids étaient des choses distinctes. Huyghens aussi introduisit dans toutes ses études le poids au lieu de la masse, par exemple dans ses recherches sur le centre d'oscillation. Même dans son traité « *De percussione* » il parla toujours du corps le plus grand, « *corpus majus* », et du corps le plus petit, « *corpus minus* », alors qu'il faut entendre la masse la plus grande et la masse la plus petite. On fut forcé de construire le concept de masse dès qu'on remarqua que la pesanteur peut imprimer au *même corps* des accélérations différentes. Ce fait se manifesta pour la première fois dans l'observation du pendule de Richer (1671-1673), — dont Huyghens tira aussitôt la conséquence exacte, — et pour la seconde fois dans l'extension des lois de la dynamique aux corps célestes. L'importance du premier point ressort nettement du fait que Newton établit par des expériences personnelles, faites avec des pendules formés de matériaux divers, la proportionnalité entre le poids et la masse en un même lieu de la terre (*Principia* ; Sect. VI. *De motu et resistentia corporum funependulorum*). Cette observation que le même corps peut recevoir des accélérations différentes dues à la gravité conduisit aussi Jean Bernoulli à faire pour la première fois une distinction entre la masse et le poids (*Méditatio de natura centri oscillationis* ; Opera omnia ; Genève et Lausanne, t. II, p. 168). Newton traite donc toutes les questions de dynamique qui ont rapport à des corps se trouvant en présence les uns des autres à l'aide des concepts de force, masse et quantité de mouvement.

5. — Huyghens suit une autre méthode dans la résolution de ces problèmes. Galilée savait déjà que, par la vitesse acquise, un

corps peut remonter à la hauteur d'où il est tombé. Dans son traité « *Horologium oscillatorium* », Huyghens généralisa cette proposition comme suit : par la vitesse acquise dans la chute le centre de gravité d'un système de corps remonte à une hauteur égale à celle de sa chute. Cette généralisation le conduisit à la découverte de l'équivalence du travail et de la force vive, mais à la vérité ce ne fut que beaucoup plus tard que l'on dénomma les expressions contenues dans ses formules.

Le principe du travail, donné par Huyghens, fut reçu par ses contemporains avec une défiance générale; ils se contentèrent d'utiliser ses brillants résultats mais cherchèrent toujours à substituer d'autres démonstrations à celles qu'il avait données. Même après que Jean et Daniel Bernoulli eurent étendu le principe, ce fut toujours sa fertilité beaucoup plus que son évidence qui fit qu'on y attacha de la valeur.

Nous voyons que, toujours, les propositions de Galilée-Newton furent préférées à celles de Galilée-Huyghens, à cause de leur simplicité plus grande et de leur évidence en apparence supérieure. On n'employa les dernières que lorsqu'on y fut forcé, lorsque de pénibles considérations de détails rendirent impossible l'emploi des premières, comme ce fut le cas pour la théorie du mouvement des fluides de Jean et Daniel Bernoulli.

Mais si l'on y regarde de près, les principes de Huyghens et ceux de Newton se présentent avec la même simplicité et la même évidence. Il est aussi naturel et aussi simple de supposer que la vitesse acquise par un corps est déterminée par la *durée de chute* que par la *hauteur de chute*, et, dans les deux cas, la *forme* de la loi doit être fournie par l'*expérience*. Il est également correct de prendre pour point de départ l'une ou l'autre des relations

$$pt = mv \qquad \text{ou} \qquad ps = \frac{1}{2} mv^2.$$

6. — Pour pouvoir entreprendre l'étude des mouvements de plusieurs corps on est conduit dans les deux cas à une extension qui se présente avec le même degré de certitude. Le concept newtonien de masse se justifie par le fait que, si on l'abandonne, toutes nos lois des

phénomènes cessent d'être vraies, que nous devons aussitôt nous attendre à des contradictions avec nos expériences les plus communes et les plus ordinaires, que toute la physionomie de notre entourage mécanique en est entièrement changée. Mais la même observation peut être faite pour le principe du travail de Huyghens. Si nous rejetons le théorème $\Sigma ps = \frac{1}{2}\Sigma mv^2$, nous devons admettre que les corps pesants peuvent monter par leur propre poids, et rejeter toutes les lois connues de la mécanique. Nous avons déjà parlé en détails des facteurs *instinctifs* qui entrent au même titre dans les découvertes de ces *deux* concepts.

Ces deux notions auraient naturellement pu se développer beaucoup plus indépendamment l'une de l'autre. Mais, comme elles se sont trouvèrent perpétuellement en contact, il n'est pas étonnant qu'elles se fondirent en partie l'une dans l'autre et que celle de Huyghens semble la moins complète. La force, la masse et la quantité de mouvement suffisent entièrement à Newton. Le travail, la masse et la force vive auraient pu, de même, suffire à Huyghens. Mais Huyghens n'avait pas atteint à la pleine possession du concept de masse et, pour les applications ultérieures, celui-ci dut être emprunté à l'autre manière de voir. Cet emprunt eut pu être évité. Si, dans la conception newtonienne, le rapport des masses peut être défini comme le rapport inverse des vitesses engendrées par une même force, dans celle de Huyghens, il peut être logiquement défini par le rapport inverse des carrés des vitesses engendrées par le même travail.

Ces deux conceptions considèrent la dépendance réciproque de facteurs très différents du *même* phénomène. La conception de Newton est plus complète, pour autant qu'elle nous renseigne sur le mouvement de chacune des masses, mais, pour cela, elle doit s'attarder beaucoup aux détails. La conception de Huyghens fournit une loi pour l'ensemble du système. Elle n'est commode que lorsque le *rapport des vitesses* des masses a été déterminé au préalable, mais elle est alors extrêmement commode.

7. — Nous voyons donc qu'il en a été du développement de la dynamique exactement comme de celui de la statique. A des époques diverses, la concordance de caractéristiques très différentes des phénomènes mécaniques a fixé l'attention des investigateurs. On peut considérer la quantité de mouvement d'un système comme déterminée par la force, mais on peut aussi regarder la force vive comme déterminée par le travail. La personnalité du chercheur joue un grand rôle dans le choix de cette caractéristique. Les arguments, que nous avons fait valoir plus haut, montrent qu'il est très possible que le système de nos concepts mécaniques eut été autre, si les premières recherches relatives à la chute des corps avaient été faites par Képler, ou si Galiléo ne s'était pas trompé dans ses premières spéculations. D'ailleurs, pour la compréhension historique d'une science, il n'y a pas que la connaissance des idées adoptées et cultivées par les successeurs qui soit importante ; il est très important et très instructif de connaitre les pensées passagères des chercheurs, même lorsqu'elles ont été abandonnées, même lorsqu'elles paraissent être des erreurs. L'étude historique du processus de développement d'une science est indispensable, si l'on ne veut pas que l'ensemble des principes qu'elle a réunis ne dégénère peu à peu en un système de choses acquises que l'on ne comprend qu'à moitié, ou même entièrement en un système de purs *préjugés*. Non seulement cette recherche historique fait mieux comprendre l'état actuel de la science mais, en montrant qu'il est en partie *conventionnel* et *accidentel*, elle fait ressortir des possibilités nouvelles. De ce point de vue supérieur, auquel on arrive par des chemins divers, on peut embrasser d'un regard plus libre l'ensemble de la science et reconnaitre des voies non encore parcourues.

Dans toutes les propositions de la dynamique, que nous avons discutées, la vitesse joue un rôle prépondérant. Selon nous, la cause de ce fait est que, si l'on y regarde de près, chaque corps est en relation avec tous les autres et qu'il est par conséquent impossible de considérer un corps — et par suite plusieurs corps, — comme complètement isolés. Notre incapacité à envisager le tout en *une fois* nous force à considérer un petit nombre de corps et à faire provisoirement *abstraction* des autres sous bien des rapports ; or nous arrivons à cela par l'introduction de la notion de vitesse qui renferme celle de temps. Il

n'est pas impossible qu'un jour des *lois intégrales* (pour employer
une expression de C. Neumann,) remplacent les *lois élémentaires* qui
constituent la mécanique actuelle et que nous puissions avoir ainsi
une connaissance directe de la dépendance réciproque des positions
des corps. Alors le concept de *force* sera devenu superflu.

IX. — LA MÉCANIQUE DE HERTZ

1. — Le chapitre précédent, écrit en 1883, contient, spécialement
dans son paragraphe VII, le programme sans doute fort général d'une
mécanique future. La mécanique de Hertz ([1]), parue en 1894, réalise
un progrès essentiel dans la direction ci-dessus indiquée. Les limites
de notre ouvrage ne nous permettent de consacrer à ce livre que
trop peu de lignes pour donner une juste idée de sa valeur. Nous
n'avons pas à exposer ici un nouveau système de mécanique, mais
simplement le développement des conceptions qui se rapportent à
cette science. Tous les hommes pour lesquels elle présente de l'intérêt
doivent connaître le livre de Hertz.

2. — La critique de l'exposé actuel de la mécanique, que Hertz
place en tête de son livre, renferme des observations pleines d'intérêt
sur la théorie de la connaissance. Mais notre point de vue, qui ne s'accorde ni avec celui de Kant, ni avec les conceptions mécanico-atomis-
tiques de la plupart des physiciens, nous force évidemment à les modifier. Les « images » (ou peut-être mieux les concepts), que nous nous
faisons des objets, doivent-être choisies de telle manière que leurs
« conséquences mentales nécessaires » correspondent aux « conséquences naturelles nécessaires » des objets eux-mêmes. On peut
exiger de ces images qu'elles soient logiquement admissibles, — c'est-
à-dire non contradictoires en elles-mêmes, — qu'elles soient en
outre ultérieurement justes, — c'est-à-dire qu'elles correspondent

([1]) H. HERTZ. — *Die Prinoipien der Mechanik in neuem Zusammenhange
dargestellt,* Leipzig, 1894.

aux relations des objets entre eux, — et enfin qu'elles soient pratiques et ne contiennent que le moins possible de superflu. Nos concepts se sont en fait créés *eux-mêmes*, mais cette création n'est pas pour cela tout-à-fait *arbitraire*; elle a sa racine dans *une lutte pour l'adaptation* à l'entourage sensible. La concordance mutuelle des concepts est une exigence logique nécessaire, exigence qui est même la *seule* que nous connaissions. La croyance à une nécessité naturelle ne se montre qu'à partir du moment où nos conceptions de la nature sont suffisamment adaptées pour faire concorder leurs conséquences avec les phénomènes. Mais cette hypothèse de l'adaptation suffisante de nos conceptions peut être infirmée à chaque instant par l'expérience. L'exigence de commodité de Hertz concorde avec notre exigence d'économie.

Hertz fait à la mécanique de Galilée et de Newton, et spécialement au concept de force, le reproche de manquer de clarté (pp. 7, 14. 15). Ce reproche n'est justifié à nos yeux qu'envers les exposés de ce système qui sont défectueux au point de vue logique et dont Hertz devait sans doute avoir gardé mauvais souvenir, reste du jeune temps de ses études universitaires. Il ne maintient du reste pas complètement ce reproche et l'atténue tout au moins par la suite (pp. 9, 47). On ne peut cependant pas attribuer à un *système* le défaut de logique d'un exposé *individuel* de celui-ci. Il n'est certainement pas permis aujourd'hui (p. 7) de parler d'une force « unilatéralement » effective, ou, à propos de force centrifuge, « de compter deux fois l'effet de l'inertie, une fois comme masse et une fois comme force ». Il n'est pas absolument nécessaire que déjà Newton et Huyghens aient été sur ce point d'une clarté parfaite. Il est à peine permis de comparer la force à « une roue marchant à vide » (leergehende Räder), ou de dire qu'il est souvent impossible de prouver son existence sensible. Dans tous les cas, les forces conservent sur ce point l'avantage sur les « masses cachées » et sur les « mouvements cachés ». Lorsqu'un morceau de fer repose sur une table, il y a deux forces en équilibre, le poids du fer et l'élasticité de la table, et l'on peut parfaitement *mettre ces deux forces en évidence*.

Hertz traite aussi la mécanique énergétique beaucoup plus méchamment qu'il ne convient. Il fait à l'emploi des principes de minimum l'objection que ces principes contiennent l'expression d'un *but*, d'une *finalité* et supposent une tendance vers le *futur*. On verra plus tard, à maints endroits de ce livre, que les principes de minimum ont une signification simple, toute différente de la circonstance de finalité. *Toute* mécanique d'ailleurs est en rapport avec l'idée de *futur*, puisqu'elle doit forcément se servir des notions de *temps*, de *vitesse*, etc.

3. — S'il parait difficile d'accepter, dans toute sa dureté, cette critique du système actuel de mécanique, la conception nouvelle et originale de Hertz n'en doit pas moins être saluée comme un très grand progrès. Hertz se propose de n'introduire dans les formules que les seules grandeurs qui peuvent être effectivement *observées*, et, dans ce but, ayant éliminé le concept de force, il ne se sert que des concepts de temps, d'espace et de masse. Il ne fait usage que d'un principe fondamental unique qui peut être conçu comme une combinaison du principe de l'inertie et du principe de la moindre contrainte de Gauss. Les masses libres se meuvent uniformément en ligne droite. Si elles sont assujetties à des liaisons quelconques, le principe de Gauss veut qu'elles s'écartent le moins possible du mouvement rectiligne uniforme : leur mouvement *réel* est plus proche du mouvement *libre* que tout autre mouvement *imaginable*. Hertz dit que, étant données leurs liaisons, le mouvement des masses est *le plus rectiligne possible*. Lorsqu'une masse s'écarte d'une façon quelconque de ce mouvement rectiligne uniforme, Hertz n'attribue pas cet écart à une *force*, mais bien à une *liaison* (indéformable) avec d'autres masses. Lorsque celles-ci ne sont pas visibles, Hertz suppose des masses *cachées* animées de mouvements *cachés*. Toutes les forces physiques sont supposées être l'effet de liaisons de cette espèce. Dans son exposé, la force, la fonction de forces, l'énergie ne sont que des concepts auxiliaires et accessoires.

Reprenons un à un les points les plus importants de cette théorie afin d'en rechercher les origines. On peut arriver comme suit à l'idée d'éliminer la notion de force : dans la mécanique de Galilée et de Newton il est naturel de remplacer toute liaison par des forces qui déterminent le mouvement qu'elle impose. Mais on peut procéder autrement et se représenter tout ce qui nous apparaît comme force comme étant l'effet d'une liaison. La première de ces deux conceptions prévaut dans les anciens traités ; elle est historiquement la plus simple et la plus familière. Hertz donne la préférence à la seconde. Dans les deux cas, dans l'hypothèse des forces et dans celle des liaisons, le *fait de la dépendance* réciproque des mouvements des masses, pour toute conformation instantanée du système, s'exprime par des équations différentielles linéaires entre les coordonnées de ces masses. On peut donc considérer l'existence de ces dernières équations comme le *point essentiel*, comme le point expérimentalement établi. La physique s'habitue d'ailleurs graduellement à considérer comme son véritable but la description des faits par des équations différentielles (¹). La possibilité d'un *usage pratique général* des expressions *mathématiques* de Hertz se trouve ainsi établie, sans qu'il faille d'ailleurs s'aventurer dans l'interprétation ultérieure par des forces ou des liaisons.

Le principe fondamental de Hertz peut être considéré comme une loi d'inertie généralisée et modifiée par le mouvement des masses. Dans les cas simples cette conception s'acquiert sans peine ; il est possible qu'elle se soit souvent imposée. Dans le chapitre III de ce livre nous considérons le théorème de la conservation du mouvement du centre de gravité et celui de la conservation des aires comme des généralisations de la loi de l'inertie. Or, d'après le principe de Gauss, les *liaisons* des masses déterminent pour chacune d'elles un minimum d'écart par rapport au mouvement qu'elle prendrait d'elle-même. Dès lors, si l'on conçoit *toutes les forces* comme effets de liaisons, on arrive à la loi fondamentale de Hertz. Si l'on supprime toutes les liaisons, les éléments *ultimes* qui restent sont des masses isolées dont le mouvement suit la loi de l'inertie. La liaison détermine donc un mouvement qui s'écarte le moins possible du mouvement rectiligne uniforme.

(¹) Voir à ce propos le ch. V, p. 165 *et suiv.* (1883).

Gauss avait déjà très nettement affirmé l'impossibilité de découvrir un principe mécanique essentiellement (matériellement) neuf. Au fond, la *forme* seule du principe de Hertz est neuve, car il est identique aux équations de Lagrange. La condition de minimum qu'il renferme ne se rapporte pas à un but énigmatique ; il faut lui attribuer le même sens qu'à toutes les lois de minimum : il n'arrive que ce qui est dynamiquement déterminé (ch. III). Un écart par rapport au mouvement réel n'est pas dynamiquement déterminé : il ne se produira donc pas ; le mouvement réel est donc *bien* déterminé (eindeutig) ou, mieux, il est déterminé d'*une façon unique* (einzigartig), suivant l'expression si exacte de Petzoldt (¹).

Il est à peine nécessaire de faire remarquer expressément que ce système formel de mécanique mathématique, non seulement n'explique pas les problèmes physico-mécaniques, mais les *néglige* au contraire tout à fait. Les masses libres se meuvent uniformément en ligne droite. Des masses liées entre elles, animées de vitesses différentes en grandeurs et directions, modifient mutuellement leurs vitesses ; ou d'autres termes elles déterminent réciproquement des *accélérations* les unes sur les autres. Ces expériences physiques s'introduisent au *même titre* que les principes purement géométriques et arithmétiques dans le développement formel de la science. Celui-ci est en effet impossible si l'on ne part que de la géométrie et du nombre, puisqu'une chose, déterminée d'une façon unique au point de vue mathématique et géométrique, n'en est pas pour cela bien déterminée au point de vue mécanique. Or les paragraphes précédents de ce chapitre montrent assez que ces principes physiques dont nous parlons ne sont pas d'une compréhension immédiate, et qu'il n'est même pas facile d'établir avec quelque netteté leur signification précise.

4. — Dans l'admirable construction idéale de la mécanique que

<hr>

(¹) Petzoldt. — *Das Gesetz der Eindeutigkeit (Vierteljahrsschr. für wissensch. Philos.* XIX p. 146 ; v. spécial. p. 186) A ce propos, il convient de citer aussi R. Hencke qui (dans son mémoire *Ueber die Methode der kleinsten Quadrat*, Leipzig, 1894), se rapproche des conceptions de Hertz.

Hertz a développée, les éléments physiques sont tellement rassemblés et réduits à une expression si simple qu'ils sont *en apparence* à peine perceptibles. Descartes, s'il vivait aujourd'hui, reconnaîtrait sans doute son propre idéal dans la mécanique de Hertz, davantage encore que dans celle de Lagrange, cette « géométrie analytique à quatre dimensions ». Descartes, dans sa lutte contre les qualités cachées de la philosophie scolastique, refusait d'attribuer à la matière d'autres propriétés que l'*étendue* et le *mouvement*, et voulait établir la mécanique et la physique tout entière sur une géométrie du mouvement, en n'admettant pas d'autre hypothèse que l'hypothèse initiale d'un mouvement *indestructible*.

5. — Il n'est pas difficile de se rendre compte des circonstances psychologiques qui ont conduit Hertz à son système. Après avoir démontré que les actions électriques et magnétiques *à distance* étaient la conséquence de mouvements dans un milieu, il était naturel que Hertz cherchât à établir la même chose pour les forces de gravitation et, si possible, pour *toutes* les forces. Or de là à se proposer d'éliminer le concept de force en général, il n'y a pas loin. D'autre part nous nous formons une représentation des choses *sans conteste supérieure* en embrassant d'un seul coup, dans une conception *parfaitement* unitaire, tous les phénomènes d'un milieu et des masses plus grosses y contenues, qu'en ne connaissant qu'un rapport d'accélération des masses prises une à une. On accordera cela sans difficulté, même si l'on n'est *pas* d'avis que l'action réciproque des particules au contact est *plus facile à concevoir* que l'action à distance. Cette tendance est d'ailleurs celle de toute la science physique actuelle.

Lorsque l'on ne veut pas simplement accepter d'une façon générale l'hypothèse des masses et des mouvements cachés, mais que l'on cherche au contraire à l'utiliser pratiquement dans les problèmes *particuliers*, on doit, au moins dans l'état présent de nos connaissances physiques, en arriver à des fictions si extraordinaires et souvent si inimaginables, que l'emploi des accélérations *données* en devient de loin préférable. Supposons par exemple qu'une masse m se meuve uniformément avec une vitesse v dans un cercle de rayon r, mouvement que l'on rapporte d'habitude à une force centripète $\frac{mv^2}{r}$, on pourra imaginer cette masse m invariablement liée à une masse égale, de vitesse opposée, située à la distance $2r$. La poussée centripète de Huyghens serait un autre exemple de la substitution d'une liaison à une force. Comme *programme idéal*, la mécanique de Hertz est plus belle et d'une plus grande unité que la mécanique ordinaire, mais celle-ci l'emporte dans les applications, ainsi que Hertz lui même le reconnaît (p. 47) avec cette grande sincérité qui le caractérise (¹).

(¹) Cf. aussi : J. Classen. — *Die Principien der Mechanik bei Hertz und Boltzmann* (Jahrb. d. Hamburg. wissensch. Anstalten. — XV, p. 1. Hamburg, 1898).

CHAPITRE III

—

EXTENSION DES PRINCIPES ET DÉVELOPPEMENT DÉDUCTIF DE LA MÉCANIQUE

I. — PORTÉE DES PRINCIPES DE NEWTON

1. — Les principes de Newton suffisent à expliquer sans qu'il soit nécessaire de faire appel à une loi nouvelle tous les problèmes mécaniques que l'on peut pratiquement rencontrer, soit en dynamique, soit en statique. Les difficultés qui se rencontreront dans leurs solutions seront d'un caractère purement mathématique ou formel ; elles n'auront en aucune façon rapport aux principes.

Considérons un nombre quelconque de points de masses m_1, m_2, m_3,..., répartis d'une manière quelconque dans l'espace et animés des vitesses initiales v_1, v_2, v_3,... Supposons que, suivant les droites de jonction de ces masses entre elles, se produisent des accélérations récipro-

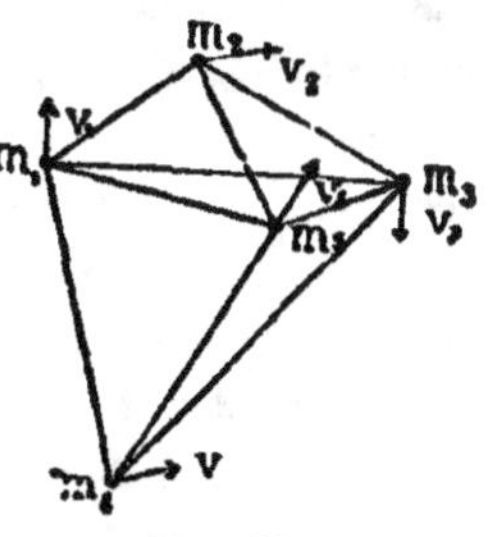

Fig. 144.

ques fonctions des distances mutuelles des points, la forme de cette fonction étant donnée par la physique. Dans un très petit élément de temps τ, la masse m_5 parcourt : 1° (dans le sens de sa vitesse initiale le chemin $v_5\tau$, et 2°) suivant les droites de jonction $m_s m_1$, $m_s m_2$,.... les chemins $\frac{1}{2} \varphi_{12}\tau^2$, $\frac{1}{2} \varphi_{13}\tau^2$,...., en appelant φ_{12}, φ_{13},.... les accélérations correspondantes. L'hypothèse que ces mouvements s'effectuent indépendamment les uns des autres fournit la nouvelle position au bout du temps τ, et la résultante des vitesses v_s, $\varphi_{12}\tau$, $\varphi_{13}\tau$.... est la vitesse initiale nouvelle au bout du même temps. Pour continuer dans cette voie l'étude du mouvement il suffira de considérer successivement de nouveaux éléments τ de temps en tenant compte des nouvelles relations spatiales entre les masses. On procédera de même pour chacune des masses du système. On voit donc qu'il ne peut être question d'aucune difficulté de principe, mais uniquement de difficultés mathématiques qui surgiront dès que l'on demandera la formulation précise de la solution exacte du problème et non plus seulement l'allure du phénomène d'un instant à l'instant suivant. Si les accélérations imprimées à la masse m_3 ou à plusieurs des autres se font équilibre, la masse m_3 et ces autres masses sont en équilibre, et leur mouvement est un mouvement uniforme dont la vitesse est la vitesse initiale. Lorsque celle-ci est nulle, la masse est en *équilibre* et au *repos*.

Lorsque le volume occupé par une ou plusieurs des masses m_1, m_2,.... est trop considérable pour que l'on puisse encore parler d'*une* ligne droite joignant deux d'entre elles la difficulté de principe n'augmente pas. Il suffit alors de partager la masse plus grande en un nombre très grand de parties très petites et de mener les droites joignant ces particules deux à deux. Dans ce cas il faudra en outre tenir compte des relations mutuelles qui existent entre les parties d'une même grande masse. Pour des masses solides, cette relation consiste en ce que les parties s'opposent à toute variation de leurs distances mutuelles. Toute variation de distance fait naître une accélération proportionnelle à cette variation, qui tend à augmenter la distance si celle-ci a été diminuée, à la diminuer si elle a été augmentée. Tout déplacement relatif de deux de ces particules met ainsi en jeu les forces connues sous le nom d'élasticité. Lorsque des masses se rencontrent, dans le phénomène du choc, les forces d'élasticité ne commencent à se manifester qu'au contact, dès que des variations de forme se produisent.

2. — Dans une colonne pesante verticale reposant sur le sol isolons par la pensée une particule intérieure m quelconque ; cette particule est en équilibre et au repos. La terre lui imprime une accélération verticale g dirigée vers le bas. La particule suit cette accélération et se rapproche des parties inférieures ; aussitôt les forces élastiques sont éveillées et lui impriment une accélération verticale dirigée vers le haut, qui devient égale à g dès que le rapprochement est suffisant. L'accélération g, agissant de même sur les parties situées au dessus de m, les rapproche de m et il en résulte de nouveau une accélération et une contre-accélération qui amènent les parties supérieures au repos, mais qui rapprochent m davantage des parties inférieures, jusqu'à ce que cette accélération nouvelle, augmentée de g, soit égale à l'accélération vers le haut due aux parties inférieures. La même chose se passe pour chacune des parties de la colonne ainsi que pour celle qui repose sur le sol. On voit sans peine que les parties inférieures se rapprochent et se compriment mutuellement davantage que les parties supérieures. Chaque partie de colonne est située entre une partie moins comprimée au dessus et une partie plus comprimée au dessous, et l'accélération g qu'elle possède est détruite par l'excédent d'accélération qu'elle reçoit de la partie sur laquelle elle repose. Pour comprendre l'équilibre et le repos d'une partie de la colonne on imagine que tous les mouvements accélérés déterminés par les actions réciproques de la terre et de la partie de colonne se produisent simultanément. L'aridité mathématique apparente de cette représentation cache une expression intense et vivante de la réalité du phénomène. En effet, aucun corps de la nature ne se trouve parfaitement au repos ; au contraire, sous l'apparence du repos sont toujours cachées de petites trépidations et perturbations produites par de petits excès tantôt d'accélérations élastiques, tantôt d'accélérations graves. Le cas du repos n'est donc qu'un cas particulier du mouvement, cas très rare et jamais parfaitement réalisé. Ce phénomène des trépidations, dont nous venons de parler, est d'ailleurs bien connu. Dans la considération d'un cas quelconque d'équilibre il ne s'agit par conséquent jamais que d'une représentation *schématique* mentale du phénomène mécanique.

Ces petits phénomènes, perturbations, déplacements, déformations et trépidations, ne nous intéressent pas davantage et nous négligeons *intentionnellement* leur étude qui appartient à la *théorie de l'élasticité*.

Le résultat des contributions de Newton est donc qu'une idée unique et toujours la même conduit toujours au but et permet de résoudre et de se représenter tous les cas d'équilibre et de mouvement. Tous les phénomènes mécaniques nous apparaissent ainsi comme parfaitement semblables et formés des mêmes éléments.

3. — Prenons un autre exemple. Considérons deux masses m, m, à une distance a l'une de l'autre et mobiles sur la droite qui les joint. Supposons que tout déplacement de l'une d'elles par rapport à l'autre éveille des forces élastiques proportionnelles à la variation de distance. Prenons a pour axe des x et soient x_1 et x_2 les abscisses des deux masses. Supposons en outre qu'une force f soit appliquée à m_2 et appelons p la force que les masses exercent l'une sur l'autre lorsque leur distance varie de l'unité de longueur. Les équations du mouvement sont :

Fig. 145.

$$(1) \qquad m\frac{d^2x_1}{dt^2} = p\left[(x_2 - x_1) - a\right],$$

$$(2) \qquad m\frac{d^2x_2}{dt^2} = -\ p\left[(x_2 - x_1) - a\right] + f.$$

Ces équations déterminent toutes les propriétés quantitatives du phénomène mécanique. Il suffit de les intégrer pour avoir ces propriétés sous une forme plus immédiate. D'habitude on effectue cette intégration par dérivation et élimination d'une des deux fonctions x_1 ou x_2 ; nous opérerons un peu différemment. En soustrayant (1) et (2) membre à membre et posant $x_2 - x_1 = u$, on obtient :

$$(3) \qquad m\frac{d^2u}{dt^2} = -\ 2p(u - a) + f,$$

puis, ajoutant (1) et (2) et posant $x_1 + x_2 = v$:

$$(4) \qquad m \frac{d^2 v}{dt^2} = f.$$

Les intégrales de ces dernières équations sont

$$u = A \sin \sqrt{\frac{2p}{m}}\, t + B \cos \sqrt{\frac{2p}{m}}\, t + a + \frac{f}{2p},$$

$$v = \frac{f}{m} \frac{t^2}{2} + Ct + D,$$

d'où

$$x_1 = -\frac{A}{2} \sin\sqrt{\frac{2p}{m}}\, t - \frac{B}{2} \cos \sqrt{\frac{2p}{m}}\, t + \frac{f}{2m} \frac{t^2}{2} + Ct - \frac{a}{2} - \frac{f}{4p} + \frac{D}{2},$$

$$x_2 = \frac{A}{2} \sin\sqrt{\frac{2p}{m}}\, t + \frac{B}{2} \cos \sqrt{\frac{2p}{m}}\, t + \frac{f}{2m} \frac{t^2}{2} + Ct + \frac{a}{2} + \frac{f}{4p} + \frac{D}{2}.$$

Les constantes d'intégration sont déterminées par les conditions initiales de position et de vitesse ; pour fixer les idées, supposons que la force f commence à agir au temps $t = o$ et que l'on ait à ce moment

$$x_1 = o, \qquad x_2 = a, \qquad \frac{dx_1}{dt} = \frac{dx_2}{dt} = o.$$

Il vient alors :

$$(5) \qquad x_1 = \frac{f}{4p} \cos \sqrt{\frac{2p}{m}}\, t + \frac{f}{2m} \frac{t^2}{2} - \frac{f}{4p},$$

$$(6) \qquad x_2 = -\frac{f}{4p} \cos \sqrt{\frac{2p}{m}}\, t + \frac{f}{2m} \frac{t^2}{2} + a + \frac{f}{4p},$$

$$(7) \qquad x_2 - x_1 = -\frac{f}{2p} \cos \sqrt{\frac{2p}{m}}\, t + a + \frac{f}{2p}.$$

Les équations (5) et (6) montrent que chacune des masses est animée de deux mouvements. Le premier de ceux-ci est uniformément accéléré ; son accélération est la moitié de celle que la force f produirait en agissant sur une seule des deux masses. Le second est un mouvement oscillatoire symétrique par rapport au centre de gravité. La durée et l'amplitude de cette oscillation sont respectivement

$$T = 2\pi \sqrt{\frac{m}{p}} \qquad \text{et} \qquad a = \frac{f}{2p}.$$

Elles sont donc d'autant moindres que la force mise en jeu par le déplacement est plus grande, — c'est-à-dire (si par exemple les masses appartiennent à un solide,) d'autant moindres que le corps est plus dur. L'équation (7) donne les variations périodiques de la distance des deux masses. Le mouvement d'un corps élastique est donc un mouvement vermiculaire. Pour les corps durs, le nombre des oscillations est si grand et leurs amplitudes si petites qu'elles restent imperceptibles et qu'on peut les négliger. Le mouvement oscillatoire disparaîtra graduellement si le milieu offre une certaine résistance. Il ne se produira pas si, au moment où la force f commence à agir, les deux masses ont des vitesses égales et sont à une distance $a + \dfrac{f}{2p}$, qui est précisément la distance des deux masses au moment où l'oscillation cesse, égale à la distance a de la position d'équilibre augmentée de $\dfrac{f}{2p}$. On voit donc que f a pour effet de produire une tension y par laquelle l'accélération de la masse qui précède est réduite de moitié tandis que celle de la masse qui suit prend précisément cette valeur. L'hypothèse donne alors en effet

$$\frac{py}{m} = \frac{f}{2m} \qquad \text{ou} \qquad y = \frac{f}{2p}.$$

Les principes de Newton suffisent donc pour analyser dans ses moindres détails tout mouvement de ce genre. Lorsque l'on prend un corps divisé en un grand nombre de parties, réunies entre elles par des liens élastiques, la recherche peut se compliquer beaucoup au point de vue mathématique, mais non pas au point de vue des principes. Une suffisante dureté des corps peut nous faire rester dans l'ignorance de ces oscillations. On donne le nom de *corps solides* à ces corps pour lesquels on peut, a priori, faire abstraction des déplacements mutuels des parties.

4. — Considérons encore le cas suivant dont le *schéma* est celui d'un *levier*. Les masses M, m_1, m_2, situées aux sommets d'un triangle, sont réunies par des liens élastiques. Toute variation des côtés, et par conséquent aussi des angles, engendre des accélérations qui

tendent à rendre au triangle sa forme et sa grandeur primitives. On suppose en outre que la masse M est très grande, ou, ce qui revient au même, qu'elle est liée par de puissantes forces élastiques à des masses très grandes telles que la terre. Le point M peut alors être considéré comme un *centre immobile de rotation*. Les principes de Newton permettent de déduire de ce schéma les lois du levier. Si l'on passait de ce levier *schématique* formé de trois masses au levier *réel*, cette déduction se compliquerait extrêmement mais sa *forme* resterait cependant valable.

Une force extérieure imprime à la masse m_1 une accélération f perpendiculaire à la droite $Mm_2 = c + d$. Aussitôt les côtés $m_1m_2 = b$ et $m_1M = a$ s'allongent et il se produit suivant leurs directions des accélérations s et σ encore inconnues. Soit e la hauteur du triangle; les composantes de ces accélérations, dans la direction contraire à f, sont $s\dfrac{e}{b}$ et $\sigma\dfrac{e}{a}$. La masse m_2 reçoit une accélération s' que l'on peut décomposer en $s'\dfrac{d}{b}$ dirigée vers M et $s'\dfrac{e}{b}$ parallèle à f. La première de ces composantes provoque un léger rapprochement de m_2 vers M. Nous négligeons les accélérations communiquées à M par les réactions de m_1 et m_2, car elles sont en raison inverse de la très grande masse M.

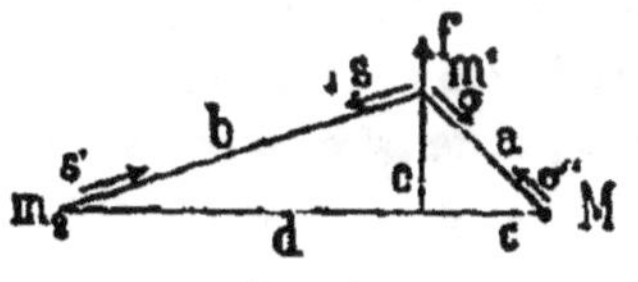

Fig. 146.

La masse m_1 reçoit par conséquent l'accélération $f - s\dfrac{e}{b} - \sigma\dfrac{e}{a}$ et la masse m_2 l'accélération parallèle $s'\dfrac{e}{b}$. Or entre s et σ existe une relation fort simple; en effet, si les liaisons sont *très rigides*, la déformation du triangle est imperceptible; les composantes de s et de σ *perpendiculaires* à f se détruisent, car, si l'on suppose un instant qu'il n'en soit pas ainsi, on verra que la plus grande de ces deux composantes produira aussitôt une déformation ultérieure qui aura pour effet de détruire l'excès de cette plus grande composante sur l'autre. La résultante de σ et s est donc directement opposée à f, ce que l'on peut écrire $\sigma\dfrac{c}{a} = s\dfrac{d}{b}$. De plus s et s' vérifient la relation connue $m_1 s = m_2 s'$ ou $s = s' \dfrac{m_2}{m_1}$. Les accélérations imprimées à m_2 et m_1 sont donc respectivement $s' \dfrac{e}{b}$ et $f - s' \dfrac{e}{b} \dfrac{m_2}{m_1} \dfrac{c+d}{c}$. En représentant par φ la première, la seconde aura pour valeur $f - \varphi \dfrac{m_2}{m_1} \dfrac{c+d}{c}$.

Dès que la déformation commence, l'accélération de m_1 diminue parce que φ croit, tandis que celle de m_2 augmente. Supposons maintenant que la hauteur du triangle soit très petite; tout ce qui vient d'être dit subsiste, mais on peut poser dans ce cas $a = c = r_1$, $a + b = c + d = r_2$. La déformation continuera, en augmentant l'accélération φ et en diminuant celle du point m_1, jusqu'à ce que les accélérations des points m_1 et m_2 soient dans le rapport $r_1 : r_2$. Ce rapport correspond à une *rotation* de tout le triangle autour de M, sans déformation ultérieure, la masse M étant du reste au repos à cause de son accélération évanouissante. Dès que la rotation a commencé, toute raison d'une variation ultérieure de φ disparait; on a donc

$$\varphi = \frac{r_2}{r_1} \left\{ f - \varphi \frac{m_2}{m_1} \frac{r_2}{r_1} \right\},$$

d'où

$$\varphi = r_2 \cdot \frac{r_1 m_1 f}{m_1 r_1^2 + m_2 r_2^2},$$

et par suite, pour l'accélération angulaire ψ du levier :

$$\psi = \frac{\varphi}{r} = \frac{r_1 m_1 f}{m_1 r_1^2 + m_2 r_2^2}.$$

Si l'on veut serrer le phénomène de plus près, on estimera les déplacements et les oscillations réciproques des parties, que l'on peut négliger dans le cas de liaisons suffisamment rigides.

L'emploi des principes de Newton nous conduit donc au même résultat que celui auquel nous serions arrivé par les méthodes de Huyghens — et cela est tout naturel, car ces deux conceptions distinctes ne proviennent que d'aspects différents d'une même chose et sont parfaitement *équivalentes*. La méthode de Huyghens conduit plus rapidement au but mais donne moins de renseignements sur les détails du phénomène. Pour résoudre le problème par cette méthode, il suffit d'exprimer les forces vives de m_1 et m_2 à l'aide du travail effectué dans un déplacement quelconque de m_1, en supposant du reste que les vitesses v_1 et v_2 sont dans le rapport $r_1 : r_2$.

Cet exemple fait clairement ressortir la véritable signification d'une équation de condition telle que $\frac{v_1}{v_2} = \frac{r_1}{r_2}$. Cette équation exprime simplement qu'aussitôt que le rapport $\frac{v_1}{v_2}$ s'écarte un peu de $\frac{r_1}{r_2}$ des forces considérables qui s'opposent à tout écart ultérieur sont *effectivement* mises en jeu. Il est évident que les corps obéissent aux *forces* et non pas aux *équations*.

5. — Faisons, dans l'exemple précédent, $m_1 = m_2 = m$ et $a = b$. L'état dynamique du système cesse alors de varier lorsque $\varphi = 2(f - 2\varphi)$, c'est-à-dire lorsque les accélérations des masses à la base et au sommet sont respectivement $\frac{2f}{5}$ et $\frac{f}{5}$. Dès que la déformation commence, φ augmente et l'accélération de la masse située au sommet diminue d'une quantité double ; la déformation continue jusqu'à ce que les deux accélérations se trouvent dans le rapport $2 : 1$.

Fig. 147.

Prenons maintenant un cas d'équilibre. Soit un levier schématique formé de trois masses m_1, m_2, M, dont la dernière, M, est très grande ou est liée, par de puissants liens élastiques, à de très grandes

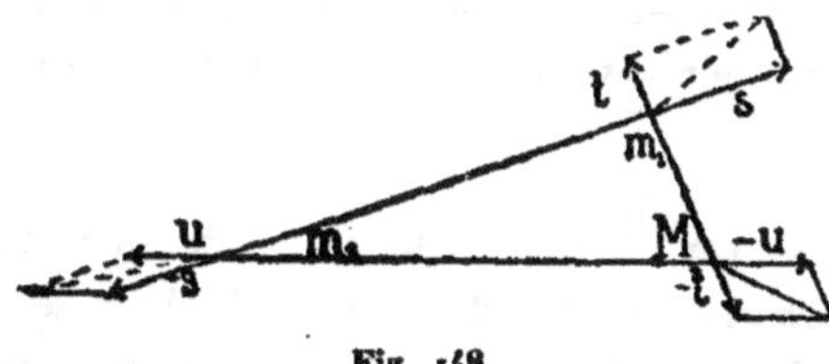

Fig. 148.

masses. Supposons que deux forces égales et directement opposées agissent sur les masses m_1 et m_2, c'est-à-dire que ces masses possèdent des accélérations qui leur soient inversement proportionnelles. L'extension du lien $m_1 m_2$ imprime aussi à ces deux masses des accélérations qui sont dans le même rapport inverse, qui détruisent les premières et rétablissent l'équilibre. Supposons en outre que des couples de forces égales et directement opposées t, — t et u, — u agissent respectivement sur les masses m_1, M et m_2, M. Il y a toujours équilibre. Lorsque M est lié par des liens élastiques à des masses suffisamment grandes il est inutile d'appliquer directement les forces — t et — u, car elles naissent spontanément dès que la déformation commence et maintiennent l'équilibre. L'appareil reste donc en équilibre lorsque les deux forces égales s, — s et les deux forces quelconques t et u agissent sur lui. En réalité, les forces s, — s se détruisent et les forces t, u passent à la masse M et sont détruites par l'effet de la déformation.

On peut aisément ramener cette condition d'équilibre à sa forme habituelle. Composons pour cela les forces t et s en une force p et les forces u, — s en une force q. Le théorème géométrique du parallélogramme de Varignon dit que les moments de p et de q sont respectivement égaux aux sommes des moments de leurs composantes. Or les forces t et u passant par M, leurs moments par rapport à ce point sont nuls; les moments des forces s et — s sont égaux et de signes contraires; il en est donc de même des moments de p et de q par rapport au point M. Deux forces quelconques p et q se feront donc *équilibre* lorsque leurs composantes suivant $m_1 m_2$ seront égales et opposées ou bien lorsque leurs moments par rapport à M seront égaux et de signes contraires. Ces deux conditions sont équivalentes. On voit aussi que, dans ce cas, la résultante des forces p et q passe par M, car s et — s se détruisent et t, u concourent au point M.

6. — Cet exemple montre bien que les conceptions mécaniques de Varignon rentrent dans celles de Newton. Il était donc juste de dire (Ch. I, p. 44) que la statique de Varignon est une statique *dynamique*, qui part des notions fondamentales de la dynamique moderne et se limite volontairement au cas de l'équilibre. Ajoutons cependant que, dans la statique de Varignon, la *forme abstraite* de l'exposition fait que la signification de maintes opérations, telles par exemple que la translation d'une force suivant sa ligne d'action, n'apparaît pas aussi clairement que dans l'exemple précédent.

On peut se convaincre, par les considérations développées dans ce paragraphe, que les principes de Newton suffisent pour résoudre tout problème mécanique, pourvu que l'on prenne soin d'entrer assez dans les détails. Il faut alors, pour *élucider* un cas quelconque d'équilibre ou de mouvement, *considérer* toutes les accélérations produites par les réactions mutuelles des masses comme effectivement appliquées à celles-ci. On peut reconnaître ce même grand fait dans les phénomènes les plus variés ; il donne aux conceptions physiques, d'une part une unité, une homogénéité et une économie fort grandes, et d'autre part une fécondité auxquelles, avant Newton, il était impossible de songer.

La mécanique n'a pas son but unique *en elle-même*. Elle doit aussi *résoudre des problèmes* divers, soit pour les besoins de la pratique, soit pour le soutien d'autres sciences. Il y a en général avantage à résoudre ces problèmes par d'autres méthodes que celles de Newton. Nous avons déjà dit que ces divers procédés sont au fond équivalents, mais il serait fort incommode de vouloir constamment en revenir aux conceptions purement newtoniennes, en dédaignant les avantages que peuvent offrir les autres : il suffit d'avoir acquis la conviction que ce retour est toujours possible. Il convient d'ajouter que les conceptions de Newton sont véritablement *les plus satisfaisantes* et *les plus limpides*. Poinsot prouvait un sens élevé de la clarté et de la simplicité scientifiques en voulant les poser comme *seules* bases de la science.

II. — LES FORMULES ET LES UNITÉS DE LA MÉCANIQUE

1. — Toutes les expressions importantes qui entrent dans les équations de la mécanique moderne furent découvertes et employées déjà au temps de Galilée et de Newton. La fréquence de leur emploi rendit commode l'usage de dénominations spéciales, mais, pour la plupart, celles-ci ne furent fixées que longtemps après. Ce fut bien plus tard encore que l'on songea à un ensemble systématique d'unités et ce dernier perfectionnement n'est même pas encore complètement acquis.

2. — Considérons un mouvement uniformément accéléré, d'accélération φ. Représentons par s la distance, par t le temps, par v la vitesse correspondante. Les travaux de Galilée et de Huyghens ont fourni les équations :

$$(1) \quad \begin{cases} v = \varphi t, \\[4pt] s = \dfrac{1}{2}\varphi t^2, \\[4pt] \varphi s = \dfrac{v^2}{2}, \end{cases}$$

qui, multipliées par m, deviennent

$$mv = m\varphi t,$$
$$ms = \frac{m\varphi}{2} t^2,$$
$$m\varphi s = \frac{mv^2}{2},$$

d'où, en représentant la force motrice par p,

$$(2) \quad \begin{cases} mv = pt, \\[4pt] ms = \dfrac{pt^2}{2}, \\[4pt] ps = \dfrac{mv^2}{2}. \end{cases}$$

Toutes les équations (1) renferment la grandeur φ ; chacune d'elles contient encore deux des trois grandeurs s, t, v ; on peut donc les représenter par le schéma

$$\varphi \begin{cases} v, \ t \\ s, \ t \\ s, \ v. \end{cases}$$

Les équations (a) contiennent les grandeurs m, p, t, s, v ; chacune d'elles contient m, p et deux des trois autres. Nous les représenterons par

$$m, p \begin{cases} v, t \\ s, t \\ s, v. \end{cases}$$

On peut faire usage des équations (2) pour répondre aux questions les plus diverses concernant le mouvement produit par une force constante. Ainsi, par exemple, on déduira de la première la vitesse $v = \dfrac{pt}{m}$ acquise au bout d'un temps t par une masse m sous l'action d'une force p. Cette même équation donne aussi le temps $t = \dfrac{mv}{p}$ pendant lequel une masse m, animée d'une vitesse v, peut se mouvoir en sens contraire d'une force constante p qui la sollicite ; la longueur du chemin parcouru par le corps en sens contraire de p est alors donnée par la troisième équation : $s = \dfrac{mv^2}{2p}$. — Disons, entre parenthèses, que ces deux dernières questions montrent bien la futilité de la dispute entre l'école de Leibnitz et celle de Descartes sur la mesure de la force d'un corps en mouvement. — L'emploi de ces équations contribue beaucoup à permettre de manier avec sécurité les concepts mécaniques. Si l'on demande par exemple quelle est la force p capable de communiquer la vitesse v à la masse m, on voit immédiatement qu'entre m, p, v *seuls* il n'existe aucune relation, et que t ou s doivent entrer en ligne de compte : la question est *indéterminée*. On apprend vite à reconnaître et à éviter les indéterminations de ce genre. Le chemin décrit dans le temps t par une masse m dont la vitesse initiale est nulle et sur laquelle agit la force p est donné par la deuxième équation $s = \dfrac{pt^2}{2m}$.

3. — Plusieurs des expressions contenues dans les équations ci-dessus ont reçu des noms particuliers. Galilée déjà parle de la force d'un corps qui se meut et l'appelle tantôt « moment », tantôt « impulsion », tantôt « énergie ». Il regardait le moment comme proportionnel au produit de la masse du corps par sa vitesse (ou plutôt du poids par la vitesse, car Galilée n'a encore aucune idée claire de masse, non plus que Descartes et Leibnitz). Descartes accepte cette manière de voir ; il pose que la force d'un corps qui se meut est égale à mv et l'appelle *quantité de mouvement*. Il pense que la somme des quantités de mouvement dans l'univers est constante, en sorte qu'un corps ne peut perdre sa quantité de mouvement que si celle-ci se transporte sur d'autres corps. Newton donna aussi à l'expression mv le nom de quantité de mouvement et cette dénomination a été conservée. En 1847, Belanger donna le nom d'*impulsion* à l'expression pt qui forme le second membre de la première équation. Les expressions de la deuxième équation n'ont reçu aucun nom particulier. Leibnitz (1695) a donné le nom de *force vive* à l'expression mv^2 qui entre dans la troisième ; à l'encontre de Descartes, il la regardait comme la véritable mesure de la force d'un corps en mouvement ; il appelait force morte la pression exercée par un corps au repos. Coriolis trouva qu'il était plus commode de donner le nom de force vive à $\frac{1}{2} mv^2$; pour éviter toute confusion, Belanger proposa d'appeler force vive le produit mv^2 et puissance vive le produit $\frac{1}{2} mv^2$. Coriolis employa aussi pour l'expression ps le nom de *travail*, Poncelet a répandu l'usage de cette dernière dénomination et a choisi pour *unité de travail* le *kilogrammètre*, c'est-à-dire le travail produit par une force de 1 kilogramme qui déplace son point d'application de 1 mètre dans sa direction.

4. — On doit à Descartes le concept de « quantité de mouvement » et à Leibnitz celui de « force vive ». Pour avoir quelques détails historiques sur l'origine de ces concepts, il est utile de faire un rapide examen des idées qui guidèrent Descartes et Leibnitz. Dans ses « *Principes de la philosophie* » (1644), Descartes s'exprime ainsi (II, 36) [1] :

« Après avoir examiné la nature du mouvement, il faut que nous en « considérions la cause, et parce qu'elle peut être prise de deux « façons, nous commencerons par la première et plus universelle, qui « produit généralement tous les mouvements qui sont au monde ; nous

[1] Œuvres de Descartes, publiées par Victor Cousin. Paris, Levrault, 1824.

« considérerons par après l'autre, qui fait que chaque partie de la
« matière en acquiert qu'elle n'avait pas auparavant. Pour ce qui est
« de la première, il me semble qu'il est évident qu'il n'y en a point
« d'autre que Dieu, qui, par sa toute-puissance, a créé la matière avec
« le mouvement et le repos de ses parties, et qui conserve maintenant
« en l'univers, par son concours ordinaire, autant de mouvement et de
« repos qu'il y en a mis en le créant. Car, bien que le mouvement ne
« soit qu'une façon en la matière qui est mue, elle en a pourtant une
« certaine quantité qui n'augmente et ne diminue jamais, encore qu'il
« y en ait tantôt plus et tantôt moins en quelques-unes de ses parties ;
« c'est pourquoi, lorsqu'une partie de la matière se meut deux fois
« plus vite qu'une autre, et que cette autre est deux fois plus grande
« que la première, nous devons penser qu'il y a tout autant de mou-
« vement dans la plus petite que dans la plus grande, et que toutes
« fois et quantes que le mouvement d'une partie diminue, celui de
« quelque autre partie augmente à proportion. Nous connaissons
« aussi que c'est une perfection en Dieu, non seulement de ce qu'il
« est immuable en sa nature, mais encore de ce qu'il agit d'une façon
« qu'il ne change jamais : tellement qu'outre les changements que
« nous voyons dans le monde et ceux que nous croyons parce que Dieu
« les a révélés, et que nous savons arriver ou être arrivés dans la
« nature sans aucun changement de la part du créateur, nous ne
« devons point en supposer d'autre en ses ouvrages, de peur de lui
« attribuer de l'inconstance ; d'où il suit que, puisqu'il a mû en
« plusieurs façons différentes les parties de la matière lorsqu'il les a
« créées, et qu'il les maintient toutes de la même façon et avec les
« mêmes lois qu'il leur a fait observer en leur création, il conserve
« incessamment en cette matière, une égale quantité de mouvement. »

Bien que Descartes ait résolu des problèmes particuliers considérables, par exemple dans ses études sur l'arc-en-ciel et sur la loi de la
réfraction, la signification véritable de son œuvre doit être cherchée
surtout dans ses grandes idées générales et révolutionnaires sur la philosophie, les mathématiques et les sciences de la nature. Sa volonté de
tenir pour douteux tout ce qui, jusqu'alors, avait été reçu comme vérité
incontestée peut à peine être appréciée à sa juste valeur. Toutefois cette

résolution fut mise en pratique bien plus par ses successeurs que par lui-même et ce n'est qu'alors qu'elle s'est montrée si féconde. Nous devons la géométrie analytique et les méthodes modernes à l'idée de rendre inutile, par l'emploi de l'algèbre, la considération particulière des figures et de tout rapporter à la mesure des distances. Il refusait aussi d'admettre en physique les qualités cachées et voulait baser cette science tout entière sur la mécanique qu'il se représentait comme une pure géométrie du mouvement. Il a prouvé par ses recherches que, dans cette voie, il ne tenait aucun problème physique pour insoluble. Descartes n'a pas suffisamment établi qu'une mécanique n'est possible que lorsque les situations des corps dans leur *dépendance* réciproque sont déterminées par un rapport de forces fonction du temps ; Leibnitz a insisté sur ce défaut de preuve. Les conceptions mécaniques que Descartes développe sur une base incomplète et peu déterminée ne peuvent pas être regardées comme des représentations de la nature et ont été considérées comme de simples imaginations déjà par Pascal, Huyghens et Leibnitz. Cependant nous avons montré plus haut, à maintes reprises, combien, jusqu'à nos jours, a été grande l'influence des idées cartésiennes. En physiologie aussi, Descartes a exercé une influence puissante, à la fois par sa théorie de la vision et en considérant les animaux comme de purs mécanismes (opinion qu'il n'a pas librement osé étendre à l'homme), ce qui anticipait sur l'idée des mouvements réflexes. (Cf. Duhem : *L'évolution des théories physiques* ; Louvain, 1896).

On ne peut contester à Descartes le mérite d'avoir, *le premier*, *recherché* en mécanique un point de vue *plus général* et plus fécond. C'est d'ailleurs en cela que consiste le travail spécial des *philosophes*, et c'est là qu'il faut chercher la raison de leur influence scientifique fécondante et stimulante. Mais Descartes partageait leurs erreurs coutumières. Il avait une confiance absolue dans ses propres idées et ne se préoccupait pas de les vérifier expérimentalement. Au contraire il se contentait d'un minimum d'expérience pour un maximum d'induction. Il faut ajouter à cela le manque de précision de ses idées. Il n'avait aucune notion claire du concept de masse. Ce n'est qu'en se permettant une certaine liberté que l'on peut dire qu'il a défini *mv* comme quantité de mouvement, bien que ses successeurs aient adopté cette définition dès qu'ils eurent senti le besoin de concepts mieux déterminés. La plus grande erreur de Descartes, celle qui gâte toute sa recherche physique, est qu'il considéra des principes, pour lesquels seule l'expérience peut décider, comme *a priori* évidents par eux-mêmes. Ainsi, par exemple, dans les §§ 37 et 39, qui suivent celui que nous avons cité, il admet qu'un corps conserve *évidemment* sa vitesse et sa direction. Les expériences qu'il cite au § 38 auraient dû servir, non pas à la confirmation du principe de l'inertie admis *a priori* comme évident, mais au contraire de bases pour l'établissement de celui-ci.

Les conceptions de Descartes furent combattues par Leibnitz dans un petit traité, paru dans les *Acta eruditorum* (1686, p. 161) sous le titre suivant : *Brevis demonstratio erroris memorabili Cartesii et aliorum circa legem natura, secundum quam volunt a Deo eamdem semper quantitatem motus conservari; qua et in re mechanica abutuntur* (¹).

Leibnitz observa que, dans les machines en équilibre, les *charges* sont en raison inverse des vitesses de déplacement. Ce fait peut faire naître l'idée que le produit du *corps* (corpus, moles) par la *vitesse* est la mesure de la force. Descartes considérait ce produit comme une quantité invariable. Mais Leibnitz pensait que ce n'est qu'accidentellement que, dans le cas des machines, cette mesure de la force est correcte. Pour lui la véritable mesure de la force est autre et doit être déterminée en *fonction du chemin*, ainsi que Galilée et Huyghens ont commencé à le faire. Par la vitesse qu'il acquiert en tombant, un corps peut remonter au niveau d'où il est descendu. Dès lors, si l'on accepte que la même force est nécessaire pour élever un poids m à la hauteur $4h$ ou un poids $4m$ à la hauteur h, on devra prendre pour *mesure de la force* le produit du « corps » par le carré

(¹) Courte démonstration d'une mémorable erreur de Descartes et d'autres, au sujet d'une loi de la nature, suivant laquelle ils veulent que la quantité de mouvement soit conservée constante par Dieu ; et dont ils font abus dans la chose mécanique.

de sa vitesse, puisque dans le premier cas la vitesse acquise est seulement double de celle acquise dans le second.

Dans un traité ultérieur (1695), Leibnitz revint sur ce sujet. Il fit une distinction entre la simple pression (force morte) et la force d'un corps qui se meut (force vive), cette dernière étant la somme des impulsions des pressions. Ces impulsions engendrent en réalité un « impetus » (mv), mais celui-ci n'est en aucune façon la véritable mesure de la force, et, puisque la *cause* doit correspondre à l'*effet*, cette véritable mesure est au contraire déterminée, d'après la remarque qui vient d'être faite, par le produit mv^2. Leibnitz remarqua en outre que, seule, l'acceptation de sa mesure de la force exclut la possibilité du *mouvement perpétuel*.

Pas plus que Descartes, Leibnitz ne possédait une notion correcte de la masse. Il parlait de corps (*corpus*), de charge (*moles*), de corps inégalement grands ayant le même poids spécifique, etc. L'expression « masse » ne se rencontre qu'une fois dans le second traité : il est vraisemblable qu'elle est empruntée à Newton. Pour faire correspondre un concept bien défini aux expressions de Leibnitz, il est de toute façon nécessaire de penser à la masse, et c'est ce que ses successeurs on fait. Au surplus la méthode de Leibnitz est beaucoup plus scientifique que celle de Descartes. Il y a toutefois confusion entre deux choses : le problème de la *mesure de la force* et celui de l'*invariabilité* de Σmv ou de Σmv^2. Ces deux questions n'ont en réalité rien de commun. Quant à la première, nous avons déjà vu que les mesures de la force données par Descartes et Leibnitz, ou plutôt les mesures de la capacité d'action d'un corps mobile, sont correctes toutes deux avec des sens différents. Leibnitz remarqua aussi expressément qu'il ne faut pas confondre ces deux mesures avec la mesure newtonienne ordinaire de la force.

Quant à la seconde question, les recherches ultérieures de Newton ont démontré que la somme cartésienne Σmv est en réalité constante pour des systèmes matériels *libres* qui ne subissent aucune action extérieure. Les recherches de Huyghens ont prouvé que la somme Σmv^2 reste également invariable lorsque le *travail* effectué par les forces ne l'altère pas. La dispute commencée par Leibnitz ne repose donc que sur de *simples erreurs de compréhension*, et cependant elle dura 57 ans, jusqu'à la publication du *Traité de dynamique* de d'Alembert, en 1743. Nous parlerons plus loin des idées théologiques de Descartes et de Leibnitz.

5. — Bien que les trois équations dont nous avons parlé plus haut ne se rapportent qu'au mouvement *rectiligne* produit par une force *constante*, on peut toutefois les considérer comme les *équations fondamentales* de la mécanique. Si le mouvement, tout en restant rectiligne, est produit par une force variable, des modifications insensibles et presqu'évidentes transforment ces expressions en d'autres, que nous n'indiquerons ici que brièvement, car les développements mathématiques sont tout à fait accessoires au but que nous nous sommes proposés.

Pour une force variable, la première équation donne

$$mv = \int p\,dt + C.$$

p étant la force variable, dt l'élément de temps, $\int p\,dt$ la somme des produits $p\,dt$ pendant *la durée de l'action* et C une quantité constante, égale à la valeur de mv au moment où la force commence à agir.

La deuxième équation fournit la suivante, qui contient deux constantes d'intégration,

$$s = \int dt \int \frac{p}{m}\,dt + Ct + D,$$

et enfin la troisième doit être remplacée par

$$\frac{mv^2}{2} = \int p\,ds + C.$$

Le mouvement curviligne peut toujours être considéré comme une combinaison de trois mouvements rectilignes simultanés qu'il est d'habitude plus avantageux de prendre comme s'effectuant suivant trois directions rectangulaires. Dans ce cas, qui est le plus général, les équations ci-dessus conservent leurs significations pour les trois mouvements composants.

6. — Les notions d'addition, de soustraction ou d'égalité de deux grandeurs n'ont de sens que si ces grandeurs sont de même nature. On ne peut additionner, ni égaler une masse et un temps, ni une masse et une vitesse ; mais seulement des masses et des masses, etc. Il s'ensuit qu'à propos de chacune des équations de la mécanique se pose la question de savoir si ses deux membres représentent véritablement des grandeurs de *même espèce*, c'est-à-dire des grandeurs mesurables par la *même unité*. En d'autres termes, pour nous servir d'une expression courante, l'équation est-elle *homogène* ? Nous sommes ainsi amenés à nous occuper des unités des grandeurs de la mécanique.

Les unités sont naturellement des grandeurs de même espèce que celles qu'elles doivent mesurer. Dans beaucoup de cas leur choix est arbitraire ; c'est ainsi qu'on se servira d'une masse arbitraire pour unité de masse, d'une longueur et d'un temps arbitraires pour unités de longueur et de temps. On peut conserver comme étalons les grandeurs adoptées pour unités de masse et de longueur ; l'unité de temps peut être reproduite à volonté, soit par le pendule, soit par des *observations* astronomiques. Mais des unités telles que celles de vitesse ou d'accélération ne peuvent être conservées et il est toujours très difficile de les reproduire. C'est pourquoi on les fait dépendre d'unités fondamentales arbitraires de masse, de longueur et de temps, de manière à pouvoir les déduire aisément de celles-ci. Ces unités sont alors appelées unités *dérivées* ou *absolues*. Cette dernière dénomination est due à Gauss qui, le premier, fit dériver les unités magnétiques des unités mécaniques et permit ainsi une *comparabilité universelle* des mesures magnétiques ; elle a donc une origine historique.

Nous pourrions choisir, pour unité de vitesse, la vitesse qui ferait parcourir q unités de longueur dans l'unité de temps. Mais alors la relation entre le temps t, le chemin s et la vitesse v, ne pourrait plus s'écrire sous la forme habituelle $s = vt$, qui serait remplacée par $s = qvt$. Pour pouvoir conserver la forme $s = vt$, il faut définir l'unité de vitesse comme étant la vitesse qui fait parcourir l'unité de longueur dans l'unité de temps. On choisit les unités dérivées de telle façon qu'il en résulte les relations les plus simples entre les grandeurs qu'elles servent à mesurer; c'est ainsi par exemple que l'on choisira toujours pour unités de surface et de volume le carré et le cube construits sur l'unité de longueur comme côté.

Donc, pour nous conformer à ce principe, nous admettons que l'unité de vitesse fait parcourir l'unité de longueur dans l'unité de temps, que l'unité d'accélération augmente la vitesse de l'unité de vitesse dans l'unité de temps, que l'unité de force imprime à l'unité de masse l'unité d'accélération, etc.

Les unités dérivées dépendent des unités fondamentales arbitraires; elles sont fonctions de celles-ci; la fonction particulière qui correspond à une unité dérivée donnée est appelée sa *dimension*. La théorie des dimensions fut établie par Fourier, dans sa théorie de la chaleur (1822). En représentant la longueur, le temps et la masse respectivement par l, t et m, la dimension de l'unité de vitesse par exemple sera $\dfrac{l}{t}$ ou lt^{-1}. D'après cela on comprendra sans peine le tableau suivant :

Vitesse	v	lt^{-1}
Accélération	φ	lt^{-2}
Force	p	mlt^{-2}
Quantité de mouvement	mv	mlt^{-1}
Impulsion	pt	mlt^{-1}
Travail	ps	ml^2t^{-2}
Force vive	$\frac{1}{2}mv^2$	ml^2t^{-2}
Moment d'inertie	Θ	ml^2
Moment statique	D	ml^2t^{-2}

La simple inspection de ce tableau montre que les équations dont nous avons parlé plus haut sont effectivement *homogènes*, c'est-à-dire que leurs deux membres sont *de même espèce*. Il sera facile de trouver de même la dimension de toute expression nouvelle qui s'introduirait en mécanique.

7. — A la raison que nous venons de rappeler s'en ajoute une autre pour justifier la notion de dimension et expliquer son importance. La valeur numérique d'une grandeur étant connue pour certaines unités fondamentales déterminées, la connaissance de la dimension permettra de trouver sans peine sa nouvelle valeur lorsque l'on changera d'unités fondamentales. La dimension d'une accélération, qui a par exemple la valeur numérique φ, est lt^{-2}. Si nous changeons d'unités, et si nous prenons des unités de longueur et de temps respectivement λ et τ fois plus grandes que les anciennes, dans la dimension lt^{-2} on devra substituer à l et à t des nombres respectivement λ et τ fois plus petits. La valeur numérique de la même accélération dans les nouvelles unités fondamentales sera donc $\dfrac{\varphi}{\lambda \tau^{-2}} = \dfrac{\tau^2}{\lambda}\varphi$. On sait qu'en prenant le mètre et la seconde pour unités de longueur et de temps, l'accélération de la gravité s'exprime par le nombre 9,81, ou, ainsi qu'on l'écrit d'habitude en indiquant à la fois la dimension et les unités fondamentales: $9,81\ \dfrac{\text{mètre}}{\text{seconde}^2}$. Prenons maintenant le kilomètre pour unité de longueur ($\lambda = 1\,000,$) et la minute pour unité de temps ($\tau = 60$), la valeur numérique de l'accélération de la pesanteur devient $\dfrac{60.60}{1\,000}.9,81$ ou $35,316\ \dfrac{\text{kilom}}{\text{minut.}^2}$.

8. — L'unité de longueur dont l'usage est le plus général est le *mètre* (longueur à 0°C d'une règle de platine conservée à Paris, environ la dix-millionième partie d'un quadrant du méridien terrestre). Comme unité de temps on emploie la *seconde* (de temps solaire moyen, parfois aussi de temps sidéral). D'après les considérations qui précèdent, on prendra donc pour unités de vitesse et d'accélération, la vitesse par laquelle 1 mètre est parcouru en 1 seconde, et l'accélération qui correspond à un accroissement de vitesse d'une unité par seconde.

Des divergences existent quant au choix des unités de *masse* et de *force*. Si l'on prend pour unité de *masse* le kilogramme-masse (masse d'un bloc de platine conservé dans les archives de la commission internationale des poids et mesures, au pavillon de Breteuil, — environ la masse d'un décimètre cube d'eau à 4° C), la force qui attire ce kilogramme vers le centre de la terre n'est pas 1, mais bien g, puisque $p = mg$; donc, à Paris, cette force est 9,808; sous d'autres latitudes elle est un peu différente. L'unité de force est alors la force qui communique à la masse de 1 kilogramme un accroissement de vitesse de 1 mètre par seconde; l'unité de travail est le travail effectué par cette force sur un parcours de 1 mètre de longueur, etc. Ce système logique d'unités, dans lequel la *masse* du kilogramme est posée égale à 1, est ordinairement appelé *absolu*.

Le système d'unités auquel on a donné le nom de *terrestre* prend pour unité de force la force avec laquelle la masse du bloc de platine appelé kilogramme est, à Paris, attirée vers la terre. Si l'on veut alors conserver le rapport simple $p = mg$, on ne peut plus considérer la masse de ce kilogramme comme égale à 1 : elle est égale à $\frac{1}{g}$. Il faut donc réunir g ou 9,808 de ces kilogrammes pour former une unité de masse. Le même kilogramme, transporté en un autre lieu A de la terre, où l'intensité de la pesanteur est g', n'est plus attiré par une force 1, mais par la force $\frac{g'}{g}$. En ce lieu il faut donc $\frac{g}{g'}$ kilogramme pour constituer l'unité de force. Si l'on prend alors g' de ces corps, qui, en A, pèsent un kilogramme, on aura de nouveau g fois la masse du kilogramme, c'est à dire la masse 1. Si, en A, on a un corps qui, à Paris, pèse 1 kilogramme, il faut évidemment compter g de ces corps, et non g', pour former une unité de masse.

Un corps qui, à Paris, dans le vide, pèse p kilogrammes, a la masse $\frac{p}{g}$. S'il pèse p kilogrammes en A, il a la masse $\frac{p}{g'}$. La différence entre g et g' peut dans bien des cas passer inaperçue, mais il faut cependant en tenir compte dès que le problème comporte un peu de rigueur.

Les unités subséquentes du système terrestre sont naturellement déterminées par le choix de l'unité de force. L'unité de travail est ainsi le travail de 1 kilogramme sur un parcours de 1 mètre, ou lui a donné le nom de kilogrammètre. La force vive unité est celle qui est engendrée par l'unité de travail, etc.

Observons, à la latitude de 45° et au niveau de la mer la chute d'un corps qui, à *Paris*, pèse dans le vide p kilogrammes. L'accélération due à la gravité est $9,806$. Dans le système absolu, on a p unités de masse sur laquelle agissent $9,806 \, p$ unités de force, mais dans le système terrestre on a une masse $\dfrac{p}{9,806}$, sollicitée par $p \dfrac{9,806}{9,806}$ unités de force. Pour une hauteur de chute de 1 mètre, le travail produit et la force vive acquise sont, dans le système absolu, $9,806 \, p$ et, dans le système terrestre, $\dfrac{9,806}{9,806} \cdot p$. L'unité de force du système terrestre est, en chiffres ronds, 10 fois plus grande que celle du système absolu ; le même rapport existe entre les unités de masse. Un travail ou une force vive donnée est mesuré dans le système terrestre par un nombre environ 10 fois plus petit que dans le système absolu.

Signalons encore qu'au lieu du kilogramme et du mètre pour unités de masse et de longueur, on choisit d'habitude, en Angleterre, le gramme et le centimètre, et, en Allemagne, le milligramme et le millimètre. Les développements précédents permettent de passer sans difficulté de l'un à l'autre de ces systèmes. La circonstance qu'en mécanique, ainsi que dans d'autres branches de la physique étroitement liées à la mécanique, on ne doit compter que trois grandeurs fondamentales : l'espace, le temps et la masse, entraîne une simplicité et une facilité inappréciables dans la vue d'ensemble.

III. — THÉORÈMES DE LA CONSERVATION DE LA QUANTITÉ DE MOUVEMENT, DU MOUVEMENT DU CENTRE DE GRAVITÉ ET DE LA CONSERVATION DES AIRES

1. — Bien que les principes de Newton suffisent à la solution de tous les problèmes de la mécanique, il est cependant fort commode d'établir des règles particulières, applicables à des cas fréquents qu'elles permettent de traiter d'après un modèle uniforme, mais sans en approfondir les détails. Plusieurs de ces règles furent développées par Newton lui-même et ses successeurs. Nous nous occuperons d'abord des théorèmes de Newton sur les systèmes matériels *entièrement libres*.

2. — Supposons que deux masses libres m et m' soient soumises à des forces provenant d'*autres* masses et agissant suivant la droite de jonction $m\,m'$. Soient v et v' les vitesses acquises au bout du temps t. En ajoutant membre à membre les deux équations :

$$pt = mv \qquad \text{et} \qquad p't = m'v',$$

on obtient :

$$(p + p')t = mv + m'v'$$

Dans cette équation, les forces ou vitesses dirigées *en sens contraires* sont affectées de *signes contraires*. Le second membre $mv + m'v'$ a reçu le nom de *quantité de mouvement* du système. Si nous supposons à présent que, outre les forces *extérieures* p et p', des forces *intérieures* sollicitent les masses m et m' (c'est-à-dire des forces provenant des réactions *mutuelles* des masses l'une sur l'autre), ces forces sont égales et directement opposées et nous pouvons les représenter par q et $-q$. La somme des impulsions est

$$(p + p' + q - q)t = (p + p')t \,;$$

on voit qu'elle est la même que tout à l'heure et que, par conséquent, la quantité de mouvement du système reste aussi la même. Il s'ensuit donc que la quantité de mouvement d'un système est déterminée uniquement par les forces *extérieures*, c'est-à-dire par les forces avec lesquelles les masses situées hors du système sollicitent les masses du système.

Considérons plusieurs masses libres m, m', m'',..., réparties d'une manière quelconque dans l'espace, soumises à des forces extérieures p, p', p'',... de directions arbitraires, et soient v, v', v'',... les vitesses respectives acquises au bout du temps t. Décomposons les forces et les vitesses suivant trois directions rectangulaires x, y, z. La somme des impulsions suivant l'axe des x sera égale à la somme des quantités de mouvement acquises dans cette direction, et ainsi des autres axes. Supposons maintenant que, entre les masses m, m', m'',... agissent en outre des paires de forces intérieures égales et opposées : q, $-q$, r, $-r$, s, $-s$,... ; ces dernières donnent suivant toute direction des paires de composantes égales et opposées et n'influent par suite en rien sur la somme des impulsions. On voit donc encore que les forces extérieures déterminent seules la quantité de mouvement. Cette loi a reçu le nom de *théorème de la conservation de la quantité de mouvement*.

3. — Une autre forme du même théorème a été appelée *théorème du mouvement du centre de gravité*. Considérons (fig. 149) deux masses $2m$ et m agissant l'une sur l'autre, par exemple par répulsion électrique. Soit S leur centre de gravité, déterminé par BS $= 2$ AS. Les accélérations que ces masses se communiquent sont opposées et dans le rapport inverse de ces mêmes masses ; donc, si cette répulsion fait décrire à $2m$ le chemin AD, elle fera décrire à m le chemin BC, mais le point S reste toujours centre de gravité, car CS $= 2$ DS.

Deux masses ne peuvent donc pas *déplacer* leur centre de gravité commun par une *action mutuelle* quelconque. Prenons maintenant plusieurs masses réparties d'une façon quelconque dans l'espace : deux quelconques d'entre elles ne peuvent déplacer leur centre de gravité ; par suite le centre de gravité du système entier ne peut être déplacé par les actions mutuelles.

Soit un système de masses libres m, m', m'',... soumises à des forces quelconques *extérieures*. Rapportons ce système et les forces qui agissent sur lui à trois axes coordonnés rectangulaires et appelons x, y, z, x', y', z',... les coordonnées des points ; celles du centre de gravité sont alors :

$$\xi = \frac{\Sigma m x}{\Sigma m}, \qquad \eta = \frac{\Sigma m y}{\Sigma m}, \qquad \zeta = \frac{\Sigma m z}{\Sigma m}.$$

Dans ces expressions x, y, z, peuvent varier uniformément, ou d'une façon uniformément accélérée, ou de toute autre manière, sui-

vant que la masse correspondante est soumise à une force extérieure
nulle, constante ou variable. Dans ces divers cas le centre de gravité
sera animé de mouvements distincts, dans le premier, il est possible
qu'il soit immobile. Si maintenant des forces *intérieures* s'introduisent, agissant par exemple entre les *deux* masses m' et m'', ces
forces engendrent des déplacements opposés w' et w'', dirigés suivant la droite de jonction m' m'' et tels que l'on a, en tenant compte
des signes,

$$ m' w' + m'' w'' = 0. $$

Cette équation subsiste pour les composantes x_1 et x_2 de ces déplacements suivant une direction quelconque :

$$ m' x_1 + m'' x_2 = 0. $$

Les forces intérieures n'ajoutent donc, aux expressions de ξ, η, et ζ,
que des termes de cette nature, qui se détruisent deux à deux. Les
forces *extérieures* déterminent donc seules le *mouvement du centre
de gravité* d'un système.

La considération des accélérations des points du système permet
de déterminer celle du centre de gravité. Soient φ, φ', φ'',.... les accé-
rations des masses m, m', m''...., évaluées suivant une direction quelconque, et Φ l'accélération de leur centre de gravité évaluée suivant
la même direction. On a alors :

$$ \Phi = \frac{\Sigma m \varphi}{\Sigma m} = \frac{\Sigma m \varphi}{M}, $$

en appelant M la masse totale Σm du système. Par conséquent, pour
obtenir l'accélération du centre de gravité suivant une direction quelconque, il suffit de diviser la somme des composantes des forces suivant cette direction par la masse totale du système. Le centre de
gravité se meut donc comme si toutes les forces et toutes les masses
y étaient rassemblées. De même qu'une masse ne prend aucune
accélération sans l'intervention d'une force extérieure, de même, s'il
n'y a pas de force extérieure, le centre de gravité d'un système n'a
pas d'accélération.

1. — Quelques exemples permettront de saisir nettement la signification du théorème du mouvement du centre de gravité.

Imaginons un animal *libre* dans l'espace. Dès qu'il met une partie quelconque m de sa masse en mouvement dans une certaine direction, le reste M se meut aussitôt en sens contraire, de manière que le centre de gravité du système reste immuable. Dès que l'animal retire la masse m, la masse M revient aussi sur son mouvement. Sans l'intervention d'un appui ou d'une force extérieure, l'animal ne peut changer de place ni changer les mouvements qui lui seraient imprimés du dehors.

Un wagon léger A, chargé de pierres, est mobile sur des rails. Un ouvrier, monté sur ce wagon, jette des pierres les unes après les autres, dans la même direction. Le centre de gravité du système (wagon + pierres) reste fixe au même point, tant que le mouvement n'est pas arrêté par des obstacles extérieurs. Si l'ouvrier prenait les pierres du dehors pour les mettre dans le wagon, celui-ci se mettrait encore en mouvement, mais plus faiblement, ainsi que nous allons le voir à propos de l'exemple suivant.

Un projectile de masse m sort avec la vitesse v d'un canon de masse M, qui acquiert, par ce fait, une vitesse V telle que l'on a, en tenant compte des signes,

$$MV + mv = 0,$$

ce qui explique le phénomène du recul; on en tire

$$V = -\frac{m}{M}\,v;$$

le recul est donc d'autant moindre que la masse du canon est plus grande par rapport à celle du projectile. Représentons par A le travail fourni par la poudre; le théorème des forces vives donne :

$$\tfrac{1}{2} MV^2 + \tfrac{1}{2} mv^2 = A,$$

d'où, en tenant compte de l'équation précédente qui exprime que la somme des quantités de mouvement est nulle,

$$V = \sqrt{\frac{2Am}{M\,(M + m)}}.$$

Ainsi, en négligeant la masse de la poudre, le recul disparaît dès

que la masse du projectile s'annule. Si la masse *m* n'était pas expulsée
du canon, mais au contraire y était introduite, par exemple y était
aspirée, le recul se produirait en sens contraire, mais il n'aurait
alors pas le temps de devenir perceptible, car, avant que le canon
ait parcouru un chemin sensible, la masse *m* en aurait atteint le
fond. Or, dès que M et *m* sont invariablement liés l'un à l'autre,
c'est-à-dire sont en repos *relatif* l'un par rapport à l'autre, ils doivent être du même fait en repos *absolu*, puisque le centre de gravité
du système des deux corps n'est animé d'aucun mouvement. C'est
pour la même raison que l'on ne peut produire aucun mouvement
notable en introduisant des pierres dans le wagon de l'exemple précédent. En effet, aussitôt que les pierres et le véhicule sont inva-

Fig. 140.

riablement liés entre eux, les quantités de mouvement de signes
contraires qui avaient été engendrées sont détruites. Un canon ne
pourrait éprouver de recul sensible en aspirant un projectile que
si ce dernier le traversait d'outre en outre et continuait son mouvement. L'ouvrier dont nous parlions tantôt pourrait de même faire
avancer notablement son chariot en prenant les pierres à l'extérieur, à l'avant, et en les rejetant au loin vers l'arrière.

Imaginons qu'une locomotive soit *librement suspendue* ou repose
sur des rails avec un frottement très petit. En vertu du théorème du
mouvement du centre de gravité, dès que les lourdes masses de fer
liées au mouvement du piston se mettent à osciller, toute la masse
de la locomotive oscille en sens contraire. Ces oscillations trouble-
raient gravement l'uniformité de la marche en avant de la ma-

chine si, afin de les supprimer, on ne compensait le mouvement des masses liées au piston par le mouvement en sens inverse d'autres masses, de manière que le centre de gravité du corps de la locomotive reste au même point lorsqu'il n'y a pas marche en avant. Dans la pratique, ces masses compensatrices sont constituées par des blocs de fer fixés aux rayons des roues motrices.

L'électromoteur de Page (fig. 150) montre fort élégamment un phénomène de ce genre. Lorsque le noyau de fer de la bobine AB est attiré vers la droite par les forces développées entre la bobine et le noyau, tout le moteur, qui repose sur de petites roues r r, se met aussitôt en mouvement vers la gauche. Mais on peut empêcher ce mouvement total de l'appareil en disposant convenablement, sur un des rayons R, un contrepoids mobile a qui se meut toujours en sens inverse du noyau de fer.

On ne connaît aucun détail sur le mouvement des éclats d'une bombe, mais le théorème du mouvement du centre de gravité montre que, abstraction faite de la résistance de l'air et de toutes autres perturbations, le centre de gravité des éclats continue à parcourir la trajectoire parabolique primitive.

5. — *Le théorème de la conservation des aires* est étroitement lié à celui du mouvement du centre de gravité et s'applique, comme lui, aux systèmes *libres*. Bien que Newton ait eu ce théorème pour ainsi dire entre les mains, ce ne fut que bien plus tard qu'il fut énoncé, par Euler, D'Arcy et Daniel Bernoulli. Euler et Daniel Bernoulli le découvrirent presque simultanément (1746) à propos d'un problème posé par Euler sur le mouvement des sphères dans des tubes animés d'une rotation. Ils y furent conduits par la considération des actions et réactions entre les sphères et les tubes. D'Arcy (1747) prit les recherches de Newton comme point de départ et généralisa la loi des secteurs dont Newton s'était servi pour expliquer les lois de Képler.

Considérons deux masses m et m' agissant l'une sur l'autre. Cette action mutuelle, sollicitant *seule* les masses $m\ m'$, leur fait parcourir suivant leur ligne de jonction, des chemins AB et CD qui, si l'on tient compte des signes, vérifient l'équation : $m.\,\text{AB} + m'.\,\text{CD} = o$.

D'un point extérieur O quelconque, menons les rayons OA et OB. Nous aurons, en affectant de signes contraires les surfaces balayées en sens inverses par les rayons vecteurs,

$$m . OAB + m' . OCD = 0.$$

On voit donc que, lorsque deux masses agissent l'une sur l'autre, et que l'on mène les rayons vecteurs qui les joignent à un point extérieur quelconque, la somme des produits des aires des secteurs décrits par ces rayons, multipliées par les masses correspondantes, est égale à zéro. Supposons maintenant que des forces extérieures, agissant sur les points m et m', fassent décrire pendant ce même temps les secteurs OAE et OCF. Les forces extérieures et intérieures agissant ensemble pendant un temps très petit feront décrire les secteurs OAG et OCH, et

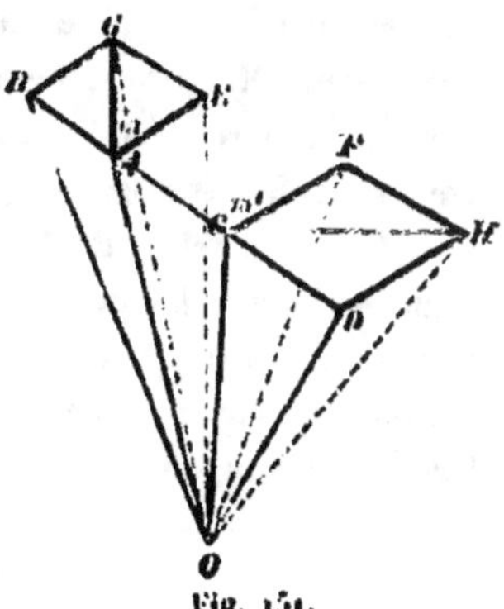

Fig. 151.

l'on aura, par le théorème du parallélogramme de Varignon,

$$m . OAG + m' . OCH = m . OAE + m' . OCF + m . OAB + m' . OCD$$
$$= m . OAE + m' . OCF$$

c'est-à-dire que : *la somme des produits des aires des secteurs décrits multipliées par les masses correspondantes n'est pas altérée par les forces intérieures.*

Lorsque plusieurs masses sont en présence, on peut énoncer le même théorème pour les projections de l'ensemble du mouvement sur un plan donné et à propos de deux quelconques des masses du système considérées ensemble. Dans ce cas, si, à partir d'un point quelconque, on mène les rayons vecteurs de toutes les masses du système, et si on projette sur un plan quelconque les aires qu'ils décrivent, on verra que la somme des produits de ces aires projetées multipliées par les masses correspondantes est indépen-

sultante des forces intérieures. C'est en cela que consiste le *théorème de la conservation des aires.*

Lorsqu'une masse isolée, sur laquelle n'agit aucune force, se meut uniformément en ligne droite, la surface décrite par le rayon vecteur joignant ce point matériel à un point O quelconque croît proportionnellement au temps. Lorsque plusieurs masses se meuvent sans être soumises à des forces, cette même loi subsiste pour Σmf, le signe Σ s'étendant à tous les produits des aires par les masses correspondantes. Pour être brefs, nous donnerons à cette somme le nom de somme des aires. L'introduction des forces *intérieures*, agissant entre les diverses masses du système, ne change rien à cette proposition. Les recherches de Newton montrent qu'elle subsiste encore lorsque les points matériels sont soumis à des forces *extérieures* dont la direction passe constamment par le *point fixe* O.

Lorsqu'une force extérieure agit sur un point matériel, la surface *f* décrite par le rayon vecteur, croît avec le temps d'après la loi

$$f = \frac{1}{2} at^2 + bt + c,$$

équation dans laquelle a dépend de l'accélération, b de la vitesse initiale et c de la position initiale. La même loi subsiste pour plusieurs masses soumises à des forces extérieures tant que celles-ci peuvent être regardées comme constantes, ce qui est toujours le cas pour des temps suffisamment petits. Dans ce cas, la loi des aires consiste en ce que les forces *intérieures* du système sont *sans influence* sur la croissance de la somme des aires.

On peut considérer un corps solide comme un système de masses dont les éléments sont maintenus dans des positions relatives fixes par des forces intérieures. On peut donc lui appliquer le principe des aires. La rotation uniforme d'un solide autour d'un axe passant par le centre de gravité nous en offre un exemple simple. Soit m un élément de masse de ce corps, r sa distance à l'axe, α la vitesse angulaire; la somme des aires décrites dans l'unité de temps est :

$$\Sigma m \frac{r}{2} . r\alpha = \frac{\alpha}{2} \Sigma mr^2,$$

produit du moment d'inertie par la moitié de la vitesse angulaire. Ce produit ne peut donc varier que par l'effet de forces extérieures.

6. — Quelques exemples feront mieux comprendre encore le théorème qui nous occupe.

Soient deux corps solides K et K′ liés l'un à l'autre; si des forces intérieures, s'exerçant entre K et K′, donnent au premier une rotation relative par rapport au second, aussitôt celui-ci prendra un mouvement de rotation en sens inverse. La rotation de K engendre en effet une somme d'aires qui, d'après le théorème, doit être compensée par une somme d'aires de signe contraire décrites par K′. L'appareil suivant réalise cette expérience d'une façon très ingénieuse. Un électromoteur quelconque, muni d'un volant horizontal, peut tourner autour d'un axe vertical. Les fils conducteurs du courant plongent dans deux godets de mercure afin de ne pas gêner la rotation. Le corps K′ du moteur est attaché par un fil au support de l'axe; le circuit est alors fermé et le courant passe. Dès que le volant K, vu d'en haut, se met à tourner dans le sens des aiguilles d'une montre, le fil se *tend*, le corps du moteur fait effort pour *tourner en sens contraire* et cette rotation se produit dès que l'on coupe le fil.

Par rapport à l'axe de rotation le moteur est un système libre et comme il est au repos la somme des aires est nulle. Dès que, sous l'influence des forces électromagnétiques intérieures qui se produisent entre l'armature et le fer, *le volant se met à tourner*, une somme d'aires est engendrée, qui doit être compensée par *la rotation du corps du moteur*, puisque la somme d'aires totale doit rester nulle. Empêchons le corps du moteur de tourner en y attachant un index maintenu dans une position déterminée par un ressort élastique. Toute accélération du volant dans le sens des aiguilles d'une montre (produite par une plus forte immersion des plaques de la batterie,) produit une déformation de l'index en sens contraire, tout ralentissement, une déformation dans le même sens.

En ouvrant le circuit du moteur on peut observer un phénomène curieux. Tout d'abord le volant et le moteur continuent leurs mouvements en sens inverses; bientôt, par l'effet du frottement, tous deux se mettent graduellement au repos relatif l'un par rapport à l'autre. On voit le corps du moteur se ralentir, s'arrêter un instant, et enfin, parvenu au repos relatif, se mettre en mouvement dans le sens de la rotation primitive du volant. Le corps du moteur a donc renversé son mouvement et le *moteur entier* tourne maintenant dans le sens du mouvement du volant. Ce phénomène s'explique aisément. Le moteur n'est pas un système *parfaitement* libre : il est gêné par le frottement sur l'axe. Dans un système parfaitement libre, la somme des aires devrait se retrouver

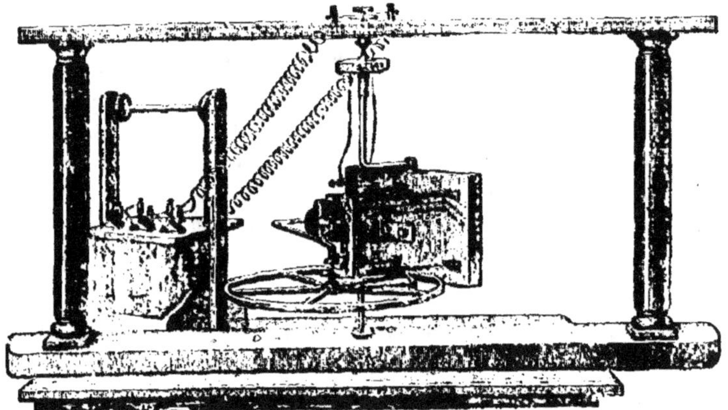

Fig. 142.

égale à zéro dès que les parties seraient revenues à leur état de repos relatif; mais ici il y a une force extérieure qui est le frottement. Le frottement sur l'axe du volant diminue également la somme des aires pour le volant et pour le corps du moteur; mais le frottement sur l'axe de ce dernier ne diminue que la somme des aires relative à celui-ci. Le volant conserve donc un excès d'aires qui se manifeste par le mouvement du moteur entier dès que ses parties sont arrivées à l'état de repos relatif. L'ensemble de ce phénomène dû à la rupture du courant est un exemple de celui que les astronomes croient avoir eu lieu dans le cas de la lune. La terre

produisait sur la lune une vague de marée qui, par suite du frottement, a ralenti la vitesse de rotation de cet astre, si bien que la durée du jour lunaire est devenue d'un mois. Le vo-
lant joue le rôle de la
masse liquide mise en
mouvement par la ma-
rée.

Les *roues à réaction*
fournissent d'autres vé-
rifications du théorème
des aires. Lorsque, par
les rayons courbes de
l'appareil de la fig. 153a,
de l'air ou un gaz quel-
conque s'écoule dans le

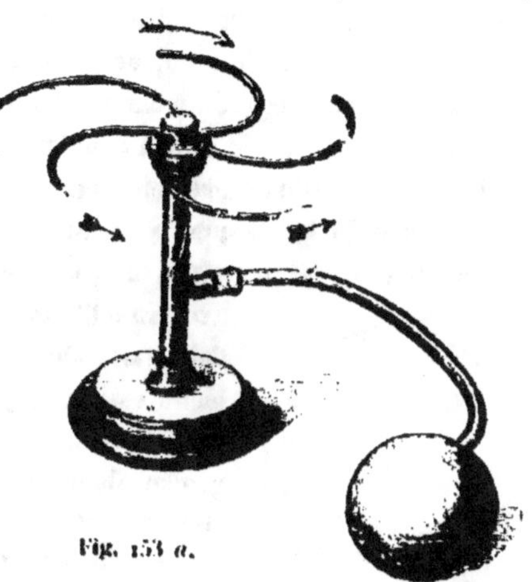

Fig. 153 a.

sens des petites flèches, tout l'appareil se met à tourner dans le sens de la grande flèche. La fig. 153 *b* représente une autre roue à réaction fort simple. Un tube de cuivre $r r$, fermé aux deux bouts et percé d'ouvertures convenablement disposées, est fixé sur un second tube de cuivre par un pivot autour duquel il peut tourner. L'air passant par le pivot sort par les ouvertures o et o'.

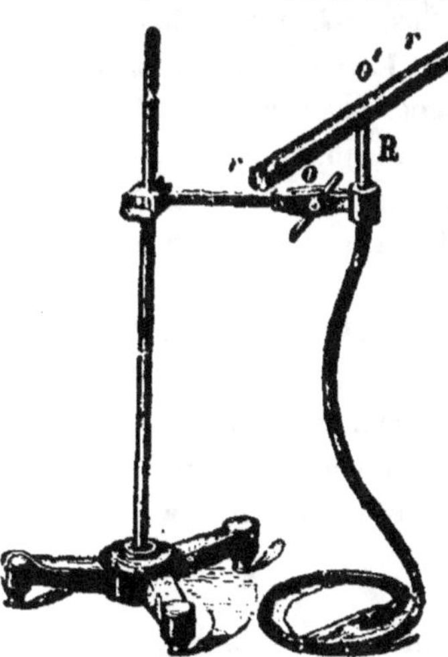

Fig. 153 b.

On pourrait supposer qu'en *aspirant* des gaz par une roue à réaction on la ferait *tourner* en sens *contraire* de la rotation produite par l'écoulement.

En général il n'en est pas ainsi; comme on le voit aisément l'air aspiré par les rayons de la roue doit aussitôt participer au mouvement de l'appareil et se met ainsi au repos relatif par rapport à la roue ; la somme des aires de l'ensemble ne peut donc que rester nulle, l'ensemble restant au repos. En général l'aspiration du gaz ne produit aucune rotation perceptible. Ce phénomène est analogue à celui du non-recul d'un canon où un projectile est introduit. Si l'on fait communiquer la roue à réaction avec un ballon élastique, muni d'un seul tube de dégagement (fig. 153 *a*), que l'on comprime périodiquement de façon que la même quantité d'air soit alternativement aspirée puis expulsée, on constate que la roue se meut

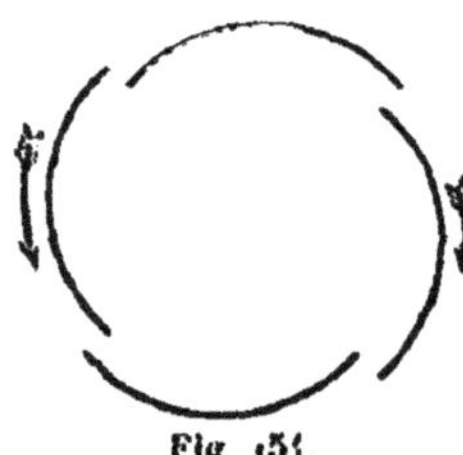

Fig 154.

avec rapidité dans le même sens que si l'air était uniquement expulsé. Ce phénomène est du en partie à ce que l'air inspiré, participant immédiatement au mouvement de la roue, ne peut produire aucune rotation de réaction, et, en partie, à la différence de mouvements de l'air extérieur, suivant que l'air s'échappe ou pénètre par les roues. Lorsque l'air est expulsé, il s'écoule par les rayons, avec un mouvement de rotation ; lorsqu'il est aspiré, il se précipite de toutes parts sans rotation vers l'ouverture.

Il est aisé de montrer la justesse de cette explication. Prenons un cylindre de bois, ou par exemple une boîte de carton cylindrique, dont le fond est percé. Disposons ce cylindre sur le pivot du tube R, après l'avoir fendu suivant la longueur et avoir infléchi ses parois comme l'indique la figure 154. Si l'on souffle dans le cylindre, il se mettra en mouvement dans le sens de la grande flèche ; si l'on aspire, dans le sens de la petite flèche. Dans ce dernier cas, en effet, l'air entrant peut *librement* continuer sa rotation, et ce mouvement est dès lors compensé par une rotation en sens inverse du cylindre.

7. — Les phénomènes suivants sont analogues. Prenons (fig. 155 *a*) un tube rectiligne de *a* à *b*, plié à angle droit de *b* à *c*, courbé ensuite suivant une circonférence *cdef* de centre *b* et de plan normal à *ab*, replié alors à angle droit suivant *fg* et enfin continuant la droite

ab suivant *gh*. Le tube entier peut tourner autour de l'axe *ah*.
Versons un liquide dans ce tube (fig. 155 *b*) ; il s'écoule en suivant le chemin *cdef* et l'on voit aussitôt le tube tourner dans
le sens *fedc*. Cette impulsion prend fin dès que
le liquide atteint le point *f* et doit participer au
mouvement du rayon *fg* par lequel il s'échappe.
Si le filet d'eau s'écoule d'une façon continue, la
rotation du tube cesse par conséquent bientôt ;
mais s'il est interrompu, l'eau, en achevant de
s'écouler par le rayon *fg*, donne au tube une
impulsion dans le sens de son propre mouve-

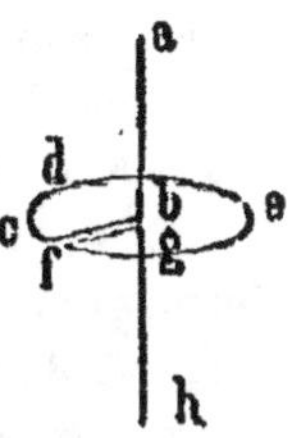
Fig. 155 *a*.

ment, suivant *cdef*. Le principe des aires explique aisément ce
phénomène.

Les vents alizés, les déviations des courants marins et des rivières,
l'expérience du pendule de Fou-
cault, etc., peuvent être considérés comme des exemples du
principe des aires. Les corps qui
ont un moment d'inertie variable
en fournissent encore une application curieuse. Supposons un
corps de moment d'inertie θ
animé d'une vitesse angulaire α.
A un certain moment, des forces
intérieures, par exemple des res-
sorts, donnent au moment d'inertie une valeur nouvelle θ' ; aussitôt la vitesse angulaire change
et devient α', telle que :

$$\alpha\theta = \alpha'\theta',$$

d'où

$$\alpha' = \alpha\frac{\theta}{\theta'}.$$

Fig. 155 *b*.

Par une diminution considérable du moment d'inertie on peut augmenter notablement la vitesse angulaire. Ce principe pourrait

probablement servir à démontrer la *rotation* de la terre, au lieu du pendule de Foucault.

La remarque que nous venons de faire donne l'explication du phénomène suivant : Un entonnoir de verre à axe vertical est rapidement rempli d'eau, de manière toutefois que le courant pénètre non par l'axe, mais latéralement. Ce mouvement produit dans le liquide une rotation lente que l'on ne remarque pas avant que l'entonnoir soit rempli ; mais, dès que le liquide s'écoule par le col, son moment d'inertie diminue considérablement et il en résulte un accroissement de vitesse si grand qu'un violent tourbillon est créé, avec une dépression axiale. Il arrive même fréquemment que le courant liquide sortant de l'entonnoir soit de part en part traversé par une colonne d'air.

8. — Un examen attentif du théorème du mouvement du centre de gravité et du théorème des aires montre qu'ils ne sont tous deux que des expressions d'un propriété mécanique *bien connue*, expressions fort commodes pour les applications que l'on a en vue. A l'accélération φ d'une masse m correspond toujours l'accélération φ' d'une masse m', telle que l'on a, en tenant compte des signes,

$$m\varphi + m'\varphi' = 0.$$

La force $m\varphi$ correspond à la réaction $m'\varphi'$. Lorsque les masses m et $2m$, animées des accélérations 2φ et φ, parcourent les chemins $2w$ et w, leur centre de gravité reste invariable, et la somme des aires par rapport à un point quelconque est

$$2m.f + m.2f = 0.$$

Lorsque le théorème des aires est présenté sous cette forme simple, on reconnait que *le théorème du mouvement du centre de gravité* exprime *en coordonnées cartésiennes* ce que le *théorème des aires* exprime *en coordonnées polaires*, et que tous deux ne contiennent rien d'autre que le fait de la réaction.

On peut encore leur donner une autre signification simple. De même qu'un corps ne peut, sans l'intervention d'une force extérieure, c'est-à-dire sans l'aide d'autres corps, changer son mouvement uniforme de translation ou de rotation, de même un système de corps ne peut, sans l'aide d'un autre système qui lui servira en quelque sorte d'appui et de soutien, changer ce que nous appellerons son mouvement *moyen* de translation ou de rotation, — en nous servant, pour être brefs, d'une expression qui sera comprise de tous après les explications détaillées que nous avons données. Ces deux théorèmes renferment donc une *généralisation du principe de l'inertie*, dont, sous cette forme, on comprend et, de plus, on *sent* la justesse.

Ce sentiment n'est en aucune façon antiscientifique et ne peut causer aucun préjudice. Il ne se *substitue* pas à la conception abstraite, mais il existe *à côté* d'elle et la *pleine* possession des faits mécaniques se base en premier lieu sur lui. Comme nous l'avons dit autre part (¹), nous ne sommes, avec notre organisme entier, qu'un système mécanique, et ce fait a une profonde influence sur notre vie

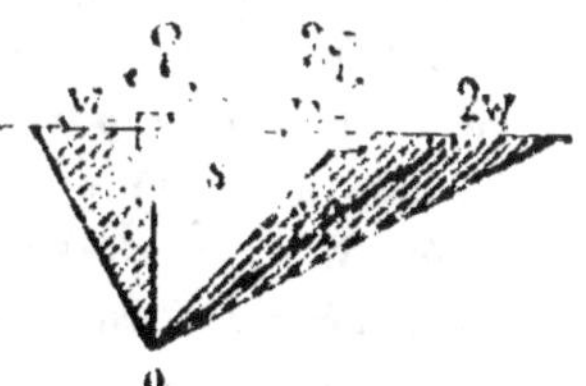

Fig. 136.

psychique. Personne ne pourra nous convaincre que la considération des phénomènes mécanico-physiologiques qui concernent les sentiments et les instincts est étrangère à la mécanique scientifique. Si l'on ne connait les théorèmes, tels que ceux du mouvement du centre de gravité et des aires, que sous leur forme mathématique abstraite, sans les avoir mis en présence des faits simples et palpables qui sont à la fois leur application et la source où l'homme les a puisés, on ne les comprendra qu'à moitié, et c'est à peine si l'on reconnaîtra les phénomènes réels comme exemples de la théorie. On se trouve alors dans la situation d'un homme qui, brusquement transporté au sommet d'une haute tour, ne peut pour ainsi dire pas reconnaître les objets qu'il aperçoit, parce qu'il n'a jamais parcouru le pays environnant.

(¹) E. Mach. — *Grundlinien der Lehre von den Bewegungsempfindungen.* (Leipzig, Engelmann, 1875, p. 20. Le dernier alinéa du § 6 est erroné).

IV. — LES LOIS DU CHOC

1. — Les lois du choc ont été l'occasion de la découverte des
principes les plus importants de la mécanique et, d'autre part, ont
fourni les premiers exemples d'applications de principes de ce genre.
Déjà un contemporain de Galilée, *Marcus Marci* (né en 1595, qui
enseigna à Prague, avait publié, dans son traité « *De proportione
motus* » (Prague, 1639), quelques résultats de ses recherches sur le
phénomène du choc. Il savait qu'un corps élastique, heurtant un corps
identique au repos, perd son mouvement et le communique au second.
Il énonce d'autres propositions valables encore aujourd'hui, bien que
parfois il n'y mette pas assez de précision et que des erreurs y
soient mêlées. Marcus Marci était un homme de valeur ; ses idées sur
la composition des mouvements et des « impulsions » étaient fort
remarquables pour l'époque. Le chemin par lequel il y fut conduit
est semblable à celui que suivit plus tard Roberval. Il parle de mouvements *en partie* égaux et opposés et de mouvements *tout à fait*
opposés : il donne la construction du parallélogramme, etc ; mais,
bien qu'il parle d'un mouvement de chute accéléré, il n'arrive pas à
élucider complétement la notion de force et par conséquent non plus
celle de composition des forces. Il connaît cependant le théorème de
Galilée sur les corps pesants qui parcourent les cordes d'un cercle,
quelques théorèmes sur le mouvement pendulaire, la force centrifuge, etc. Les *Discours* de Galilée étaient parus un an auparavant
mais il n'est pas vraisemblable que Marci en ait eu connaissance car,
à cette époque, la guerre de trente ans désolait l'Europe centrale. Si
l'on admettait que Marci les ait connus, non seulement les nombreuses
erreurs que contient son traité deviendraient alors incompréhensibles
mais il faudrait auparavant expliquer comment, en 1648, dans l'introduction de son livre, il croyait encore devoir défendre, contre le
jésuite Balhazar Conradus, le théorème des cordes de la circonfé-

rence. Toutes ces circonstances, au contraire, s'expliquent aisément si l'on suppose que Marci, homme d'une culture générale, connaissait les travaux de Benedetti, et si l'on suppose, avec Wohlwill (Zeitschr. f. Völkerpsych. 1884, XV, p. 387.), qu'il s'appuyait sur des travaux antérieurs de Galilée, dans lesquels celui-ci n'avait pas encore atteint

une clarté complète. Ajoutons encore que Marci arriva bien près de la découverte de la décomposition de la lumière, qui fut faite par Newton. Ses écrits forment un chapitre intéressant et encore peu étudié de l'histoire de la physique.

2. — Galilée a essayé plusieurs fois d'élucider les lois du choc. Il n'y est pas entièrement parvenu. Il s'occupe spécialement de la force d'un corps en mouvement ou, selon son expression, de la « force du choc », qu'il cherche à comparer à la pression d'un poids au repos et à mesurer par celle-ci. Il fait dans ce but une expérience extrêmement ingénieuse dont nous allons parler.

Un vase I rempli d'eau a son fond percé d'une ouverture bouchée. Un vase II est suspendu par des fils sous le premier et l'ensemble est tenu en équilibre à l'une des extrémités du fléau d'une balance. Dès que l'on ouvre l'orifice du fond du vase I l'eau s'échappe et tombe dans II. Une partie du poids au repos disparaît par ce fait et

Gravure extraite de l'ouvrage de Marci « *De proportione motus* ».

est remplacée par l'action du choc sur le vase II. Galilée s'attendait à une déviation du fléau de la balance, qui lui aurait permis de déterminer l'effet du choc en rétablissant l'équilibre par des poids additionnels. Son étonnement paraît avoir été grand de n'observer *aucune* déviation et il semble qu'il n'est pas arrivé à s'expliquer clairement ce phénomène.

3. — Il va sans dire que cette difficulté n'existe plus aujourd'hui. D'une part l'ouverture de l'orifice provoque une diminution de pression due : 1°) à ce que le poids de la colonne d'eau suspendue dans l'air est perdu et 2°) à une pression vers le haut produite par la réaction du liquide qui s'échappe, (exactement comme cela se passe dans une roue de Segner). Mais d'autre part il se produit 3°) un accroissement de pression dû à l'action du jet sur le fond du vase II. Donc, avant que la première goutte d'eau atteigne le vase II, il n'y a qu'une diminution de pression, mais cette diminution est immédiatement compensée lorsque l'appareil est en pleine marche. Galilée non plus ne sut remarquer rien d'autre que cette diminution *initiale*.

Supposons l'appareil en marche. Appelons h la hauteur de liquide dans le vase I, v la vitesse d'écoulement, k la distance du fond du vase I au niveau du liquide dans le vase II, w la vitesse du jet au point où il arrive à ce niveau, a la superficie de l'orifice, s le poids spécifique du liquide et g l'accélération de la pesanteur. Pour évaluer le 1°, remarquons que v correspond à la vitesse acquise par une chute d'une hauteur h; il est aisé de se re-

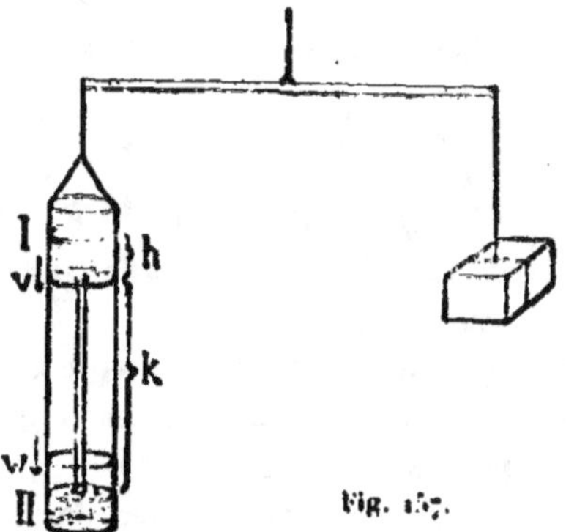

Fig. 157.

présenter cette chute comme continuant jusqu'en k. La durée de la chute du vase I au vase II est donc la différence entre les durées des chutes d'un corps d'une hauteur $h + k$ et d'une hauteur h. Pendant ce temps un cylindre liquide de base a s'échappe avec une vitesse v. Le 1°, c'est-à-dire le poids de la colonne d'eau suspendue dans l'air, est donc :

$$\sqrt{2gh}\left[\sqrt{\frac{2(h+k)}{g}} - \sqrt{\frac{2h}{g}}\right] as = 2as\left[\sqrt{h(h+k)} - h\right].$$

Pour évaluer le 2°, nous partirons de l'équation bien connue $mv = pt$. Supposons $t = 1$: elle donne $mv = p$, c'est-à-dire que la pression de réaction exercée sur I vers le haut est égale à la quantité de mouvement acquise dans l'unité de temps par la veine liquide.

Nous nous servirons de l'unité de poids comme unité de force, choisissant ainsi le système d'unités terrestres. Le 2° prend alors la forme $\left(av\frac{s}{g}\right)v = p$, expression dans laquelle la parenthèse représente la masse qui sort pendant l'unité de temps. On a d'ailleurs

$$\left(av\frac{s}{g}\right)v = a\sqrt{2gh}\,\frac{s}{g}\sqrt{2gh} = 2ahs.$$

Nous trouverons d'une manière analogue le 3°, c'est-à-dire la pression q exercée sur le vase H :

$$q = \left(av\frac{s}{g}\right)w = a\frac{s}{g}\sqrt{2gh}\sqrt{2g(h+k)} = 2as\sqrt{h(h+k)}.$$

La variation de pression totale est donc

$$-2as\left[\sqrt{h(h+k)}-h\right] = 2ahs + 2as\sqrt{h(h+k)},$$

elle est *identiquement* nulle, les trois parties dont elle se compose se détruisant l'une l'autre. On voit donc que Galilée ne pouvait obtenir qu'un résultat *négatif*.

A propos du second terme de cet somme une petite remarque est encore nécessaire. On pourrait penser que la pression perdue par l'ouverture de l'orifice est *ahs* et non pas *2ahs*, mais cette conception *statique* est tout à fait inapplicable au problème *dynamique* qui nous occupe. La pesanteur n'imprime pas instantanément la vitesse v aux particules liquides qui s'échappent, mais cette vitesse est engendrée par les pressions réciproques de ces dernières particules et de celles qui restent, et la pression ne peut être déterminée que par la quantité de mouvement. L'introduction fautive de la valeur *ahs* se décèlerait aussitôt par des contradictions.

Si le mode d'expérimentation de Galilée avait été moins élégant, il aurait pu sans difficulté déterminer la pression d'une veine liquide continue, mais, ainsi qu'il s'en convainquit rapidement, il lui aurait toujours été impossible de neutraliser par une *pression* l'effet d'un *choc* momentané. Considérons avec Galilée un corps tombant librement; il acquiert une vitesse proportionnelle à la durée de la chute. Même la *moindre* vitesse a besoin d'un certain *temps* pour être produite (proposition qui était encore contestée par Mariotte). Un corps animé d'une vitesse verticale vers le haut montera pendant un temps en rapport avec la grandeur de sa vitesse et par conséquent parcourra un certain chemin vers le haut. Le corps le plus lourd, animé de la plus petite vitesse verticale vers le haut, monte, quelque peu que ce soit, en sens contraire de la pesanteur. Si donc un corps, aussi lourd qu'on l'imagine, reçoit une impulsion momentanée vers le haut, par le choc d'un corps, aussi petit que l'on veut, en mouvement et animé d'une vitesse aussi faible que l'on veut, ce corps lourd cédera un peu vers le haut. Le *plus petit choc* peut donc surmonter *la plus grande* pression et l'on peut dire, suivant l'expression de Galilée, que la force du choc est *infiniment grande* par rapport à celle de la pression. On s'est parfois appuyé sur ce résultat pour adresser à Galiléo un reproche d'obscurité : il est au contraire une preuve éclatante de la pénétration de son esprit. Nous dirions aujourd'hui que la force du choc, l'impulsion, la quantité de mouvement mv est une grandeur d'une autre *dimension* que la pression p. La dimension de la première est mlt^{-1} ; celle de la seconde, mlt^{-2}. En réalité le rapport de la pression à l'impulsion due au choc est comparable au rapport d'une ligne à une surface. La pression est p, l'impulsion due au choc est pt. Sans employer le langage mathématique, il serait malaisé de parler de meilleure façon que ne l'a fait Galilée. Nous voyons en même temps pourquoi l'on peut en réalité mesurer par une *pression* le choc d'une veine liquide continue. Nous comparons en effet une quantité de mouvement détruite par seconde à une pression agissant par seconde, qui sont deux grandeurs *homogènes* de la forme pt.

4. — La première étude systématique des lois du choc est due à l'initiative de la Société Royale de Londres (1668). Trois physiciens éminents, Wallis (26 nov. 1668), Wren (17 déc. 1668) et Huyghens (4 janv. 1669), répondirent au vœu de la Société par le dépôt de mémoires dans lesquels ils exposaient les lois du choc indépendamment l'un de l'autre. Wallis n'étudie que le choc des corps non élastiques, Wren et Huyghens, que le choc des corps élastiques. Avant la publi-

cation, Wren avait vérifié expérimentalement ses théorèmes qui, au fond, concordent avec ceux de Huyghens. Ce sont ces expériences auxquelles Newton s'en rapporte dans ses Principes. Bientôt après, Mariotte les décrivit sous une forme plus développée dans son traité « *Sur le choc des corps* ».

Wallis part de ce principe fondamental que le *moment*, produit de la masse (*pondus*) par la vitesse (*celeritas*), est la condition déterminante dans le phénomène du choc. Ce moment détermine la force du choc. Si deux corps non élastiques et de moments égaux se rencontrent, il y a équilibre après le choc; si les deux corps ont des moments inégaux, la différence de ceux-ci donne le moment après le choc et le quotient de ce moment par la somme des masses donne la vitesse finale. Wallis publia ultérieurement sa théorie dans un autre traité (*Mechanica sive de motu*, London, 1671). Aujourd'hui tous ces théorèmes sont exprimés par la formule $u = \dfrac{mv + m'v'}{m + m'}$ dans laquelle m et m' sont les masses qui se heurtent, v et v' leurs vitesses avant le choc et u leur vitesse commune après le choc.

5. — Les idées directrices de Huyghens se montrent clairement dans son traité posthume « *De motu corporarum ex percussione* » (1703). Nous les étudierons d'un peu plus près. Huyghens part des hypothèses suivantes :

1) Le principe de l'inertie;

2) Si deux corps élastiques, animés de vitesses égales et opposées, se rencontrent, ils se séparent avec des vitesses égales aux précédentes ;

3) Toutes les vitesses ne sont évaluées que relativement;

4) Un corps plus grand qui heurte un corps plus petit au repos lui communique une certaine vitesse en perdant une partie de sa vitesse propre ;

5) Si l'un des deux corps qui participe au choc conserve sa vitesse, l'autre la conserve aussi.

Considérons d'abord avec Huyghens deux masses élastiques égales,

qui se heurtent avec des vitesses v égales et opposées. Après le choc
elles rebondissent en conservant leurs mêmes vitesses changées de
sens. Huyghens a raison d'admettre cette *hypothèse* sans vouloir la
démontrer. L'expérience seule peut apprendre l'existence de corps
élastiques qui reprennent leur forme après le choc et qui, dans ce
phénomène, ne perdent aucune quantité appréciable de force vive.
Huyghens imagine maintenant que cette expérience se fait sur une
barque qui, elle-même, se meut avec la vitesse v. Pour l'observateur
placé dans la barque tout se passe comme il vient d'être décrit, tan-

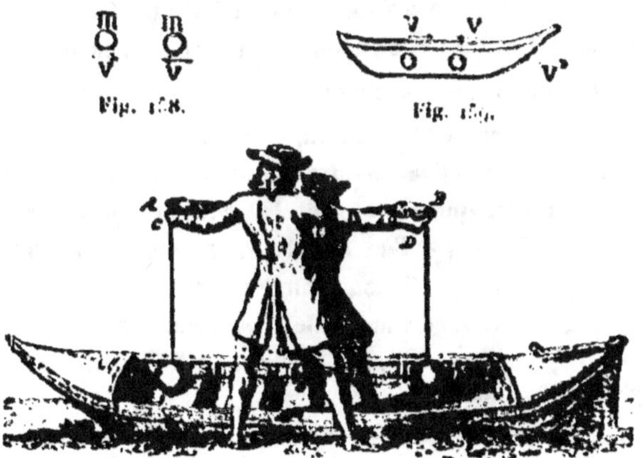

Gravure extraite de l'ouvrage de Huyghens « *De percussione* ».

dis que, pour l'observateur situé au dehors, les vitesses des deux
sphères élastiques avant le choc sont $2v$ et o, et après, o et $2v$. Donc
un corps élastique heurtant un autre corps élastique de masse égale
et immobile lui communique toute sa vitesse et se trouve au repos
après le choc. Si l'on suppose maintenant que la barque se meut
avec une vitesse u quelconque, les vitesses des sphères élastiques seront, pour l'observateur resté sur la rive, avant le choc : $u + v$ et $u - v$
et après, $u - v$ et $u + v$. Or $u + v$ et $u - v$ sont des vitesses absolument *quelconques*; on conclut donc de là que, dans le choc,
deux masses élastiques égales échangent leurs vitesses.

Galilée avait déjà montré que le corps plus grand au repos est mis en mouvement par le corps plus petit qui vient le heurter. Huyghens montre en plus que le *rapprochement* avant et *l'éloignement* après le choc se font avec *la même vitesse relative*. Supposons, qu'un corps de masse m animé d'une vitesse v, heurte un corps de masse M au repos ; soit w la vitesse encore inconnue qu'il lui communique. Pour démontrer son théorème, Huyghens imagine que l'expérience soit effectuée une barque qui se meut avec la vitesse $\frac{w}{2}$ dans le sens de M vers m.

Les vitesses initiales sont alors $v - \frac{w}{2}$ et $- \frac{w}{2}$, les vitesses finales w et $+ \frac{w}{2}$. M n'a donc pas changé la valeur de sa vitesse mais seulement son signe ; par conséquent, puisqu'aucune force vive n'est perdue dans le choc, m ne doit avoir changé *que* le signe de sa vitesse. Les vitesses finales sont par conséquent $- \left(v - \frac{w}{2} \right)$ et $+ \frac{w}{2}$. Donc en réalité la vitesse relative du rapprochement avant le choc est égale à la vitesse relative de la séparation après qu'il a eu lieu. Dans tous les cas, quelle que soit la variation de vitesse qu'é-

Fig. 160.

prouve l'un des corps, on pourra toujours, grâce à cette fiction du mouvement d'un bateau, regarder comme égales, au signe près, les vitesses avant et après le choc. Le théorème est donc général.

Lorsque deux masses M et m se rencontrent avec des vitesses V et v en *raison inverse* des masses, M rebondit avec la vitesse V et m avec la vitesse v. Soient en effet V_1, et v_1 les vitesses après le choc ; on a, d'après le théorème précédent,

$$V + v = V_1 + v_1,$$

et, d'après le théorème des forces vives,

$$\frac{1}{2} MV^2 + \frac{1}{2} mv^2 = \frac{1}{2} MV_1^2 + \frac{1}{2} mv_1^2.$$

Posons $v_1 = v + w$, d'où $V_1 = V - w$; la dernière égalité devient

$$\frac{1}{2}MV^2 + \frac{1}{2}mv^2 = \frac{1}{2}MV_1^2 + \frac{1}{2}mv_1^2 = \frac{1}{2}MV^2 + \frac{1}{2}mv^2 + \frac{1}{2}\left(M + m \right) w^2,$$

cette dernière égalité ne peut subsister que si $w = 0$, ce qui démontre le théorème. La démonstration de Huyghens repose sur la comparaison (qu'il effectue à l'aide d'une construction géométrique,) des hauteurs auxquelles peuvent monter les corps avant et après le choc. Si les vitesses des corps qui se heurtent ne sont pas en raison inverse des masses, elles peuvent être amenées à ce rapport par la fiction du canot en mouvement. Le théorème renferme donc tous les cas possibles.

La conservation de la force vive dans le choc fut énoncée par Huyghens dans un de ses derniers théorèmes (11), qu'il communiqua ultérieurement à la Société Royale de Londres. Il est toutefois incontestable que le théorème des forces vives se trouve déjà à la base des théorèmes précédents.

6. — Il arrive que, dans l'étude d'un phénomène A, les éléments de celui-ci nous apparaissent comme déjà donnés par un autre phénomène B. L'étude de A apparaît alors comme une application de principes déjà connus. Mais il se peut que ce soit par le phénomène A que l'on commence la recherche, et, comme la nature est en tout uniforme, il faut arriver à ces mêmes principes par ce phénomène A. Le choc ayant été étudié en même temps que d'autre phénomènes, il se fit que ces deux modes de découverte se mêlèrent.

Tout d'abord nous pouvons reconnaître que l'on peut expliquer les phénomènes du choc par les principes de Newton, à la découverte desquels leur étude a contribué, mais en y ajoutant un minimum d'expériences *nouvelles*, car ils ne reposent pas que sur cette base. Ces expériences nouvelles, qui sont en dehors des principes de Newton, enseignent uniquement qu'il y a des corps *élastiques* et des corps *non élastiques*. Une pression quelconque fait varier la forme des corps non élastiques, et celle-ci ne se rétablit pas. Dans les corps élastiques, à *toute forme du corps* correspond un système *déterminé* de pressions, si bien qu'une variation de pression est liée à une variation de forme et inversement. Les corps élastiques reprennent leur forme primitive. Les forces capables de changer la forme des corps n'agissent que lorsque ceux-ci sont au contact.

Considérons deux masses non élastiques M et m qui se meuvent avec les vitesses respectives V et v. Dès qu'elles se rencontrent, animés de ces vitesses inégales, des forces *déformatrices* naissent dans le système M, m. Ces forces n'altèrent pas la quantité de mouvement et ne changent rien au mouvement du centre de gravité. Les déformations cessent par l'introduction d'une vitesse commune et, dans les corps *non élastiques*, les forces qui ont produit ces déformations s'évanouissent. On en déduit que la vitesse commune u après le choc est donnée par l'équation

$$Mu + mu = MV + mv, \quad \text{d'où} \quad u = \frac{MV + mv}{M + m},$$

qui est la règle de Wallis.

Supposons maintenant que nous observions le phénomène du choc sans connaître les principes de Newton. Nous remarquerons vite que dans le choc il n'y a pas que les *vitesses* qui soient déterminantes, mais encore une *autre* caractéristique des corps (le poids, la lourdeur, la masse, pondus, moles, massa). Cette remarque permet d'expliquer sans peine les cas les plus élémentaires. Supposons que deux corps de même poids ou de même masse, animés de vitesses égales et opposées, se rencontrent. Si, après le choc, ces corps ne se séparent plus, mais possèdent une vitesse commune, la seule vitesse commune déterminée *d'une façon unique* après le choc est la vitesse *zéro*. Si maintenant nous observons que le phénomène ne dépend que des *différences* de vitesses, c'est-à-dire des vitesses relatives, nous pourrons aisément expliquer bien d'autres cas en imaginant un mouvement fictif de l'entourage, mouvement qui, d'après notre expérience, n'a aucun effet. Ainsi deux masses non élastiques, égales, de vitesses v et o ou v et v' ont, après le choc, une vitesse commune $\frac{v}{2}$ ou $\frac{v + v'}{2}$. Il va sans dire que ces déductions ne sont possibles qu'après avoir *au préalable* reconnu les traits distinctifs et caractéristiques du phénomène.

Pour en arriver au choc des masses inégales, il ne suffira pas d'avoir observé que la masse a une action *en général*, il faudra aussi

Fig. 161.

que l'expérience ait appris le *mode* de cette action. Supposons, par
exemple, que deux corps de masses 1 et 3 se rencontrent avec les
vitesses v et V; on pourrait raisonner de la façon suivante : dans la
masse 3 nous isolons une masse 1, et nous laissons d'abord se produire le choc de la masse 1 contre la masse 1 ; la vitesse résultante
est $\dfrac{v + V}{2}$; mais maintenant la masse $1 + 1 = 2$ et la masse 2
doivent encore égaliser leurs vitesses, qui sont $\dfrac{v + V}{2}$ et V ; le même
principe donne encore :

$$\frac{\dfrac{v + V}{2} + V}{2} = \frac{v + 3V}{4} = \frac{v + 3V}{1 + 3}.$$

Considérons en général deux masses m et m' que nous représentons dans la figure 163 par des longueurs horizontales proportionnelles. Soient v et v' leurs vitesses, portées en ordonnées
sur les longueurs représentatives des masses correspondantes. Si

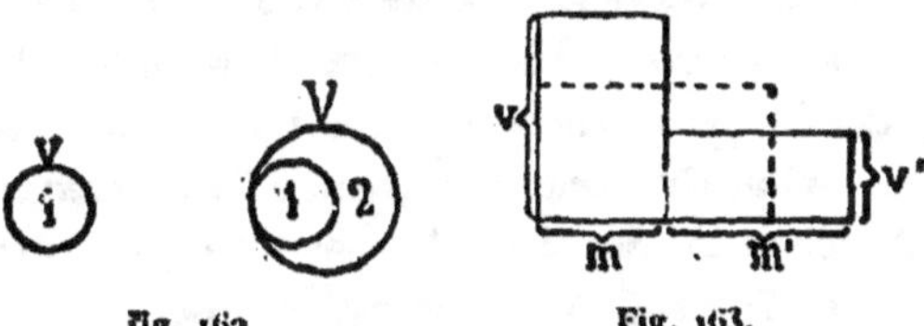

Fig. 162.   Fig. 163.

$m < m'$, isolons dans m' une partie égale à m. La rencontre de m
avec m donne une masse $2m$ animée de la vitesse $\dfrac{v + v'}{2}$, ce qui est
indiqué par la ligne pointillée. Opérons de même avec le reste,
$m' - m$; isolons dans $2m$ une partie égale à $m' - m$; nous
obtiendrons une masse $2m - (m' - m)$ animée d'une vitesse
$\dfrac{v + v'}{2}$ et une masse $2(m - m')$ dont la vitesse est $\dfrac{\dfrac{v + v'}{2} + v'}{2}$. Nous
pouvons continuer ainsi jusqu'à ce que nous arrivions à une vi-
tesse *commune* pour toute la masse $m + m'$. La figure montre suffisamment que l'on arrive à l'équation $(m + m') u = mv + m'v'$, qui
exprime l'égalité de deux surfaces. Mais il est évident que cette dé-

monstration tout entière n'est possible que si, au préalable, une expérience quelconque nous a presque conduits au fait que la *déterminante* est la somme $mv + m'v'$, c'est-à-dire nous a presque donné la forme de l'action de m et de v. De plus, si l'on fait abstraction des principes de Newton, il devient *impossible de se passer* d'autres expériences spécifiques sur la signification du produit mv, qui sont équivalentes à ces principes et peuvent les remplacer.

7. — On peut aussi étudier le choc des masses *élastiques* par les principes de Newton. Il suffit de remarquer que, dans les corps élastiques, toute *variation de forme* donne naissance à des *forces de restitution*, intimement liées à la déformation et tendant à rétablir la forme primitive. Le contact de corps animés de vitesses différentes fait aussi naître des forces qui tendent à *égaliser* ces vitesses, et c'est d'ailleurs sur ce phénomène que repose la soi-disant impénétrabilité de la matière. Lorsque deux masses élastiques M et m se rencontrent avec des vitesses respectives C et c, il se produit une déformation qui ne cesse qu'au moment où les deux vitesses deviennent égales. Ces forces, nées du contact des corps, sont des forces intérieures qui ne changent ni la quantité de mouvement, ni le mouvement du centre de gravité, aussi avons-nous, pour la vitesse commune des corps à l'instant où la déformation cesse,

$$u = \frac{MC + mc}{M + m}.$$

Mais les corps élastiques reprennent leur forme primitive. Dans les corps *parfaitement* élastiques ces mêmes forces rentrent aussitôt en jeu, pendant le même temps et le long du même chemin élémentaires, mais dans un ordre exactement inverse. En supposant que le corps M ait la plus grande vitesse et rattrape m, il recevra de nouveau la diminution de vitesse $C - u$ en même temps que m recevra de nouveau l'accroissement $u - c$. On a donc, pour les vitesses V et v après le choc,

$$V = u - (C - u) = 2u - C, \qquad v = u + (u - c) = 2u - c,$$

ou bien :

$$V = \frac{MC + m\,(2c - C)}{M + m}, \qquad v = \frac{mc + M\,(2C - c)}{M + m}.$$

Si dans ces formules on fait $M = m$, il vient :

$$V = c, \qquad v = C,$$

donc deux masses égales échangent leurs vitesses dans le phénomène du choc. Dans le cas particulier où $\frac{M}{m} = -\frac{c}{C}$, ou bien $MC + mc = o$, on sait que $u = o$, il vient donc alors

$$V = 2u - C = -C, \qquad v = 2u - c = -c.$$

Les masses rebondissent par conséquent avec les vitesses qu'elles possédaient avant la rencontre, mais dirigées en sens contraires. Le rapprochement de deux masses animées de vitesses C et c, comptées *positivement* dans le *même* sens, se fait avec la vitesse $C - c$, et leur éloignement avec la vitesse $V - v$; or, les valeurs $V = 2u - C$ et $v = 2u - c$ montrent que :

$$V - v = -(C - c).$$

Les vitesses relatives du rapprochement et de l'éloignement sont donc égales. Les mêmes expressions de V et v donnent aussi fort aisément les deux théorèmes :

$$MV + mv = MC + mc,$$
$$MV^2 + mv^2 = MC^2 + mc^2.$$

La *quantité de mouvement* évaluée dans la même direction reste donc *identique* avant et après le choc, ainsi que la *force vive*. Les principes de Newton conduisent donc à tous les résultats de Huyghens.

8. — D'autre part, pour faire l'étude des lois du choc à la manière de Huyghens, il faut tout d'abord considérer les points suivants : La hauteur à laquelle peut monter le centre de gravité d'un système de masses est donné par sa force vive $\frac{1}{2}\,\Sigma\,mv^2$. Lorsque les forces *effectuent* un travail, c'est-à-dire lorsque les masses du système se meuvent dans les directions des forces, cette somme augmente d'une quantité égale au travail effectué ; lorsque les mouvements des masses se font en sens contraires des forces, ce que nous exprimerons en disant que les forces *subissent* un travail, cette somme diminue d'une quantité égale au travail subi. Dès lors, tant que la somme algébrique des travaux effectués ou subis ne varie pas, quelles que soient d'ailleurs les autres variations qui puissent se produire, la somme $\frac{1}{2}\Sigma mv^2$ reste aussi invariable. Dès que Huyghens vit que cette propriété des systèmes matériels, qu'il avait découverte dans ses *recherches sur le pendule*, subsistait dans le cas du *choc*, il dut aussitôt en déduire que la somme des forces vives était *la même* avant et après le choc. Car, dans les déformations mutuelles des corps qui le composent, le système matériel *subit* le même travail que celui qu'il *effectue* lorsque les formes primitives se rétablissent, puisque ces corps ne développent que des forces entièrement déterminées par leurs formes, et qu'ils rétablissent leurs formes avec ces mêmes forces qu'ils avaient exercées pendant la déformation. Mais seule une *expérience spéciale* peut faire connaître cette dernière déformation. La loi n'est d'ailleurs valable que pour les corps *parfaitement* élastiques.

Ces considérations fournissent presqu'immédiatement la plupart des lois du choc énoncées par Huyghens. Deux masses égales qui se rencontrent avec des vitesses égales et opposées rebondissent avec les mêmes vitesses. Les vitesses après le choc ne sont en effet *déterminées d'une seule façon* que si elles sont égales entre elles, et elles ne satisfont au principe des forces vives que si elles sont les mêmes avant et après le choc. D'autre part, il est clair que si, par le choc, une des deux masses inégales ne change que le signe de sa vitesse et non pas sa grandeur, l'autre masse doit présenter le même phénomène : il en résulte donc que la vitesse du rapprochement des deux corps est égale à celle de leur séparation. Tous les cas possibles peuvent être ramenés à celui-ci ; soient en effet c et c' les vitesses de la masse m (prises avec leurs signes), avant et après le choc ; il suffira de supposer que le système des *deux corps* reçoit une vitesse u telle que $u + c = -(u + c')$, c'est-à-dire $u = \dfrac{c - c'}{2}$. On peut donc toujours animer le système des deux corps d'une vitesse de translation par laquelle la vitesse de l'*une* des deux masses ne change que son signe. Le théorème de l'égalité des vitesses relatives de rapprochement et d'éloignement est ainsi généralisé.

Comme le système des conceptions de Huyghens n'était pas entièrement achevé, il fut forcé, comme nous l'avons déjà dit, de faire certains emprunts au système des notions de Galilée et Newton, par exemple dans le cas où le *rapport* des vitesses des deux masses qui se rencontrent n'est pas donné *a priori*. On trouve ainsi un emprunt tacite des concepts de masse et de quantité de mouvement dans le théorème d'après lequel les vitesses ne changent que leurs signes lorsque $\frac{M}{m} = -\frac{c}{C}$. Si Huyghens s'était strictement restreint aux concepts qui lui étaient propres, il eut à peine su *découvrir* ce simple théorème, bien qu'il lui eut été possible, l'ayant découvert, de le démontrer sans aucun emprunt. En effet, on peut remarquer que, dans ce cas, puisque les quantités de mouvement sont égales et de signes contraires, la vitesse d'ensemble, après la déformation totale, est nulle, $u = o$. Mais cette déformation se produisant aussitôt en sens contraire, et le travail effectué étant le même que celui que le système vient de subir, les *mêmes* vitesses sont *restituées*, avec des signes *contraires*.

Ce cas *particulier* fournit le cas *général* si l'on suppose que le système des deux masses est animé d'une vitesse de translation. Représentons les masses qui se heurtent par BC $=$ M et AC $= m$, leurs vitesses respectives par AD $=$ C et DE $= c$. Elevons la perpendiculaire CF sur AB et par F menons à AB la parallèle IK. On a :

$$ID = \frac{m\,(C-c)}{M+m}, \qquad\qquad KE = \frac{M\,(C-c)}{M+m}.$$

Dès lors si l'on fait se heurter les masses M et m avec les vitesses ID et KE tandis que l'on anime le système des deux masses de la vitesse

$$u = AI = KB = C - \frac{m\,(C-c)}{M+m} = c + \frac{M\,(C-c)}{M+m} = \frac{MC+mc}{M+m},$$

on voit que, quelles que soient les vitesses, ce cas est le *cas spécial* pour l'observateur qui marche avec la vitesse *u* et le *cas général* pour l'observateur *immobile*. Les formules générales du choc, que nous avons données plus haut, résultent immédiatement de ces considérations ; on trouve :

$$V = AG = C - 2\,\frac{m\,(C-c)}{M+m} = \frac{MC + m\,(2c-C)}{M+m},$$

$$v = BH = c + 2\,\frac{M\,(C-c)}{M+m} = \frac{mc + M\,(2C-c)}{M+m}.$$

La méthode si féconde de Huyghens, qui consiste dans l'emploi d'une vitesse fictive, provient de la remarque que, sans *différence* de vitesse, les corps n'agissent point l'un sur l'autre par le choc. Toutes les forces du choc sont déterminées par les différences de vitesses, (de même que toutes les actions de transmission de chaleur par les différences de température). Comme les forces ne déterminent pas des vitesses mais seulement des variations de vitesse, c'est-à-dire encore des différences de vitesses, l'on voit

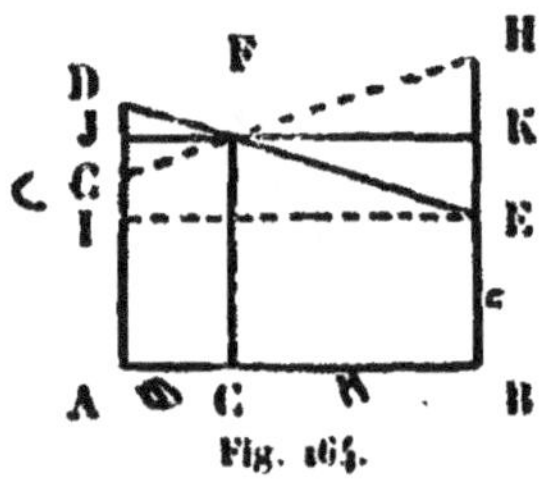

Fig. 164.

que, dans le choc, il ne s'agira jamais que de *différences* de vitesses. Il est indifférent d'estimer les vitesses relativement à l'un ou à l'autre des deux corps. En fait, une recherche exacte montre souvent l'identité de cas de choc, que l'on avait d'abord cru distincts par suite du manque de pratique.

Il en est de même de la capacité d'action d'un corps en mouvement, qui, soit qu'on la mesure par la quantité de mouvement si l'on considère la durée de l'action, ou par la force vive si l'on considère son parcours, n'a *aucun* sens tant que l'on ne traite que *d'un seul* corps. Cette notion n'acquiert de sens que du moment où l'on introduit un deuxième corps et dès lors la déterminante de cette action est, pour le premier cas, la différence *des vitesses* et, pour le deuxième, le carré de cette différence. La *vitesse* représente un *niveau physique*, ainsi que la température, la fonction potentielle, etc.

Il faut encore observer que Huyghens aurait pu faire d'abord, à
l'aide des phénomènes de choc, ces mêmes expériences auxquelles
il fut conduit par ses recherches sur le pendule. Il ne s'agit en
toutes choses que de ceci : *reconnaître les mêmes éléments dans
tous les phénomènes*, ou, si l'on veut, retrouver dans un phénomène
les éléments d'un phénomène déjà connu. Ce sont des circonstances
historiques accidentelles qui déterminent le phénomène adopté pour
point de départ.

9. — Nous terminons cet examen des lois du choc par quelques remarques plus générales. La somme des *quantités de mouvement* se conserve dans le choc, que les corps soient d'ailleurs élastiques ou non.
Mais, ainsi que Huyghens le fit remarquer le premier, il ne faut pas
entendre ici la conservation de la quantité de mouvement *dans
le sens que lui donnait Descartes*. La quantité de mouvement
d'un corps n'est pas augmentée de celle que perd un autre corps.
Lorsque par exemple deux masses non élastiques se rencontrent avec
des vitesses égales et opposées, elles perdent toutes deux leur quantité de mouvement au sens de Descartes. Mais, au contraire, la somme
de ces quantités se conserve si l'on compte les vitesses positivement
dans un sens et négativement *dans l'autre*. La quantité de mouvement
entendue ainsi se conserve dans tous les cas.

La somme des *forces vives* varie dans le choc des masses non
élastiques, mais se conserve dans le choc des masses parfaitement
élastiques. On peut déterminer sans peine la perte de force vive dans
le choc des masses non élastiques et, en général, lorsque les deux
corps qui se sont rencontrés se meuvent après le choc avec une
vitesse commune. Soient M et m les masses, C et c leurs vitesses respectives avant le choc et u leur vitesse commune après celui-ci. La
perte de force vive est $\frac{1}{2} MC^2 + \frac{1}{2} mc^2 - \frac{1}{2}(M + m) u^2$; puisque
$u = \dfrac{MC + mc}{M + m}$, on peut l'écrire $\dfrac{Mm}{M + m}(C - c)^2$. Carnot l'a mise
sous la forme $\frac{1}{2} M(C - u)^2 + \frac{1}{2} m(u - c)^2$, sous laquelle on reconnaît, dans les termes $\frac{1}{2} M(C - u)^2$ et $\frac{1}{2} m(u - c)^2$, les forces vives

engendrées par le *travail des forces intérieures* (que l'on appelle ordinairement moléculaires). La formule de Carnot est importante pour l'évaluation des pertes de travail dues au choc dans les machines.

Dans toute notre étude nous avons traité les masses comme des points et nous avons supposé qu'elles ne se mouvaient que suivant leur droite de jonction. Cette simplification est admissible dans les cas où les centres de gravité des masses qui se heurtent et leur point de contact sont en ligne droite, c'est-à-dire dans le cas du choc central. L'étude du choc *excentrique* ou *oblique* est quelque peu plus difficile, mais ne présente aucun intérêt particulier au point de vue des principes.

Wallis déjà s'est posé un problème d'un autre genre. Supposons qu'un corps tournant autour d'un axe soit brusquement immobilisé par la fixation de l'un de ses points. La violence du choc produit dépend de la situation du point immobilisé, ou, plus précisément, de sa distance à l'axe. Wallis appelle *centre du choc* ou *de percussion* ce point où le choc est maximum. Si l'on fixe brusquement ce point, l'axe ne subit aucune pression. Il nous est impossible d'entrer ici dans le détail de ces recherches qui furent développées par beaucoup de contemporains et de successeurs de Wallis.

10. — Une application intéressante des lois du choc est l'estimation de la vitesse d'un projectile par le pendule balistique. Nous en dirons quelques mots. Soit M une lourde masse attachée à un pendule dont le fil est supposé sans masse. Dans sa position d'équilibre, elle reçoit soudainement la vitesse horizontale V, qui la fait monter à une hauteur $h = l (1 - \cos \alpha) = \dfrac{V^2}{2g}$, l étant la longueur du pendule, α l'angle d'écart et g l'accélération due à la gravité. En appelant T la durée de l'oscillation, on a $T = \pi \sqrt{\dfrac{l}{g}}$, et la formule précédente donne :

$$V = \frac{gT}{\pi} \sqrt{2(1 - \cos \alpha)} = \frac{2}{\pi} gT \sin \frac{\alpha}{2}.$$

Si maintenant la vitesse V est due au choc d'un projectile de masse m, qui vient frapper, M avec une vitesse v et fait ensuite corps avec M, on a, que le choc soit élastique ou non : $mv = (M + m) V$, puisque les deux masses se meuvent après le choc avec la vitesse *commune* V. Si m est suffisamment petit en regard de M on peut prendre $v = \dfrac{M}{m} V$ et par suite :

$$v = \frac{2}{\pi} \frac{M}{m} g T \sin \frac{\alpha}{2}.$$

Lorsque l'on ne peut considérer le pendule balistique comme un pendule simple, les principes que nous avons déjà plusieurs fois employés permettent de mettre cette étude sous la forme suivante : la quantité de mouvement du projectile de masse m et de vitesse v est mv ; la pression p due au choc la réduit dans un temps très court τ à la valeur mV. On a donc : $m (v - V) = p\tau$ et, si V est très petit relativement à v, cette équation revient à $mv = p\tau$. Nous rejetons avec Poncelet l'hypothèse des *forces instantanées* qui communiquent soudainement aux corps des vitesses finies. Il

Fig. 165.

n'existe pas de forces instantanées, et ce que l'on a appelé de ce nom sont des forces très grandes qui, dans un temps très court, engendrent des vitesses perceptibles, mais qui ne se distinguent pas autrement des forces continues. Si la force qui agit dans le choc ne peut être supposée constante pendant toute sa durée, on devra remplacer l'expression $p\tau$ par la somme $\int p\,dt$, ce qui ne change rien au raisonnement.

Une force égale à celle qui détruit la quantité de mouvement du projectile agit comme réaction sur le pendule. Supposons que la ligne du tir, et par suite la force, soit perpendiculaire à l'axe du pendule et distante de b de celui-ci. Le moment de la force p est bp, l'accélération angulaire engendrée est $\dfrac{bp}{\Sigma mr^2}$ et la vitesse angulaire φ produite dans le temps τ est

$$\varphi = \frac{b \cdot p\tau}{\Sigma mr^2} = \frac{bmv}{\Sigma mr^2}.$$

La force vive acquise par le pendule au bout du temps τ est donc

$$\frac{1}{2} \varphi^2 \Sigma mr^2 = \frac{1}{2} \frac{b^2 m^2 v^2}{\Sigma mr^2}.$$

Cette force vive donne au pendule une élongation α et fait ainsi monter le centre de gravité du poids Mg à la hauteur $a\,(1 - \cos\alpha)$, en appelant a la distance de ce centre à l'axe. Le travail effectué dans cette ascension est $Mga\,(1 - \cos\alpha)$; il est égal à la force vive, et l'égalité de ces deux expressions donne :

$$v = \frac{\sqrt{2\,Mga\,\Sigma mr^2\,(1 - \cos\alpha)}}{mb},$$

on simplifie cette formule en y introduisant la durée d'oscillation $T = \pi\sqrt{\dfrac{\Sigma mr^2}{ga}}$; il vient alors

$$v = \frac{2}{\pi}\,\frac{M}{m}\,\frac{a}{b}\,gT\,\sin\frac{\alpha}{2},$$

valeur tout à fait semblable à celle du cas simple précédent. Les observations que l'on doit faire pour déterminer v sont donc : la masse du pendule et celle du projectile, les distances à l'axe du centre de gravité et du point que vient frapper le projectile, la durée d'oscillation et l'écart du pendule. On voit tout de suite que la formule donnée a la dimension d'une vitesse. Les facteurs $\frac{2}{\pi}$ et $\sin\frac{\alpha}{2}$ sont des nombres, ainsi que $\frac{M}{m}$ et $\frac{a}{b}$ dont le numérateur et le dénominateur sont des grandeurs de même espèce. Le facteur gT a la dimension lt^{-1} qui est celle d'une vitesse. Le pendule balistique fut découvert par Robins qui le décrivit dans son traité « New Principles of Gunnery » (1742).

V. — LE THÉORÈME DE D'ALEMBERT

1. — Un des théorèmes les plus importants pour la solution rapide et facile des problèmes de la mécanique est le théorème de d'Alembert. Les recherches sur le centre d'oscillation, dont s'occupèrent presque tous les contemporains et les successeurs les plus marquants de Huyghens, conduisirent à des remarques simples que d'Alembert rassembla enfin en les généralisant dans le théorème qui porte son nom. Nous nous occuperons d'abord de ces travaux préliminaires. Ils furent presque tous dus au désir de remplacer par un principe *plus démonstratif* le principe de Huyghens, dont l'évidence n'apparaissait pas comme suffisamment *immédiate*. Nous avons vu qu'au fond de ce désir il n'y avait qu'une erreur de compréhension due à des circonstances historiques, mais qui eut heureusement pour conséquence l'acquisition de points de vue *nouveaux*.

2. — Le plus célèbre des successeurs de Huyghens dans l'établissement de la théorie du centre d'oscillation est Jacques Bernoulli. Déjà en 1686 il cherchait à ramener au levier l'explication du pendule composé; mais sa démonstration est très obscure et contradictoire avec les conceptions de Huyghens, ainsi que l'Hospital le fit expressément remarquer (Journal de Rotterdam, 1690). Les difficultés cessèrent dès qu'au lieu des vitesses acquises en des temps *finis* on se mit à considérer les vitesses acquises en des éléments *infiniment petits* de temps. En 1691 dans les *Acta eruditorum*, et en 1703 dans les *Comptes-rendus de l'Académie de Paris*, Jacques Bernoulli corrigea l'erreur qu'il avait commise; nous donnerons ici les grandes lignes de sa dernière étude.

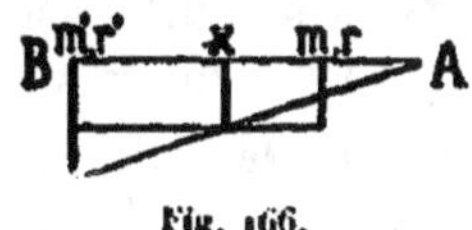

Fig. 166.

Considérons avec Bernoulli une tige horizontale sans masse AB, pouvant tourner librement autour de A et supportant les masses m et m', à des distances respectives r et r' du point A. Par le fait de cette *liaison*, les masses seront animées, dans leurs mouvements, d'accélérations *autres* que celles qu'elles auraient dans le cas de la chute libre, et qu'elles prendraient immédiatement si l'on *supprimait* la liaison. Seul ce point que nous appelons centre d'oscillation, qui se trouve à une distance encore inconnue x du point A, se meut dans la liaison avec la même accélération que s'il était isolé, avec l'accélération g.

Si la loi des accélérations était telle que les accélérations des points

m et m' fussent respectivement $\varphi = \dfrac{gr}{x}$ et $\varphi' = \dfrac{gr'}{x}$, c'est-à-dire si les accélérations auxquelles les points sont naturellement soumis étaient proportionnelles à leurs distances au point A, les masses, bien que liées par la liaison AB, ne se gêneraient pas mutuellement. Mais, en réalité, la liaison fait subir au point m une diminution d'accélération égale à $g - \varphi$, et au point m', une augmentation égale à $\varphi' - g$; le point m subit donc une perte de force $m\,(g - \varphi) = g\,\dfrac{x - r}{x}\,m$, et le point m' reçoit une augmentation $m'\,(\varphi' - g) = g\,\dfrac{r' - x}{x}\,m'$.

Mais les masses ne peuvent exercer leur *action mutuelle* l'une sur l'autre que par l'intermédiaire du *levier qui constitue leur liaison*; ces pertes et gains de force doivent donc vérifier la loi du levier. Si, par l'effet de sa liaison avec le levier, le point m est retenu par une force f en sens contraire du mouvement qu'il prendrait s'il était libre, inversement le point m exerce sur le levier une réaction égale à f. C'est uniquement cette réaction f qui peut être communiquée au point m' et être, en ce point là, équilibrée par une pression $f' = \dfrac{r}{r'}\,f$: elle est par suite équivalente à cette dernière pression. On a donc, eu égard à ce qui a été dit plus haut, la relation :

$$g\,\frac{r' - x}{x}\,m' = \frac{r}{r'}\,g\,\frac{x - r}{x}\,m,$$

ou

$$(x - r)\,mr = (r' - x)\,m'\,r',$$

d'où l'on tire

$$x = \frac{mr^2 + m'r'^2}{mr + m'r'},$$

ainsi que Huyghens l'avait déjà trouvé.

On peut immédiatement généraliser pour un nombre quelconque de masses, qui sont ou non en ligne droite.

3. — En 1712 Jean Bernoulli entreprit par une autre méthode la solution du problème du centre d'oscillation. On peut consulter ses

travaux sur cette question dans la collection de ses œuvres complètes, (*Opera*, Lausannæ et Genevæ, 1762. V. II et IV). Nous examinerons maintenant ses *idées principales*. Bernoulli arrive au but en faisant, dans sa pensée, une distinction entre la *force* et la *masse*.

Considérons *premièrement* deux pendules simples de longueurs l et l', auxquels sont suspendus des corps qui reçoivent des accélérations g et g' telles que $\frac{l}{l'} = \frac{g}{g'}$. La durée de l'oscillation étant $T = \pi \sqrt{\frac{l}{g}}$, elle sera la même pour les deux pendules. Elle reste encore la même si l'on double la longueur du pendule en doublant en même temps l'intensité de la pesanteur.

Secondement, s'il est impossible de faire varier directement l'accélération g en un lieu donné, on peut imaginer des dispositifs qui correspondent à une variation de l'accélération. Imaginons par exemple une tige rectiligne sans masse, de longueur $2a$, pouvant tourner autour de son point milieu et plaçons à ses extrémités des masses m et m'. Le pendule ainsi obtenu équivaut à un pendule de longueur a, de masse $m + m'$, mais tel que la force qui sollicite cette masse n'est plus que $(m - m')g$; l'accélération pour ce pendule est donc $\frac{m - m'}{m + m'} g$. Si l'on cherche maintenant la longueur du pendule qui, soumis à l'accélération g ordinaire, oscillerait dans le même temps que ce pendule de longueur a, on aura, par la formule précédente :

$$\frac{l}{a} = \frac{g}{\frac{m - m'}{m + m'} g}, \qquad \text{ou} \qquad l = a \frac{m + m'}{m - m'}.$$

Fig. 167

. *Troisièmement*, considérons un pendule simple de longueur 1 et portant la masse m. Le poids de m correspond à une force moitié moindre dans un pendule de longueur double. La moitié de la masse m, placée à la distance 2, serait donc soumise à la même accélération par l'effet de la force appliquée en 1, et le quart de la masse m éprouverait une accélération double. Ainsi le pendule simple de longueur 2, portant à son extrémité la masse $\frac{m}{4}$ et soumis à la force primitive appliquée en 1, serait isochrone avec le pendule primitif. En généralisant ces considérations, on voit que l'on peut remplacer une force quelconque f appliquée en un point d'un pendule composé situé à une distance r de l'axe, par une force rf appliquée à la distance 1, et remplacer une masse quelconque située à la distance r par la masse r^2m à la distance 1, sans rien changer à la durée de l'oscillation. Une force f, qui agit au bout du bras de levier a, tandis que la masse m se trouve à la distance r de l'axe de rotation, équivaut à une force $\frac{af}{r}$ appliquée directement à la masse m, à laquelle elle communiquerait l'accélération $\frac{af}{mr}$, d'où résulterait l'accélération angulaire $\frac{af}{mr^2}$.

Il suit de là que pour avoir l'accélération angulaire d'un pendule composé, il faut diviser la somme des *moments statiques* par celle des *moments d'inertie*. Tout à fait indépendamment de Bernoulli, Brook Taylor développa les mêmes idées, mais il ne publia ses recherches qu'un peu plus tard, dans son ouvrage intitulé « *Methodus incrementorum* ». Tels sont les plus importants essais qui furent faits pour la solution du problème du centre d'oscillation. Nous allons voir qu'ils renferment déjà tous cette *même idée* que d'Alembert a exprimée sous une forme *plus générale*.

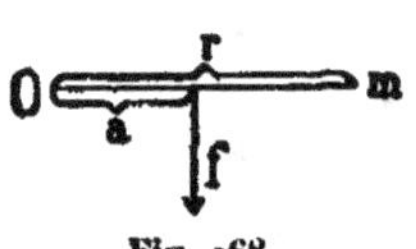

Fig. 168.

4. — Considérons un système de points M, M', M'',..., liés entre eux d'une manière quelconque et sollicités par les forces P, P', P'',.... qui communiqueraient aux points M, M', M'',... *libres* des mouvements déterminés. Les points *liés entre eux* prennent en général d'autres mouvements qui pourraient être produits par les forces W, W', W'',.... Ce sont ces mouvements que nous nous proposons d'étudier. Pour cela, décomposons les forces P, P', P'',... respectivement en W et V, W' et V', W'' et V'', etc. Puisque, à cause des liaisons, les composantes W, W', W'',... sont *en réalité* les seules agissantes, les forces V. V', V'',... se font *équilibre* par l'intermédiaire des liaisons. Nous appellerons forces *appliquées* les forces P, P', P'',... ; forces *ef-*

fectives les forces W, W′, W″,... qui produiraient en réalité le mouvement, et forces gagnées et perdues, ou forces *de liaisons*, les forces V, V′, V″,.... Nous voyons donc que si l'on décompose les forces appliquées en forces effectives et forces de liaisons, ces dernières se font équilibre par le moyen des liaisons. Tel est le théorème de d'Alembert. Nous nous sommes permis, dans son exposition, une modification fort accessoire, en parlant des forces au lieu de parler des quantités de mouvement qu'elles produisent, comme le fait d'Alembert dans son *Traité de dynamique*, paru en 1743.

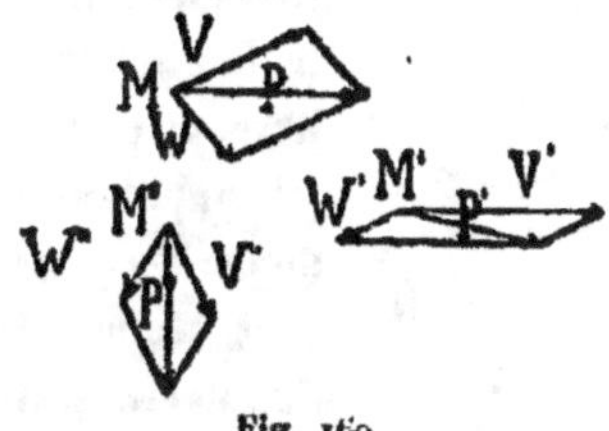

Fig. 169.

Puisque le système des forces V, V′, V″,... est en *équilibre*, on peut lui appliquer le principe des *déplacements virtuels*. On obtiendra ainsi une seconde forme du théorème de d'Alembert. On peut encore le mettre sous une troisième forme comme suit : les forces P, P′,... sont les résultantes des composantes W, W″,... et V, V′,... ; si donc on fait agir les forces — P, — P′,... avec W, W″,... et V, V″,..., il y aura équilibre. Le système des forces — P, W, V est en équilibre ; mais le système V est de lui-même en équilibre, donc le système — P, W est aussi en équilibre, et de même le système P, — W. Par

Fig. 170.

conséquent, si l'on ajoute aux forces appliquées les forces effectives prises en signe contraire, l'équilibre subsiste par l'intermédiaire des liaisons. Ainsi que l'a fait Lagrange dans sa *Mécanique analytique*, on peut aussi appliquer le principe des déplacements virtuels au système P, — W.

On peut encore exprimer autrement qu'il y a équilibre entre les systèmes P et — W, et dire que le système P est équivalent au système W. Hermann (*Phoronomia*, 1716) et Euler (*Comment. de l'Acad. de St. Pétersbourg*, anc. série, vol. VII, 1740) ont employé le théorème sous cette forme qui ne diffère pas essentiellement de celle de d'Alembert.

5. — Quelques exemples permettront de bien saisir ce théorème. Considérons les poids P et Q suspendus à un treuil sans masse et ne se faisant pas équilibre. Soient R et r les rayons. Décomposons la force P en une force W, qui animerait du même mouvement la masse supposée libre, et en une force V ; on aura : P = W + V. Décomposons de même Q en W' et V', ce qui donne Q = W' + V', puisqu'il est évident qu'on peut négliger ici tout mouvement qui ne se produirait pas suivant la verticale. On a donc

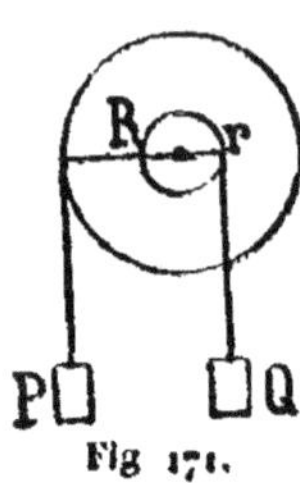

Fig 171.

$$V = P - W, \qquad V' = Q - W', $$

et, les forces de liaisons V, V' étant en équilibre, il vient

$$VR = V'r,$$

ou

$$(1) \qquad (P - W)R = (Q - W')r,$$

équation à laquelle on arrive directement en prenant le théorème de d'Alembert sous sa *seconde* forme. La nature du problème permet de reconnaître sans peine qu'il s'agit d'un mouvement uniformément accéléré et que la seule inconnue est par conséquent l'accélération. En adoptant le système des unités mécaniques terrestres et en appelant γ et γ' les accélérations que les forces W et W' communiquent aux masses $\frac{P}{g}$ et $\frac{Q}{g}$, on a :

$$W = \frac{P}{g}\,\gamma, \qquad W' = \frac{Q}{g}\,\gamma' ;$$

nous savons d'ailleurs que $\gamma' = -\,\gamma\,\dfrac{r}{R}$, l'équation (1) peut donc s'écrire :

$$(2) \qquad \left(P - \frac{P}{g}\,\gamma\right) R = \left(Q + \frac{Q}{g}\,\frac{r}{R}\,\gamma\right)r,$$

d'où

$$\gamma = \frac{PR - Qr}{PR^2 + Qr^2}\,Rg,$$

et ensuite

$$\gamma' = -\frac{PR - Qr}{PR^2 + Qr^2}\, rg.$$

Le mouvement est maintenant déterminé.

On voit sans peine que l'on arrive au même résultat en employant les moments statiques et les moments d'inertie. Cette méthode donne l'accélération angulaire φ :

$$\varphi = \frac{PR - Qr}{P\,\dfrac{R^2}{g} + Q\,\dfrac{r^2}{g}} = \frac{PR - Qr}{PR^2 + Qr^2}\, g,$$

et l'on retrouve les formules ci-dessus en remplaçant φ par sa valeur dans

$$\gamma = R\varphi \qquad \text{et} \qquad \gamma' = -r\varphi.$$

Lorsque les masses et les forces sont données, le problème de la recherche du mouvement est un problème *déterminé*. Supposons maintenant que l'accélération γ du poids P soit donnée et que l'on demande les forces P et Q qui peuvent produire ce mouvement. L'équation (2) donne alors :

$$\frac{P}{Q} = \frac{Rg + r\gamma}{(g - \gamma)R^2}\, r.$$

Le rapport P : Q est donc déterminé, mais l'un des deux poids peut être pris arbitrairement. Le problème, tel qu'il est posé, est *indéterminé* et admet une infinité de solutions.

Prenons un second exemple. Un poids P mobile sur une droite verticale AB est lié à un poids Q par un fil passant sur une poulie C et faisant avec AB l'angle variable α. Le mouvement peut ici ne pas être uniformément accéléré ; mais comme on ne considère que des mouvements verticaux, on peut

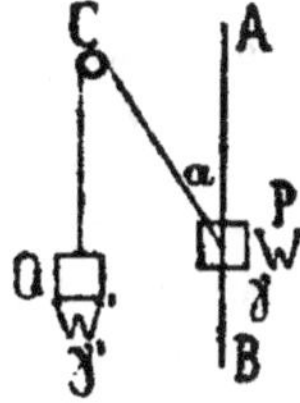

Fig. 172.

très facilement trouver les accélérations γ et γ' de P et de Q pour un angle α quelconque. En procédant exactement comme dans le cas précédent on trouve :

$$P = W + V, \qquad\qquad Q = W' + V',$$

puis

$$V' \cos \alpha = V,$$

ou, puisque $\gamma' = - \gamma \cos \alpha$,

$$\left(Q + \frac{Q}{g} \cos \alpha . \gamma \right) \cos \alpha = P - \frac{P}{g} \gamma,$$

d'où

$$\gamma = \frac{P - Q \cos \alpha}{Q \cos^2 \alpha + P} g,$$

$$\gamma' = - \frac{P - Q \cos \alpha}{Q \cos^2 \alpha + P} \cos \alpha \, g.$$

On arrive très facilement au même résultat en employant les notions de moment statique et de moment d'inertie sous une forme quelque peu généralisée. La force, ou le moment statique, qui agit sur P est P — Q cos α. Mais le poids Q se meut cos α fois aussi vite que P, on doit donc prendre sa masse cos² α fois ; l'accélération que reçoit le point P est donc

$$\gamma = \frac{P - Q \cos \alpha}{\dfrac{Q}{g} \cos^2 \alpha + \dfrac{P}{g}} = \frac{P - Q \cos \alpha}{Q \cos^2 \alpha + P} g.$$

On obtient de même l'accélération γ'.

Ce procédé repose sur la remarque simple que, dans le mouvement des masses, le chemin est *accessoire* et que *l'essentiel* est le *rapport* des vitesses ou des déplacements. On peut souvent se servir avec avantage de cette généralisation des moments d'inertie.

6. — Maintenant que l'on peut se rendre suffisamment compte de l'emploi du théorème de d'Alembert, il ne sera plus difficile de comprendre clairement sa signification. Les problèmes sur le *mouvement* des points liés entre eux sont ramenés aux expériences faites, à propos des problèmes *d'équilibre*, sur les actions mutuelles des corps liés les uns aux autres. Dans le cas où ces expériences sont insuffisantes le théorème de d'Alembert ne sert à rien, ainsi que les exemples traités plus haut le montrent nettement. On doit donc bien se garder de croire que le théorème de d'Alembert soit un

théorème *plus général* qui rende *superflues* les expériences parti
culières. Sa brièveté et sa simplicité apparentes ne reposent que sur
le fait qu'il s'en rapporte à des expériences *antérieurement* acquises.
Il ne peut en aucune façon nous *épargner* la connaissance précise et
expérimentale de la chose étudiée; nous devons au contraire acquérir cette connaissance par l'étude directe du cas proposé, ou bien
l'avoir acquise dans un autre problème et la transporter au cas présent. Comme le montrent les exemples, le théorème de d'Alembert
ne nous apprend en réalité rien que nous n'aurions pu apprendre
par une autre méthode. Pour la solution des problèmes il a la valeur
d'un galarit qui nous épargne, jusqu'à un certain point, la fatigue
de réfléchir à propos de chaque nouveau cas particulier, en nous
donnant le moyen pratique d'utiliser des expériences en général
connues et déjà familières. Il ne nous procure pas tant la *pénétration*
du phénomène que la *maîtrise pratique* de celui-ci. La valeur du
théorème de d'Alembert est d'ordre *économique*.

Après avoir résolu un problème par le théorème de d'Alembert
on peut être, en toute sécurité, convaincu de la valeur de cette solution, à cause des expériences d'équilibre que ce théorème utilise. Mais
si l'on veut avoir une idée parfaitement nette du phénomène, c'est-
à-dire y retrouver les éléments mécaniques les plus simples connus,
on est obligé d'en continuer l'étude et de substituer, à chacune des
expériences d'équilibre, soit les conceptions de Newton, soit celles de
Huyghens, (cf. pp. 257 et s.). Dans le premier cas, on voit, par la
pensée, se produire les mouvements *accélérés* dus aux réactions mutuelles des corps. Dans le second, suivant la conception
de Huyghens, on considère directement les *travaux* dont dépendent
les forces vives. Ce dernier procédé est particulièrement facile si l'on
se sert du principe des déplacements virtuels pour exprimer les
conditions d'équilibre des systèmes V ou P — W. Le théorème de
d'Alembert dit alors que la somme des travaux virtuels de l'un ou
l'autre de ces systèmes est nulle. Donc, *abstraction faite* des déformations des liaisons, le travail des forces de liaisons est nul. Tous
les travaux sont donc effectués *rien que* par le système P, et
ceux du système W doivent donc être égaux à ceux de P. Si l'on

néglige les déformations des liaisons, tous les travaux *possibles* sont dus aux forces *appliquées*. Sous cette forme, on voit que le théorème de d'Alembert n'est pas essentiellement distinct de celui des forces vives.

7. — Pour l'application du théorème de d'Alembert il est commode de se servir d'un système d'axes rectangulaires. On décompose chaque force P appliquée au point M en des composantes X, Y, Z parallèles aux axes, chaque force W en ses composantes $m\xi$, $m\eta$, $m\zeta$, ξ, η, ζ étant les composantes de l'accélération du point m, et chaque déplacement en ses composantes δx, δy, δz. En remarquant que le travail de l'une quelconque des composantes des forces est déterminé par la composante parallèle du déplacement de son point d'application, on obtient, pour la condition d'équilibre du système P — W, l'équation :

$$(1) \qquad \Sigma \left[(X - m\xi)\, \delta x + (Y - m\eta)\, \delta y + (Z - m\zeta)\, \delta z \right] = 0,$$

ou

$$(2) \qquad \Sigma (X\delta x + Y\delta y + Z\delta z) = \Sigma m (\xi\delta x + \eta\delta y + \zeta\delta z).$$

Ces deux équations sont l'expression immédiate du théorème que nous venons d'énoncer sur le travail *possible* des forces appliquées. Si ce travail est nul, on se trouve dans le cas spécial de l'équilibre. Le principe des déplacements virtuels résulte donc, comme cas *particulier*, de cette expression du théorème de d'Alembert, ce qui est d'ailleurs très naturel, car, aussi bien dans le cas général que dans le cas particulier, l'élément essentiel est la connaissance expérimentale de la *signification du travail*.

L'équation (1) fournit les équations nécessaires à la détermination du mouvement si l'on exprime autant des déplacements δx, δy, δz qu'il est possible en fonction des autres, à l'aide de leurs relations avec ceux-ci, en ne laissant dans l'équation que les déplacements arbitraires, dont il suffit alors d'égaler les coefficients à zéro, comme nous l'avons montré à propos du principe des déplacements virtuels.

La résolution de quelques problèmes par le théorème de d'Alembert permet, d'une part, d'apprécier combien il est commode, et, d'autre part, de se convaincre que l'on peut dans chaque cas, si on le juge nécessaire, résoudre le même problème directement, avec une clarté parfaite, par la considération des phénomènes mécaniques élémentaires. Cette conviction de la *possibilité* de cette dernière opération la rend inutile chaque fois que l'on ne poursuit qu'un but pratique.

VI. — LE THÉORÈME DES FORCES VIVES

1. — On sait que Huyghens est le premier qui ait fait usage du théorème des forces vives. Pour une généralité plus grande de l'expression qu'il en avait donnée, Jean et Daniel Bernoulli ne devaient y ajouter que très peu de chose. Soient p, p', p'',..... les poids des masses m, m', m'',....., liées entre elles ou non, h, h', h'',.... leurs hauteurs de chute et v, v', v'',..... les vitesses acquises ; on a l'équation

$$\Sigma ph = \frac{1}{2}\, \Sigma m v^2.$$

Si les vitesses initiales ne sont pas nulles, et sont v_0, v_0', v_0'',....., le théorème exprime alors l'accroissement de force vive par le travail effectué, sous la forme

$$\Sigma ph = \frac{1}{2}\, \Sigma m\, (v^2 - v_0^2)$$

Le théorème subsiste lorsque p, p', p'',..... ne représentent plus des poids mais des forces constantes quelconques, et que h, h', h'',..... représentent, non plus des hauteurs verticales de chute, mais bien des chemins quelconques parcourus dans les directions des forces. S'il s'agit de forces variables, on doit remplacer les produits ph, $p'h'$,..., par les expressions $\int p\, ds$, $\int p'\, ds'$,....., dans lesquelles p représente la force

variable et ds le chemin élémentaire parcouru dans sa direction ;
on a alors

$$\int p\,ds + \int p'\,ds' + \dots = \frac{1}{2}\,\Sigma m\,(v^2 - v_0^2)$$

ou

$$\Sigma \int p\,ds = \frac{1}{2}\,\Sigma m\,(v^2 - v_0^2)$$

2. — Pour nous rendre exactement compte du théorème des forces
vives, reprenons l'exemple simple que nous avons déjà traité par
le théorème de d'Alembert. Deux poids P et Q sont suspendus à
un treuil de rayons R et r. Dès qu'un mouvement se produit un travail est effectué par lequel la force vive acquise est déterminée. Soit
α l'angle dont tourne la poulie ; le *travail* effectué
est

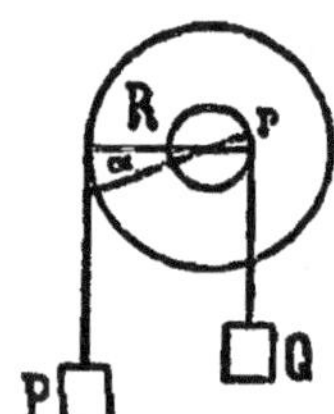

$$\text{P.R}\alpha - \text{Q.}r\alpha = \alpha\,(\text{PR} - \text{Q}r).$$

Fig. 173.

En appelant φ la vitesse angulaire acquise au
bout de la rotation d'un angle α, la *force vive* acquise est

$$\frac{\text{P}}{g}\frac{(\text{R}\varphi)^2}{2} + \frac{\text{Q}}{g}\frac{(r\varphi)^2}{2} = \frac{\varphi^2}{2g}\,(\text{PR}^2 + \text{Q}r^2).$$

On a donc l'équation :

$$(1)\qquad \alpha\,(\text{PR} - \text{Q}r) = \frac{\varphi^2}{2g}\,(\text{PR}^2 + \text{Q}r^2).$$

Le mouvement étant uniformément accéléré, l'angle α, la vitesse
angulaire φ et l'accélération angulaire ψ doivent être liées par les
mêmes équations que celles qui lient s, v et g. Or, on a $s = \dfrac{v^2}{2g}$; on
doit donc avoir $\alpha = \dfrac{\varphi^2}{2\psi}$. En remplaçant α par cette valeur dans
l'équation (1), on trouve pour l'accélération angulaire

$$\psi = \frac{\text{PR} - \text{R}r}{\text{PR}^2 + \text{Q}r^2}\,g.$$

l'accélération absolue du poids P est donc

$$\gamma = \frac{PR - Q r}{PR^2 + Q r^2} Rg,$$

ainsi que nous l'avions trouvé.

Comme deuxième exemple considérons un cylindre de rayon r, sans masse et à la surface duquel sont fixées deux petites masses m, diamétralement opposées, sous l'action desquelles le cylindre roule sans glisser sur un plan d'inclinaison α.

Remarquons d'abord que, pour avoir la force vive totale, il suffit d'ajouter à la force vive du mouvement de rotation celle du mouvement de translation. Soient en effet u la vitesse de l'axe du cylindre, parallèle au plan incliné, et v la vitesse absolue de rotation de la

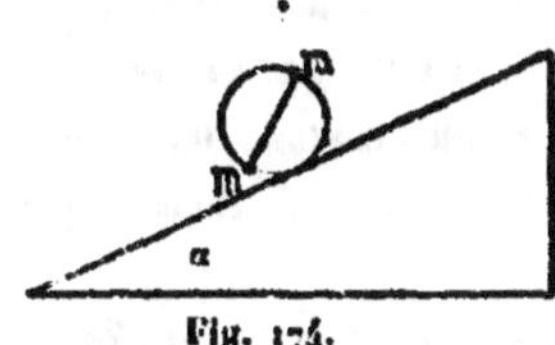

Fig. 174.

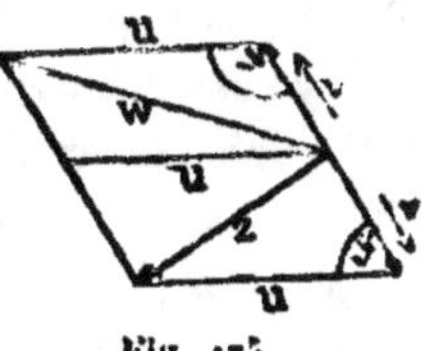

Fig. 175.

surface du cylindre. La vitesse de rotation v des deux masses m fait, avec la vitesse de translation u, les angles θ et θ' (fig. 175) tels que $\theta + \theta' = 180°$. Les vitesses résultantes w et z sont donc données par les équations :

$$w^2 = u^2 + v^2 - 2uv \cos \theta,$$
$$z^2 = u^2 + v^2 - 2uv \cos \theta',$$

mais $\cos \theta + \cos \theta' = 0$, donc

$$w^2 + z^2 = 2u^2 + 2v^2,$$

et

$$\frac{1}{2} m w^2 + \frac{1}{2} m z^2 = m u^2 + m v^2.$$

Si le cylindre tourne de l'angle φ, m décrit dans le mouvement de rotation un chemin $r\varphi$, pendant que l'axe parcourt le même déplacement $r\varphi$. Les vitesses v et u sont entre elles dans le rapport de ces chemins parcourus et sont par conséquent égales. La force vive totale a donc pour expression $2mu^2$. Appelons l le chemin parcouru par le cylindre le long du plan incliné ; le travail effectué est

$$2mg. \; l\sin \alpha = 2mu^2,$$

ce qui donne pour la vitesse

$$u = \sqrt{gl \sin \alpha}.$$

La vitesse acquise par un simple glissement le long du plan incliné serait $\sqrt{2gl \sin \alpha}$. On voit donc que, abstraction faite du frottement, le cylindre roulant se meut avec une accélération égale à la moitié de celle d'un corps glissant le long du plan incliné. Rien n'est changé si l'on suppose que la masse est uniformément répartie sur la surface du cylindre. Des considérations analogues s'appliquent à une sphère. Il en résulte donc que, au point de vue quantitatif, une correction doit être apportée aux résultats des expériences de Galilée sur la chute des corps.

Si la masse m est uniformément répartie sur la surface d'un cylindre de rayon R, invariablement lié à un cylindre coaxial sans masse de rayon r, qui descend en roulant le long d'un plan incliné, on aura $\dfrac{v}{u} = \dfrac{R}{r}$, et le théorème des forces vives donnera

$$mgl \sin \alpha = \frac{1}{2} mu^2 \left(1 + \frac{R^2}{r^2} \right)$$

d'où

$$u = \sqrt{\frac{2 gl \sin \alpha}{1 + \dfrac{R^2}{r^2}}}.$$

Pour $\dfrac{R}{r} = 1$ l'accélération de la chute reprend la valeur précédente $\dfrac{g}{2}$. Pour de très grandes valeurs de $\dfrac{R}{r}$ l'accélération sera très petite, et pour $\dfrac{R}{r} = \infty$ le cylindre *ne roule plus*.

Comme troisième exemple, considérons une chaîne de longueur totale l, reposant en partie sur un plan horizontal et en partie sur un plan incliné d'un angle α. Si les plans sont extrêmement polis, le moindre maillon qui dépassera l'arête de l'angle dièdre entraînera toute la chaîne le long du plan incliné. Soit μ la masse de l'unité de longueur de chaîne, x la longueur du segment situé sur le plan incliné, v la vitesse acquise ; le théorème des forces vives donne :

Fig. 176.

$$\frac{\mu l}{2} v^2 = \mu x g \frac{x}{2} \sin \alpha = \mu g \frac{x^2}{2} \sin \alpha,$$

d'où

$$v = x \sqrt{g \frac{\sin \alpha}{l}}.$$

Dans ce cas la vitesse acquise est donc proportionnelle au chemin parcouru. On retrouve la loi que Galilée avait prise comme première hypothèse dans son étude de la chute des corps. Ce problème peut d'ailleurs être continué comme nous l'avons fait plus haut (p. 243).

3. — L'équation des forces vives peut toujours être utilisée lorsque l'on connaît *entièrement* la trajectoire du mobile et la force qui le sollicite en chacun des éléments de ce chemin. Les travaux d'Euler, de Daniel Bernoulli et de Lagrange ont montré que l'on peut, dans certains cas, faire usage des forces vives sans connaître le *parcours* du mouvement. Nous verrons plus tard que Clairault a aussi rendu d'importants services dans cette voie.

Galilée déjà savait que la vitesse acquise par un corps en tombant ne dépendait que de la *hauteur verticale* de sa chute et nullement de la longueur ni de la *forme* du chemin suivi. Huyghens trouva que la force vive d'un système de masses pesantes ne dépendait que des *hauteurs verticalement* parcourues. Euler allait un peu plus loin. Si un corps K est attiré vers un centre fixe C suivant une loi quelconque, l'accroissement de force vive, pour un mouvement rectiligne du corps attiré suivant une droite passant par le centre, peut être calculé en fonction des rayons r_0 et r_1 des positions initiale et finale du point mobile. Mais l'accroissement de force vive est le même lorsque le corps K passe de l'éloignement r_0 à l'éloignement r_1, quelle que soit *la forme du chemin* parcouru KB. Le travail élémentaire ne dépend, en effet, que de la projection du déplacement sur le rayon et reste par conséquent le même.

Si le corps K est attiré vers plusieurs centres C, C', C'',..., l'accroissement de force vive dépend des éloignements r_0, r_0', r_0''.... au début et r_1, r_1', r_1'',.... à la fin, c'est-à-dire des si-*tuations initiale* et *finale*. Daniel Bernoulli alla plus loin encore et montra que dans l'attraction *mutuelle* de deux corps mo-biles la variation de force vive est aussi déterminée par leurs *situations initiales et finales*. C'est Lagrange qui a le plus con-tribué à la solution *analytique* de ces pro-blèmes. Joignons deux points de coordonnées a, b, c, et x, y, z ; soit r leur distance et α,

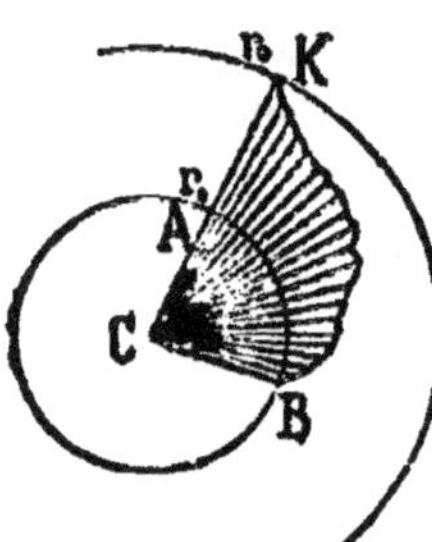

Fig. 177 a.

β, γ les angles de cette droite avec les axes. On a, comme le re-marque Lagrange,

$$\cos \alpha = \frac{x-a}{r} = \frac{\partial r}{\partial x}, \quad \cos \beta = \frac{y-b}{r} = \frac{\partial r}{\partial y}, \quad \cos \gamma = \frac{z-c}{r} = \frac{\partial r}{\partial z},$$

puisque

$$r^2 = (x-a)^2 + (y-b)^2 + (z-c)^2.$$

La force que les deux points exercent l'un sur l'autre étant représentée par $f(r) = \dfrac{dF(r)}{dr}$, ses composantes seront :

$$X = f(r)\cos\alpha = \frac{dF(r)}{dr}\cdot\frac{\partial r}{\partial x} = \frac{\partial F(r)}{\partial x}$$

$$Y = f(r)\cos\beta = \frac{dF(r)}{dr}\cdot\frac{\partial r}{\partial y} = \frac{\partial F(r)}{\partial y}$$

$$Z = f(r)\cos\gamma = \frac{dF(r)}{dr}\cdot\frac{\partial r}{\partial z} = \frac{\partial F(r)}{\partial z}.$$

Les composantes de la force sont donc les dérivées partielles d'*une seule et même* fonction de r ou des coordonnées du point attiré. On a encore, lorsque plusieurs points agissent les uns sur les autres,

$$X = \frac{\partial U}{\partial x}, \qquad Y = \frac{\partial U}{\partial y}, \qquad Z = \frac{\partial U}{\partial z},$$

formules dans lesquels U représente une fonction des coordonnées des points, à laquelle Hamilton a donné plus tard le nom de *fonction de forces*.

Dans cet ordre d'idées, et en faisant les mêmes hypothèses, on peut mettre l'équation des forces vives sous une forme qui permet d'en faire usage en coordonnées rectangulaires. On obtient :

$$\sum \int (X \, dx + Y \, dy + Z \, dz) = \sum \tfrac{1}{2} m (v^2 - v_0^2),$$

ou, puisque la quantité sous le signe $\int$ est une différentielle exacte,

$$\sum \int \left(\frac{\partial U}{\partial x} dx + \frac{\partial U}{\partial y} dy + \frac{\partial U}{\partial z} dz \right) = \sum \int dU = \sum \tfrac{1}{2} m (v^2 - v_0^2),$$

$$\sum (U_1 - U_0) = \sum \tfrac{1}{2} m (v^2 - v_0^2),$$

en appelant U_1 la valeur finale et U_0 la valeur initiale de la même fonction des coordonnées des points. Cette équation est d'un usage très fréquent. Elle exprime simplement le fait que, dans les circonstances supposées, le *travail* et par conséquent la *force vive* ne *dépendent* que des *situations* ou des coordonnées des points du corps.

Supposons toutes les masses fixes, une seule étant en mouvement. Le travail ne change que dans la mesure où U change. L'équation $U = C^{te}$ représente une surface que l'on appelle surface de niveau ou d'égal travail. Dans un mouvement sur une de ces surfaces aucun travail n'est effectué.

VII. — LE THÉORÈME DE LA MOINDRE CONTRAINTE

1. — On doit à Gauss le théorème de la *moindre contrainte* qui constitue une nouvelle loi de la mécanique (*Journal de Crelle*, IV, 1829, p. 233). Gauss remarque que, dans la forme que cette science a historiquement prise, la dynamique se base sur la statique (ainsi par exemple le théorème de d'Alembert sur le principe des déplacements virtuels) alors qu'il est naturel de s'attendre à ce qu'à son niveau le plus élevé la statique se présente comme un cas particulier de la dynamique. Le théorème de Gauss, que nous nous proposons maintenant de discuter, renferme à la fois les deux cas, statique et dynamique : il satisfait donc aux exigences de l'esthétique logique et scientifique. Nous avons déjà signalé que l'on peut en dire autant du principe de d'Alembert sous la forme que lui a donnée Lagrange et dans le mode d'exposition que nous avons adopté. Gauss observe que l'on ne peut plus apporter à la mécanique aucun principe *essentiellement nouveau*, mais que cela n'exclut pas la possibilité de l'acquisition de nouveaux points de vue dans la considération des phénomènes mécaniques. Un de ces *points de vue nouveaux* est donné par le théorème qui nous occupe.

2. — Soient m_1, m_2,... des masses liées entre elles d'une façon quelconque. Si elles étaient *libres*, les forces qui leur sont appliquées leur feraient décrire dans un temps très petit des chemins ab, a_1b_1,... (fig. 177 *b*), tandis que, à cause des *liaisons*, elles parcourent dans ce même élément de temps les chemins ac, a_1c_1,... Le théorème de Gauss exprime que le mouvement *réel* des points liés entre eux est tel que la somme

$$m.\overline{bc}^2 + m'.\overline{b'c'}^2 + \ldots = \Sigma\, m.\overline{bc}^2$$

est *minimum*, c'est-à-dire moindre que pour tout autre mouvement imaginable du système, les liaisons restant *les mêmes*. Lorsque *tous* les mouvements donnent à cette somme une valeur plus grande que celle qu'elle prend pour le repos, l'*équilibre* subsiste. Le théorème comprend donc à titre égal le cas statique et le cas dynamique.

Nous pouvons appeler la somme $\Sigma m . \overline{bc}^2$ *somme des contraintes* ou

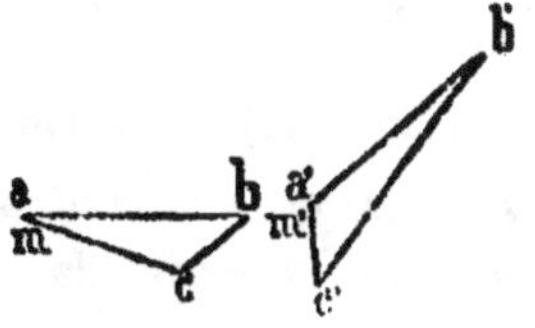

Fig. 177 b.

simplement contrainte du mouvement considéré par rapport au mouvement non entravé. On voit immédiatement que dans son évaluation les vitesses actuelles des points du système n'interviennent en rien, puisqu'elles ne changent rien aux positions relatives des points a, b, c.

3. — Le nouveau principe peut remplacer le théorème de d'Alembert ; Gauss a montré qu'il pouvait d'ailleurs en être déduit ; ces deux théorèmes sont donc équivalents. En un élément de temps les forces *appliquées* font parcourir à la masse m un chemin ab ; mais par l'effet des liaisons les forces *effectives* font parcourir dans le même

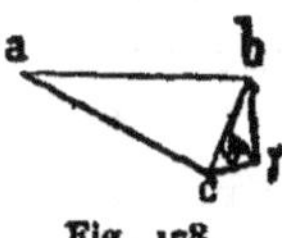

Fig. 178.

temps à la même masse le chemin ac. Décomposons ab en ac et cb (fig. 178), et opérons de même pour chacune des masses. Les forces qui correspondent aux chemins cb, $c_1 b_1$...., et qui leur sont proportionnelles, sont rendues inopérantes et tenues en équilibre par les liaisons. En donnant aux positions finales c, c_1, c_2..... des points les déplacements virtuels $c\gamma$, $c_1\gamma_1$..... formant avec cb, $c_1 b_1$,.... les angles θ, θ_1,....., nous pourrons appliquer le principe des déplacements virtuels, puisque, d'après le théorème de d'Alembert, les forces proportionnelles à cb, $c_1 b_1$..... sont en équilibre. On a donc :

$$(1) \qquad \Sigma m \, . \, cb . \, c\gamma \cos \theta \gtrless o$$

mais, d'autre part,

$$\overline{b\gamma}^2 = \overline{bc}^2 + \overline{c\gamma}^2 - 2\,bc.\,c\gamma \cos\theta,$$

$$\overline{b\gamma}^2 - \overline{bc}^2 = \overline{c\gamma}^2 - 2\,bc.\,c\gamma \cos\theta,$$

$$(2)\qquad \Sigma m.\,\overline{b\gamma}^2 - \Sigma m.\,\overline{bc}^2 = \Sigma m.\,\overline{c\gamma}^2 - 2\,\Sigma m.\,bc.\,c\gamma \cos\theta.$$

L'équation (1) montre que le second terme du second membre de l'égalité (2) est nul ou *négatif*; le terme $\Sigma m.\,\overline{c\gamma}^2$ ne peut donc être diminué par la soustraction, mais au contraire *augmenté*; le premier membre de (2) est par suite toujours positif et $\Sigma m.\,\overline{b\gamma}^2$ toujours plus grand que $\Sigma m.\,\overline{bc}^2$. Toute contrainte imaginable, pour un mouvement quelconque compatible avec les liaisons, est donc toujours plus grande que celle qui se produit en réalité.

4. — En appelant s l'écart bc dans l'élément très petit de temps τ et remarquant, avec Scheffler (Zeitschrift für Mathematik und Physik de Schlömilch., III, 197), que $s = \dfrac{\gamma.\tau^2}{2}$, γ étant l'accélération, la somme des contraintes pourra s'écrire sous l'une des formes suivantes :

$$\Sigma m.s.s = \frac{\tau^2}{2}\,\Sigma m\gamma s = \frac{\tau^2}{2}\,\Sigma ps = \frac{\tau^4}{4}\,\Sigma m\gamma^2.$$

Dans ces formules p représente la force qui fait *dévier* la masse m du mouvement qu'elle prendrait si elle était *libre*. Le facteur constant est sans influence sur la condition de minimum : on peut donc dire que le mouvement se produit de telle façon que l'une quelconque des sommes :

(1) $\Sigma m s^2$,

(2) Σps,

(3)   ou $\Sigma m\gamma^2$,

soit minimum.

5. — Nous commencerons par faire usage de la troisième forme dans l'étude d'un premier exemple déjà traité plus haut, celui du treuil mis en mouvement par un excès de poids agissant d'un côté. Les notations restant les mêmes que précédemment, nous voyons que l'on doit déterminer les accélérations γ et γ_1 de P et de Q de manière que la somme $\dfrac{P}{g}(g-\gamma)^2 + \dfrac{Q}{g}(g-\gamma_1)^2$ soit minimum, ou, puisque $\gamma_1 = -\gamma\dfrac{r}{R}$, de manière que $P(g-\gamma)^2 + Q\left(g+\gamma\dfrac{r}{R}\right)^2 = N$ prenne la plus petite valeur possible. Annullons pour cela la dérivée, il vient :

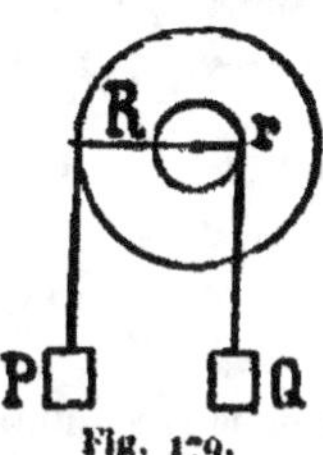

Fig. 179.

$$\frac{1}{2}\frac{dN}{d\gamma} = -P(g-\gamma) + Q\left(g+\gamma\frac{r}{R}\right)\frac{r}{R} = o,$$

qui donne la valeur $\gamma = \dfrac{PR - Qr}{PR^2 + Qr^2}Rg$, que nous avions trouvée précédemment.

Comme second exemple prenons le mouvement sur le plan incliné, en nous servant de la première forme Σms^2 (fig. 180). Puisque nous n'avons à considérer qu'une masse m, nous chercherons quelle

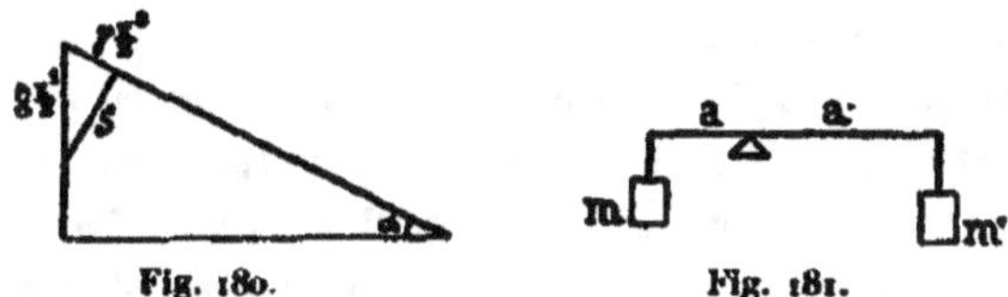

Fig. 180. Fig. 181.

est l'accélération γ du mouvement sur le plan incliné qui rend minimum le carré de l'écart (s^2). On a :

$$s^2 = \left(g\frac{\tau^2}{2}\right)^2 + \left(\gamma\frac{\tau^2}{2}\right)^2 - 2g\frac{\tau^2}{2}\gamma\frac{\tau^2}{2}\sin\alpha,$$

en posant $\dfrac{d(s^2)}{d\gamma} = o$ et en négligeant le facteur constant, on trouve

$$2\gamma - 2g\sin\alpha = o,$$

d'où le résultat bien connu découvert par Galilée

$$\gamma = g\sin\alpha.$$

Le théorème de Gauss renferme aussi *le cas de l'équilibre* comme le montre l'exemple suivant. Aux extrémités des bras de levier

a et a' sont suspendues les masses *pesantes* m et m' (fig. 181). Le théorème veut que $m\,(g - \gamma)^2 + m'\,(g - \gamma')^2$ soit minimum. Or $\gamma' = - \gamma\,\dfrac{a'}{a}$, et, lorsque les masses pesantes sont en raison inverse de leurs bras de levier, $\dfrac{m}{m'} = \dfrac{a'}{a}$, on a : $\gamma' = - \gamma\,\dfrac{m}{m'}$. La somme

$$m\,(g - \gamma)^2 + m'\left(g + \gamma\,\frac{m}{m'}\right)^2 = N$$

doit donc être minimum. L'équation $\dfrac{dN}{d\gamma} = o$ donne alors

$$m\left(1 + \frac{m}{m'}\right)\gamma = o, \qquad\text{d'où}\qquad \gamma = o.$$

L'équilibre réalise donc la *moindre contrainte* par rapport au *mouvement libre.*

Toute entrave *nouvelle ajoutée* augmente la somme des contraintes mais toujours d'aussi peu que possible. Si deux ou plusieurs systèmes sont liés l'un à l'autre, le mouvement qui se produit est tel que la contrainte par rapport au mouvement des systèmes *non liés* est *la plus petite* possible.

Réunissons par exemple plusieurs pendules simples en un pendule composé linéaire. Celui-ci oscillera avec une *contrainte minimum* par rapport au mouvement des pendules *simples.* Pour une élongation α, l'accélération d'un pendule simple est $g \sin \alpha$. Appelons $\gamma \sin \alpha$ l'accélération du point situé à l'unité de distance de l'axe de rotation dans le pendule composé, l'élongation étant la même. La somme

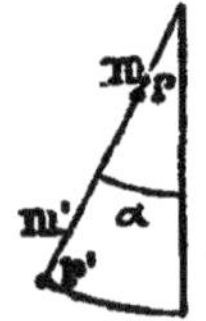

$$\Sigma\,m\,(g \sin \alpha - r\gamma \sin \alpha)^2 \quad\text{ou}\quad \Sigma\,m\,(g - r\gamma)^2$$

Fig. 182.

sera minimum. On en déduit : $\Sigma\,m\,(g - r\gamma) = o$ et $\gamma = g\,\dfrac{\Sigma mr}{\Sigma mr^2}$. Le problème se trouve ainsi résolu de la façon la plus simple, mais cette solution n'est possible que parce que, dans le théorème de Gauss, sont contenues toutes les *expériences* rassemblées par Huyghens, les Bernoulli et autres, dans le cours du temps.

6. — *L'augmentation* de contrainte par rapport au mouvement libre à chaque nouvelle entrave est mise en évidence par l'exemple suivant. Un fil tendu à ses extrémités par deux poids P passe sur deux poulies fixes A et B et sur une poulie mobile C (fig. 183). Un poids $2P + p$ est suspendu à la poulie mobile qui, par conséquent, tombe avec l'accélération $\dfrac{p}{4P + p} g$. Fixons la poulie A, ce qui ajoute au système une entrave nouvelle. La vitesse du poids suspendu à la poulie B devient alors double et ce poids doit dès lors être compté comme ayant une masse quadruple. La poulie mobile tombe avec l'accélération $\dfrac{p}{6P + p} g$. Un calcul facile montre que la somme des contraintes est plus grande dans le deuxième cas que dans le premier.

Un nombre n de poids égaux p, reposant sur un plan horizontal poli, sont attachés à n poulies sur lesquelles passe un fil chargé à son extrémité libre d'un poids p, comme l'indique la figure 184. Selon que *toutes* les poulies sont *mobiles* ou que *toutes* sont *fixes*

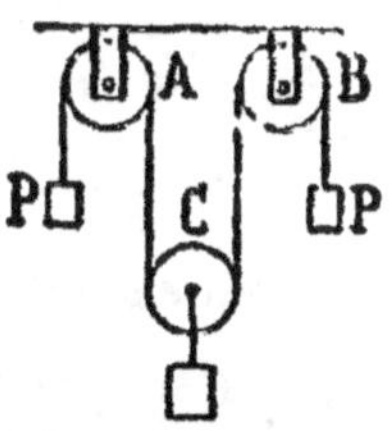

Fig. 183.

à l'exception d'une seule, on obtiendra pour p respectivement les accélérations $\dfrac{4n}{1 + 4n} g$ ou $\dfrac{4}{5} g$, à cause des vitesses relatives des masses par rapport au poids p mobile. Lorsque toutes les $(n + 1)$ masses sont mobiles, la somme des contraintes est $\dfrac{pg}{4n + 1}$; elle augmente à mesure que le nombre n des masses mobiles diminue.

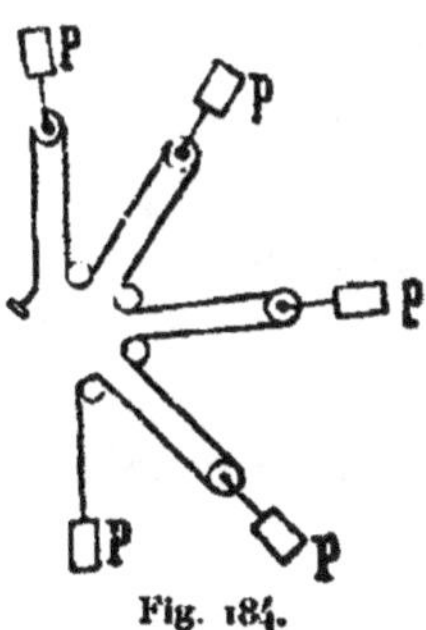

Fig. 184.

7. — Considérons un corps de poids Q, limité par une face plane inclinée, porté par des roues et mobile sur un plan horizontal (fig. 185). Sur le plan incliné repose un poids P. On reconnaît *instinctivement* que le poids P tombe avec une accélération *plus grande* lorsque Q est *mobile* et peut s'échapper que lorsqu'il est fixe et gêne par suite davantage la chute. Supposons que le poids P, en tombant d'une hauteur h, acquière des vitesses horizontale v et verticale u, et communique au support Q une vitesse horizontale w. Le théorème de la conservation des quantités de mouvement, applicable au mouvement horizontal où il n'intervient que des forces intérieures, donne

$$Pv = Qw.$$

Il est d'ailleurs géométriquement évident que

$$u = (v + w)\operatorname{tg}\alpha.$$

Les vitesses sont donc :

$$u = u,$$

$$v = \frac{Q}{P + Q}\cot\alpha.u,$$

$$w = \frac{P}{P + Q}\cot\alpha.u.$$

Le travail effectué étant Ph, le théorème des forces vives donne

$$Ph = \frac{P}{g}\frac{u^2}{2} + \frac{P}{g}\left(\frac{Q}{P + Q}\cot\alpha\right)^2\frac{u^2}{2} + \frac{Q}{g}\left(\frac{P}{P + Q}\cot\alpha\right)^2\frac{u^2}{2},$$

ou

$$gh = \left(1 + \frac{Q}{P + Q}\frac{\cos^2\alpha}{\sin^2\alpha}\right)\frac{u^2}{2}.$$

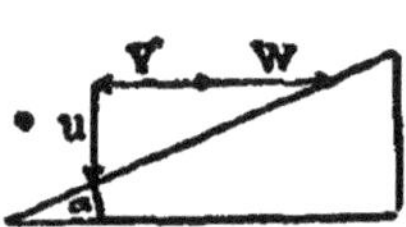

Fig. 185.

Appelons γ l'accélération dans le mouvement *vertical*, on a

$$h = \frac{u^2}{2\gamma};$$

il suffira de remplacer h par cette valeur dans l'équation précédente pour obtenir :

$$\gamma = \frac{(P + Q)\sin^2\alpha}{P\sin^2\alpha + Q}\,g.$$

Pour $Q = \infty$, $\gamma = g\sin^2\alpha$, comme sur un plan incliné fixe. Pour $Q = 0$, $\gamma = 0$ comme dans la chute libre. Enfin, pour des valeurs finies de Q, telles que $Q = mP$, on a :

$$\gamma = \frac{(1 + m)\sin^2\alpha}{m + \sin^2\alpha}\,g > g\sin^2\alpha \qquad \text{puisque} \qquad \frac{1 + m}{m + \sin^2\alpha} > 1.$$

La fixation du plan incliné Q, qui introduit une nouvelle entrave, *augmente* donc la contrainte par rapport au mouvement libre.

Dans la recherche de γ nous nous sommes servis du théorème de la conservation des quantités de mouvement et de celui des forces vives. L'emploi du théorème de Gauss conduit à la solution suivante. Appelons γ, δ, ε les accélérations correspondant aux vitesses u, v, w, et remarquons que, dans le *mouvement libre*, la seule accélération serait l'accélération verticale de P, égale à g, les autres étant nulles. Dès lors la somme

$$N = \frac{P}{g}(g - \gamma)^2 + \frac{P}{g}\delta^2 + \frac{Q}{g}\varepsilon^2$$

doit être rendue minimum. Mais le problème n'a de sens que si P et Q sont en contact, ce qui exige $\gamma = (\delta + \varepsilon)\,\mathrm{tg}\,\alpha$. N devient ainsi

$$N = \frac{P}{g}[g - (\delta + \varepsilon)\,\mathrm{tg}\,\alpha]^2 + \frac{P}{g}\delta^2 + \frac{Q}{g}\varepsilon^2.$$

Posant alors $\frac{\partial N}{\partial \delta} = \frac{\partial N}{\partial \varepsilon} = 0$, il vient

$$-[g - (\delta + \varepsilon)\,\mathrm{tg}\,\alpha]\,P\,\mathrm{tg}\,\alpha + P\delta = 0,$$
$$-[g - (\delta + \varepsilon)\,\mathrm{tg}\,\alpha]\,P\,\mathrm{tg}\,\alpha + Q\varepsilon = 0,$$

d'où, immédiatement,

$$P\delta - Q\varepsilon = 0,$$

et enfin pour γ la même valeur que celle que nous venons de trouver.

Nous reprendrons encore cette même question en nous plaçant à un autre point de vue. Le corps P décrit un chemin s, incliné d'un angle β sur l'horizon, dont nous appellerons les composantes horizontale et verticale v et u, pendant que le support Q parcourt un chemin horizontal w. La composante de la force dans la direction s est $P \sin \beta$; donc, en tenant compte des vitesses relatives de P et de Q, on aura pour l'accélération de P dans la direction de s : $\dfrac{P \sin \beta}{\dfrac{P}{g} + \dfrac{Q}{g}\left(\dfrac{w}{s}\right)^2}$.

On obtient d'autre part les équations suivantes :

$$Q w = P v,$$
$$v = s \cos \beta,$$
$$u = v \, \mathrm{tg}\, \beta.$$

L'expression de l'accélération suivant s devient alors $\dfrac{Q \sin \beta}{Q + P \cos^2 \beta} g,$ et l'accélération verticale correspondante est donc

$$\gamma = \frac{Q \sin^2 \beta}{Q + P \cos^2 \beta} g,$$

qui donne l'expression obtenue plus haut dès que l'on y remplace l'angle β par sa valeur en fonction de α, à l'aide de l'équation $u = (v + w)\, \mathrm{tg}\, \alpha$. L'extension du concept de moment d'inertie conduit donc au même résultat.

Enfin nous donnerons de ce problème une solution directe. Sur le plan incliné mobile le corps P ne tombe pas avec l'accélération verticale g de la chute libre, mais avec une accélération verticale γ. Il subit donc une réaction verticale $\dfrac{P}{g} (g - \gamma)$. Or, puisque l'on fait abstraction du frottement, P et Q ne peuvent réagir l'un sur l'autre que par une pression S *normale* au plan incliné. On a donc

$$\frac{P}{g} (g - \gamma) = S \cos \alpha$$

et

$$S \sin \alpha = \frac{Q}{g} \varepsilon = \frac{P}{g} \delta,$$

d'où

$$\frac{P}{g} (g - \gamma) = \frac{Q}{g} \varepsilon \cot \alpha,$$

or $\gamma = (\delta + \varepsilon)\, \mathrm{tg}\, \alpha$, ce qui donne enfin :

$$(1). \qquad \gamma = \frac{(P + Q) \sin^2 \alpha}{P \sin^2 \alpha + Q} g,$$

$$(2). \qquad \delta = \frac{Q \sin \alpha \cos \alpha}{P \sin^2 \alpha + Q} g,$$

$$(3) \qquad \varepsilon = \frac{P \sin \alpha \cos \alpha}{P \sin^2 \alpha + Q} g.$$

Pour fixer les idées prenons $P = Q$ et $\alpha = 45°$ on trouve $\gamma = \frac{2}{3}\,g$, $\delta = \varepsilon = \frac{1}{3}\,g$. Pour $\dfrac{P}{g} = \dfrac{Q}{g} = 1$, la somme des contraintes devient $\dfrac{g^2}{2}$. Si P se mouvait sur un plan incliné fixe d'inclinaison β telle que $\operatorname{tg}\beta = \dfrac{\gamma}{\delta}$, son mouvement se ferait suivant le même chemin que celui qu'il parcourt sur le plan incliné mobile. La contrainte serait alors $\frac{1}{5}\,g^2$. Le mouvement serait alors en effet moins *gêné* que lorsque cette accélération ne peut être acquise que par le *déplacement de Q*.

8. — Les exemples que nous venons de traiter montrent que le théorème de Gauss *n'apporte pas de conception essentiellement nouvelle*. Si nous adoptons la forme (3) du théorème, nous pourrons lui donner une forme analytique en décomposant les forces et les accélérations suivant trois axes coordonnés rectangulaires. En employant les mêmes notations que dans l'équation (1) de la p. 326, on obtient pour $\Sigma m\gamma^2$ l'expression

$$(4) \qquad N = \Sigma m \left[\left(\frac{X}{m} - \xi\right)^2 + \left(\frac{Y}{m} - \eta\right)^2 + \left(\frac{Z}{m} - \zeta\right)^2\right].$$

La condition de minimum donne :

$$dN = 2\,\Sigma m \left[\left(\frac{X}{m} - \xi\right) d\xi + \left(\frac{Y}{m} - \eta\right) d\eta + \left(\frac{Z}{m} - \zeta\right) d\zeta\right] = 0,$$

ou

$$\Sigma \left[(X - m\xi)\,d\xi + (Y - m\eta)\,d\eta + (Z - m\zeta)\,d\zeta\right] = 0.$$

S'il n'existe pas de liaisons tous les $d\xi$, $d\eta$, $d\zeta$ sont arbitraires et l'on obtient les équations du mouvement en égalant à zéro chacun des coefficients. S'il existe des liaisons, on a, entre les $d\xi$, $d\eta$, $d\zeta$, les mêmes relations que celles qui existaient entre les δx, δy, δz de l'équation (1), p. 326. Les équations du mouvement seront donc les mêmes, comme on le voit d'ailleurs aussitôt en traitant *les mêmes* problèmes par le théorème de d'Alembert puis par celui de Gauss. Le premier de ces théorèmes fournit immédiatement les équations du mouvement ; le second les fournit par une différentiation. En cherchant une expression dont la différentielle donne le théorème de d'Alembert on arrive directement à celui de Gauss. Ce théorème n'est donc neuf que dans sa *forme* et non pas en lui-même. S'il peut résoudre à la fois les problèmes de dynamique et ceux de statique, le théorème de d'Alembert sous la forme de Lagrange le peut aussi, comme nous l'avons déjà fait ressortir (v. p. 326).

Il ne faut pas chercher de base mystique ou *métaphysique* au théorème de Gauss. Bien que l'expression « *moindre contrainte* » soit très suggestive, il faut reconnaître qu'un concept n'est pas créé par le seul fait qu'une dénomination est imaginée. La réponse à la question de savoir *en quoi* consiste cette contrainte n'est pas fournie par la métaphysique, mais doit être cherchée dans les faits. Les expressions (2) ou (4) — pp. 336 et 343, — qui deviennent minimum, représentent le *travail* que l'écart du mouvement entravé par rapport au mouvement libre produit dans un élément de temps. Dans le mouvement réel ce *travail de l'écart* ou *de la contrainte* est moindre que dans tout autre mouvement imaginable.

Une fois que l'on a reconnu à la notion *de travail* la propriété d'être circonstance déterminante de mouvement, et que l'on a compris que le principe des déplacements virtuels signifie qu'aucun mouvement ne se produit lorsqu'aucun travail ne peut être effectué, on n'éprouve aucune difficulté à reconnaître que tout travail *effectuable* dans un élément de temps est *en réalité* effectué. La diminution de travail due aux liaisons par élément de temps se limite donc à la quantité détruite par leur *contretravail*. Nous ne rencontrons donc simplement ici qu'un nouvel aspect d'un fait déjà connu.

Cette relation se présente déjà dans les cas les plus simples. Soient deux masses m et m situées en un point A, la première soumise à une force p, la seconde à une force q. En les réunissant en une seule, la masse totale $2m$ sera soumise à la force résultante r. Les chemins décrits en un élément de temps par ces masses libres étant AC et AD, le chemin décrit par la masse double, formée par la réunion des deux autres, sera $AO = \frac{1}{2} AD$. La somme des contraintes est $m \left(\overline{OB}^2 : \overline{OC}^2 \right)$. Des considérations géométriques élémentaires montrent qu'elle est moindre que si la masse double se trouvait, à la fin de l'élément de temps, en un point M ou N tout à fait quelconque, situé ou non sur BC. Cette somme est proportionnelle à l'expression $\frac{1}{2} (p^2 + q^2 + 2pq \cos \theta)$, qui devient $2p^2$ pour des forces égales et opposées et s'annule pour des forces égales et de même sens.

Considérons deux forces p et q appliquées à la même masse ; décomposons la force q en deux composantes r et s respectivement parallèle et normale à p. Les travaux effectués en un élément de temps sont proportionnels aux carrés des forces et, s'il n'y a pas de liaisons, peuvent être exprimés par $p^2 + q^2 = p^2 + r^2 + s^2$. Si maintenant la force r est directement opposée à la force p, il en résulte une diminution de travail et la somme devient $(p - r)^2 + s^2$. Les propriétés utilisées dans le théorème de Gauss se trouvent donc déjà dans le principe de la composition ou de l'indépendance des effets des forces : on le reconnaît en imaginant toutes les accélérations simultanément réalisées. Le cachet métaphysique du théorème disparaît donc avec la forme vague de l'expression. Nous voyons le fait dans sa simplicité ; nous sommes *désillusionnés*, mais notre conception est devenue parfaitement *claire*.

Fig. 186.

Ces explications sur le théorème de Gauss sont en grande partie tirées du mémoire de Scheffler, déjà cité. Nous avons modifié, sans les signaler expressément, celles de ses opinions que nous ne partagions pas en tous points. C'est ainsi, par exemple, que nous ne pouvons accepter comme *nouveau* le principe qu'il propose, car à la fois par la forme et le sens il est *identique* à celui de d'Alembert et Lagrange.

VIII. — LE PRINCIPE DE LA MOINDRE ACTION

1. — En 1747 Maupertuis énonça un théorème qu'il appela « principe de la moindre quantité d'action » et qui a conservé le nom plus court de principe de la *moindre action* ; il le présenta comme manifestant tout particulièrement la sagesse du créateur. Maupertuis prit, pour mesure de l'action, le produit de la masse, de la vitesse et du chemin, soit *mvs*, sans que l'on puisse bien voir *pourquoi*. Les termes masse et vitesse se rapportent bien à des grandeurs déterminées, mais non pas le terme chemin, si l'on ignore en quel temps celui-ci est parcouru. Si le temps de parcours est l'unité, la distinction entre la vitesse et le chemin, dans les cas traités par Maupertuis, est spécieuse. Il semble que ce soit une confusion entre ses idées sur le principe des forces vives et sur celui des déplacements virtuels qui l'ait conduit à cette expression au moins vague, dont l'obscurité apparaîtra plus encore par une étude un peu détaillée.

2. — Comment Maupertuis appliqua-t-il son principe ? Soient M et *m* deux masses non élastiques ; C et *c* leurs vitesses avant le choc, *u* leur vitesse commune après. Maupertuis remplaça ici l'espace par la vitesse et demanda que l' « action » soit minimum dans le changement de vitesse produit par le choc. Donc $M(C - u)^2 + m(c - u)^2$ est minimum, ce qui exige

$$M(C - u) + m(c - u) = 0,$$
$$u = \frac{MC + mc}{M + m}.$$

Si les masses sont élastiques, en appelant V et *v* leurs vitesses après le choc, la somme $M(C - V)^2 + m(c - v)^2$ doit être minimum, d'où

(1)
$$M (C - V)dV + m (c - v)dv = o,$$

mais, comme la vitesse du rapprochement mutuel avant est égale à celle de l'éloignement après, on a, en plus,

$$C - c = - (V - v),$$

(2)
$$C + V - (c + v) = o,$$

et

(3)
$$dV - dv = o.$$

Le système des équations (1), (2) et (3) donne immédiatement les expressions connues de V et v.

On voit sans peine que ces deux cas peuvent être considérés simplement comme des phénomènes dans lesquels la réaction produit une variation de force vive minimum, et par suite dans lesquels le *contretravail* est *minimum*. Ils rentrent donc dans le principe de Gauss.

3. — Dans cette voie, Maupertuis établit la *loi du levier* d'une manière qui lui est propre. Deux masses M et m sont fixées aux extrémités d'une tige a qu'un axe de rotation partage en deux segments x et $a - x$. *Si la tige se met à tourner*, les vitesses sont proportionnelles aux chemins et

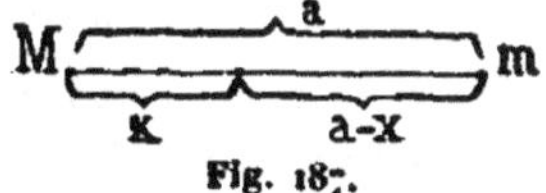

Fig. 187.

l'expression $Mx^2 + m (a - x)^2$ doit être minimum. Il vient par conséquent :

$$Mx - m (a - x) = o,$$

$$x = \frac{ma}{M + m},$$

proportion qui est effectivement réalisée dans le cas de l'*équilibre*. Mais on peut faire à cette solution deux objections. Tout d'abord les masses sans poids et sans forces, que Maupertuis suppose tacitement, sont *toujours* en équilibre ; en second lieu, il résulterait de cette démonstration que le principe de la moindre action n'est vérifié *que dans le cas de l'équilibre*, et ce n'est certes pas ce que l'auteur se proposait d'établir.

Pour faire concorder autant qu'il est possible, la solution de ce problème avec celle du précédent, on doit supposer que le mouvement que les masses *pesantes* M, *m* se communiquent est tel que la variation de force vive est à chaque instant la plus petite possible. Alors, en appelant a et b les bras de levier, u et v les vitesses acquises dans l'unité de temps, on trouve que l'expression

$$M (g - u)^2 + m (g - v)^2$$

doit être minimum, c'est à dire que

$$M (g - u)\, du + m (g - v)\, dv = o.$$

Or la liaison que constitue le levier donne

$$\frac{u}{a} = -\frac{u}{b}, \qquad du = -\frac{a}{b}\, dv,$$

et l'on tire immédiatement de ces équations

$$u = a\, \frac{Ma - mb}{Ma^2 + mb^2}\, g, \qquad v = -\, b\, \frac{Ma - mb}{Ma^2 + mb^2}\, g.$$

S'il y a équilibre, $u = v = o$, et par suite :

$$Ma - mb = o.$$

On voit donc que cette démonstration conduit au principe de Gauss, pour peu que l'on cherche à la rendre rigoureuse.

4. — Maupertuis traita, après Fermat et Leibnitz, le problème de la *propagation de la lumière*, mais il employa ici la notion de « moindre action » dans *un sens tout différent*. Dans le cas de la réfraction, l'expression qui doit être minimum est m. AR $+ n$. RB, dans laquelle AR et RB sont les parcours de la lumière dans le premier et le second milieu, m et n les indices de réfraction correspondants. Si l'on détermine le point R d'après cette condition de minimum on obtient en effet :

$$\frac{\sin \alpha}{\sin \beta} = \frac{m}{n} = \text{constante} ;$$

mais, tantôt, l'« action » consistait en la *variation* du pro—

duit masse $\times$ vitesse $\times$ chemin ; maintenant elle consiste dans la *somme* de ces mêmes expressions. Tout à l'heure on tenait compte du chemin parcouru dans l'*unité de temps*, tandis que l'on en considère maintenant la *totalité*. Pourquoi ne devrions-nous pas, par exemple, poser que $m.\text{AR} - n.\text{RB}$ ou bien $(m - n)(\text{AR} - \text{RB})$ doit être minimum ? Ajoutons encore que, même si l'on accepte la solution de Maupertuis, il faut, pour se conformer aux faits, y remplacer les vitesses de la lumière par leurs inverses.

On voit donc qu'il ne peut être question d'aucun principe particulier découvert par Maupertuis, mais bien plutôt d'une *forme symbolique* nuageuse qui, à l'aide de beaucoup d'imprécision et de quelque violence,

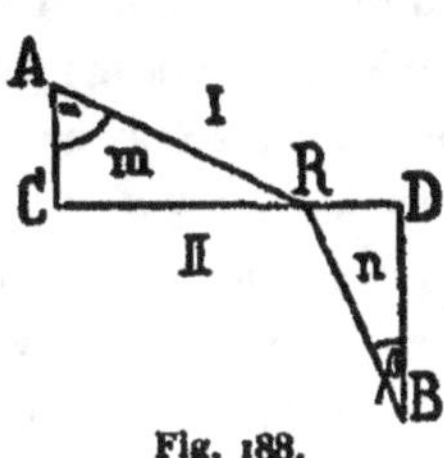

Fig. 188.

permet de grouper plusieurs cas particuliers distincts déjà connus. Quelques détails étaient nécessaires, car la conception de Maupertuis est encore entourée d'une certaine auréole historique. Elle apparaît comme une parcelle de foi religieuse tombée dans le domaine de la mécanique. Cependant, bien que Maupertuis n'eut pas la puissance nécessaire à la réussite, son *effort* pour pénétrer plus profondément dans les phénomènes ne fut pas stérile : il fut un *précieux stimulant* pour Euler et peut-être aussi pour Gauss.

5. — Euler émit l'idée que l'on peut saisir les phénomènes naturels aussi bien par leurs *finalités* que par leurs causes *effectives*. Or, si on cherche à les concevoir par leurs finalités, on peut conjecturer *a priori* que tout phénomène naturel présente un *maximum* ou un *minimum*. Il serait toutefois fort difficile de déterminer, par des considérations métaphysiques, la nature de ce maximum ou de ce minimum. Mais, par exemple, dans la résolution des problèmes mécaniques par les méthodes ordinaires, une attention suffisante permet de découvrir l'expression qui, dans tous les cas, présente cette propriété. Euler ne fut donc pas induit en erreur par un penchant métaphysique et procéda d'une façon bien plus *scientifique* que Maupertuis : son but est de chercher l'expression dont la variation, égalée à zéro, conduit aux équations connues de la mécanique.

Pour un corps *unique*, mis en mouvement par des forces, Euler trouva l'expression cherchée sous la forme $\int v\,ds$, *ds* étant l'élément de chemin et *v* la vitesse correspondante. Pour la trajectoire effectivement suivie par le corps, cette expression est moindre que pour tout autre chemin infiniment voisin, partant du même point initial et aboutissant au même point final, suivant lequel on pourrait contraindre le corps à se mouvoir. On peut donc inversement, lorsque l'on *cherche* la trajectoire, la déterminer en cherchant la courbe qui rend $\int v\,ds$ minimum. Naturellement, ce problème n'a de sens que lorsque *v* dépend de la position de l'élément *ds*, c'est-à-dire lorsque l'on peut appliquer le théorème des forces vives et qu'il y a une fonction de forces, c'est-à-dire encore lorsque *v* est uniquement fonction des coordonnées. Euler suppose ces conditions évidentes. Lorsque le mouvement est *plan*, l'expression peut s'écrire

$$\int \varphi(xy)\sqrt{1+\left(\frac{dy}{dx}\right)^{2}}\,dx.$$

Dans les cas les plus simples le théorème d'Euler est facile à démontrer. Si aucune force n'agit, *v* est constant, la trajectoire est une droite pour laquelle $\int v\,ds = v\int ds$ est évidemment *moindre* que pour tout chemin courbe ayant *mêmes* extrémités. De même un corps qui, n'étant soumis à aucune force, se meut sans frottement sur une surface, y conserve sa vitesse et y décrit une ligne *de plus court chemin*.

Considérons le mouvement d'un corps lancé suivant la trajectoire parabolique ABC. Pour cette trajectoire, la somme $\int v\,ds$ est moindre que pour toute courbe voisine, moindre même que pour la droite ADC, qui joint les extrémités de l'arc de parabole. La vitesse ne dépend ici que de la hauteur verticale parcourue par le corps ; elle est donc la même pour toutes les courbes, aux points situés à des hauteurs égales au-dessus de OC. Partageons ces courbes en éléments correspondants par des droites horizontales. Les éléments de la partie supérieure AD de la droite sont moindres que les éléments correspondants de la partie supérieure AB de la parabole, et ces éléments doivent être respectivement multipliés par une même valeur de v. Mais pour les parties inférieures DC et BC, les éléments de la droite sont au contraire plus grands que ceux de la parabole ; or la vitesse v a, pour ces éléments, une valeur plus grande que pour les éléments supérieurs. On conçoit donc que $\int v\,ds$ puisse être minimum pour

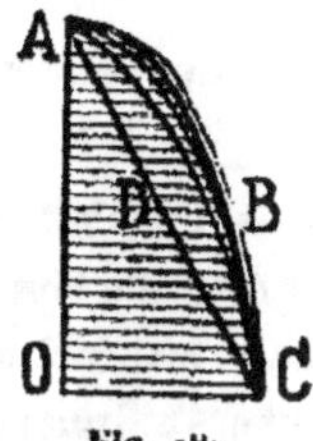

Fig. 189.

la parabole, ainsi qu'un calcul rigoureux le démontre.

Si nous voulons maintenant obtenir l'équation de la trajectoire à l'aide du théorème, prenons A pour origine, AO pour axe des abscisses, comptées positivement vers le bas, et une perpendiculaire à à AO pour axe des y. En appelant g l'accélération de la gravité et a la hauteur de chute correspondant à la vitesse initiale, l'expression qu'il faut rendre minimum est : $\displaystyle\int_o^x \sqrt{2g(a+x)}\,\sqrt{1+\left(\frac{dy}{dx}\right)^2}\,dx$. Le calcul des variations donne alors, comme condition du minimum,

$$\frac{\sqrt{2g(a+x)}\,\dfrac{dy}{dx}}{\sqrt{1+\left(\dfrac{dy}{dx}\right)^2}} = C,$$

ou

$$\frac{dy}{dx} = \frac{C}{\sqrt{2g(a+x)-C^2}},$$

ou enfin

$$y = \int \frac{C\,dx}{\sqrt{2g(a+x)-C^2}} = \frac{C}{g}\sqrt{2g(a+x)-C^2} + C'.$$

C et C' sont les constantes d'intégration. En prenant, pour $x = o$,

$$y = o \text{ et } \frac{dy}{dx} = o, \text{ on a : } C = \sqrt{2\,ga} \text{ et } C' = o\,; \text{ l'équation devient}$$

$$y = 2\sqrt{ax}.$$

On retrouve donc la trajectoire parabolique connue.

6. — Ce n'est que plus tard que Lagrange fit *expressément* remarquer que l'on ne peut faire usage du principe d'Euler que dans les cas où le théorème des forces vives subsiste. Jacobi montra que l'on ne peut pas affirmer à proprement parler que, pour le mouvement réel, la somme $\int v\,ds$ est *minimum*, mais seulement que la variation de cette somme est nulle si l'on passe de la trajectoire réelle à une trajectoire infiniment voisine. Cette condition correspond bien *en général* à un maximum ou à un minimum, mais elle peut aussi être remplie *sans* maximum ni minimum. On doit donc apporter certaines restrictions à la propriété du minimum. Si par exemple un corps, astreint à rester sur la surface d'une sphère, est mis en mouvement par une impulsion, il décrit un arc de grand cercle qui est, en général, une ligne de *plus court* chemin ; mais, lorsque l'angle de l'arc de cercle décrit dépasse 180°, on démontre sans peine qu'il y a une infinité de lignes sphériques voisines de longueurs moindres aboutissant aux mêmes extrémités.

7. — On a donc, jusqu'ici démontré qu'en égalant à zéro la variation de la somme $\int v\,ds$ on obtient les équations ordinaires du mouvement. Or les propriétés du mouvement des corps et de leurs trajectoires peuvent toujours s'exprimer en égalant à zéro des expressions différentielles. De plus la condition à laquelle la variation d'une intégrale est nulle s'exprime aussi en égalant à zéro une expression différentielle. On peut donc, sans aucun doute, imaginer *nombre d'autres* expressions intégrales qui, par leurs variations, conduiront aux équations ordinaires du mouvement, sans que, pour cela, elles aient *nécessairement* une signification *physique* particulière.

8. — Il reste toutefois fort remarquable qu'une expression aussi simple que $\int v\,ds$ possède la propriété que nous venons de discuter et nous essaierons maintenant d'en découvrir la *signification physique*. A ce point de vue les analogies remarquées par Jean Bernoulli et Möbius d'une part, entre le mouvement des masses et, d'autre part, respectivement entre le mouvement de la lumière et l'équilibre des fils nous seront d'une grande utilité.

Un corps sur lequel n'agit aucune force conserve la même vitesse en grandeur et direction et décrit une droite. Dans un milieu homogène (ayant partout le même indice de réfraction,) un rayon lumineux parcourt une droite. Un fil à l'extrémité duquel est appliquée une force s'étend en ligne droite.

Un corps qui se meut de A à B, en suivant une trajectoire quelconque, et dont la vitesse $v = \varphi(x, y, z)$ est fonction des coordonnées, décrit, entre ces points, une courbe pour laquelle $\int v\,ds$ est en général minimum. Un rayon de lumière allant de A à B suit la même courbe si l'indice de réfraction du milieu est donné par la même fonction des coordonnées : $n = \varphi(x,y,z)$, alors $\int n\,ds$ est minimum. Un fil tendu entre ces mêmes points et dont la tension en chaque point est $S = \varphi(x,y,z)$, suit aussi la même courbe ; $\int S\,ds$ est dans ce cas un minimum.

La condition d'*équilibre d'un fil* peut aisément donner le *mouvement d'un point matériel*. Soit un élément ds de fil sur lequel agissent les tensions S et S′ représentées par BA et BC. Soit P la force sollicitant l'unité de longueur de fil ; sur l'élément ds agit donc, en plus des tensions, la force Pds représentée par BD. Ces trois forces se font équilibre. Imaginons maintenant qu'un corps commence à décrire le chemin ds avec une vitesse v, représentée en grandeur et direction par AB, et y reçoive une vitesse BF $= -$ BD : il en sortira avec la vitesse $v' =$ BC. Soit Q une force accélératrice opposée à P, donnant, en l'unité de temps, une accélération Q ; pour l'unité de longueur de fil l'accrois-

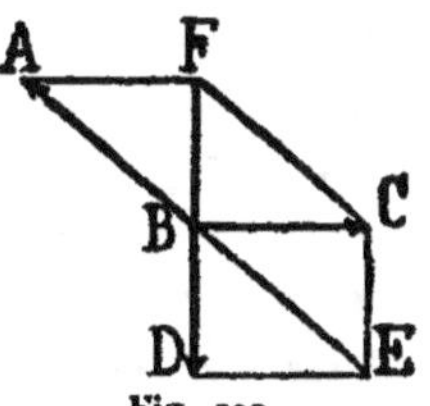

Fig. 190.

soment de vitesse sera donc $\frac{Q}{v}$, et pour la longueur ds il sera $\frac{Q}{v} ds$. La trajectoire du mouvement suivra donc le fil si, entre la force P et la tension S du fil, d'une part, la force accélératrice Q appliquée à la masse et la vitesse v d'autre part, existe la relation :

$$P : -\frac{Q}{v} = S : v,$$

le signe — met en évidence l'opposition des directions de P et de Q.

Un fil circulaire fermé est en équilibre lorsqu'entre la tension S, qui est la même pour tous ses points, et la force P, appliquée à l'unité de longueur de fil et agissant vers l'extérieur dans le sens des rayons, existe la relation $P = \frac{S}{r}$, r étant le rayon de la circonférence. Un corps se meut d'un mouvement circulaire uniforme lorsque, entre sa vitesse v et son accélération centripète Q, existe la relation $\frac{Q}{v} = \frac{v}{r}$ ou $Q = \frac{v^2}{r}$. Un corps se meut avec une vitesse v constante, suivant une courbe quelconque, si, à chaque instant, il est sollicité par une force accélératrice $Q = \frac{v^2}{r}$ dirigée vers le centre de courbure de la trajectoire. Un fil est en équilibre suivant une courbe quelconque, avec une tension constante S, si, en chacun de ses points, est appliquée une force par unité de longueur $P = \frac{S}{r}$, dirigée du centre de courbure vers l'extérieur.

Dans le *mouvement de propagation* de la lumière on ne retrouve pas de concept analogue à celui de force. On devra donc procéder autrement pour faire correspondre ce phénomène au *mouvement des masses* ou à *l'équilibre des fils*. Considérons une masse qui se meut avec une vitesse $AB = v$ (fig. 191). Une force agissant suivant BD produit une augmentation de vitesse BE qui donne, par composition avec la vitesse $v = AB = BC$, la vitesse $v' = BF$. En décomposant les vitesses v et v' suivant les directions parallèle et perpendiculaire à la force, on voit que la composante *parallèle* est seule *modifiée* par l'action de celle-ci. Appelons k la composante perpendiculaire, α et α' les angles des vitesses avec la direction de la force, nous aurons par conséquent

$$k = v \sin \alpha = v' \sin \alpha',$$

d'où

$$\frac{\sin \alpha}{\sin \alpha'} = \frac{v'}{v}.$$

Imaginons maintenant un *rayon lumineux* parcourant la droite AB, venant se briser au point B sur une surface plane, réfringente, perpendiculaire à la direction de la force et passant ainsi d'un milieu dont l'indice de réfraction est n dans un autre dont l'indice de réfraction est n' tel que $\frac{n}{n'} = \frac{v}{v'}$. Ce rayon lumineux suivra la trajectoire du corps que nous venons de considérer. Si donc nous voulons établir l'analogie entre le *mouvement d'une masse* et le *phéno-mène de la propagation d'un rayon lumineux*, nous devons supposer en chaque point un indice de réfraction n *proportionnel à la vitesse*. Pour

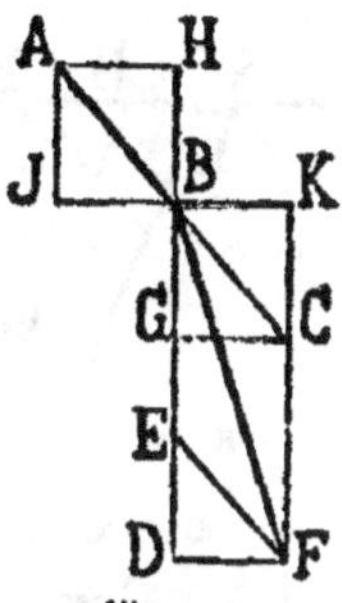
Fig. 191.

déduire des forces les indices de réfraction, on aura les formules suivantes, dans lesquelles P représente la force et dq un élément de chemin parcouru dans la direction de celle-ci,

$$d\frac{v^2}{2} = Pdq,$$

et son analogue

$$d\frac{n^2}{2} = Pdq.$$

En appelant ds l'élément de chemin et α l'angle qu'il fait avec la direction de la force on a

$$d\frac{v^2}{2} = P \cos \alpha \, ds,$$

$$d\frac{n^2}{2} = P \cos \alpha \, ds.$$

Dans les conditions spécifiées plus haut, la trajectoire d'un projec-tile est donnée par $y = 2\sqrt{ax}$. Un rayon de lumière se propage suivant la même parabole dans un milieu dont l'indice de réfraction suit la loi $n = \sqrt{2(a + x)}$.

9. — Il importe d'étudier d'un peu plus près les relations entre la propriété de minimum et la *forme* de la trajectoire. Considérons d'abord une ligne brisée ABC coupée par la droite MN ; posons

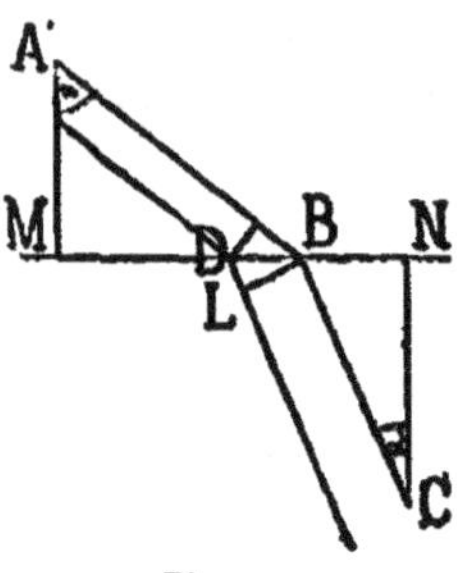

Fig. 192.

AB $= s$, BC $= s'$, et cherchons la condition nécessaire pour que le chemin allant du point fixe A au point fixe B rende minimum l'expression $vs + v's'$, v et v' étant deux constantes différentes, l'une pour la région au-dessus de MN, l'autre pour la région au dessous. Donnons au point B un déplacement infiniment petit BD $= m$. La nouvelle trajectoire AC reste parallèle à l'ancienne, ainsi que le montre la représentation symbolique de la figure 192. L'expression $vs + v's'$ reçoit l'accroissement $- vm \sin \alpha + v'm \sin \alpha'$ qui est proportionnel à $- v \sin \alpha + v' \sin \alpha'$. La condition du minimum est par suite

$$- v \sin \alpha + v' \sin \alpha' = o,$$

ou

$$\frac{\sin \alpha}{\sin \alpha'} = \frac{v'}{v} \cdot$$

Si l'on veut rendre minimum l'expression $\frac{s}{v} + \frac{s'}{v'}$ on obtient exactement de même

$$\frac{\sin \alpha}{\sin \alpha'} = \frac{v}{v'}$$

Dans le cas d'un *fil* tendu ABC, dont les tensions S et S' sont différentes au-dessus et au-dessous de MN, l'expression qu'il faut rendre minimum est $Ss + S's'$. Pour fixer les idées, supposons que le fil, tendu *simple* de A en B et *triple* de B en C, soutienne un poids P ; on a S $=$ P, S' $=$ 3P. Si l'on déplace le point B de la longueur m, toute *diminution* de l'expression $Ss + S's'$ exprime une augmentation du *travail* que le poids suspendu P effectue. Si

$$- Sm \sin \alpha + S'm \sin \alpha' = o,$$

aucun travail n'est effectué : le *minimum* de $Ss + S's'$ correspond au *maximum* de travail effectué. Le principe de la moindre action est donc ici simplement une autre forme du principe des déplacements virtuels.

Supposons que ABC soit un *rayon lumineux* et que les vitesses de propagation v et v' au-dessus et au-dessous de MN soient entre elles comme $3 : 1$. Le rayon de lumière se meut de A en B suivant la trajectoire parcourue en un temps minimum, et cela pour une raison physique fort simple. La lumière va de A à B sous forme de vagues élémentaires suivant divers chemins. Mais la périodicité du phénomène fait que ces vagues se détruisent en général ; seules, celles qui arrivent en des temps égaux et par suite à des phases égales donnent un résultat. Or cette condition n'est réalisée *que* par les vagues qui arrivent au point B par le *chemin le plus court*

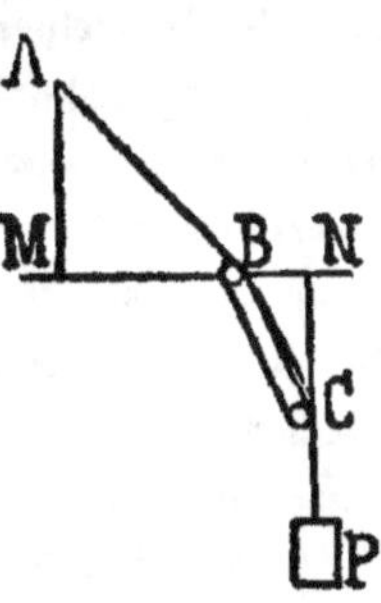

Fig. 193.

et par les chemins immédiatement voisins. Par conséquent le chemin effectivement suivi par la lumière rend minimum l'expression $\frac{v}{s} + \frac{s'}{v'}$, et, puisque les indices de réfraction sont inversement proportionnels aux vitesses de propagation, l'expression $ns + n's'$ est en même temps minimum.

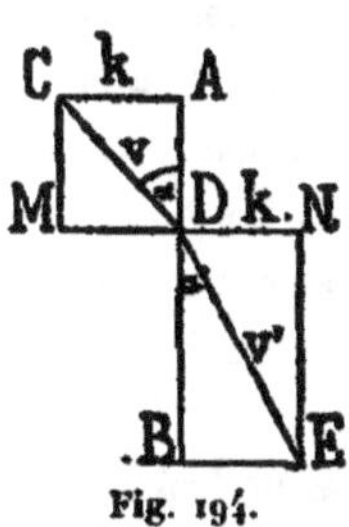

Fig. 194.

Lorsque nous considérons le *mouvement d'une masse*, la condition du minimum de l'expression $vs + v's'$ se présente à nous avec un certain caractère de *nouveauté*. Supposons qu'au moment où la masse en mouvement franchit le niveau MN, sa vitesse passe de la valeur v à la valeur v' plus grande, par exemple par l'effet d'une force dirigée suivant BD ; la trajectoire de la masse sera telle que :

$$v \sin \alpha = v' \sin \alpha' = k.$$

Cette équation, qui est identique à la condition de minimum, exprime simplement le fait que seule la composante de la vitesse parallèle à la direction de la force subit une variation, tandis que la composante normale à cette direction reste invariable. Le théorème d'Euler ne fournit donc encore dans ce cas qu'une forme nouvelle d'un fait déjà familier.

Il est nécessaire d'ajouter quelques remarques à cet exposé, paru en 1883. On voit que le principe de la moindre action et, avec lui, tous les autres principes de minimum que l'on rencontre en mécanique expriment simplement que, dans chaque cas, *il arrive exactement tout ce qui peut arriver* dans les circonstances du cas considéré, c'est à-dire tout ce que ces circonstances *déterminent*, et déterminent *d'une façon unique*. Les cas d'équilibre peuvent être déduits de cette détermination unique ; nous avons déjà discuté cette déduction et nous y reviendrons encore plus loin. Quant aux cas dynamiques, *J. Petzoldt* a montré, mieux et *plus clairement* que je ne l'avait fait, le sens du principe de la *détermination unique*, dans son livre intitulé *Maxima, minima und Œkonomie* (Altenburg, 1891), que je citerai textuellement (p. 11) : « Dans tout mouvement, la trajectoire réellement parcourue apparaît « toujours comme *se distinguant* nettement de *l'infinité des tra-« jectoires imaginables.* Mais, analytiquement, cela ne signifie « rien d'autre que ceci : il est toujours possible de trouver des « expressions dont la variation, égalée à zéro, fournit les équa-« tions différentielles du mouvement, car la variation ne peut s'éva-« nouir que lorsque l'intégrale prend une valeur *déterminée d'une « seule façon.* »

L'on voit, en fait, que, dans l'exemple que nous venons de traiter, un accroissement de vitesse n'est déterminé *d'une seule façon* que dans le sens de la force. En effet, perpendiculairement à celle-ci, cet accroissement pourrait prendre une infinité de directions dont les rôles sont identiques ; elles se trouvent donc toutes exclues par le principe de la détermination unique. Je suis encore parfaitement d'accord avec Petzoldt lorsqu'il dit : « Les théorèmes d'Euler « et de Hamilton, non moins que celui de Gauss, ne sont par consé-« quent autre chose que *des expressions analytiques du fait expéri-*

« mental que les phénomènes de la nature sont déterminés d'une
« façon unique. » C'est la *singularité* du minimum qui est déterminante.

Il convient aussi de citer ici le passage suivant d'un article que j'ai
publié dans la revue le « Lotos » de Prague, (n° de nov. 1873) :
« Les principes d'équilibre et de mouvement de la mécanique peuvent
être exprimés sous forme de lois d'isopérimètres. La conception an-
thropomorphique n'est ici essentielle en rien ; prenons, par exemple,
le principe des travaux virtuels. Dès que l'on a reconnu le travail A
comme déterminante de la vitesse, on voit aisément que, du moment
où *il n'y a aucun* travail effectué pour les passages du système à
toutes les conformations voisines, aucune vitesse ne peut être acquise
et que, par suite, l'équilibre subsiste. La condition d'équilibre est donc
$\delta A = o$; elle n'exige pas précisément que A soit maximum ou minimum. Ces lois ne sont pas rigoureusement limitées au domaine de la
mécanique. Elles peuvent être très générales. Lorsque la variation
d'un phénomène B dépend d'un phénomène A, la condition pour
que B soit dans un certain état est $\delta A = o$. »

Il est clair qu'en écrivant cela j'admets en même temps la possibilité de découvrir, dans les branches les plus différentes de la physique, les analogues du théorème de la moindre action, sans prendre
pour y arriver le chemin détourné de la mécanique. Je ne considère
pas non plus la mécanique comme la base fondamentale de l'explication de toutes autres sciences, mais au contraire, à cause de son état
d'avancement formel, comme un excellent modèle pour celles-ci. En
ce point ma manière de voir se distingue, en apparence peu, mais cependant essentiellement de celles de la plupart des physiciens. Pour
plus d'éclaircissements, je renverrai à mon traité sur les « *Principien der Wärmelehre* » (spécialement pp. 192, 318, 356) et au chapitre « sur la comparaison dans la science physique » de mes
« *Populär-wissenschaft. Vorlesungen* » (p. 251). Je signalerai
encore deux remarquables articles sur ce sujet, l'un de C. Neumann :
L'Axiome d'Ostwald du théorème de l'énergie (Berichte d. K. Sächs.
Gesellschaft, 1892, p. 184) et le second d'Ostwald : *Sur le principe
du cas singulier* (id. 1893, p. 600).

10. — La condition de minimum trouvée ci-dessus :

$$- v \sin \alpha + v' \sin \alpha' = o,$$

donne, lorsque l'on passe du chemin brisé fini à un chemin courbe élémentaire,

$$- v \sin \alpha + (v + dv) \sin (\alpha + d\alpha) = o$$

ou

$$d (v \sin \alpha) = o$$

ou enfin

$$v \sin \alpha = \text{constante.}$$

Pour le problème de la propagation de la lumière on obtient les équations correspondantes,

$$d (n \sin \alpha) = o, \qquad n \sin \alpha = \text{constante,}$$

$$d \left(\frac{\sin \alpha}{v} \right) = o, \qquad \frac{\sin \alpha}{v} = \text{constante,}$$

et, pour la figure d'équilibre des fils,

$$d (S \sin \alpha) = o, \qquad S \sin \alpha = \text{constante.}$$

Pour expliquer par un exemple les remarques qui précèdent, reprenons le problème de la trajectoire d'un projectile pesant. Appelons encore α l'angle d'un élément de la courbe avec la verticale et prenons l'axe des x horizontal. La vitesse est $v = \sqrt{2g(a + x)}$. La condition $v \sin \alpha = \text{constante}$ ou $\sqrt{2g(a + x)} \cdot \frac{dy}{ds} = \text{constante}$ est identique à celle que donne le calcul des variations, mais nous en connaissons maintenant la *signification physique*, qui est très simple. Imaginons maintenant un fil, dont la tension est donnée par

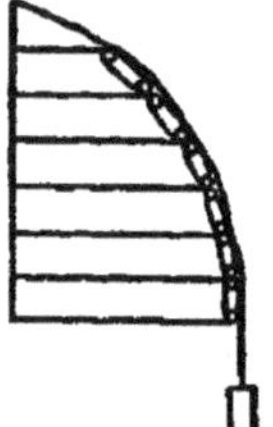

Fig. 195.

$S = \sqrt{2g(a + x)}$, ce que l'on peut jusqu'à un certain point réaliser par des moufles sans frottement, dont les palans. comprenant des nombres convenables de poulies, peuvent glisser le long de rails horizontaux placés dans un plan vertical, et sur lesquels passe successivement un fil fixé à une extrémité et tendu à l'autre par un poids.

Nous retrouvons pour l'équilibre la même condition, mais elle a maintenant une signification physique limpide. La figure du fil devient une parabole lorsque la distance des rails diminue indéfiniment. Dans un milieu dont l'indice de réfraction est donné par la loi $x = \sqrt{2g(a+x)}$, ou la vitesse de la lumière par la loi $v = \dfrac{1}{\sqrt{2g(a+x)}}$, et ne varie donc que suivant la verticale, le rayon lumineux est une parabole. Si dans ce milieu la vitesse variait suivant la loi $v = \sqrt{2g(a+x)}$, la trajectoire du rayon lumineux serait une cycloïde ; alors la somme $\displaystyle\int \frac{ds}{\sqrt{2g(a+x)}}$ serait minimum, et non pas $\displaystyle\int \sqrt{2g(a+x)}\, ds$.

11. — Dans la comparaison de l'équilibre d'un fil avec le mouvement d'une masse, on peut, au lieu du fil enroulé sur un système de poulies, considérer un simple fil homogène pourvu que l'on fasse agir sur lui un système de forces qui produise les tensions demandées. On remarque aisément que les systèmes de forces qui donnent la vitesse ou la tension par la *même* fonction des coordonnées sont *différents*. Ainsi, par exemple, la pesanteur donne pour vitesse

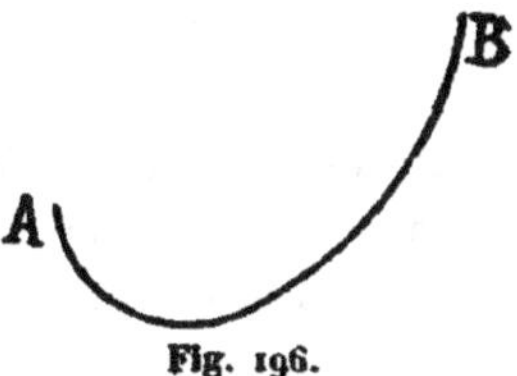

Fig. 196.

$v = \sqrt{2g(a+x)}$, alors qu'un fil homogène pesant en équilibre dessine une chaînette dont la tension est donnée par $S = m - nx$, m et n étant des constantes. L'analogie entre l'équilibre des fils et le mouvement des masses consiste essentiellement en ce que, pour un fil soumis à des forces qui admettent une fonction de forces U, on a l'équation $U + S =$ constante, facile d'ailleurs à démontrer. Les interprétations *physiques* du théorème de la moindre action, que nous n'avons données que pour des cas simples, subsistent dans des cas compliqués, que l'on obtient en imaginant par exemple des groupes de surfaces d'égale tension, d'égale vitesse ou d'égal indice de réfraction, qui partagent le fil, la trajectoire de la masse ou le rayon lumineux en éléments, et dans ces cas, il faut entendre par la notation α l'angle formé par un *élément* avec la *normale* à la surface. Lagrange a étendu le théorème de la moindre action aux systèmes matériels et l'a mis sous la forme

$$\delta \Sigma m \int vds = o.$$

Si maintenant nous remarquons que les liaisons laissent subsister le théorème des forces vives, qui est la base essentielle du théorème de la moindre action, nous voyons encore que, dans ce cas, ce dernier théorème conserve sa validité et peut être physiquement interprété.

IX. — LE THÉORÈME DE HAMILTON

1. — Nous avons déjà fait observer que l'on peut imaginer *diverses* expressions telles qu'en égalant leur variation à zéro on obtienne les équations ordinaires du mouvement. Le théorème de Hamilton donne une expression de ce genre :

$$(1) \quad \delta \int_{t_0}^{t_1} (U + T)\, dt = o \quad \text{ou} \quad \int_{t_0}^{t_1} (\delta U + \delta T)\, dt = o.$$

dans laquelle δU et δT sont les variations du travail et de la force vive et doivent s'annuler aux limites t_0 et t_1. On peut aisément déduire le théorème de Hamilton de celui de d'Alembert, ou bien inversement le second du premier. Ces deux théorèmes sont au fond identiques et ne diffèrent que par la forme [1].

[1] Cf. p. ex. Kirchhoff. — *Vorlesungen über mathematischen Physik : Mechanik*, p. 25 ; et Jacobi, *Vorlesungen über Dynamik*, p. 58.

2. — Sans entrer dans une discussion approfondie de ce principe, nous montrerons l'identité des deux théorèmes par un *exemple*, et nous choisirons celui qui nous a déjà servi pour élucider le théorème de d'Alembert : le problème du treuil mis en mouvement par un excédent de poids agissant d'un côté. Au lieu du mouvement *réel* de l'appareil nous pouvons imaginer un mouvement infiniment peu *différent*, qui s'accomplit dans le même temps et coïncide avec le mouvement réel au commencement et à la fin. Il se produit dès lors, dans chaque élément de temps dt, une variation δU du travail et une variation δT de la force vive, qui modifient les valeurs U et T que ces grandeurs ont dans

Fig. 197.

le mouvement réel. Mais, dans ce dernier, l'intégrale (1) est nulle ; elle peut donc servir à le déterminer. Si, pendant l'élément de temps dt, l'angle de rotation diffère de celui du mouvement réel de la variation α, il vient, pour la variation correspondante du travail,

$$\delta U = (PR - Qr)\,\alpha = M\alpha\,;$$

Pour la vitesse angulaire ω la force vive est

$$T = \frac{1}{g}\,(PR^2 + Qr^2)\,\frac{\omega^2}{2}\,,$$

pour la variation $\delta\omega$ on a

$$\delta T = \frac{1}{g}\,(PR^2 + Qr^2)\,\omega\delta\omega\,;$$

mais, si l'angle de rotation varie de α dans le temps dt, on a

$$\delta\omega = \frac{d\alpha}{dt}\,,$$

et

$$\delta T = \frac{1}{g}\,(PR^2 + Qr^2)\,\omega\,\frac{d\alpha}{dt} = N\,\frac{d\alpha}{dt}\,;$$

L'intégrale peut donc s'écrire

$$\int_{t_0}^{t_1}\left(M\alpha + N\,\frac{d\alpha}{dt}\right)dt = 0\,;$$

mais

$$d(N\alpha) = N\frac{d\alpha}{dt} + \alpha\frac{dN}{dt},$$

d'où

$$\int_{t_0}^{t_1}\left(M - \frac{dN}{dt}\right)\alpha\,dt + \left[N\alpha\right]_{t_0}^{t_1} = o.$$

La partie intégrée disparaît, puisque l'on a supposé α nul aux limites, — au commencement et à la fin du mouvement. On obtient donc

$$\int_{t_0}^{t_1}\left(M - \frac{dN}{dt}\right)\alpha\,dt = o,$$

et, comme α est arbitraire et à chaque instant indépendant de dt, cette équation exige que l'on ait, pour toute valeur de t,

$$M - \frac{dN}{dt} = o,$$

qui donne, lorsque l'on remplace les lettres par leurs valeurs,

$$\frac{d\omega}{dt} = \frac{PR - Qr}{PR^2 + Qr^2}\,g.$$

On pourrait inversement partir de l'équation

$$\left(M - \frac{dN}{dt}\right)\alpha = o,$$

que le théorème de d'Alembert donne pour tout déplacement *possible*, et obtenir successivement les équations :

$$\int_{t_0}^{t_1}\left(M - \frac{dN}{dt}\right)\alpha\,dt = o$$

$$\int_{t_0}^{t_1}\left(M\alpha + N\frac{d\alpha}{dt}\right)dt - \left[N\alpha\right]_{t_0}^{t_1} = \int_{t_0}^{t_1}\left(M\alpha + N\frac{d\alpha}{dt}\right)dt = o.$$

3. — La chute verticale des graves fournit un exemple encore plus simple. Pour tout déplacement infiniment petit s, on a l'équation

$$\left(mg - m\,\frac{dv}{dt}\right)s = 0,$$

dans laquelle les lettres ont leurs significations habituelles. On en déduit

$$\int_{t_0}^{t_1}\left(mg - m\,\frac{dv}{dt}\right)s\,dt = 0,$$

or, en remarquant que

$$\frac{d(mvs)}{dt} = m\,\frac{dv}{dt}\,s + mv\,\frac{ds}{dt},$$

et que

$$\int_{t_0}^{t_1}\frac{d(mvs)}{dt}\,dt = \left[mvs\right]_{t_0}^{t_1} = 0,$$

puisque s s'annule aux limites, l'intégrale précédente donne :

$$\int_{t_0}^{t_1}\left(mgs + mv\,\frac{ds}{dt}\right)dt = 0,$$

qui a la forme du théorème de Hamilton.

Ainsi donc, si différents que nous paraissent les théorèmes de la mécanique, ils ne contiennent cependant pas des expressions de faits distincts, mais en quelque sorte rien que des *côtés* divers des mêmes faits.

X. — APPLICATION DES THÉORÈMES
DE LA MÉCANIQUE A LA SOLUTION DE QUELQUES PROBLÈMES
D'HYDROSTATIQUE ET D'HYDRODYNAMIQUE

1. — Les exemples que nous avons donnés se rapportent à des systèmes de corps solides. Nous complèterons ces exercices sur les

théorèmes de la mécanique par quelques problèmes d'hydrostatique
et d'hydrodynamique.

Nous prendrons, pour premier exemple, la discussion des lois
d'équilibre d'un liquide sans poids, uniquement soumis aux forces
dites moléculaires. Plateau a d'ailleurs montré comment on peut
placer un liquide dans des conditions telles que la pesanteur est
comme supprimée. Ainsi, en immergeant une certaine quantité
d'huile d'olive dans un mélange d'alcool et d'eau de poids spécifique
égal, on voit, par le théorème d'Archimède, que le poids de l'huile
est équilibré par la poussée et que ce liquide se comporte, en fait,
comme s'il était sans poids.

2. — Considérons d'abord une masse liquide, sans poids, libre
dans l'espace; comme les forces moléculaires n'agissent qu'aux
très petites distances, décrivons autour de chaque particule liquide
a, b, c, une sphère (appelée sphère d'activité moléculaire,) de
rayon égal à la distance à laquelle les forces moléculaires n'ont

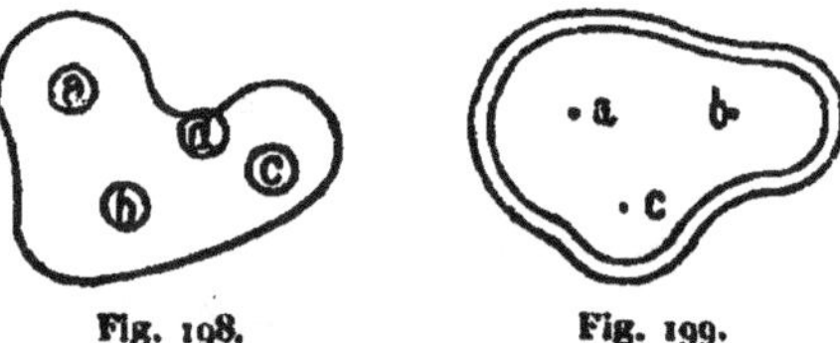

Fig. 198.

Fig. 199.

plus d'effet appréciable. Tout autour de chacun des points a, b, c,
ces sphères sont uniformément et régulièrement remplies d'autres
particules, de sorte que la force résultante sur chacune des particules a, b, c est nulle. Seules les particules liquides, dont la distance
à la surface est moindre que le rayon d'activité moléculaire, se
trouvent dans d'autres conditions de force que les particules
intérieures. En supposant que les rayons de courbure en chaque
point de la surface sont très grands par rapport au rayon d'activité moléculaire, on pourra séparer du reste de la masse liquide
une couche superficielle d'épaisseur égale à ce rayon et dans laquelle
les particules se trouvent dans *d'autres* conditions physiques qu'à
l'intérieur. La particule intérieure a, transportée de la position a

à la position *b* ou *c*, reste dans les mêmes conditions physiques, ainsi que les parties qui sont venues occuper sa position primitive. Dans cette opération aucun travail ne peut être accompli. Il ne peut donc y avoir de travail effectué que si les particules de la couche superficielle sont transportées à l'intérieur ou inversement et, par conséquent, que si l'aire de la surface libre du liquide *varie*. Il est d'ailleurs indifférent que la densité soit ou non la même dans la couche superficielle et à l'intérieur, ou qu'elle soit ou non la même en tous les points de cette couche. On reconnaît sans peine que l'accomplissement d'un travail reste encore lié à la variation de la surface lorsque la masse liquide est immergée dans un autre fluide, comme dans l'expérience de Plateau.

Nous chercherons maintenant si la diminution de surface produite par la pénétration de particules superficielles dans l'intérieur du liquide correspond à un travail positif ou négatif, en d'autres termes si cette diminution demande ou fournit du travail. On sait que deux gouttelettes liquides voisines se réunissent d'*elles-mêmes* en une seule; cette réunion diminue la surface. Il en résulte qu'une *diminution* de la surface correspond à un *travail fourni* (travail positif). Une très jolie

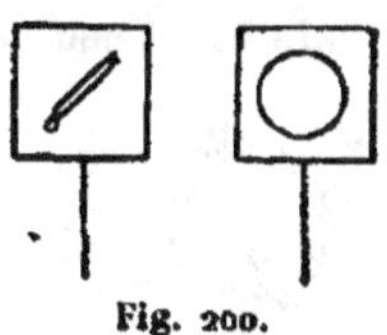

Fig. 200.

expérience de M. van der Mennsbrugghe démontre aussi que toute diminution de la surface liquide fournit un travail positif. On plonge un cadre en fil de fer dans de l'eau de savon et, après l'avoir retiré, on dépose sur la lame liquide qui y est restée adhérente un fil fermé mouillé au préalable. Si l'on transperce la partie liquide intérieure au fil, on voit aussitôt la lame d'eau de savon circonscrite se contracter jusqu'à ce que le fil y limite un vide circulaire. Mais le cercle est la figure d'aire maximum pour un périmètre donné : le liquide restant s'est donc contracté jusqu'à présenter une surface minimum.

Les considérations suivantes ne présenteront maintenant plus de difficultés. Un liquide sans poids, soumis à des forces moléculaires, sera en équilibre chaque fois qu'un système quelconque de déplacements virtuels n'entraînera *pas* de variation de sa surface libre. Comme déplacements *virtuels* on pourra admettre toutes les variations de

forme infiniment petites compatibles avec la constance du *volume*
liquide. L'équilibre subsiste donc pour toute forme telle qu'une déformation infiniment petite donne une variation nulle de l'aire de la
surface. Une aire superficielle *minimum* pour un volume liquide
donné correspondra à un état d'équilibre *stable* ; une aire *maximum*,
à un équilibre *instable*.

La sphère est la forme d'aire minimum pour un volume donné. La
forme sphérique est donc la figure d'équilibre stable pour une masse
liquide libre : c'est à-dire la figure pour laquelle un maximum de
travail a été fourni, donc, pour laquelle aucun travail ultérieur ne
peut plus être fourni. Lorsque le liquide est en contact avec des corps
solides, la figure d'équilibre dépend de conditions accessoires et le
problème se complique.

3. — On peut procéder comme suit dans l'étude des relations entre
la *forme* et l'*aire* de la surface. Supposons que la surface formée
varie infiniment peu, le volume restant le même. Découpons la sur-

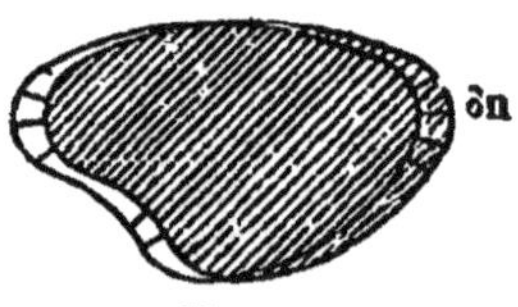

Fig. 201.

face primitive en éléments rectangulaires
infiniments petits par les deux systèmes
de lignes de courbure perpendiculaires
entre elles. Aux sommets de ces éléments rectangulaires, élevons à la première surface des normales qui percent
la surface déformée en des points que nous prendrons pour
sommets d'éléments superficiels correspondants aux premiers. Un
élément dO de la surface primitive correspond à un élément dO'
de la surface déformée. L'élément dO se transforme en dO' par un déplacement infiniment petit $δn$ suivant la normale, vers l'intérieur ou
vers l'extérieur, accompagné d'une variation correspondante dans la
superficie.

Soient dp et dq les côtés de l'élément dO ; les relations suivantes
donneront les côtés dp', dq' de l'élément dO' :

$$dp' = dp \left(1 + \frac{\delta n}{r} \right),$$

$$dq' = dq \left(1 + \frac{\delta n}{r'} \right).$$

r et r' étant les rayons de courbure des sections principales tangentes aux éléments des lignes de courbure p et q, autrement dit les rayons de courbure principaux de la surface aux points considérés, affectés des signes $+$ ou $-$ suivant que les éléments correspondants sont convexes ou concaves vers l'extérieur. La variation de l'élément dO peut alors s'écrire

$$\delta\, dO = dO' - dO = dp.\, dq \left(1 + \frac{\delta n}{r}\right)\left(1 + \frac{\delta n}{r'}\right) - dpdq$$

ou bien, en négligeant les puissances supérieures de δn,

$$\delta\, dO = \left(\frac{1}{r} + \frac{1}{r'}\right)\delta n.\, dO.$$

L'expression de la variation de la surface totale est par suite :

$$(1) \qquad \delta O = \int \left(\frac{1}{r} + \frac{1}{r'}\right)\delta n.\, dO.$$

Les déplacements normaux δn doivent d'ailleurs être tels que l'on ait

$$(2) \qquad \int \delta n.\, dO = 0,$$

c'est-à-dire tels que la somme des volumes élémentaires, positifs et négatifs, engendrés par les déplacements des éléments de surface vers l'extérieur ou vers l'intérieur, soit nulle, le volume total restant ainsi constant.

Fig. 202.

Mais les expressions (1) et (2) ne peuvent être nulles ensemble que si la somme $\frac{1}{r} + \frac{1}{r'}$ est la *même* en tous les points de la surface. On le comprend aisément comme suit : Représentons symboliquement les éléments dO de la surface primitive par les éléments de la ligne AX, et sur ceux-ci, portons en ordonnées, dans le plan E, les déplacements normaux δn, positivement vers le haut ou négativement vers le bas, suivant qu'ils sont effectués vers l'extérieur ou vers l'intérieur. Ces ordonnées déterminent une courbe dont nous prenons la surface en comptant positivement les aires situées au-dessus de AX et négativement celles situées en dessous. Tout système de déplacements δn pour lequel cette surface totale est égale à zéro, annulle aussi l'expression (2) et est par conséquent admissible (virtuel).

Portons maintenant comme ordonnées dans le plan E' les valeurs de $\frac{1}{r} + \frac{1}{r'}$ correspondant à chaque élément dO. Nous pouvons sans peine imaginer une forme de surface pour laquelle les expressions (1) et

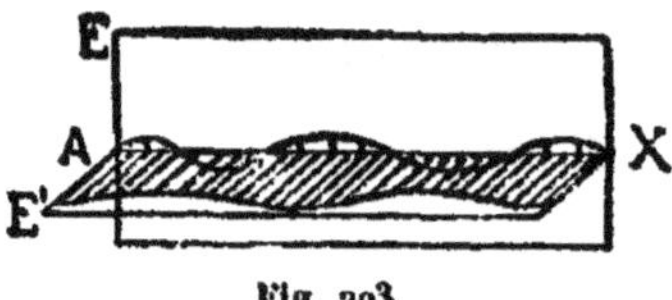

Fig. 203.

(2) prennent ensemble la valeur zéro ; mais si, dans cette hypothèse, l'expression $\left(\frac{1}{r} + \frac{1}{r'}\right)$ a des valeurs *différentes* pour les divers éléments de la surface, on pourra *toujours*, en continuant à vérifier l'équation (2), répartir les δn de telle sorte que l'expression (1) soit différente de zéro. Ce n'est que lorsque $\left(\frac{1}{r} + \frac{1}{r'}\right)$ a la *même* valeur en tous les points de la surface que les expressions (1) et (2) s'annullent nécessairement et constamment ensemble.

Les conditions simultanées (1) et (2) exigent donc que

$$\frac{1}{r} + \frac{1}{r'} = \text{constante}.$$

La somme des courbures principales doit donc être la même en tous les points de la surface. Ce théorème montre clairement la relation entre l'*aire* et la *forme* de la surface libre du liquide. Le mode de raisonnement dont nous nous sommes servis a été pour la première fois employé par Gauss, mais sous une forme beaucoup plus complète et beaucoup plus détaillée. Toutefois on voit que l'on peut, sans difficultés, exposer en résumé l'essentiel de sa théorie à propos d'un cas particulier simple, ainsi que nous venons de le faire.

4. — Nous avons déjà dit qu'un liquide entièrement libre prend la forme sphérique qui correspond à un minimum absolu de surface. La condition $\frac{1}{r} + \frac{1}{r'} = \text{constante}$ se met ici sous la forme $\frac{2}{R} = \text{cons-}$ tante, R étant le rayon de la sphère ; elle est évidemment remplie.

La surface libre du liquide prend une forme de révolution lorsqu'elle est limitée par deux disques rigides, situés dans des plans perpendiculaires à la droite qui joint leurs centres. La nature de la courbe méridienne et le volume de la masse enfermée par la surface sont déterminés par le rayon commun des disques, la distance de leurs plans et la valeur que prend l'expression $\frac{1}{r} + \frac{1}{r'}$ pour la surface de révolution. Cette surface est cylindrique, lorsque

$$\frac{1}{r} + \frac{1}{r'} = \frac{1}{r} + \frac{1}{\infty} = \frac{1}{R}.$$

Pour

$$\frac{1}{r} + \frac{1}{r'} = 0 \, ;$$

une section normale est convexe, l'autre concave, la courbe méridienne est une chaînette. Plateau a réalisé ces divers cas en réunissant par une masse d'huile deux anneaux de fil de fer plongés dans le mélange d'alcool et d'eau.

Considérons maintenant une masse liquide limitée d'un côté par des portions de surface pour lesquelles l'expression $\frac{1}{r} + \frac{1}{r'}$ a une valeur positive, et d'un autre côté par des portions de surface pour lesquelles elle a une valeur négative, ou, plus brièvement, par des surfaces convexes et concaves. On voit aisément que le déplacement normal des éléments de surface vers l'extérieur entraîne une diminution d'aire s'ils sont concaves, et une augmentation s'ils sont convexes. Il y a donc un *travail effectué* lorsque les *éléments concaves* de la surface se meuvent *vers l'extérieur* et les *éléments convexes vers l'intérieur*. Il y aura de même un *travail effectué* lorsqu'une portion de surface pour laquelle $\frac{1}{r} + \frac{1}{r'} = + a$ se meut vers l'extérieur en même temps qu'une autre portion pour laquelle $\frac{1}{r} + \frac{1}{r'} > a$ se meut vers l'intérieur.

Il résulte de là que, tant que des surfaces de *courbures diverses* limitent une masse liquide, les parties convexes sont poussées vers l'intérieur et les parties concaves vers l'extérieur, jusqu'à ce que la condition $\frac{1}{r} + \frac{1}{r'} = $ constante soit remplie pour toute la surface. De même lorsqu'une *même masse* liquide a sa surface libre totale séparée en *plusieurs* parties entièrement limitées par des corps solides, l'équilibre exige que l'expression $\frac{1}{r} + \frac{1}{r'}$ ait la même valeur pour *toutes* les parties de la surface libre.

Ainsi, par exemple, dans l'expérience de la masse d'huile immergée dans le mélange d'alcool et d'eau et limitée par les deux anneaux, on peut, en employant une quantité d'huile convenable, obtenir un cylindre ayant pour base deux calottes sphériques, mais les courbures des parois et des bases sont dans la relation

$$\frac{1}{R} + \frac{1}{\infty} = \frac{1}{\rho} + \frac{1}{\rho},$$

d'où $\rho = 2\,R$, ρ étant le rayon des sphères de base et R le rayon des anneaux. Plateau a vérifié expérimentalement ces conséquences.

5. — Dans le cas d'une masse liquide sans poids enfermant un espace vide, il est *impossible* que la condition d'égalité de valeur de $\frac{1}{r} + \frac{1}{r'}$ soit remplie pour les surfaces extérieure et intérieure. Par contre, si, pour la surface fermée extérieure, cette somme a une

Fig. 204.

valeur positive toujours plus grande que pour la surface fermée intérieure, le liquide effectuera un travail en s'écoulant de la surface extérieure vers la surface intérieure, et remplira le vide. Mais si cet espace vide contient un liquide ou un gaz sous une certaine pression, le travail effectué par cet écoulement sera *compensé* par le travail contraire de la compression et l'équilibre s'établira.

Considérons une *bulle* liquide, c'est-à-dire une masse liquide limitée par deux surfaces très voisines, semblables et semblablement placées. Cette bulle ne peut être tenue en équilibre que par un excès de pression du gaz qu'elle renferme. Si pour la surface extérieure la somme extérieure la somme $\frac{1}{r} + \frac{1}{r'}$ a la valeur a, elle aura la valeur — a pour la surface intérieure très voisine. Une bulle entièrement libre prendra toujours la forme sphérique. Si nous en négligeons l'épaisseur, la surface totale diminue de $16\,\pi r.dr$ lorsque le rayon diminue de dr ; en représentant par A le travail effectué pour une diminution de superficie égale à l'unité, le travail total effectué sera $A.16\pi r.dr$; ce travail doit être compensé par le travail de la pression p qui vaut $p.4\pi r^2 dr$. On a par suite $\dfrac{4A}{r} = p$, et de cette équation on peut déduire A, r étant fourni par la mesure du rayon de la bulle et p par un manomètre.

Une bulle sphérique ouverte ne peut subsister. Si cette figure était une forme d'équilibre, l'expression $\dfrac{1}{r} + \dfrac{1}{r'}$ devrait non seulement être constante pour les deux surfaces limites séparément, mais encore avoir des valeurs égales pour toutes deux. Mais, comme elles ont leurs courbures opposées, on devrait alors avoir $\dfrac{1}{r} + \dfrac{1}{r'} = o$ et par suite, en chaque point, $r = - r'$. La surface d'équilibre doit donc être une surface à *courbure moyenne nulle* ou surface *minimum* : on voit immédiatement que ses éléments ont la forme d'une *selle*. On obtient ces surfaces en plongeant dans l'eau de savon, ou mieux dans le liquide glycérique de Plateau, des courbes fermées quelconques en fil de fer ; la lame liquide qui y reste adhérente figure la surface minimum passant par le contour donné.

6. — Les figures d'équilibre des lames liquides minces ont une propriété particulière. Dans un liquide quelconque, le travail de la pesanteur se manifeste dans *toute* la masse, alors que celui des forces moléculaires n'affecte qu'une couche superficielle ; le premier est donc en général prépondérant. Mais, dans les lames minces, les forces moléculaires se trouvent dans des conditions particulièrement *favorables* vis-à-vis de la pesanteur, et il devient possible de produire ces figures d'équilibre à l'air libre, sans dispositifs spéciaux. Plateau les obtint en immergeant dans l'eau de savon des chevalets en fil de fer formant les arêtes de polyèdres. Il se forme alors des lames liquides planes qui se raccordent entre elles ainsi qu'aux arêtes du support. Lorsque des lames liquides planes minces se rencontrent en formant un angle vide, la loi $\frac{1}{r} + \frac{1}{r'} =$ constante n'est plus remplie, car cette somme a la valeur zéro pour la surface plane et pour le coin de l'angle une valeur très grande négative. Il s'ensuit que, conformément à la théorie qui vient d'être indiquée, le liquide doit s'écouler des faces planes vers les angles et que les lames doivent constamment s'amincir. Ce phénomène se produit en réalité, mais, lorsque l'épaisseur des lames a diminué jusqu'à un certain point, il s'établit un *état d'équilibre* dû à des raisons *physiques* qui paraissent être encore assez mal connues.

Bien que, dans ces figures, la condition $\frac{1}{r'} + \frac{1}{r''} =$ constante ne soit plus remplie, parce que les lames liquides très minces et spécialement celles des liquides visqueux sont dans des conditions physiques quelque peu différentes des conditions de nos hypothèses, elles ne cessent pas d'être des surfaces d'aire *minimum*. Les faces liquides qui se rencontrent, soit entre elles, soit aux arêtes du support, se coupent toujours par trois, sous des angles presque égaux, voisins de 120° ; quatre arêtes se coupent aussi sous des angles égaux. La géométrie montre que ces conditions entraînent un minimum de surface. Dans la grande multiplicité des phénomènes que nous venons de discuter, un seul même fait s'exprime toujours : c'est que les forces moléculaires fournissent un travail positif pour une diminution de l'aire de la surface libre.

7. — Les formes d'équilibre que Plateau obtint en immergeant dans l'eau de savon des supports polyédraux en fil de fer constituent des systèmes de lames liquides *qui sont d'une symétrie* merveilleuse. L'on est ainsi conduit à se demander pourquoi l'équilibre est en général étroitement lié à la symétrie et à la régularité. Cela s'explique aisément. Dans tout système symétrique, à toute déformation qui détruit la symétrie en correspond une autre égale, opposée et également possible. A ces deux déformations correspond un même travail pris avec des signes contraires. Or, une condition d'équilibre (qui n'est toutefois pas absolument suffisante,) est que la forme d'équilibre corresponde à un maximum ou un minimum de travail. Cette condition est donc remplie par une forme symétrique. La régularité est une symétrie multiple. Il n'y a donc rien d'étonnant à ce que les figures d'équilibre soient souvent régulières ou symétriques.

8. — L'hydrostatique mathématique s'est développée à propos d'un problème spécial, celui de *la forme de la terre*. Des considérations physiques et astronomiques conduisirent Newton et Huyghens à l'idée que la terre est un ellipsoïde de révolution aplati. Newton chercha à calculer l'aplatissement en supposant la terre liquide et en partant de l'hypothèse que tous les filets liquides allant de la surface au centre exercent la même pression sur ce point. Huyghens, au contraire, prit pour point de départ l'hypothèse que les

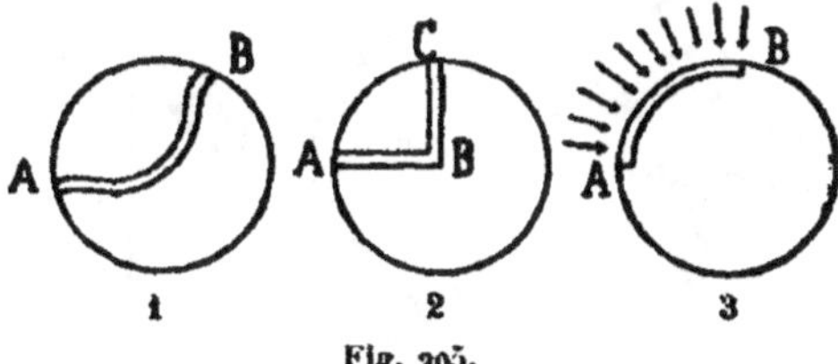

Fig. 205.

directions des forces sont normales aux éléments de surface. Bouguer réunit les deux hypothèses, et enfin Clairault (*Théorie de la forme de la terre*, Paris, 1743) démontra que même la vérification simultanée des *deux* conditions *n'assure pas* l'existence de l'équilibre.

Clairault partit des considérations suivantes : la terre liquide étant en équilibre, on peut, sans en détruire l'équilibre, imaginer qu'une partie en soit solidifiée, de sorte qu'il ne reste de liquide que dans un canal AB de forme quelconque, où l'équilibre continuera à subsister. Mais les lois de l'équilibre dans un canal de ce genre sont plus faciles à étudier, et, si l'équilibre existe dans tous les *canaux* imaginables, il subsistera dans toute la masse. Clairault remarque de plus que l'on retrouve l'hypothèse de Newton en faisant passer ces canaux par le centre (fig. 205, 2) et celle de Huyghens en ne considérant que les canaux superficiels (fig. 205, 3).

Mais, pour Clairault, le nœud de la question se trouve dans une autre remarque. Le liquide doit être en équilibre dans tout canal imaginable et par conséquent aussi dans un canal fermé. Si maintenant nous faisons, dans un canal fermé (fig. 206), deux sections quelconques M et N, les deux filets liquides MPN et MQN devront exercer des pressions égales sur celles-ci. La pression qu'un filet liquide enfermé dans un canal exerce à une de ses extrémités, ne dépend donc ni de la *longueur* ni de la *forme*, mais simplement *des positions des extrémités*.

Rapportons (fig. 207) un canal MN de forme quelconque, pris dans le liquide considéré, à un système de coordonnées rectangulaires. Soient ρ la densité du liquide, supposée *constante*, et X, Y, Z les composantes de la force qui agit en un point quelconque x, y, z, sur

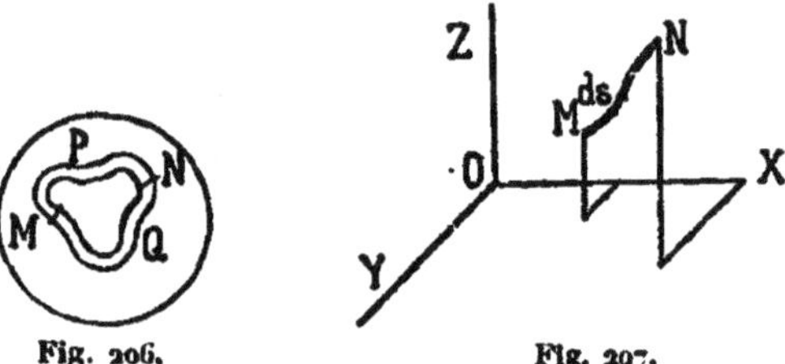

Fig. 206.   Fig. 207.

l'unité de masse liquide placée en ce point, X, Y, Z étant fonctions de x, y, z. Soient de plus ds l'élément de longueur du canal, dx, dy, dz ses projections sur les axes coordonnés, et q sa section. Les composantes de la force qui agit sur l'unité de masse dans la direction du canal sont par conséquent

$$\mathrm{X}\,\frac{dx}{ds},\ \mathrm{Y}\,\frac{dy}{ds},\ \mathrm{Z}\,\frac{dz}{ds}.$$

La force totale qui agit sur l'élément liquide $\rho q\, ds$, en ce point du canal suivant la direction ds est donc :

$$\rho q\, ds\left(\mathrm{X}\,\frac{dx}{ds}+\mathrm{Y}\,\frac{dy}{ds}+\mathrm{Z}\,\frac{dz}{ds}\right).$$

Cette force doit être équilibrée par l'accroissement qdp de la force de pression au bout de l'élément ds ; on a donc l'équation

$$dp = \rho\,(Xdx + Ydy + Zdz).$$

Il suffira maintenant d'intégrer cette expression de M à N pour obtenir la différence des pressions (p) entre les deux extrémités du canal. Mais cette différence est indépendante de la forme ; elle ne dépend que des extrémités M et N ; par suite l'expression

$$\rho\,(Xdx + Ydy + Zdz),$$

et, ρ étant constant, l'expression

$$Xdx + Ydy + Zdz$$

doit être une différentielle exacte. Cela exige que l'on ait

$$X = \frac{\partial U}{\partial x}, \quad Y = \frac{\partial U}{\partial y}, \quad Z = \frac{\partial U}{\partial z},$$

U étant une fonction des coordonnées. Donc, *d'après Clairault, l'équilibre d'un liquide n'est en général possible que lorsque ce liquide est soumis, en chaque point, à des forces qui peuvent être exprimées par les dérivées partielles d'une même fonction des coordonnées du point.*

9. — Les forces de gravité de Newton possèdent cette propriété, ainsi qu'en général toutes les *forces centrales*, c'est-à-dire les forces que les masses exercent les unes sur les autres suivant leurs lignes de jonction et qui sont fonctions de leurs distances mutuelles. Un liquide soumis à des forces de ce genre peut donc être en équilibre. Lorsque la fonction U est connue, on peut remplacer l'équation ci-dessus par la suivante :

$$dp = \rho\,\left(\frac{\partial U}{\partial x}\,dx - \frac{\partial U}{\partial y}\,dy + \frac{\partial U}{\partial z}\,dz\right),$$

ou

$$dp = \rho dU,$$
$$p = \rho U + \text{constante.}$$

L'ensemble des points pour lesquels U a la même valeur (U = constante) est une surface appelée *surface de niveau*. Pour ces surfaces on a aussi $p =$ constante. La forme de la fonction U détermine donc toutes les conditions de forces et, comme nous venons de le voir, toutes celles de pressions. On voit donc que les conditions de pressions fournissent un diagramme des conditions de forces, ainsi que nous l'avons remarqué plus haut (p. 193).

Dans les considérations précédentes de Clairault, se trouve indubitablement l'idée fondamentale de la notion de *fonction de forces* ou de *potentiel*, que plus tard Laplace, Poisson, Green, Gauss et d'autres ont développée d'une manière si merveilleusement féconde. Dès que l'attention s'est portée sur cette propriété de certaines forces d'être les dérivées partielles d'une même fonction U, on reconnaît qu'il est très avantageux et *économique* d'étudier cette fonction U elle-même, au lieu des forces primitivement envisagées.

En considérant l'équation

$$dp = \rho(X dx + Y dy + Z dz) = \rho dU$$

on remarque que $X dx + Y dy + Z dz$ est le *travail* élémentaire effectué par la force appliquée à l'unité de masse fluide, pendant le déplacement ds dont les composantes sont dx, dy, dz. Si donc l'on transporte l'unité de masse d'un point pour lequel $U = C_1$ à un autre pour lequel $U = C_2$, ou, en général, de la surface $U = C_1$ à la surface $U = C_2$, le *même* travail sera effectué quel que soit le chemin suivi. De même la différence des pressions entre un point de la première surface et un point de la seconde est constante ; on a en effet

$$p_2 - p_1 = \rho (C_2 - C_1).$$

égalité dans laquelle les grandeurs relatives à une même surface sont affectées d'un même indice.

10. — *Considérons* une série de surfaces de niveau très voisines $U = C$, $U = C + dC$, $U = C + 2 dC$, etc.. telles qu'il faille le même travail très petit pour transporter une masse de l'une de ces surfaces à la suivante.

On reconnaît que le déplacement d'une masse sur *une même sur-*

face n'exige aucun travail. La composante tangentielle de la force est donc nulle et la *force totale* qui sollicite la masse est toujours normale à l'élément de surface de niveau. Soit dn l'élément de normale, compté entre deux surfaces consécutives, et f la force qui fait décrire à l'unité de masse le chemin dn, le travail effectué est $f\,dn = dC$. On a ainsi $f = \dfrac{dC}{dn}$, et, comme nous avons supposé dC constant, on voit que la force est en chaque point inversement proportionnelle à la distance normale des surfaces de niveau successives. Si donc les surfaces U sont connues, les *directions des forces* seront données par les éléments d'une série de courbes normales en chaque point aux surfaces de niveau, et l'*intensité* des forces est déterminée par la distance de ces surfaces. On rencontre ces surfaces et ces courbes dans

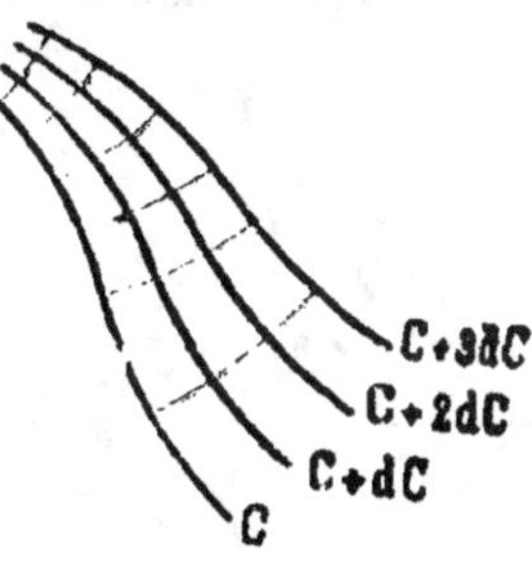

Fig. 203.

d'autres domaines de la science physique : dans la théorie de l'électricité statique et du magnétisme, on les a appelées surfaces équipotentielles et lignes de forces ; dans la théorie de la conductibilité de la chaleur, elles deviennent des surfaces isothermes et des lignes de flux ; dans la théorie de l'écoulement des fluides et des courants électriques, elles ont reçu le nom de surfaces de niveau et de lignes de flux.

11. — Nous éluciderons encore l'idée fondamentale de Clairault par un exemple très simple. On donne deux plans perpendiculaires formant un trièdre trirectangle avec le plan du dessin. Soient OX et OY leurs traces sur celui-ci. Nous supposons qu'il y a une fonction de forces

$$U = -xy,$$

x et y étant les distances du point considéré aux deux plans. Les composantes de la force suivant OX et OY sont donc

$$X = \frac{\partial U}{\partial x} = -y, \qquad Y = \frac{\partial U}{\partial y} = -x.$$

Les surfaces de niveau sont des cylindres perpendiculaires au plan du dessin ayant pour base des hyperboles équilatères $xy =$ constante. On obtient les lignes de force en faisant tourner ce système d'hyperbole de 45° autour de O dans le même plan. Lorsque l'unité de masse est transportée du point r au point O suivant le chemin rpO ou rqO, ou suivant tout autre chemin, le travail effectué est le même et égal à $Op \times Oq$. Un liquide remplissant un canal fermé $OprqO$ sera en équilibre ; deux sections faites dans ce canal à des endroits quelconques, sont chacune également pressées sur leurs deux faces.

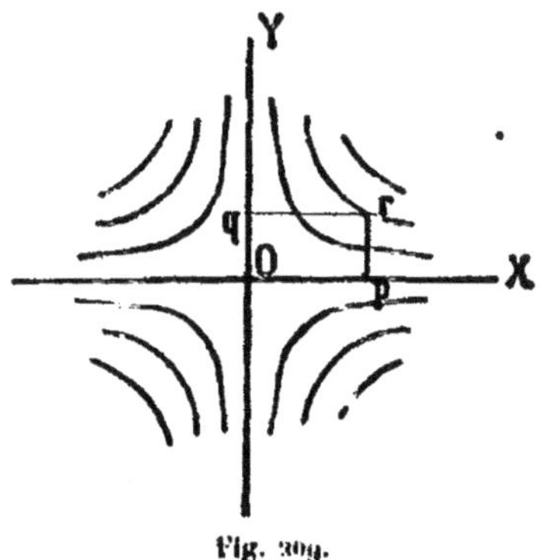

Fig. 309.

Modifions maintenant un peu les conditions de cet exemple. Supposons que les forces soient

$$X = - y, \qquad Y = a,$$

a étant une constante. Il est maintenant impossible de trouver une fonction U telle que $\dfrac{\partial U}{\partial x} = X$ et $\dfrac{\partial U}{\partial y} = Y$, car on devrait avoir alors $\dfrac{\partial X}{\partial y} = \dfrac{\partial Y}{\partial x}$, condition qui n'est évidemment pas remplie. Il n'y a donc plus de fonction de forces ni de surfaces de niveau. Si l'on transporte l'unité de masse de r en O par le chemin rpO, le travail effectué sera $a.Oq$; par le chemin rqO il sera $a.Oq + Op.Oq$. Dans un canal rempli $OprqO$, le liquide *ne pourrait* être en équilibre, mais serait animé d'un *mouvement continu* dans le sens $OprqO$. Des courants fermés de ce genre, continuant indéfiniment, nous apparaissent comme entièrement en dehors de notre expérience. Mais ces remarques attirent notre attention vers une *importante propriété* des forces naturelles, qui est que le *travail effectué* par ces forces peut être exprimé par une fonction des coordonnées. Lorsque nous rencontrons des exceptions à cette loi, nous sommes enclins à les regarder comme apparentes et nous nous efforçons de trouver l'explication qui les fera rentrer dans la règle.

12. — Nous étudierons maintenant quelques exemples de *mouvement des liquides*. Le fondateur de l'hydrodynamique est Torricelli. En observant l'écoulement d'un liquide par un orifice percé au fond d'un vase, il découvrit les lois suivantes : Si l'on partage en *n* parties égales la durée de l'écoulement total d'un liquide contenu dans un vase et si l'on prend comme unité la quantité de liquide qui s'écoule dans la $n^{ième}$ ou dernière de ces parties, on trouve que les quantités écoulées respectivement dans les $(n-1)^2$, $(n-2)^2$, $(n-3)^2$ fractions du temps sont entre elles comme les nombres 3, 5, 7,... Cette observation met clairement en évidence l'analogie qui existe entre le mouvement de la chute des corps et l'écoulement des liquides. De plus il est facile de remarquer que si le liquide pouvait, à l'aide de sa vitesse acquise dirigée en sens contraire, s'élever à un niveau supérieur à celui qu'il avait dans le vase, il s'ensuivrait les conséquences les plus bizarres. Torricelli observa aussi qu'il peut *au plus* atteindre cette hauteur et admit qu'elle serait *exactement* atteinte, si toutes les résistances étaient supprimées. Donc, abstraction faite des résistances, la vitesse d'écoulement d'un liquide par un orifice, percé à une distance h sous son niveau dans le vase, est donnée par la formule $v = \sqrt{2gh}$. La vitesse d'écoulement est donc celle qu'acquerrait un corps pesant tombant *librement* de la hauteur h, car ce n'est que par cette vitesse que le liquide peut remonter exactement jusqu'au niveau qu'il occupe dans le vase (¹).

La loi de Torricelli concorde parfaitement avec le reste de nos expériences, mais cependant la nécessité s'impose d'un examen plus précis. Varignon a voulu la déduire de la relation qui existe entre la force et la *quantité de mouvement* qu'elle engendre. En appelant a la superficie de l'orifice, h la hauteur de pression, s le poids spécifique, g l'accélération d'un corps tombant librement, v la vitesse de sortie et τ un élément de temps, l'équation bien connue $p\tau = mv$

<hr>

(¹) Les anciens chercheurs exposaient leurs théorèmes sous la forme incomplète de proportions ; c'est pourquoi ils se bornaient en général à écrire que v est proportionnel à $\sqrt{gh}$ ou $\sqrt{h}$.

donne dans ce cas

$$a\,h\,s.\,\tau = \frac{a\,v\,\tau\,s}{g}\,.v \qquad \text{d'où} \qquad v^2 = gh.$$

Dans cette équation ahs représente la pression agissant pendant le temps τ sur la masse liquide $\dfrac{a\,v\,\tau\,s}{g}$. En tenant compte de ce que v est une vitesse finale, nous aurons plus exactement

$$a\,h\,s\,\tau. = \frac{a\,\dfrac{v}{2}\,\tau\,s}{g}\,.v,$$

d'où la valeur correcte

$$v^2 = 2\,gh.$$

13. — Daniel Bernoulli s'est servi du théorème des *forces vives* pour étudier le mouvement des liquides. Nous reprendrons l'exemple précédent en nous plaçant à ce point de vue mais en donnant au raisonnement un tour un peu plus moderne. L'égalité dont nous devons faire usage est

$$ps = \frac{mv^2}{2}.$$

Soit (fig. 210) un vase de section q dans lequel un liquide de poids spécifique s est versé jusqu'à une hauteur h. Nous supposons que le niveau s'abaisse d'une hauteur très petite dh en même temps qu'une masse liquide $\dfrac{q.dh.s}{g}$ s'écoule avec une vitesse v. Le travail effectué

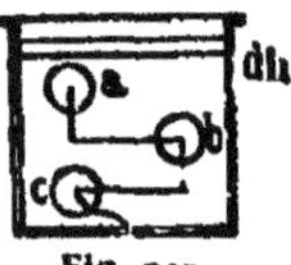
Fig. 210.

est le même que si le poids $q.dh.s$ était tombé de la hauteur h : la forme du mouvement dans le vase n'entre pas en ligne de compte. Il est équivalent que la couche $q.dh$ tombe directement jusqu'à l'orifice du fond ou qu'elle passe à une position a, pendant que le liquide de a vient en b, celui de b en c, et que celui de c s'écoule; le travail reste toujours $q.dh.s.h$. En égalant ce travail à la force vive du liquide écoulé, on obtient :

$$q.ds.s.h = \frac{q.dh.s}{g}\,\frac{v^2}{2}$$

d'où

$$v = \sqrt{2gh}.$$

Dans cette démonstration, la seule hypothèse faite est que le *travail total* effectué dans le vase réapparaît comme force vive du liquide écoulé, ou que les vitesses dans le vase et le travail absorbé par les frottements sont *négligeables*. Pour des vases suffisamment larges cette hypothèse se rapproche assez bien de la réalité.

Faisons maintenant abstraction de la pesanteur du liquide et supposons qu'il soit poussé par un piston mobile, exerçant une pression p par unité de surface. Le déplacement du piston d'une hauteur dh fait sortir un volume $q.dh$ de liquide. En appelant ρ la densité et v la vitesse, il vient

$$q.p.dh = q.dh.\rho\,\frac{v^2}{2}$$

d'où :

$$v = \sqrt{\frac{2p}{\rho}}.$$

Des liquides différents, soumis à la même pression, s'écoulent avec des vitesses inversement proportionnelles à la racine carrée de leurs densités. On suppose communément que cette loi est directement applicable aux gaz pour lesquels elle est en effet correcte ; mais la démonstration que l'on en donne d'habitude est erronée, comme nous allons le voir.

14. — Prenons deux vases contigus (fig. 211) de sections égales, réunis par un orifice percé à la partie inférieure de la paroi commune. Les mêmes hypothèses que tout à l'heure fourniront pour la vitesse du courant dans l'orifice

$$q\,dh.s\,(h_1 - h_2) = q.\frac{dh.s}{g}\frac{v^2}{2},$$
$$v = \sqrt{2g\,(h_1 - h_2)}.$$

En faisant abstraction de la gravité des liquides et en supposant les pressions p_1 et p_2 produites par des pistons, on aura :

$$v = \sqrt{\frac{2\,(p_1 - p_2)}{\rho}}.$$

Par exemple, si les pistons égaux étaient chargés des poids P et $\dfrac{P}{2}$, le poids P tomberait de la hauteur h tandis que le poids $\frac{P}{2}$ s'élèverait à la même hauteur. Il reste, ainsi un excès de travail $\frac{P}{2} \cdot h$ qui engendre la force vive du liquide qui s'écoule.

Dans les mêmes circonstances un gaz se comporterait autrement. Lorsqu'un gaz s'écoule d'un vase où il est chargé du poids P dans un autre où il supporte le poids $\frac{P}{2}$, le premier poids tombera de la hauteur h, mais, puisque les gaz doublent de volume lorsque la pression se réduit de moitié, le second poids s'élèvera de la hauteur $2h$, de sorte que le travail total accompli sera $Ph - \frac{P}{2} \cdot 2h = o$. Dans le cas des gaz, il doit donc être effectué un *autre* travail qui produise l'écoulement. Ce travail est effectué par le gaz lui-même en augmen-

Fig. 211.

tant son volume et en surmontant une pression par sa *force expansive*. La force expansive p et le volume w d'un gaz sont liés par la relation bien connue

$$pw = k,$$

où k est une constante, tant que la température du gaz ne varie pas. Dès lors, si sous la pression p le volume du gaz augmente de dw, il y a un travail effectué donné par

$$\int p \cdot dw = k \int \frac{dw}{w}.$$

Le volume augmentant de w à w_0, ou bien la pression de p_0 à p, le travail est

$$k \log \frac{w}{w_0} = k \log \frac{p_0}{p}.$$

En supposant que ce travail serve à faire mouvoir le volume w_0 de densité ρ avec la vitesse v, on obtiendra

$$v = \sqrt{\frac{2p_0 \log \dfrac{p_0}{p}}{\rho}}.$$

La vitesse d'écoulement reste donc inversement proportionnelle à la racine carrée de la densité mais sa valeur numérique est différente de celle qui serait donnée par la formule précédente.

Il est indispensable de faire remarquer que cette démonstration est aussi très défectueuse. De rapides variations de volume d'un gaz sont toujours liées à des variations de température et par conséquent à des variations de force élastique. Les problèmes d'écoulement des gaz ne peuvent donc, en général, pas être traités comme des problèmes purement *mécaniques* : ils se rapportent toujours en même temps à la *thermodynamique*.

15. — Nous venons de voir qu'un gaz comprimé possède un travail emmagasiné. Il est donc naturel de chercher s'il n'en est pas de même pour les liquides comprimés. En fait, tout fluide qui se trouve sous une pression quelconque est comprimé, et, à cette compression, correspond nécessairement un travail absorbé qui réapparait

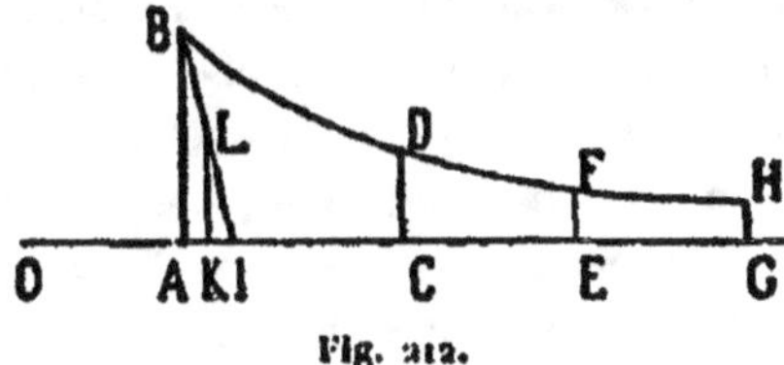

Fig. 212.

aussitôt que le fluide se détend. Mais pour les liquides ce travail est très petit. Supposons (fig. 212) un gaz et un liquide de même volume (représenté par OA,) soumis à la même pression d'environ une atmosphère (représentée par l'ordonnée AB). Si la pression se réduit de moitié, le volume du gaz double, mais celui du liquide n'augmente que d'environ les 25 millionnièmes de sa valeur primitive. Le travail d'expansion du gaz est représenté par l'aire ABDC, celui du liquide par l'aire ABLK où AK = 0,000025 OA. Si la pression diminue jusqu'à zéro, le travail total d'expansion du liquide est représenté par ABI, avec AI = 0,00005 OA ; celui du gaz par l'aire comprise entre AB, la droite indéfinie AICEG... et la branche infinie d'hyperbole BDFH... On peut donc *ordinairement* négliger le travail d'expansion du liquide. Mais dans certains phénomènes, par exemple dans les vibrations sonores des liquides, ce sont des travaux de ce genre et de cet ordre qui jouent le rôle principal ; dans ces cas on doit en outre tenir compte des variations de température. On voit donc que ce n'est jamais qu'un heureux concours de *circonstances* qui permet de traiter, avec une suffisante approximation, un phénomène comme une question de *mécanique pure*.

16. — Nous discuterons maintenant l'idée fondamentale que Daniel Bernoulli prit pour point de départ de son hydrodynamique (1738). Lorsqu'une masse liquide tombe, la *hauteur de chute* de son centre de gravité (*descensus actualis*) est égale à la *hauteur d'ascension* à laquelle le centre de gravité des particules fluides, séparées et rendues indépendantes les unes des autres, pourrait remonter, si elles étaient animées vers le haut de vitesses égales à celles acquises par leur chute (*ascensus potentialis*). On voit immédiatement que cette conception est identique à celle qui avait déjà servi de point de départ à Huyghens. Imaginons un vase rempli de liquide ; soit $f(x)$ sa section à la distance x du plan horizontal du fond du vase (fig. 213). Le liquide, en se mouvant, abaisse son niveau de dx. Le centre de gravité tombe de $\dfrac{x\,f(x)\,dx}{M}$ avec $M = \int f(x)\,dx$. En appelant k la hauteur d'ascension potentielle dans une section d'aire égale à l'unité de surface, elle sera $\dfrac{k}{f(x)^2}$ dans la section $f(x)$. La hauteur d'ascension potentielle du centre de gravité est par suite

Fig. 213.

$$\frac{k \int \dfrac{dx}{f(x)}}{M} = k.\frac{N}{M} \qquad \text{avec} \qquad N = \int \frac{dx}{f(x)}.$$

Lorsque le niveau du liquide s'abaisse de dx, N et k varient tous deux, le principe fournit donc l'équation

$$- x\,f(x)\,dx = N\,dk + k\,dN.$$

C'est cette équation que Bernoulli applique à la solution de divers problèmes. On voit immédiatement que le principe de Bernoulli ne peut être employé avec succès que lorsque l'on connaît les *rapports* des vitesses des particules liquides, séparément les unes par rapport aux autres. Ainsi que le lecteur l'aura déjà reconnu à la formule précédente, Bernoulli suppose donc que toutes les particules liquides qui, à un instant quelconque, se trouvent dans un même plan horizontal, restent constamment à un même niveau, et que les vitesses dans divers plans horizontaux sont en raison inverse des sections. C'est l'hypothèse du « *parallélisme des tranches* ». Dans beaucoup de cas, elle ne correspond en rien à la réalité ; dans d'autres cas, elle s'en approche. Lorsque le vase est très large en comparaison de l'orifice d'écoulement, il est inutile de faire aucune hypothèse sur le mouvement du fluide dans le vase, comme nous l'avons vu à propos de l'expérience de Torricelli.

17. — Newton et Jean Bernoulli ont déjà traité des cas particuliers du mouvement des liquides. Nous en considérons un auquel une loi bien connue est directement applicable. Soit l la longueur d'une colonne liquide contenue dans un tube cylindrique courbe à branches verticales. Si l'on exerce une pression dans une des branches, le liquide descend de la hauteur x au-dessous du niveau commun, tandis que dans l'autre il monte de la même hauteur, ce qui entraîne une différence de niveau égale à $2x$. En appelant a la section du tube et s le poids spécifique, le déplacement x corres-

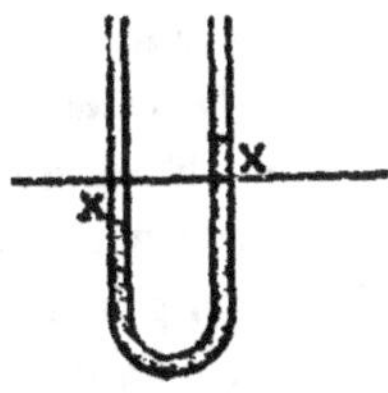

Fig. 214.

pondra donc à une force $2asx$, qui doit mouvoir une masse $\dfrac{als}{g}$, et qui produit donc une accélération $2asx : \dfrac{als}{g} = \dfrac{2g}{l}x$. Un déplacement égal à l'unité de longueur entraîne par conséquent une accélération $\dfrac{2g}{l}$, et l'on voit qu'il se produira des oscillations pendulaires de durée

$$T = \pi \sqrt{\frac{l}{2g}}.$$

Le liquide oscille comme un pendule simple de longueur égale à la demi-longueur totale de la colonne liquide.

Jean Bernoulli a traité un problème analogue mais quelque peu plus général. Les deux branches d'un tube courbé d'une façon quelconque sont inclinées sur l'horizon d'angles α et β aux points où se meuvent les deux niveaux liquides. Si l'on déplace un des niveaux de la longueur x, l'autre subit le même déplacement en sens inverse. Il s'ensuit une différence de niveaux $x\,(\sin\alpha + \sin\beta)$; un procédé analogue au précédent donnera, les notations étant d'ailleurs les mêmes,

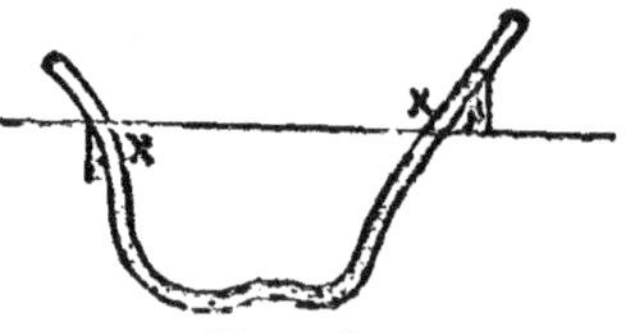

Fig. 215. a

$$T = \pi \sqrt{\frac{l}{g\,(\sin\alpha + \sin\beta)}}.$$

Pour le pendule liquide de la figure 214, les lois des oscillations restent *exactes*, abstraction faite du frottement, même pour de grandes amplitudes, tandis que dans le pendule ordinaire elles ne sont qu'approximatives pour les faibles écartements.

18. — Le *centre de gravité* de la masse liquide *totale* ne peut monter qu'à la hauteur de laquelle il devrait tomber pour que les particules liquides acquièrent les vitesses qu'elles possèdent. Chaque fois que ce principe paraît être en défaut, on peut montrer que l'exception n'est qu'apparente. La fontaine de Héron est comme on le sait formée de trois vases superposés A, B, C. L'eau s'écoule de A en C, l'air expulsé de C vient exercer une pression en B et produit un jet d'eau qui retombe dans A. Il est visible que le jet qui s'échappe de B élève l'eau considérablement au-dessus de son niveau dans ce vase, mais, en fait, elle passe simplement, par le circuit de la fontaine et du vase A, au niveau C beaucoup inférieur.

Le *bélier hydraulique* de Montgolfier est une autre exception apparente à la même loi. Dans cette machine, le liquide semble monter, par le travail de son propre poids, beaucoup au-dessus de son niveau primitif. Le liquide s'écoule d'un vase A dans un vase B par

un tube large RR muni d'une soupape V s'ouvrant vers l'intérieur.
Dès que le courant est assez rapide la soupape se ferme et, dans
le tube RR, une masse liquide m, animée de la vitesse v, est soudainement arrêtée et doit être privée de sa quantité de mouvement.
Cette action dure un temps t pendant lequel le liquide peut
exercer une pression $q = \frac{mv}{t}$ qui s'ajoute à la pression hydrostatique ; il peut par conséquent, en sou-
levant une soupape, pénétrer avec la pression $p + q$
dans une fontaine de Héron H, et s'élever dans le tube
SS à un niveau plus élevé que celui qui correspond à
la simple pression p. Il faut considérer ici que, toujours, une partie considérable du liquide tombe dans
le vase B avant que la vitesse nécessaire à la fermeture de la soupape V soit acquise dans le tube
RR. La plus grande
partie de l'eau tombe de
A en B, et ce n'est que
la plus petite partie qui
s'élève par le tube SS
au dessus du niveau
primitif. En recueillant
l'eau qui sort du tube
SS, on peut facilement
constater que le centre
de gravité de ce liquide
et de celui qui est reçu

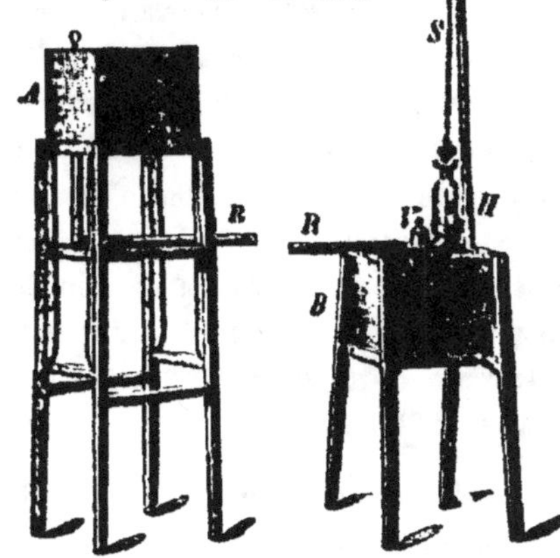

Fig. 215 b.

le vase B se trouve,
de divers genres, *en-dessous* du niveau A.

les permettent de se rendre fort sim-
tier hydraulique, c'est-à-dire
masse liquide à une
rce vive. On bouche
on renverse et que
e libre, assez profon-

dément dans un grand vase plein d'eau. Si l'on ouvre brusquement l'orifice O, tout l'espace vide se remplit rapidement, ce qui amène naturellement une légère baisse du niveau extérieur de l'eau. Le travail effectué correspond à la chute du contenu de l'entonnoir depuis le centre de gravité S de la couche superficielle jusqu'au centre de gravité S' du volume de l'entonnoir. Pour des largeurs

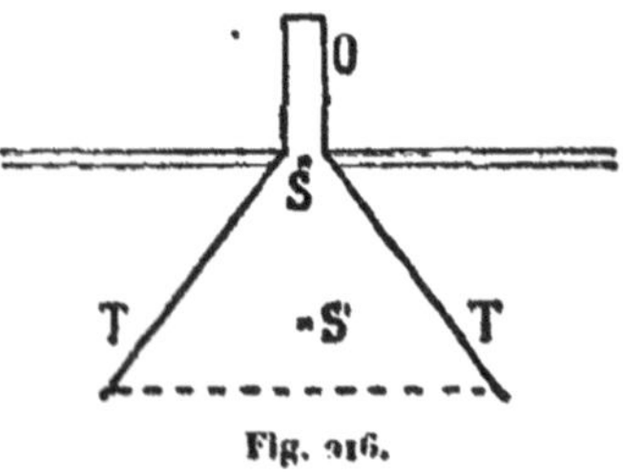

Fig. 316.

suffisantes du vase, les vitesses de l'eau y sont très faibles et la force vive acquise est presque tout entière accumulée dans l'entonnoir. Si toutes les parties du liquide que celui-ci contient avaient la même vitesse, elles pourraient toutes remonter au niveau primitif et leur masse totale pourrait, en restant compacte, monter à une hauteur telle que son centre de gravité coïncide avec S. Mais dans les sections plus étroites de l'entonnoir la vitesse est plus grande que dans les sections plus larges. Le liquide des couches supérieures possède par suite la partie de beaucoup la plus considérable de la force vive ; il se sépare donc violemment du liquide inférieur et jaillit, par le col de l'entonnoir, notablement au-dessus de son niveau primitif, pendant que l'autre partie n'atteint pas ce niveau, et que *le centre de gravité de l'ensemble* n'atteint encore une fois pas le niveau primitif de S.

149. — Une des plus importantes contributions de Daniel Bernoulli à la mécanique des liquides est d'avoir établi la distinction entre les pressions *hydrostatique* et *hydrodynamique*. Le mouvement change les pressions des liquides. La pression d'un liquide *en mouvement* peut, suivant les circonstances, être plus grande ou plus petite que la pression du liquide *au repos* pour un même arrangement des particules. Un exemple simple nous servira à faire comprendre ce phénomène. Un vase A, dont la forme est celle d'une surface de révolution à axe vertical, reçoit continument une quantité d'un liquide sans frottement, telle que le niveau m

reste constant pendant qu'un écoulement se produit par le fond kl.
Appelons z la distance verticale d'une particule liquide au plan
du niveau mn, comptée positivement vers le bas, et suivons le
mouvement d'un élément prismatique de liquide, de base α et de
hauteur β. Dans l'hypothèse du parallélisme des
tranches, nous pourrons faire abstraction de toutes
les vitesses perpendiculaires aux z. Soient ρ la
densité du liquide, v la vitesse de l'élément et
p sa pression, qui est fonction de z. Le théorème des forces vives veut que l'accroissement
de force vive de l'élément soit égal au travail de
la pesanteur dans le déplacement correspondant,

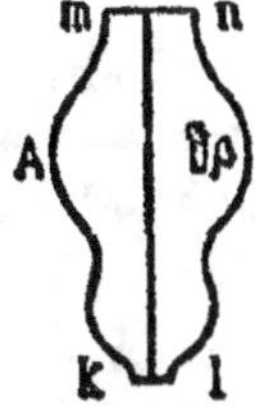

Fig. 217.

diminué du travail des pressions. Les pressions sur les faces supérieure et inférieure de l'élément sont respectivement αp et
$\alpha \left(p + \dfrac{dp}{dz} \beta\right)$. La pression croissant de haut en bas, l'élément reçoit

donc, vers le haut, une pression $\alpha \dfrac{dp}{dz} \beta$ dont le travail est $\alpha \dfrac{dp}{dz} \beta\, dz$.
On a donc l'équation

$$(1) \qquad \alpha\beta\rho \cdot d\left(\frac{v^2}{2}\right) = \alpha\beta\rho\, g\, dz - \alpha \frac{dp}{dz} \beta\, dz,$$

ou bien

$$\rho \cdot d\, \frac{v^2}{2} = \rho \cdot g \cdot dz - \frac{dp}{dz}\, dz,$$

qui donne, en intégrant,

$$(2) \qquad \rho\, \frac{v^2}{2} = \rho g z - p + \text{constante}.$$

En appelant v_1 et v_2 les vitesses et p_1, p_2, les pressions dans deux
sections horizontales a_1 et a_2, aux distances z_1 et z_2 du niveau, on
peut mettre cette dernière équation sous la forme :

$$(3) \qquad \frac{\rho}{2}\,(v_1^2 - v_2^2) = \rho g\,(z_1 - z_2) + (p_2 - p_1).$$

Si l'on suppose que la section a_1 est confondue avec le niveau
supérieur du liquide, on a : $z_1 = 0$, $p_1 = 0$. De plus $a_1 v_1 = a_2 v_2$,

puisque deux sections quelconques sont traversées dans le même temps par la même quantité de liquide. On obtient ainsi

$$p_2 = \rho g z_2 + \frac{\rho}{2} v_1{}^2 \frac{a_2{}^2 - a_1{}^2}{a_2{}^2}.$$

La pression p_2 du liquide *en mouvement* (pression hydrodynamique) est donc la somme de la pression $\rho g z_2$ du liquide *au repos* (pression hydrostatique) et d'une pression $\frac{\rho}{2} v^2{}_1 \frac{a^2{}_2 - a^2{}_1}{a^2{}_1}$ qui dépend de la densité, de la vitesse et de la grandeur de la section. Dans les sections qui sont *plus grandes* que la surface libre du liquide la pression hydrodynamique est *plus grande* que la pression hydrostatique et inversement.

Afin de nous rendre encore plus clairement compte du principe de Bernoulli, supposons que le liquide du vase A soit sans poids et que l'écoulement soit produit par une pression constante p exercée sur la surface libre. L'équation (3) prend alors la forme

$$p_2 = p_1 + \frac{\rho}{2} (v_1{}^2 - v_2{}^2).$$

En suivant le mouvement d'une particule liquide dans le vase depuis la surface libre, on voit donc que tout accroissement de vitesse (dans les sections plus étroites,) entraîne une diminution de pression et toute diminution de vitesse (dans les sections plus larges,) une augmentation de pression. Il est d'ailleurs facile de le voir sans aucun calcul. Dans le problème considéré, toute *variation* de vitesse d'une particule quelconque doit être produite uniquement par le travail des *forces de pression* du liquide. Dès qu'un élément s'engage dans une section plus étroite, où règne une plus grande vitesse, il ne peut acquérir cette vitesse que si, sur sa face d'arrière, agit une pression plus grande que sur sa face d'avant, c'est-à-dire que s'il se meut dans le sens des pressions plus fortes vers les pressions plus faibles — ou, en d'autres termes, que si la pression décroit dans le sens du mouvement. Imaginons un instant que la pression soit la même dans une section large et dans la section plus étroite suivante : l'accélération de l'élément dans les parties plus étroites ne se produit pas ; les éléments ne s'échappent pas assez vite ; ils se rassemblent, se serrent *à l'entrée* de la section étroite, et produisent aussitôt l'augmentation de pression nécessaire. La réciproque est évidente.

20. — Dès qu'ils se compliquent un peu, les problèmes de mouvement des liquides présentent de grandes difficultés, même si l'on continue à faire abstraction du *frottement*, et les difficultés augmentent encore si l'on ne peut plus continuer à le négliger. En fait, et bien que ces recherches aient été commencées déjà par Newton, l'on n'a pu jusqu'ici résoudre, dans ce domaine, qu'un très petit nombre de questions élémentaires. Quelques exemples très simples

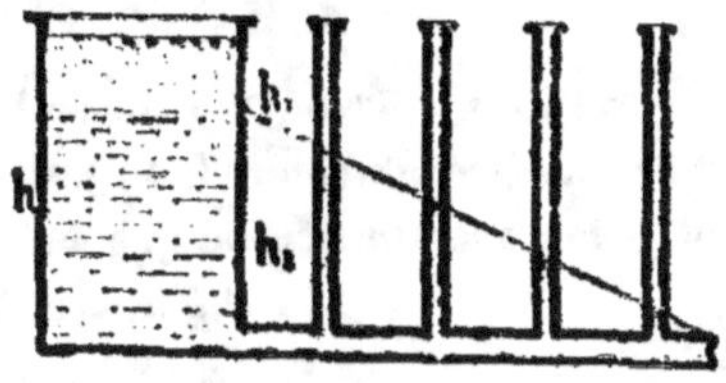

Fig. 218.

nous suffiront. Un liquide, s'élevant dans un vase jusqu'à une hauteur h, s'écoule, non plus par un orifice percé dans la paroi, mais par un long tube cylindrique. La vitesse d'écoulement v est moindre que celle donnée par la formule de Torricelli car une partie du travail est détruite par le frottement. On trouve

$$v = \sqrt{2gh_1}, \qquad \text{avec} \qquad h_1 < h.$$

Nous pouvons poser $h = h_1 + h_2$ et appeler h_1 *hauteur de vitesse* et h_2 *hauteur de résistance*. Si nous mettons en communication le cylindre horizontal d'écoulement avec des tubes verticaux latéraux, le liquide monte dans ceux-ci à une hauteur telle qu'elle équilibre et mesure la pression existant à la base dans la conduite principale. Il est remarquable qu'à l'origine de la conduite cette hauteur liquide soit précisément h_2 et qu'elle diminue dans le sens du courant jusqu'à zéro, suivant une loi représentée par une ligne droite. C'est ce phénomène qu'il s'agit d'expliquer.

La pesanteur n'agit plus *directement* sur le liquide de la conduite horizontale, mais ses effets lui sont transmis par la *pression* du liquide environnant. Le déplacement d'un élément liquide prismatique de base α et de longueur β, d'un chemin dz dans la direction du tube, correspond, ainsi que nous l'avons vu plus haut, à un travail effectué dont l'expression est

$$-\alpha \frac{dp}{dz}\,\beta\,dz = -\alpha\beta\,\frac{dp}{dz}\,dz.$$

On trouve donc, pour un déplacement fini,

$$(1) \qquad -\alpha\beta \int_{p_1}^{p_2} \frac{dp}{dz}\,dz = -\alpha\beta(p_2 - p_1).$$

Ce travail est *effectué* si l'élément de volume se déplace d'un point de pression *supérieure* à un point de pression *inférieure*. La quantité de travail ne dépend que de la grandeur du volume et de la *différence* des pressions à l'origine et à l'extrémité du déplacement; elle est indépendante de la longueur et de la forme du chemin suivi. Si, dans un cas, les pressions décroissent deux fois plus vite que dans un autre, la différence des pressions sur les faces d'avant et d'arrière des éléments, c'est-à-dire la *force* qui effectue le travail est doublée, mais le *chemin* est réduit de moitié; le travail reste donc le même (le long des segments *ab* et *ac*, fig. 219).

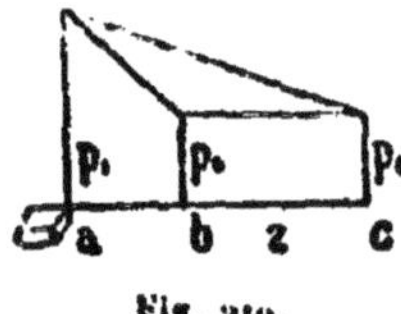

Fig. 219.

La vitesse v est la même dans toutes les sections q de la conduite horizontale. En négligeant les différences de vitesse des particules liquides dans une *même* section, considérons un élément de liquide qui remplit la section q. Soit β sa longueur. Sa force vive est $q\beta\rho\,\frac{v^2}{2}$; elle reste constante dans tout le parcours du tube. Or cela n'est possible que si la force vive *absorbée par le frottement* est remplacée par le *travail des forces de pression* du liquide. La pression doit donc décroître dans le sens du mouvement et décroître de quantités égales pour des parcours qui correspondent à un même travail de frottement. Pour un élément liquide $q\beta\rho$ qui entre dans le tube, le travail total de la pesanteur est $q\beta\rho gh$. Une partie de ce travail engendre la force vive de l'élément qui s'engage dans le tube avec la vitesse v, soit $q\beta\rho\,\dfrac{v^2}{2} = q\beta 2gh_2$, puisque $v = \sqrt{2gh_2}$. Le reste de ce travail, soit $q\beta 2gh_2$, est donc utilisé *dans le tube*, puisque nous faisons abstraction des résistances dans le vase à cause de la lenteur du mouvement qui s'y produisent.

Soient h_1, h_2 et o les hauteurs de pression dans le vase, à l'origine du tube et à son extrémité. Les pressions correspondantes sont $p_1 = h_1 g\rho$, $p_2 = h_2 g\rho$ et o. L'équation (1) de la pression donne alors le travail nécessaire à l'acquisition de la force vive de l'élément à son *entrée* dans la conduite :

$$q\beta\rho\,\frac{v^2}{2} = q\beta\,(p_1 - p_2) = q\beta g\rho\,(h_1 - h_2) = q\beta g\rho h_1,$$

et le travail transmis par la pression du liquide à l'élément qui traverse la longueur de la conduite est

$$q\beta p_2 = q\beta 2g h_2,$$

donc exactement le travail utilisé dans le tube.

Supposons un instant que, de l'origine à l'extrémité du tube, les pressions ne décroissent pas de p_2 à o suivant une loi exprimée par une ligne droite, mais que leur répartition soit autre, et, pour fixer les idées, que la pression soit constante le long de la conduite. Aussitôt les particules liquides situées en avant perdront de leur vitesse par le frottement, les parties suivantes seront resserrées et, par conséquent, il se produira à l'origine de la conduite l'accroissement de pression nécessaire pour établir une vitesse constante en chaque point. A l'extrémité, la pression ne peut être que nulle, car, en ce point, le liquide n'est empêché par rien d'échapper aussitôt à toute pression qui s'exercerait sur lui.

On se figure parfois le liquide comme un amas de sphères élastiques polies ; celles de ces sphères qui subissent la plus forte pression sont celles du fond du vase ; elles entrent dans le tube dans un état de compression qu'elles perdent insensiblement au fur et à mesure du mouvement. Nous laisserons au lecteur le soin de développer plus complètement cette image.

Il est clair, d'après une remarque précédente, que le travail absorbé par la compression du liquide est très petit. Le mouvement du liquide est produit par le travail de la pesanteur dans le vase, travail transmis, par l'intermédiaire de la pression du liquide comprimé, aux particules engagées dans le tube.

Une intéressante modification à cette expérience consiste à former la conduite horizontale par le raccordement de plusieurs tubes cylindriques de sections différentes (fig. 220). Dans les tubes plus étroits, une plus grande portion du travail est absorbée par le frottement, et la diminution de pression dans le sens du mouvement y est par suite plus rapide que dans les tubes plus larges. On remarque aussi qu'à chaque passage du liquide dans une partie plus large de la conduite, donc à chaque diminution de vitesse, il se produit un accroissement de pression (un refoulement positif,) et qu'à chaque passage du liquide dans une partie plus étroite, donc à chaque accroissement de vitesse, il se produit un soudain abaissement de pression (un refoulement négatif). En effet, la vitesse d'un élément liquide sur lequel aucune force n'agit directement ne peut augmenter ou diminuer que s'il passe à des points de pression inférieure ou supérieure.

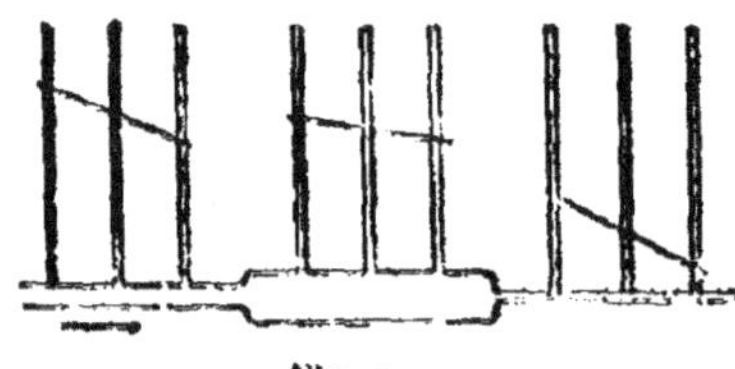

Fig. 220.

CHAPITRE IV

—

DÉVELOPPEMENT FORMEL DE LA MÉCANIQUE

I. — LES PROBLÈMES D'ISOPÉRIMÈTRES

1. — Dès que l'observation a fermement établi tous les faits importants d'une des sciences de la nature, une nouvelle période commence pour celle-ci, la période *déductive*, dont nous nous occuperons dans ce chapitre. Il arrive alors que l'on se forme une image mentale des faits sans continuellement recourir à l'observation. Nous reconstruisons dans la pensée des cas plus généraux et plus compliqués en nous imaginant qu'ils sont composés des éléments plus simples et bien connus fournis par l'expérience. Mais le processus de développement de la science n'est pas terminé lorsque, de l'expression des faits élémentaires (c'est-à-dire des principes), l'on a déduit des expressions de cas compliqués assez fréquents (c'est-à-dire des théorèmes), dans lesquels l'on a partout retrouvé ces mêmes éléments. Au développement déductif succède alors le développement *formel*. Il s'agit donc maintenant de disposer dans un ordre synoptique les faits qui se présentent et qu'il faut reconstruire dans la pensée, d'en former un *système*, de telle façon que chacun d'eux puisse être retrouvé et rétabli avec la *moindre dépense intellectuelle*. On cherche à apporter toute l'*uniformité* possible dans cette méthode de reconstruction afin de pouvoir se l'assimiler aisément. I[1] faut d'ailleurs remarquer que ces périodes d'observation, de déduction et de développement formel ne sont pas nettement séparées ; souvent au contraire ces différents processus marchent côte à côte, quoique, dans l'ensemble, on ne puisse méconnaître leur succession.

2. — Les investigateurs du xviie et du commencement du xviiie siècle se sont activement occupés d'une classe particulière de problèmes *mathématiques* qui a exercé une très grande influence sur le développement formel de la mécanique. Nous nous arrêterons un instant à ces problèmes qui portent le nom générique de *problèmes d'isopérimètres.* Les questions de plus grande et de plus petite valeur de certaines grandeurs, de maximums et de minimums, ont déjà préoccupé les mathématiciens de l'antiquité grecque. On rapporte que déjà Pythagore enseignait que le cercle est la figure de plus grande surface parmi toutes les figures planes de périmètre donné. La pensée qu'il y avait une certaine économie dans les phénomènes naturels n'était pas étrangère aux anciens. Héron déduisit les lois de la réflexion de la lumière de l'hypothèse que la lumière, partant de A et se réfléchissant en M, arrive en B après avoir suivi le chemin le plus court. Supposons en effet que le plan de la figure soit le plan de réflexion ; soient SS la section du plan réflecteur, A le point de départ de la lumière, M le point d'incidence, B le point d'arrivée. On voit immédiatement que la ligne AMB' est une droite, B' étant le symétrique de B. Le chemin AMB' est plus court que tout autre chemin ANB', et par conséquent AMB est moindre que ANB. Pappus appliqua les mêmes conceptions à la nature organique : il expliqua par exemple la forme des cellules des abeilles par la tendance à la plus grande économie possible dans l'emploi des matériaux. A l'époque de la renaissance de la science ces idées ne tombèrent pas sur un terrain stérile. Elles furent d'abord adoptées par Fermat et Roberval qui découvrirent des méthodes pour la solution de ce genre de problèmes. Ils observèrent — ce que Képler avait déjà fait auparavant, — qu'une grandeur y, dépendante d'une grandeur x, affecte en général une allure particulière dans le voisinage de sa plus grande ou de sa plus petite valeur. Portons x en abscisse et y en ordonnée ; lorsque l'accroissement de x fait passer y par une valeur maximum, on voit que la montée de y se change en descente, et que, inversement, si y passe par une valeur minimum, sa descente se change en montée. Les valeurs voisines de la valeur maximum ou minimum seront donc très *proches* l'une de l'autre, et la tangente à la courbe au point correspondant sera *parallèle* à l'axe des abscisses. Pour trouver les valeurs maximum ou minimum, il suffira donc de chercher les tangentes parallèles aux x.

Le calcul traduit immédiatement cette *méthode des tangentes*. Proposons-nous par exemple de partager une longueur donnée a en deux parties x et $a - x$ tel que leur rectangle $x(a - x)$ soit le plus grand possible. La quantité y fonction de x est ici le produit $x(a - x)$. Pour la valeur maximum de y une variation infiniment petite ξ de x

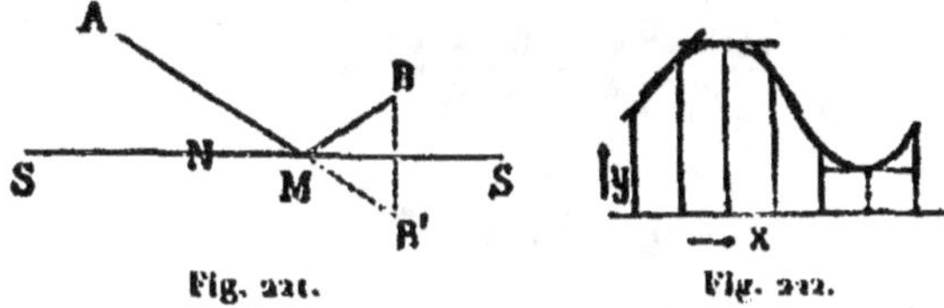

Fig. 221.   Fig. 222.

n'entraînera aucune variation de y. Nous trouverons donc la valeur correspondante de x en posant

$$x(a - x) = (x + \xi)(a - x - \xi),$$
$$ax - x^2 = ax + a\xi - x^2 - x\xi - x\xi - \xi^2,$$
$$o = a - 2x - \xi,$$

or, ξ pouvant être aussi petit que l'on veut, il en résulte :

$$o = a - 2x, \qquad x = \frac{a}{2}.$$

On voit que ce procédé fait passer dans le domaine du calcul l'idée concrète de la méthode des tangentes ; on peut voir aussi que le germe du *calcul différentiel* y est déjà contenu.

Fermat chercha à mettre les lois de la réfraction de la lumière sous une forme analogue à celle que Héron avait donnée aux lois de la réflexion. Il admit que la lumière, partie de A et se réfractant en M, arrive en B, non point par le plus court chemin, mais dans le temps le plus court. Si le chemin AMB est décrit dans le temps le plus court, le parcours du chemin infiniment voisin ANB prendra le

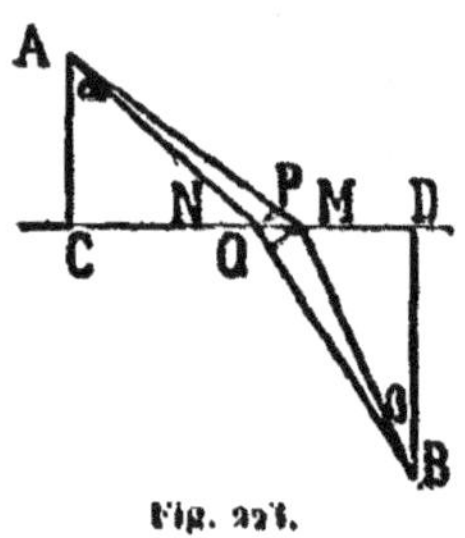

Fig. 227.

même temps, mais en abaissant de N sur AM et de M sur NB les perpendiculaires NP et MQ, on voit que le chemin parcouru avant la réfraction est diminué de la longueur MP = MN sin α, et que le chemin parcouru après est, au contraire, augmenté de NQ = MN sin β. En appelant v_1 et v_2 les vitesses dans le premier et le second milieu, on trouve que la durée de parcours de AMB sera minimum lorsque l'on aura

$$\frac{MN \sin \alpha}{v_1} - \frac{MN \sin \beta}{v_2} = 0,$$

ou

$$\frac{v_1}{v_2} = \frac{\sin \alpha}{\sin \beta} = n,$$

n étant l'indice de réfraction. Comme le remarqua Leibnitz, les lois de la réflexion de Héron se présentent maintenant comme un cas particulier de celles de la réfraction. Pour des vitesses égales $v_1 = v_2$ les deux conditions de minimum de *durée* et de minimum de *parcours* se confondent.

Dans ses recherches sur l'optique, Huyghens reprit les idées de Fermat et considéra le mouvement de la lumière non plus seulement en ligne droite, mais aussi suivant une courbe, dans des milieux où la vitesse de propagation varie d'un point à un autre d'une façon continue. Il reconnut que la loi de Fermat subsistait pour ces cas plus généraux. Ainsi donc, dans la multiplicité des phénomènes de propagation de la lumière, le trait caractéristique fondamental semble être une tendance vers une *dépense minimum de temps*.

3. — Des propriétés analogues de maximum ou de minimum se manifestent dans les phénomènes mécaniques. Comme

nous l'avons dit plus haut (ch. I), Jean Bernoulli savait qu'une chaîne librement suspendue par ses extrémités prend la forme pour laquelle son centre de gravité descend *le plus bas possible*. Cette idée se présente naturellement comme toute proche au chercheur qui, le premier, reconnut la portée *générale* du principe des déplacements virtuels. Ces remarques attirèrent l'attention sur les propriétés de maximum et de minimum, et l'on se mit, un peu de tous côtés, à en faire une étude plus approfondie. Le problème de la *brachystochrone*, posé par Jean Bernoulli, donna la plus forte impulsion à cette tendance scientifique. Ce problème est le suivant : on demande la courbe que doit suivre un corps pesant pour aller d'un point A à un point

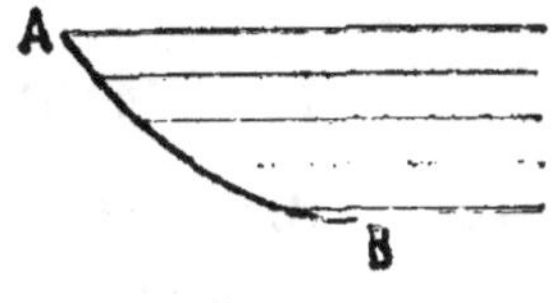

Fig. 223.

B dans *le moins de temps possible*. Jean Bernoulli résolut le problème d'une façon fort ingénieuse ; Leibnitz, l'Hospital, Newton et Jacques Bernoulli en donnèrent aussi des solutions.

La solution la plus remarquable est celle de Jean Bernoulli lui-même. Il remarqua que des problèmes de ce genre avaient déjà été résolus, à la vérité non point pour le mouvement de corps graves, mais bien pour le mouvement de la lumière. Il *substitua* donc, fort à à propos, le *mouvement de propagation de la lumière à celui de chute des graves* (cf. pp. 353 et s.), et supposa que les deux points A et B se trouvaient dans un milieu tel que la vitesse de la lumière suive la même loi que celle d'un corps qui tombe, ce qui exige que ce milieu soit composé de couches horizontales de densités décroissant vers le bas d'une manière telle que $v = \sqrt{2gh}$ représente la vitesse de la lumière dans une courbe située à une distance h au dessous de A. Le rayon de lumière qui, dans ces conditions, va de A en B, décrit ce chemin dans le moins de temps possible et donne par conséquent la courbe de *durée de chute minimum*.

Soient α, α', α'',... les angles formés avec la verticale, normale à la direction des couches, par des éléments de la courbe situés à des niveaux différents, et v, v', v'',... les vitesses correspondantes.

On a

$$\frac{\sin \alpha}{v} = \frac{\sin \alpha'}{v'} = \frac{\sin \alpha''}{v''} = \ldots = k = \text{const.},$$

égalités que nous pouvons écrire, en appelant x la distance verticale d'un élément de courbe au niveau A et y sa distance horizontale à la verticale du point A,

$$\frac{\frac{dy}{ds}}{v} = k,$$

d'où

$$dy^2 = k^2 v^2 ds^2 = k^2 v^2 (dx^2 + dy^2),$$

or $v = \sqrt{2gx}$, et, par suite,

$$dy = dx \sqrt{\frac{x}{a - x}} \qquad \text{avec} \qquad a = \frac{1}{2gk^2}.$$

Cette équation est l'équation différentielle d'une cycloïde décrite par un point de la circonférence d'un cercle de rayon $r = \frac{a}{2} = \frac{1}{4gk^2}$, roulant sans glisser sur une ligne droite.

Pour construire la cycloïde partant de A et passant par B, remarquons que toutes les cycloïdes, ayant des générations semblables, sont

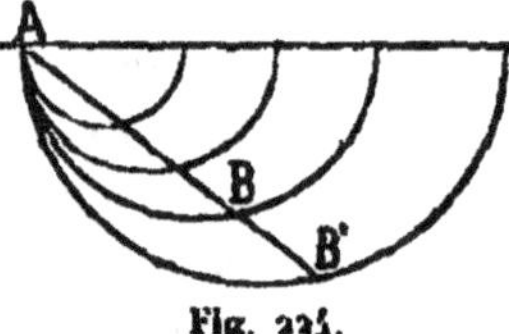

Fig. 224.

des courbes *semblables*. Toutes les cycloïdes partant du point A et engendrées par un roulement sur la droite AD, admettront le point A pour *centre de similitude*. Il suffit donc de construire l'une quelconque d'entre elles et de mener par A la droite AB qui la rencontre en B'. En appelant r' le rayon du cercle générateur de cette cycloïde auxiliaire et r le rayon cherché, on aura : $r = r' \dfrac{AB}{AB'}$.

Résoudre ainsi le problème, sans aucune méthode, du premier coup d'œil, rien que par la pure *imagination* géométrique, et savoir aussi judicieusement utiliser des connaissances par hasard antérieurement acquises, cela est vraiment remarquable et digne d'admiration. A ce trait nous reconnaissons en Jean Bernoulli un artiste véritablement grand dans le domaine des sciences de la nature. Le caractère scientifique de son frère Jacques était tout différent : il avait beaucoup plus d'esprit critique, mais beaucoup moins d'imagination créatrice. Il donna aussi une solution du même problème, beaucoup plus lourde, mais ne laissa pas de développer en même temps, avec une plus grande profondeur, une méthode générale de résolution des questions de ce genre. On trouve, séparés chez ces deux frères, les deux côtés du génie scientifique, qui, chez les plus grands investigateurs, chez Newton par exemple, se trouvent réunis à un degré extraordinaire. Nous verrons bientôt que ces deux tendances, lorsqu'elles se rencontrent chez des personnes différentes, peuvent se heurter et entrer en

Vignette du titre de l'ouvrage : *Leibnitsii et Johann. Bernoullii commercium epistolicum*, Lausanne et Genevae, Bousquet, 1745.

lutte ouverte, alors que, dans d'autres circonstances, lorsqu'elles se trouvent réunies dans une même intelligence, leur combat peut n'être pas aperçu.

4. — Jacques Bernoulli constata que, jusqu'alors, on s'était surtout occupé de trouver pour quelles *valeurs* d'une quantité variable une autre quantité variable dépendant de la première (fonction de celle-ci,) passait par une valeur maximum ou minimum. Mais il s'agissait maintenant de trouver quelle était, parmi une *infinité de courbes*, celle qui jouissait d'une propriété déterminée de maximum ou de minimum. Jacques Bernoulli signala avec raison que ce problème est d'un tout nouveau genre et demande une méthode nouvelle.

Dans la solution, il part des principes fondamentaux suivants (*Acta eruditorum*, 1697) :

1) Lorsqu'une courbe possède une propriété de maximum ou de minimum, chacun de ses éléments, quelque petit qu'il soit, la possède aussi.

2) De même que les valeurs voisines de la valeur maximum ou minimum d'une grandeur *sont égales* à cette dernière pour des variations infiniment petites de la variable indépendante, de même cette grandeur, qui pour la courbe cherchée doit être maximum ou minimum, a la *même* valeur pour les courbes infiniment voisines.

3) En outre, dans le cas particulier de la brachystochrone, on doit admettre que la vitesse acquise au bout d'une hauteur de chute h est égale à $\sqrt{2gh}$.

Considérons un arc très petit ABC de la courbe cherchée ; menons l'horizontale du point B et supposons que l'élément de courbe se transforme en ADC. Des considérations tout à fait analogues à

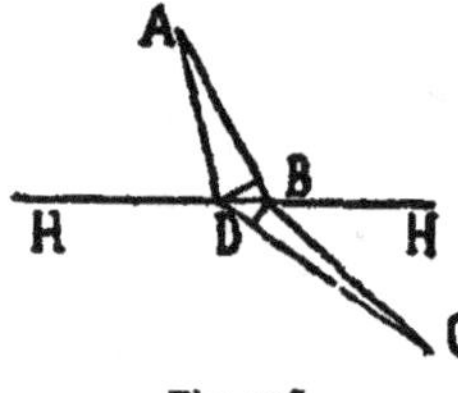

Fig. 225.

celles dont nous nous sommes servis dans la discussion de la loi de Fermat nous conduiront à la relation déjà connue entre la vitesse de chute et le sinus de l'angle d'inclinaison de l'élément sur la verticale. Dans ce raisonnement, on doit donc supposer, d'après le principe 1, que l'élément ABC est aussi brachystochrone, et, d'après le principe 2, que l'élément ADC est parcouru dans le même temps que ABC. Les calculs de Jacques Bernoulli sont fort longs, mais leurs lignes essentielles se montrent d'elles-mêmes ; les principes ci-dessus étant posés, le problème est résolu.

Suivant la coutume des mathématiciens de ce temps, Jacques Bernoulli, après avoir donné la solution du problème de la brachystochrone, proposa le *problème d'isopérimètre* plus général suivant :
« Parmi toutes les courbes isopérimètres (c'est-à-dire de même
« périmètre ou de même longueur,) que l'on peut mener entre deux

« points fixes, trouver celle qui rend maximum ou minimum l'aire
« comprise entre l'axe des abscisses, les ordonnées des points ex-
« trêmes et une autre courbe, dont l'ordonnée soit une certaine
« fonction déterminée de l'ordonnée ou de l'arc de la courbe cher-
« chée, correspondant à la même abscisse. »

Proposons-nous par exemple de déterminer, entre les points B et N,
la courbe BFN qui, parmi toutes les courbes de même longueur donnée allant de B en N, rende maximum l'aire BZN dont les ordonnées
sont $PZ = \overline{PF}^n$, $LM = \overline{LK}^n$, etc. Supposons que la relation entre
les ordonnées correspondantes de BZN
et de BFN soit donnée par la courbe
BH, de telle sorte que pour déduire
PZ de PF, il suffise d'abaisser FGH
perpendiculaire sur BG (qui lui même
est perpendiculaire à BN,) et de prendre
$PZ = HG$, et ainsi des autres ordon-
nées. Posons de plus $BP = y$, $PF = x$ et $PZ = x^n$.

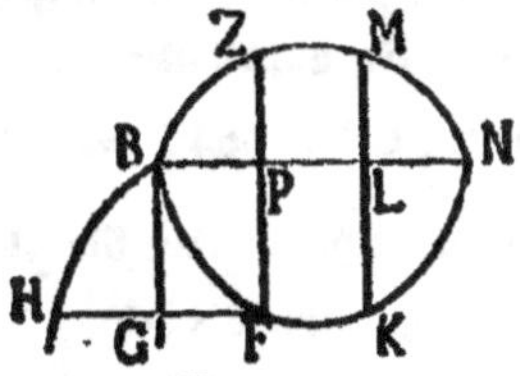

Fig. 226.

Jean Bernoulli donna aussitôt une solution du problème sous la
forme

$$y = \int \frac{x^n\,dx}{\sqrt{a^{2n} - x^{2n}}},$$

dans laquelle a est une constante arbitraire. Pour $n = 1$, on a

$$y = \int \frac{x\,dx}{\sqrt{a^2 - x^2}} = a - \sqrt{a^2 - x^2};$$

BFN est alors un demi cercle décrit sur BN comme diamètre. La
surface BZN est alors identique à BFN. Cette solution, inexacte pour
le cas général, est correcte dans le cas particulier.

Jacques Bernoulli s'offrit alors : d'abord à montrer la suite des
idées qui avaient conduit son frère à cette solution, ensuite à indiquer ses contradictions et ses erreurs, enfin à donner la solution
correcte. La jalousie et l'irritation mutuelle des deux frères se mon-

trèrent bientôt ouvertement et dégénérèrent en une dispute violente et amère, fort peu édifiante, qui dura jusqu'à la mort de Jacques (¹), après laquelle Jean convint de son erreur et adopta la méthode rigoureuse de son frère.

Jacques Bernoulli conjectura — et selon toutes probabilités à juste titre, — que Jean, séduit par les résultats de ses recherches sur la chaînette et la courbe des voiles sous l'action du vent, avait de nouveau tenté une solution *indirecte*, en imaginant la courbe BFN remplie d'un liquide de poids spécifique variable, et en déterminant cette courbe par la condition que le centre de gravité soit le plus bas possible. En appelant p l'ordonnée PZ, le poids spécifique du *liquide* pour l'ordonnée PF $= x$ doit être $\frac{p}{x}$, et ainsi pour toutes les ordonnées. Le poids d'un filet liquide vertical est alors $\frac{p\,dy}{x}$ et son moment par rapport à BN est

$$\frac{1}{2}\,x\,\frac{p\,dy}{x} = \frac{1}{2}\,p\,dy.$$

Pour que le centre de gravité soit le plus bas possible la somme $\frac{1}{2}\int p\,dy$ ou BZN $= \int p\,dy$ doit être maximum. Mais Jacques Bernoulli remarqua avec raison que cette solution ne tient pas compte du fait que toute variation de la *courbe* BFN entraîne une variation du *poids* du liquide et que, par conséquent, sous cette forme simple, elle n'est plus valable.

Il donna lui-même une solution du problème. Il supposa encore que le petit élément de courbe FF″ (fig. 227) possède la même propriété que la courbe totale, et, considérant quatre points successifs F, F′, F′, F″, dont les deux extrêmes F et F″ sont fixes, il fit varier F′ et F′ de telle manière que la longueur de l'arc FF′F′F″ reste la même, ce qui n'est évidemment possible que par

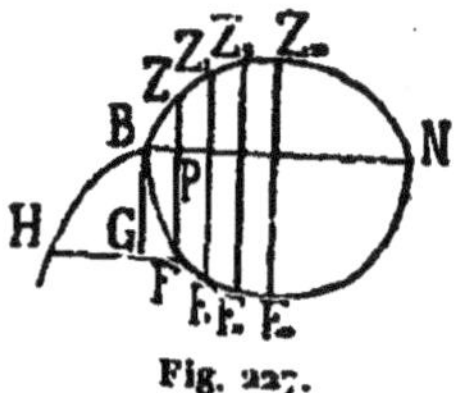

Fig. 227.

le déplacement de *deux* points. Nous ne le suivrons pas dans ses calculs pénibles et compliqués. Le principe de la solution est clairement indiqué par ce qui a été dit. En conservant les notations employées plus haut, on peut exprimer ses résultats en disant que :

$$\text{pour} \qquad dy = \frac{p\,dx}{\sqrt{a^2 - p^2}}, \qquad \int p\,dy \quad \text{est maximum,}$$

$$\text{pour} \qquad dy = \frac{(a - p)\,dx}{\sqrt{2ap - p^2}}, \qquad \int p\,dy \quad \text{est minimum.}$$

Ces querelles des deux frères furent certes regrettables. Mais il faut dire aussi que le génie de l'un et la profondeur de l'autre portèrent les plus beaux fruits par l'impulsion que leurs solutions donnèrent aux idées d'Euler et de Lagrange.

5. — Euler (*Problematis isoperimetrici solutio generalis* ; Com. Acad. Petr. t. VI, 1738,) donna, le premier, une méthode générale pour la résolution de ces questions de maximum et de minimum, en d'autres termes, pour la résolution des problèmes d'isopérimètres, en la basant toutefois encore sur de très longues considérations géométriques. Il eut une conception très claire de l'ensemble des problèmes de cette catégorie ; il perçut nettement leurs différences et les répartit dans les classes suivantes :

1) On demande de déterminer, parmi toutes les courbes, celle pour laquelle une propriété A est maximum ou minimum.

2) On demande de déterminer, parmi toutes les courbes qui ont *en commun* une propriété A, celle pour laquelle B est maximum ou minimum.

3) On demande de déterminer, parmi toutes les courbes qui ont *en commun* deux propriétés A et B, celle pour laquelle C est maximum ou minimum, — et ainsi de suite.

A la première catégorie appartient le problème de trouver la courbe *la plus courte* qui va d'un point M à un point N. On aura un problème de la seconde classe si l'on demande quelle est, de toutes les courbes de longueur *donnée* A allant de M en N, celle qui rend maximum *l'aire* MPN. Enfin on aura un exemple de problème de la troisième classe en se demandant quelle est, de toutes les courbes allant de M en N, dont la longueur A et l'aire MPN — il sont don-

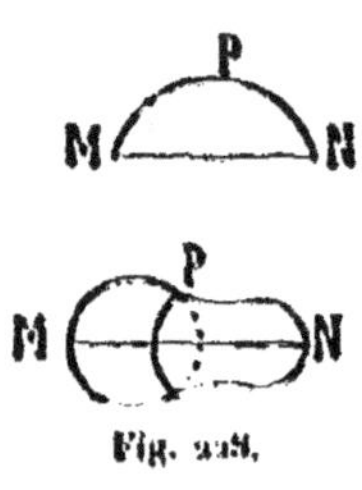
Fig. 228.

nées, celle dont la rotation autour de l'axe MN engendre la surface de révolution d'aire minimum, — etc. Il convient de remarquer ici que la recherche d'un maximum ou d'un minimum absolu, en dehors de toute condition préalable, n'a pas de sens. En fait, par exemple, les courbes parmi lesquelles on cherche, dans le premier problème, celle de plus court chemin, ont une propriété *commune*, qui est de passer par les points M et N.

Pour résoudre les problèmes de la première catégorie, il suffit de considérer la variation de *deux* éléments ou *d'un* point de la courbe ; pour ceux de la seconde, il faut faire varier *trois* éléments ou *deux* points, et, en effet, la portion de courbe qui a subi la variation doit posséder en commun avec la portion restée invariable la propriété A et aussi la propriété B, puisque B doit être maximum ou minimum, et doit par conséquent remplir *deux* conditions. De même la résolution d'un problème de la troisième catégorie exige la variation de *quatre* éléments de courbe, etc.

On voit que la solution d'un problème d'une catégorie autre que la première implique celle de ses inverses. Pour la troisième catégorie par exemple, on fait varier quatre éléments de courbe de manière que la partie ayant subi la variation partage avec la partie primitive les propriétés A et B et aussi la propriété C (puisque cette dernière doit être maximum ou minimum). Mais ce sont ces mêmes conditions, exactement, qui doivent être remplies lorsque, parmi toutes les courbes qui présentent les propriétés B et C, on cherche celle qui rend A maximum ou minimum, ou, lorsque, parmi les courbes qui ont en commun A et C, on cherche celle qui donne le maximum ou le minimum de B. Ainsi, pour prendre un exemple dans la seconde classe, le *cercle* enferme la plus grande surface B parmi toutes les courbes de longueur A donnée ; inversement, de toutes les courbes d'aire B donnée, le cercle est celle de moindre longueur A. Les conditions nécessaires pour que les courbes aient une propriété A commune ou pour que cette propriété soit maximum ou minimum sont exprimées exactement de la même façon. C'est en s'appuyant sur cette identité d'expression qu'Euler reconnut la possibilité de ramener à la première catégorie les problèmes des catégories supérieures. Si l'on demande, par exemple, quelle est, de toutes les courbes pour lesquelles A a la même valeur, celle qui rend B maximum, il suffira de chercher la courbe qui rend $A + mB$ maximum, m étant une constante *arbitraire*. En effet pour que $A + mB$ reste la même, quel que soit m, dans une variation de la courbe cherchée, il faut que les variations de A et de B soient séparément nulles.

6. — Dans cet ordre d'idées, on doit à Euler un autre progrès fort important. En traitant le problème de la brachystochrone dans un milieu résistant, dont Hermann et lui poursuivirent la solution, il reconnut que ses méthodes étaient inefficaces. Dans le cas de la brachystochrone dans le vide, la vitesse ne dépend *que* de la hauteur de chute; la vitesse dans un élément de la courbe ne dépend en rien des autres éléments. On peut donc dire qu'effectivement tout arc de la courbe, arbitrairement petit, est brachystochrone. Dans un milieu résistant il n'en est plus ainsi. Toute la longueur et la forme du chemin antérieur influent sur la vitesse dans un élément. La courbe entière peut être brachystochrone sans qu'il soit pour cela nécessaire que chacune de ses parties possède la même propriété. Par des considérations de ce genre, Euler reconnut que le principe posé par Jacques Bernoulli n'était pas valable en général, et que les problèmes de cette espèce demandaient un examen plus détaillé.

7. — Peu à peu, par le grand nombre de problèmes traités et leur mise en ordre systématique, Euler en vint à découvrir des méthodes qui, dans leur partie essentielle, ne diffèrent pas de celles que Lagrange développa plus tard, sous une forme personnelle, et dont l'ensemble est appelé *calcul des variations*. Ainsi Jean

Bernoulli trouva, par analogie, une solution *accidentelle* d'un problème. Jacques Bernoulli développa une méthode *géométrique* pour la résolution des problèmes analogues. Euler *généralisa* à la fois les problèmes et la méthode géométrique. Lagrange enfin se libéra complètement de la considération des figures et donna une méthode *analytique*. Lagrange remarqua que les accroissements que prennent les fonctions pour une variation de leur *forme* sont en tout *semblables* aux accroissements dus à la variation de la variable indépendante. Pour conserver la différence entre ces deux accroissements, il désigna les premiers par la lettre δ, les seconds par la lettre *d*. Aussitôt cette analogie observée, il put écrire les équations qui conduisent à la solution des problèmes de maximum et de minimum. Lagrange n'a pas donné et n'a même jamais cherché à donner de preuve ultérieure de sa méthode, qui s'est montrée d'une très grande fertilité. Son travail est entièrement original. Avec une perspicacité dont la valeur économique est très grande, il aperçoit les bases qui lui paraissent suffisamment certaines et utilisables pour que l'on puisse édifier sur elles. Les principes fondamentaux se justifient d'eux-mêmes par leur efficacité. Au lieu de se préoccuper d'en donner une démonstration, Lagrange montra avec quel succès on peut les employer (*Essai d'une nouvelle méthode pour déterminer les maxima et les minima des formules intégrales définies*, Misc. Taur., 1762).

On comprend aisément quelles difficultés les contemporains et les successeurs de Lagrange eurent à pénétrer dans sa pensée. Euler s'efforça vainement d'expliquer la différence entre une variation et une différentielle en imaginant des constantes, contenues dans la fonction, dont la variation entraîne un changement de forme de celle-ci. L'accroissement de valeur de la fonction, produit par l'accroissement de ces constantes, serait alors la variation, tandis que la différentielle serait l'accroissement de la fonction correspondant à ceux des variables indépendantes. Mais ces idées donnent une conception du calcul des variations particulièrement timide, étroite et inconséquente, qui certainement n'approche en rien de celle de Lagrange. Même le traité moderne de Lindelöf, si remarquable pourtant, souffre du

même défaut. A notre avis, Jellett est le premier qui ait fait un
exposé complet et exact des idées de Lagrange. Il paraît avoir
nettement exprimé ce que ce dernier n'avait pu établir entièrement
ou avait peut-être jugé superflu d'exposer.

8. — La conception de Jellett est, en résumé, la suivante : de
même que l'on considère les valeurs de plusieurs grandeurs comme
constantes et les valeurs d'autres grandeurs comme *variables*,
celles-ci étant distinguées en variables indépendantes (ou arbitraires)
et en variables dépendantes (fonctions), de même on peut concevoir
la forme d'une fonction comme *déterminée* ou *indéterminée* (variable). Si une forme fonctionnelle $y = \varphi(x)$ est variable, la
valeur de la fonction y peut varier aussi bien par un accroissement
dx de la variable indépendante x que par une variation de la *forme*,
un passage de la forme φ à une forme φ_1. La première variation est
différentielle dy; la seconde, la variation δy. On a donc

$$dy = \varphi(x + dx) - \varphi(x).$$

et

$$\delta y = \varphi_1(x) - \varphi(x).$$

La variation d'une fonction indéterminée, dont la forme subit un
changement, ne donne lieu à aucun problème, pas plus que le changement de valeur d'une variable indépendante. On peut indifféremment prendre une modification quelconque de forme et amener
ainsi un changement quelconque de valeur. Un problème ne se présente qu'à partir du moment où l'on demande la variation de la fonction *déterminée* F d'une fonction indéterminée φ (contenue dans F),
pour une variation de forme de cette dernière fonction φ. Par
exemple, supposons une courbe d'équation *indéterminée* $y = \varphi(x)$.
La *longueur* S de cette courbe, entre les abscisses x_0 et x_1, est

$$S = \int_{x_0}^{x_1} \sqrt{1 + \left[\frac{d\varphi(x)}{dx}\right]^2}\, dx = \int_{x_0}^{x_1} \sqrt{1 + \left(\frac{dy}{dx}\right)^2}\, dx.$$

S est une fonction *déterminée* de la fonction indéterminée φ. Dès
que l'on fixe la forme de la courbe, la valeur de S peut s'en déduire.

Tout changement de la courbe correspond à une variation δS de la longueur de l'arc, qui peut être déterminée. Dans l'exemple donné, la fonction S ne contient pas directement la fonction y, mais bien sa dérivée première $\dfrac{dy}{dx}$, qui elle-même dépend de y.

Soit $u = F(y)$ une fonction déterminée d'une fonction indéterminée $y = \varphi(x)$, on a

$$\delta u = F(y + \delta y) - F(y) = \frac{dF(y)}{dy}\,\delta y.$$

Soit $u = F\left(y, \dfrac{dy}{dx}\right)$ une fonction déterminée de la fonction indéterminée $y = \varphi(x)$. Une variation de forme de φ fait varier y de δy et $\dfrac{dy}{dx}$ de $\delta \dfrac{dy}{dx}$. La variation correspondante de u est :

$$\delta u = \frac{\partial F\left(y, \dfrac{dy}{dx}\right)}{\partial y}\,\delta y + \frac{\partial F\left(y, \dfrac{dy}{dx}\right)}{\partial \dfrac{dy}{dx}}\,\delta \frac{dy}{dx},$$

et l'expression $\delta \dfrac{dy}{dx}$ sera, d'après la définition, donnée par

$$\delta \frac{dy}{dx} = \frac{d(y + \delta y)}{dx} - \frac{dy}{dx} = \frac{d.\,\delta y}{dx}.$$

On trouve de même, sans difficulté,

$$\delta \frac{d^2 y}{dx^2} = \frac{d^2 \delta y}{dx^2}, \quad \text{etc.}$$

Nous en arrivons maintenant au problème suivant : pour quelle forme la fonction $y = \varphi(x)$, l'expression

$$U = \int_{x_0}^{x_1} V\,dx,$$

dans laquelle

$$V = F\left(x, y, \frac{dy}{dx}, \frac{d^2 y}{dx^2}, \dots\right),$$

est-elle maximum ou minimum ? — φ étant une fonction indéterminée et F une fonction déterminée. La valeur de U peut changer par une variation des limites x_0 et x_1, mais, en dehors de celles-ci, la variation de la variable indépendante x, en tant que variable indépendante, n'influe pas sur U. Si l'on suppose les limites fixes, il est donc inutile de se préoccuper davantage de x. A cette exception près, la valeur de U ne peut changer que par une variation de *forme* de $y = \varphi(x)$, qui donne aux expressions y, $\dfrac{dy}{dx}$, $\dfrac{d^2y}{dx^2}$, ... les variations de *valeur* correspondantes δy, $\dfrac{\delta dy}{dx}$, $\dfrac{\delta d^2y}{dx^2}$, ... Nous appellerons DU l'accroissement total de U, dont l'expression égalée à zéro fournit la condition de maximum ou de minimum ; il est égal à la somme de la différentielle dU et de la variation δU. On a donc

$$DU = dU + \delta U = o.$$

ou bien

$$DU = V_1 dx_1 - V_0 dx_0 + \delta \int_{x_0}^{x_1} V dx = V_1 dx_1 - V_0 dx_0 + \int_{x_0}^{x_1} \delta V \, dx = o.$$

Dans cette équation, $V_1 dx_1$ et $- V_0 dx_0$ sont les accroissements dûs à la variation des limites. Quant à δV, il résulte de ce qui a été dit plus haut qu'on peut l'écrire :

$$\delta V = \frac{\partial V}{\partial y} \delta y + \frac{\partial V}{\partial \dfrac{dy}{dx}} \delta \frac{dy}{dx} + \frac{\partial V}{\partial \dfrac{d^2y}{dx^2}} \delta \frac{d^2y}{dx^2} + ...$$

$$= \frac{\partial V}{\partial y} \delta y + \frac{\partial V}{\partial \dfrac{dy}{dx}} \frac{d\delta y}{dx} + \frac{\partial V}{\partial \dfrac{d^2y}{dx^2}} \frac{d^2\delta y}{dx^2} + ...$$

Nous poserons, pour abréger,

$$\frac{\partial V}{\partial y} = N, \qquad \frac{\partial V}{\partial \dfrac{dy}{dx}} = P_1, \qquad \frac{\partial V}{\partial \dfrac{d^2y}{dx^2}} = P_2, ...$$

Il vient alors

$$\delta \int_{x_0}^{x_1} V dx = \int_{x_0}^{x_1} \left(N\delta y + P_1 \frac{d\delta y}{dx} + P_2 \frac{d^2\delta y}{dx^2} + P_3 \frac{d^3\delta y}{dx^3} + ... \right) dx.$$

La difficulté s'accroît ici de ce que, dans le second membre, se trouvent non seulement δy, mais encore $\frac{d\delta y}{dx}$, $\frac{d^2\delta y}{dx^2}$, ... A la vérité ces quantités dépendent les unes des autres, mais la nature de cette dépendance n'est pas immédiatement aperçue. On peut lever cette difficulté par l'intégration par parties, dont la formule bien connue est

$$\int u\,dv = uv - \int v\,du,$$

et qui donne ici :

$$\int P_1 \frac{d\delta y}{dx}\,dx = P_1\delta y - \int \frac{dP_1}{dx}\,\delta y\,dx$$

$$\int P_2 \frac{d^2\delta y}{dx^2}\,dx = P_2 \frac{d\delta y}{dx} - \int \frac{dP_2}{dx}\frac{d\delta y}{dx}\,dx$$

$$= P_2 \frac{d\delta y}{dx} - \frac{dP_2}{dx}\delta y + \int \frac{d^2P_2}{dx^2}\,\delta y\,dx.$$

. . . .

En introduisant les limites dans ces intégrales, on met la condition $DU = o$ sous la forme :

$$o = V_1 dx_1 - V_0 dx_0$$
$$+ \left(P_1 - \frac{dP_2}{dx} + ...\right)_1 \delta y_1 - \left(P_1 - \frac{dP_2}{dx} + ...\right)_0 \delta y_0$$
$$+ \left(P_2 - \frac{dP_3}{dx} + ...\right)_1 \left(\frac{d\delta y}{dx}\right)_1 - \left(P_2 - \frac{dP_3}{dx} + ...\right)_0 \left(\frac{d\delta y}{dx}\right)_0$$
$$+ . . . .$$
$$+ \int_{x_0}^{x_1} \left(N - \frac{dP_1}{dx} + \frac{d^2P_2}{dx^2} - \frac{d^3P_3}{dx^3} + ...\right)\delta y\,dx,$$

qui ne contient plus que δy sous le signe $\int$.

Les deux termes de la *première ligne* de cette expression sont *in-

dépendants de la variation de forme de la fonction et ne dépendent
que de la variation des *limites*. Les termes des lignes suivantes, jusqu'à la dernière exclusivement, ne dépendent que des variations de
la fonction pour les valeurs *limites* de la variable indépendante ; les
indices o et 1 indiquent d'ailleurs qu'il faut introduire ces limites
dans les expressions. Enfin l'expression de la dernière ligne dépend
de la *variation de forme* de la fonction, ces mots étant pris dans leur
acception la plus générale. En représentant par $a_1 - a_0$ le second
membre moins la dernière ligne, et par β l'expression entre parenthèses sous le signe $\int$, cette équation s'écrit en abrégé

$$o = a_1 - a_0 + \int_{x_0}^{x_1} \beta \delta y \, dx,$$

et elle équivaut aux suivantes :

(1) $$a_1 - a_0 = o,$$

(2) $$\int_{x_0}^{x_1} \beta \delta y \, dx = o ;$$

car si ces deux termes n'étaient pas séparément nuls, l'un d'eux déterminerait l'autre, ce qui est impossible, puisque l'intégrale d'une
fonction indéterminée ne peut être donnée *uniquement* par les valeurs de cette fonction aux limites. On a donc en général :

$$\int_{x_0}^{x_1} \beta \delta y \, dx = o,$$

et, puisque δy dans son acception la plus générale est arbitraire, cette
équation exige

$$\beta = o.$$

La nature de la fonction $y = \varphi(x)$, qui rend maximum ou minimum l'expression U, est ainsi déterminée par l'équation :

(3) $$N - \frac{dP_1}{dx} + \frac{d^2P_2}{dx^2} - \frac{d^3P_3}{dx^3} + \ldots = o.$$

L'équation (3) a été donnée par Euler, mais Lagrange a montré, le premier, comment, par l'emploi de la condition aux limites, on pouvait se servir de l'équation (1) pour la détermination complète de la fonction. L'équation (3) détermine *en général* la forme de la fonction $y = \varphi(x)$ qui doit la vérifier, mais cette fonction contient des constantes *arbitraires* qui ne peuvent être fixées que par la condition aux limites. Quant aux notations, Jellett fit observer avec raison qu'il est contradictoire d'écrire, comme l'a fait Lagrange, les deux premiers termes de l'équation (1) sous la forme $V_1 \delta x_1 - V_0 \delta x_0$; il employa la notation ordinaire dx_1, dx_0 pour les accroissements des variables *indépendantes*.

9. — Afin d'expliquer par un exemple l'usage de ces équations, proposons-nous de rechercher la ligne de plus court chemin, c'est-à-dire la forme de la fonction qui rend maximum ou minimum l'intégrale

$$U = \int_{x_0}^{x_1} \sqrt{1 + \left(\frac{dy}{dx}\right)^2}\, dx.$$

On a donc ici

$$V = F\left(\frac{dy}{dx}\right).$$

Dans l'équation (3) tous les termes s'évanouissent excepté celui qui contient P_1 et l'on a :

$$P_1 = \frac{dV}{d\left(\frac{dy}{dx}\right)} = \frac{\dfrac{dy}{dx}}{\sqrt{1 + \left(\frac{dy}{dx}\right)^2}}.$$

L'équation (3) se réduit à

$$\frac{dP_1}{dx} = 0,$$

qui montre que P_1, et par suite $\frac{dy}{dx}$, seule variable que contienne P_1, sont indépendants de x. On a donc enfin

$$\frac{dy}{dx} = a, \qquad\qquad y = ax + b$$

a et b étant des constantes que l'on détermine par la condition aux limites. Si la droite doit passer par les points x_0, y_0 et x_1, y_1, il vient en plus

$$(m) \qquad \begin{cases} y_0 = ax_0 + b, \\ y_1 = ax_1 + b. \end{cases}$$

L'équation (1) s'évanouit, car

$$dx_0 = dx_1 = o, \qquad \delta y_0 = \delta y_1 = o,$$

et les coefficients $\delta \dfrac{dy}{dx}$, $\delta \dfrac{d^2y}{dx^2}$...... s'annulent aussi. Les constantes a et b sont donc déterminées uniquement par les deux équations (m).

Si l'on ne donne que x_0 et x_1, y_0 et y_1 restant indéterminés, on a encore $dx_1 = dx_0 = o$, et l'équation (1) prend la forme

$$\frac{a}{\sqrt{1 + a^2}} (\delta y_1 - \delta y_0) = o,$$

qui donne

$$a = o,$$

puisque δy_1 et δy_0 sont absolument quelconques. L'équation de la droite est alors $y = b$, b reste indéterminé, la droite est une parallèle quelconque à l'axe des abscisses.

Il est important de remarquer que l'équation (1) et les conditions accessoires (exprimées par les équations (m) dans l'exemple précédent,) se complètent en général pour la détermination des constantes arbitraires.

Si l'on demande que

$$Z = \int_{x_0}^{x_1} y \sqrt{1 + \left(\frac{dy}{dx}\right)^2}\, dx,$$

soit minimum, l'intégration de l'équation différentielle à laquelle se réduit l'équation (3) donne

$$y = \frac{c}{2} \left(e^{-\frac{x - c'}{c}} + e^{-\frac{x - c'}{c}} \right);$$

a πZ est minimum en même temps que Z. La courbe trouvée engendre donc en tournant autour de l'axe des x la surface de révolution d'aire minimum. Le minimum de Z correspond aussi à la position de moindre hauteur du centre de gravité de la courbe considérée comme un fil homogène, pesant ; la courbe est donc une chaînette. L'équation aux limites permet de déterminer aisément les constantes c et c'

Dans la résolution des problèmes de mécanique, on fait une distinction entre les accroissements des coordonnées dx, dy, dz, qui se produisent *réellement* dans le temps, et les accroissements *possibles* δx, δy, δz, que l'on peut être amené à considérer, par exemple si l'on emploie le théorème des déplacements virtuels. Ces derniers accroissements ne sont en général pas des variations, c'est-à-dire ne sont pas des changements de valeurs dûs à des changements de forme d'une fonction. On ne peut considérer δx, δy, δz comme fonctions indéterminées des coordonnées x, y, z, et l'on n'a, par conséquent, à les traiter comme des variations, que dans le cas où le système mécanique considéré est un continuum, par exemple un fil, une surface flexible, un corps élastique, un liquide.

Notre but dans cet ouvrage n'est pas de développer des théories mathématiques, mais simplement d'étudier la partie purement physique de la science mécanique. Il était toutefois indispensable de parler de l'histoire des problèmes d'isopérimètres et du calcul des variations, car les recherches poursuivies dans ce domaine ont exercé une grande influence sur le développement de la mécanique. Le sens intuitif des propriétés générales des systèmes, et spécialement des propriétés de maximum et de minimum, fut tellement aiguisé par ce genre de problèmes que l'on découvrit aisément des propriétés de maximum et de minimum dans les systèmes mécaniques. En fait, depuis Lagrange, on met volontiers les théorèmes généraux de la mécanique sous la forme de théorèmes de maximum et de minimum, et cette prédilection reste incompréhensible si l'on n'en connaît pas le développement historique.

II. — CONCEPTIONS THÉOLOGIQUES, ANIMIQUES
ET MYSTIQUES DANS LA MÉCANIQUE

1. — Si, dans une réunion, nous entendons parler d'un homme d'une grande piété, dont le nom nous a échappé, nous pensons tout naturellement au conseiller intime X. ou à M. de Z; il ne nous viendra pas à la pensée qu'il s'agisse d'un industrieux observateur de la nature. Ce serait cependant une erreur de croire que, de tout temps, ont existé entre les conceptions scientifiques et théologiques des hommes ces rapports quelque peu tendus, qui parfois même dégénèrent en disputes acerbes. Il suffit d'un coup d'œil sur l'histoire de la science pour se convaincre du contraire.

On parle volontiers de conflits entre la science et la théologie, ou, plus correctement, entre la science et l'église. C'est un thème qui prête à de vastes développements. D'un côté, un long catalogue des crimes de l'église contre le progrès; de l'autre, une imposante lignée de martyrs, où l'on rencontre les noms illustres de Giordano Bruno et de Galilée, et parmi lesquels le pieux Descartes même n'a dû qu'à d'heureuses circonstances de ne pas être compté. Mais ces conflits ont été suffisamment exposés, et si l'on n'insiste *que* sur eux l'on ne considère qu'un côté de la question et l'on verse dans l'erreur. On en arrive alors aisément à croire que la science n'a été abaissée *que* par la pression de l'église et que, affranchie de cette *seule* pression, elle se serait aussitôt élevée à des hauteurs inespérées. Certes, le combat des savants contre les puissances étrangères extérieures fut rude. Dans cette lutte l'église ne recula devant aucun moyen pour s'assurer la victoire, et ses procédés furent plus égoïstes, plus dénués de scrupules et plus cruels que ceux de n'importe quel autre parti politique. Mais les hommes de science eurent aussi à soutenir un violent combat contre leurs propres idées préconçues et

particulièrement contre le préjugé que la théologie devait être la
base de toute science. Ce n'est que peu à peu et fort lentement que
celui-ci fut détruit.

2. — Laissons parler les faits et examinons d'abord quelques
opinions personnelles.

Napier, l'inventeur des logarithmes, vivait au xvi⁰ siècle; c'était un
puritain rigoureux et un théologien zélé. Il s'appliqua aux plus étranges
spéculations. Il est l'auteur d'une exposition de l'Apocalypse avec propositions et démonstrations mathématiques. La proposition 26 avance,
par exemple, que le pape est l'Antechrist ; la proposition 36 apprend
que les Turcs et les Mahométans sont les sauterelles, etc.

Blaise Pascal (xvii⁰ siècle), un des penseurs les plus géniaux dans
le domaine des mathématiques et de la physique, était profondément
orthodoxe, voire même ascète. Malgré la douceur de son caractère, la
force de sa conviction lui fit, à Rouen, dénoncer comme hérétique
un professeur de philosophie. La guérison de sa sœur par le toucher
d'une relique fit sur lui une profonde impression, et il la tint pour
miraculeuse. Nous n'attacherons cependant pas une importance exa-
gérée à ces faits en eux-mêmes, car toute sa famille était très encline
à l'exaltation religieuse et sa vie en offre encore d'autres exemples.
La profondeur de sa foi se montre dans sa résolution d'abandonner
entièrement la science et de vivre selon le christianisme. Il avait
coutume de dire que, lorsqu'il cherchait à être consolé, toute la
sagesse du monde ne pouvait lui servir de rien, et que seuls les ensei-
gnements du christianisme lui donnaient ce dont il avait besoin. La
sincérité de son désir de convertir les hérétiques se montre dans ses
« Lettres provinciales », dans lesquelles il s'élève contre les affreuses
subtilités inventées par les docteurs en Sorbonne pour persécuter les
Jansénistes. Sa correspondance avec divers théologiens est très
remarquable, et notre étonnement est grand de le voir, dans une de
ses lettres, discuter le plus sérieusement du monde la question de
savoir si le diable aussi peut faire des miracles.

Otto de Guericke, l'inventeur de la pompe à air, commença son
livre, composé il y a environ 200 ans, par une discussion sur le

miracle de Josué, qu'il cherchait à mettre d'accord avec le système de Copernic. Avant l'exposé de ses recherches sur l'espace vide et sur la nature de l'air, on trouve aussi dans cet ouvrage des chapitres traitant de la localisation du ciel, de celle de l'enfer, etc. Bien que Guéricke cherche à répondre à ces questions aussi raisonnablement que possible, il est aisé de voir quel embarras elles lui causent, alors qu'aujourd'hui un théologien éclairé refuserait même de s'en occuper. Et pourtant Guéricke vivait à une époque postérieure à la Réforme !

Newton aussi ne dédaigna pas de chercher une explication de l'Apocalypse. Il était même assez difficile de parler avec lui de questions de ce genre. On rapporte qu'un jour Halley, s'étant permis une plaisanterie sur les discussions théologiques, s'attira cette verte réponse : « J'ai étudié ces questions, vous pas ».

Il n'est pas nécessaire que nous nous arrêtions longtemps à Leibnitz, l'inventeur du meilleur des mondes et de l'harmonie préétablie, qui toutes deux ont trouvé une excellente réfutation dans le « Candide » de Voltaire, roman plaisant en apparence, mais au fond sérieux et profondément philosophique. Chacun sait que Leibnitz était presqu'autant théologien que philosophe et savant.

Le XVIIIᵉ siècle offre d'autres exemples aussi remarquables. Dans ses « Lettres à une princesse d'Allemagne », Euler aussi mêle des questions philosophico-théologiques aux questions scientifiques. Il discute la difficulté qu'il y a à comprendre les réactions mutuelles du corps et de l'esprit, étant donné leur différence essentielle, à laquelle il croit fermement. Il n'aime d'ailleurs pas le système de l'occasionalisme, développé par Descartes et ses successeurs, d'après lequel Dieu exécute à chaque instant le mouvement répondant à l'intention de l'âme, celle-ci étant par elle-même incapable de l'exécuter. Il raille, non sans finesse, l'harmonie préétablie, d'après laquelle un accord est établi de toute éternité entre les mouvements du corps et les intentions de l'âme, — bien que tous deux ne soient nullement en connection l'un avec l'autre, — exactement comme il y a accord entre deux horloges différentes mais parfaitement concordantes. Il observe que, dans cette conception, son propre corps lui serait aussi étranger que celui d'un rhinocéros du centre de l'Afrique, qui pourrait tout aussi bien être en harmonie préétablie avec son âme. Écoutons le lui-même (¹) : « Si dans le cas d'un dérèglement de mon corps, « Dieu ajustait celui d'un rhinocéros, ensorte que ses mouvements « fussent tellement d'accord avec les ordres de mon âme, qu'il levât « la patte au moment que je voudrais lever la main, et ainsi des « autres opérations, ce serait alors mon corps. Je me trouverais subi- « tement dans la forme d'un Rhinocéros au milieu de l'Afrique, mais « non obstant cela mon âme continuerait les mêmes opérations. « J'aurais également l'honneur d'écrire à V. A., mais je ne sais pas « comment elle recevrait mes lettres ». On pourrait presque croire qu'Euler a voulu imiter Voltaire, et cependant, si fortement que sa critique fasse toucher du doigt le point essentiel, l'action mutuelle de l'âme et du corps reste pour lui un miracle. Malgré cela il s'en-gage dans un labyrinthe de sophismes sur la liberté de la volonté. Les « Lettres » d'Euler nous fournissent une bonne représentation des questions dont un homme de science pou-vait s'occuper à cette époque : il y traite de la liaison entre l'âme et le corps, du libre arbitre, de l'influence de la liberté sur les événe-ments de l'univers, de la prière, du mal physique et moral, de la conversion des pécheurs et d'autres choses du même genre. Tout cela dans le même ouvrage qui contient un grand nombre d'idées fort claires sur la physique et un fort bel exposé de la logique, où les diagrammes circulaires sont employés pour la première fois.

3. — Ces exemples suffisent amplement. Nous les avons inten-tionnellement choisis chez *les plus grands* chercheurs. Ce que nous avons trouvé chez ces savants en fait de théologie appartient à leur vie privée la plus intime. Ils nous disent ouvertement des choses, sans y être aucunement contraints, alors qu'ils auraient aussi bien pu n'en pas parler. Ils nous apportent leurs opinions à eux, non pas des opinions qui leur auraient été imposées du dehors. Ils ne se sentent

---

(¹) A cette époque on n'écrivait guère en latin. Un savant allemand qui voulait être particulièrement affable ou poli écrivait en français.

point comprimés par la théologie. Dans une ville et à une cour qui reçoivent comme hôtes Voltaire et Lamettrie, Euler n'a aucune raison de cacher ses véritables convictions.

Selon notre opinion d'aujourd'hui, ces hommes auraient au moins pu remarquer que les questions de ce genre ne sont pas convenablement placées à l'endroit où ils les ont traitées, qu'elles ne sont pas des questions scientifiques. Quelque grand que puisse être notre étonnement de voir cette contradiction entre une théologie intempestive et des convictions scientifiques qui se sont créées d'elles-mêmes, il ne nous autorise pas à diminuer ces hommes dans notre pensée. Leur énorme puissance intellectuelle se manifeste à cela même que, malgré les idées étroites de leur temps, dont il ne leur fut pas possible de se libérer tout à fait, ils purent agrandir leur horizon tellement que, par eux, nous pûmes atteindre un point de vue entièrement libre.

Pour être impartial, il faut aussi reconnaître qu'à l'époque où se fit le développement général de la mécanique, l'esprit *théologique* régnait universellement. Des questions de théologie étaient soulevées à propos de tout et avaient une influence sur toutes choses. Il ne faut donc pas s'étonner que la mécanique aussi se soit égarée dans ce courant. Nous pourrons mieux voir encore, en entrant dans les détails, combien cette pénétration fut universelle.

4. — Dans le chapitre précédent nous avons déjà dit un mot de tendances analogues dans l'antiquité, chez Héron et chez Pappus. Au commencement du xviiᵉ siècle, on trouve Galilée occupé de recherches sur la résistance des matériaux. Il montra qu'un tube vide offre une résistance à la flexion supérieure à celle d'une tige massive de même longueur et de même quantité de matière, et se servit aussitôt de cette expérience pour expliquer la forme des os des animaux, qui sont souvent des tubes cylindriques vides. Un exemple familier de ce phénomène est fourni par une simple feuille de papier, d'abord plane, puis roulée en tube. Une poutre horizontale, encastrée à une extrémité et chargée à l'autre, peut être amincie à l'extrémité chargée, sans dommage pour la résistance et avec un

gain de matière. Galilée détermina la forme de la poutre d'égale résistance dans chaque section. Enfin il fit encore observer que des animaux géométriquement semblables, mais de tailles très différentes, ne vérifient les lois de la résistance que dans des proportions fort inégales.

Les formes des os, des plumes, des pailles, et d'autres organes animaux ou végétaux, parfaitement adaptés à leurs fonctions jusque dans leurs plus minimes détails, doivent naturellement faire une impression profonde sur un observateur intelligent. Cette adaptation merveilleuse a constamment été donnée comme une preuve manifeste de l'existence d'une sagesse toute puissante gouvernant la nature. Examinons par exemple les rémiges d'un oiseau. D'abord nous voyons une tige qui est un tube vide dont le diamètre décroît vers l'extrémité libre, par conséquent une forme d'égale résistance. Puis chacune des barbes de la plume, qui reproduisent en petit le même phénomène. Il faudrait une très grande connaissance technique pour seulement imiter une telle plume et la rendre apte à sa destination, sans même parler de l'inventer. N'oublions cependant pas que la mission de la science n'est pas le simple émerveillement, mais au contraire la recherche. On sait comment, d'après sa théorie de l'évolution, Darwin essaie de résoudre ces problèmes. On peut douter que sa solution soit complète : Darwin lui-même en doutait. Toutes les circonstances extérieures resteront impuissantes tant qu'il n'y aura pas en leur présence la chose qui *doit* s'y adapter. Mais il n'en reste pas moins vrai que cette théorie est la première tentative sérieuse qui ait été faite pour remplacer par la recherche l'admiration pure et simple de la nature organique.

Au xviiie siècle on discutait encore volontiers les idées de Pappus sur les cellules des abeilles. Dans un ouvrage paru en 1867 sous le titre « *Homes without Hands* », Wood raconte l'histoire suivante :
« Maraldi fut très surpris de la régularité des cellules des abeilles.
« Il mesura les angles de leurs faces losanges et les trouva égaux à
« 109°28′ et 70°32′. Réaumur, dans la conviction que ces angles
« devaient concorder avec l'économie de la cellule, pria le mathé-
« maticien König de calculer un prisme hexagonal surmonté d'une

« pyramide formée de trois losanges égaux, de telle manière que le con-
« tenu soit maximum et la surface minimum. La réponse fut que les
« angles des losanges devaient être 109°26' et 70°34'. Il y avait donc
« une différence de deux minutes. Maclaurin, peu satisfait de cette
« accord approximatif, recommença les mesures de Maraldi et les
« trouva justes ; il reprit les calculs et découvrit une erreur dans les
« tables de logarithmes employées par König. Ce n'étaient donc pas
« les abeilles, mais le mathématicien qui s'était trompé, et les abeilles
« avaient aidé à la découverte de l'erreur ! » Celui qui sait comment
on mesure les angles d'un cristal et qui a vu une cellule d'abeille,
dont les surfaces sont rugueuses, sans aucun poli, mettra certainement
en doute que, dans la mesure des angles des cellules, l'on puisse
arriver à cette approximation de deux minutes. Cette histoire n'est
donc qu'un innocent conte mathématique, abstraction faite de ce
que, fut-elle vraie, elle serait d'ailleurs sans conséquence. Ajoutons
encore qu'au point de vue mathématique le problème est posé de
façon trop imparfaite pour que l'on puisse juger jusqu'à quel point
les abeilles l'ont résolu.

Les idées de Héron et de Fermat sur le mouvement de la lumière,
dont nous avons parlé dans le chapitre précédent, reçurent aussitôt
de Leibnitz une couleur théologique, et jouèrent, comme nous l'avons
montré, un grand rôle dans le développement du calcul des variations.
Dans la correspondance de Leibnitz et de Jean Bernoulli on trouve
encore des questions théologiques au milieu de dissertations mathématiques. Leur langage est souvent imagé de comparaisons et d'expressions tirées de la Bible. Leibnitz écrit, par exemple, que le
problème de la brachystochrone le tente comme la pomme a tenté
Ève.

Maupertuis, le célèbre président de l'Académie de Berlin et l'intime de Frédéric le Grand, donna à la direction théologique de la
physique une nouvelle impulsion par son principe de la moindre
action. Dans le mémoire qui en contient l'énoncé, encore que sous
une forme très peu distincte, et dans lequel il témoigne d'ailleurs
d'un manque complet de l'esprit de précision mathématique, l'auteur
expose que son principe est celui qui répond le mieux à la sagesse

du créateur. Maupertuis était un homme spirituel, mais c'était une tête faible et un faiseur de projets. C'est ainsi qu'il proposa de bâtir une ville où l'on n'eut parlé que latin, de creuser dans la terre un puits énorme et profond afin de découvrir de nouvelles substances, de faire de nouvelles recherches physiologiques à l'aide de l'opium et de la dissection des singes, d'expliquer la formation de l'embryon par la gravitation, etc. Voltaire a fait de lui une critique caustique dans son « Histoire du docteur Akakia », qui fut cause de sa brouille avec l'empereur Frédéric.

Le principe de Maupertuis aurait sans doute bientôt disparu de la scène scientifique si Euler n'en avait repris l'idée. Euler, homme vraiment grand, laissa au principe le nom qu'il avait et à Maupertuis la gloire de son invention, mais il en fit une chose nouvelle, pratique et utilisable. L'idée réelle de Maupertuis est très difficile à démêler, tandis qu'un exemple simple suffit pour se rendre nettement compte de celle d'Euler. Lorsqu'un corps est astreint à rester sur une surface donnée, par exemple la surface de la terre, le mouvement qu'il reçoit d'une impulsion quelconque est tel qu'entre son point de départ et son point d'arrivée il suit le plus court chemin. Tout autre chemin qu'on lui prescrirait serait plus long et demanderait plus de temps. On se sert de ce principe dans la théorie des vents et dans celle des courants marins. Euler a cependant conservé le point de vue théologique. Il veut expliquer le phénomène non pas seulement par des *causes* physiques, mais aussi par *sa finalité*. « Comme la construction du monde, dit-il, est la plus parfaite « possible et qu'elle est due à un créateur infiniment sage, il n'arrive « rien dans le monde qui ne présente des propriétés de maximum « ou de minimum. C'est pourquoi aucun doute ne peut subsister sur « ce qu'il soit également possible de déterminer tous les effets de « l'univers par leurs causes finales, à l'aide de la méthode des « maxima et minima, aussi bien que par leurs causes efficientes (¹). »

(¹) Quam enim mundi universi fabrica sit perfectissima, atque a creatore sapientissimo absoluta, nihil omnino in mundo contingit, in quo non maximi minimive ratio quæpiam eluceat ; quam ob rem dubium prorsus est nullam, quin omnes mundi effectus ex causis finalibus, ope methodi maximorum et

5. — Les idées de l'invariabilité de la quantité de matière, de la constance de la somme des quantités de mouvement, de l'indestructibilité du travail ou de l'énergie, qui gouvernent aujourd'hui toute la science physique, doivent elles-mêmes naissance à l'influence des conceptions théologiques. Elles ont leur source dans cette proposition, exprimée par Descartes dans ses « Principes de la Philosophie » et que nous avons déjà rappelée, suivant laquelle la quantité de matière et la quantité de mouvement créées à l'origine sont invariables, car seule leur immuabilité peut s'accorder avec la stabilité du créateur de l'univers. Les idées sur la façon d'évaluer la somme des quantités de mouvement se sont notablement modifiées de Descartes à Leibnitz et plus tard chez leurs successeurs ; peu à peu, il en est résulté ce que l'on appelle aujourd'hui « principe de la conservation de l'énergie », mais ce n'est que fort lentement que le vieux fond théologique a disparu. Bien plus, on ne peut nier qu'à propos de cette loi bien des savants se laissent actuellement encore aller à un mysticisme d'un genre spécial.

Pendant toute la durée des xvi⁰ et xvii⁰ siècles et jusqu'à la fin du xviii⁰, la tendance universelle était de voir dans chacune des lois physiques une ordonnance particulière du créateur. Un observateur attentif voit pourtant cette idée se transformer graduellement. Tandis que, pour Descartes et Leibnitz, la physique et la théologie sont encore fort mêlées, plus tard on aperçoit un effort marqué, si pas pour écarter complètement la théologie, du moins pour la séparer nettement de la physique. La théologie est reléguée soit au commencement, soit à la fin des traités de physique ; chaque fois que la chose est possible, le domaine théologique est restreint à la création et laisse, à partir de là, le champ libre à la physique.

Vers la fin du xviii⁰ siècle, on est frappé par un revirement en apparence tout à fait subit, mais qui, au fond, est une conséquence nécessaire du processus de développement que nous avons décrit.

minimorum, æquo feliciter determinari queant, atque ex ipsis causis efficientibus (*Methodus inveniendi lineas curvas maximi minimive proprietate gaudentes.* Lausanne, 1744).

Lagrange, après avoir, dans une œuvre de jeunesse, voulu baser toute la mécanique sur le principe de la moindre action d'Euler, reprit à nouveau le même sujet et déclara qu'il voulait s'abstenir entièrement de toutes spéculations théologiques, comme très *nuisibles* et absolument étrangères à la science. Il reconstruisit la mécanique sur d'autres bases, et aucun esprit compétent ne peut nier la supériorité du nouvel exposé. Après Lagrange, tous les hommes de science adoptèrent sa manière de voir, et c'est ainsi que fut déterminée, dans son principe, la position actuelle de la physique vis à vis de la théologie.

6. — Environ trois siècles furent donc nécessaires pour que l'idée de la distinction complète entre la physique et la théologie se soit entièrement développée, depuis son premier germe chez Copernic, jusqu'à Lagrange. Il ne faudrait pourtant pas méconnaître que les grands génies, tels que Newton, eurent toujours une conception très nette de cette vérité. Malgré l'intensité de ses sentiments religieux, jamais Newton ne mêla la théologie aux questions scientifiques. A la vérité, il termine son « Optique », aux dernières pages de laquelle resplendit encore l'intense clarté de son génie, par un cri de profonde humilité devant la vanité de toutes les choses terrestres. Mais ses recherches optiques, au contraire de celles de Leibnitz, ne renferment en elles-mêmes pas trace de théologie. On peut dire la même chose de Galilée et de Huyghens. Leurs écrits sont, pour ainsi dire, parfaitement conformes au point de vue de Lagrange et peuvent sous ce rapport être considérés comme classiques. Mais les conceptions et les tendances d'une époque se mesurent non pas aux sommets intellectuels, mais au contraire à la moyenne des esprits.

Pour se faire une idée convenable du processus qui vient d'être esquissé il faut encore tenir compte des points suivants : dans un état de culture intellectuelle où la religion était la seule éducation et la seule conception de l'univers, l'idée s'imposait naturellement de traiter toutes choses à un point de vue théologique et de considérer la théologie comme suffisante dans tous les domaines. Reportons nous à l'époque où l'on jouait de l'orgue avec les poings, où il fallait, pour calculer, une table de multiplication écrite devant soi, où l'on faisait à l'aide de la main ce que l'on fait de tête aujourd'hui : pouvons-nous exiger des hommes de ce temps qu'ils se soient mis à à l'œuvre, avec un esprit *critique*, contre leurs propres conceptions ? Le préjugé se dissipa peu à peu, lentement, à mesure que les grandes découvertes géographiques, techniques et scientifiques du xv⁰ et du xvi⁰ siècles agrandissaient l'horizon, et que se dévoilaient des domaines où l'ancienne conception se trouvait impuissante, parce qu'elle s'était formée *antérieurement* à leur acquisition. La grande liberté de pensée qui se manifeste dans des cas isolés, à l'aube du moyen âge, chez les poètes d'abord et les savants ensuite, reste cependant toujours difficile à comprendre. Le progrès intellectuel à cette époque doit avoir été l'œuvre d'un très petit nombre de penseurs isolés vraiment extraordinaires, dont les idées ne devaient tenir que par des fils bien ténus aux conceptions populaires et étaient bien plus propres à bousculer et à violenter celles-ci qu'à en amener la transformation. Ce n'est que dans les écrits du xviii⁰ siècle que l'œuvre d'éclaircissement semble gagner du terrain. Les sciences humanitaires, historiques, philosophiques et naturelles se touchent et se prêtent un mutuel secours dans la lutte pour la pensée libre. Celui qui, à travers la littérature seulement, a pu participer à cet essor et à cette libération conserve toute la vie, pour le xviii⁰ siècle, un sentiment de mélancolique regret.

7. — Le point de vue ancien fut donc abandonné. L'histoire de la mécanique ne se reconnait plus qu'à la forme de ses théorèmes, qui restera étrange tant que l'on ne tiendra pas compte de leur origine. La conception théologique céda ainsi peu à peu la place à une conception plus saine qui fut, ainsi que nous allons le faire voir en résumé, intimement liée à un remarquable progrès de la pensée.

Quand nous disons que la lumière se meut suivant le chemin de moindre durée de parcours, nous pouvons par là considérer plusieurs choses. Tout d'abord nous ne savons pas encore *pourquoi* la lumière suit ce chemin de durée minimum. En faisant l'hypothèse de la sagesse du créateur nous renonçons à tout examen ultérieur. Nous savons aujourd'hui que la lumière se meut par *tous* les chemins, mais que ce n'est que sur celui de moindre durée de parcours que les ondes lumineuses sont renforcées en sorte que l'on puisse constater un résultat sensible. La lumière *semble* donc se propager suivant la ligne de moindre durée. Dès que le préjugé ont été abandonné, on trouva, à côté de preuves d'une prétendue économie de la nature, des cas de la plus étonnante prodigalité ; Jacobi en a montré des exemples pour ce qui a trait au principe de la moindre action. Plusieurs phénomènes naturels ne font cette impression d'économie que parce qu'ils ne deviennent visibles que s'il se produit, accidentellement, une accumulation économique d'effets. Cette pensée est dans le domaine de la nature inorganique, la même que celle que Darwin a développée pour la nature organique. Nous nous facilitons instinctivement la conception de la nature en lui attribuant les représentations économiques qui nous sont familières.

Souvent les phénomènes de la nature manifestent des propriétés de maximum et de minimum parce que les causes d'une variation ultérieure ont disparu. La chaînette donne un centre de gravité situé le plus bas possible pour l'unique raison que seule cette position du centre de gravité empêche toute chute ultérieure des maillons de la chaîne. Les liquides présentent une surface minimum sous l'influence des forces moléculaires parce qu'un équilibre stable ne peut subsister que si ces dernières ne peuvent plus amoindrir la surface. Le point essentiel se trouve donc, non pas dans le maximum ou le minimum, mais dans le fait que le *travail* disparaît dans ces circonstances, et que c'est ce même travail qui est la déterminante du changement. Il est donc bien moins imposant, mais par cela même beaucoup plus clair en même temps que plus rigoureux et plus général, au lieu de parler de la tendance économique de la nature, de dire qu'il n'arrive jamais que ce qui peut arriver, étant données telles forces et telles circonstances déterminées.

On se demandera maintenant avec raison comment il se fait que, si le point de vue théologique, qui a conduit à la position des principes de la mécanique, est erroné, cependant ces principes sont justes dans toutes leurs parties essentielles ? La réponse n'est pas difficile. Tout d'abord la conception théologique n'a donné que le *mode* d'expression du principe, et non pas son *contenu* qui a été fourni par l'observation. Un effet analogue eut été exercé par toute autre conception régnante, par exemple par une conception *mercantile*, qui a probablement exercé une influence sur la pensée de Stévin. En second lieu la conception théologique de la nature est née de la tendance de l'esprit à embrasser l'univers entier dans *un système unique*, tendance qui est propre aux sciences de la nature et qui est parfaitement conforme à leur but. La philosophie théologique de la nature est une tentative sans espoir et un retour vers un niveau inférieur de culture, mais il ne faut pas pour cela rejeter la *saine racine* d'où elle est sortie, et qui n'est pas autre que la racine de la véritable recherche naturelle.

En fait, la science ne peut arriver à rien par la simple observation du *particulier* lorsqu'elle ne jette pas de temps en temps un regard sur l'*ensemble*. Les lois de la chute des corps de Galilée, le principe des forces vives de Huyghens, celui des déplacements virtuels, et même le concept de masse ne peuvent être acquis, ainsi que nous l'avons montré plus haut, que par la considération alternative du fait particulier et de l'ensemble des phénomènes naturels. Dans la représentation mentale des phénomènes mécaniques on peut partir des propriétés des masses particulières (des lois élémentaires), et composer l'image du phénomène, mais on peut aussi s'en tenir aux propriétés du système total (aux lois intégrales). Les propriétés d'une masse impliquent toujours des relations de celles-ci avec d'autres masses; ainsi la vitesse et l'accélération impliquent une relation avec le temps et par là avec l'univers entier; on voit donc qu'il n'existe pas de loi *purement* élémentaire. Il serait donc contradictoire d'exclure comme moins certain le regard cependant nécessaire sur l'ensemble et sur les propriétés générales. Nous nous bornerons à exiger d'un principe nouveau des *preuves d'autant meilleures* qu'il est plus général et que sa portée est plus grande, et cela à cause de la plus grande possibilité d'erreur.

L'idée de l'action d'une volonté et d'une intelligence dans la nature n'est en aucune façon le fruit exclusif du monothéisme chrétien. Elle est bien plus familière et plus conforme au paganisme et au fétichisme. Le paganisme cherche la volonté et l'intelligence dans le particulier tandis que le monothéisme en cherche l'expression dans l'ensemble. Du reste il n'existe pas de pur monothéisme. Le monothéisme juif de la Bible n'est pas entièrement libre de la croyance aux démons, aux magiciens et aux sorciers ; de telles conceptions païennes sont bien plus fréquentes encore dans le christianisme du moyen âge. Il serait superflu de parler des tortures que l'Eglise et l'Etat faisaient subir aux sorciers ni des bûchers sur lesquels il les brûlaient ; ces atrocités étaient inspirées non pas tant par l'amour du lucre que par la domination des idées théologiques. Dans son remarquable ouvrage sur l'origine de la civilisation, Tylor étudie la sorcellerie, la superstition et la croyance au miraculeux chez tous les peuples sauvages et fait un parallèle avec les opinions du moyen âge sur les sorciers : l'analogie est saisissante. Le supplice du feu pour les sorciers, si fréquent en Europe aux xvi° et xvii° siècles, est encore d'une pratique courante dans l'Afrique centrale. Comme le montre Tylor, on retrouve chez nous des traces de ces circonstances dans d'innombrables coutumes, dont nous avons perdu le sens en changeant notre point de vue.

8. — Ce n'est que fort lentement que la science s'est dégagée de ces conceptions. Dans le célèbre ouvrage de J. B. Porta, « *Magia Naturalis* », paru au xvi° siècle, et qui contient d'importantes découvertes physiques, on trouve toute espèce de pratiques de sorcellerie et de démonologie qui le cèdent à peine à celles des « guérisseurs » indiens. Pour la première fois, en 1600, l'ouvrage de Gilbert « *De magnete* » imposa certaines limites au surnaturel dans la science. Quand encore Luther dit avoir rencontré le diable en personne, lorsque Képler, dont la tante avait été brûlée comme sorcière et dont la mère fut bien près de subir le même sort, déclare qu'on ne peut nier la sorcellerie et n'ose pas se dégager entièrement de l'astrologie, on peut se représenter sous des couleurs vivantes l'état d'esprit des hommes moins éclairés de ce temps.

Tylor remarque judicieusement que la science actuelle conserve des traces de fétichisme, par exemple dans sa conception de la force et l'extension universelle de la superstition spirite montre assez que la société cultivée n'a *pas encore* pu se dégager des conceptions du paganisme.

Le fait que ces idées se maintiennent si opiniâtrement est dû à une cause profonde. Des impulsions, qui régissent l'homme avec une puissance si démoniaque, qui le nourrissent, le conservent et le propagent sans qu'il puisse les connaître ni les pénétrer et dont le moyen-âge nous présente l'extraordinaires cas pathologiques, seule une très petite partie est accessible à l'analyse scientifique et à la connaissance abstraite. Le caractère fondamental de toutes ces impulsions est un sentiment d'identité et de communauté avec toute la nature, que des préoccupations trop exclusivement intellectuelles peuvent faire taire pour un temps, mais qui ne peut être étouffé et qui, certainement, repose sur une *base saine*, quelles que soient d'ailleurs les absurdités religieuses auxquelles il a pu donner naissance.

9. — Quand nous voyons les encyclopédistes du XVIIIᵉ siècle se croire tout proche de leur but, qui était l'explication physico-mécanique de la nature entière, et Laplace imaginer un génie qui pourrait donner l'état de l'univers à un instant quelconque de l'avenir, s'il connaissait, à un instant initial, toutes les masses qui le composent, avec leurs positions et leurs vitesses, non seulement cette surestimatione nthousiaste de la portée des conceptions physiques et mécaniques acquises dans le XVIIIᵉ siècle nous semble bien excusable, mais elle est vraiment pour nous un spectacle réconfortant, noble et élevé, et nous pouvons sympathiser du plus profond de notre cœur avec cette joie intellectuelle unique dans l'histoire.

Maintenant qu'un siècle s'est écoulé, et que nous sommes devenus plus réfléchis, cette conception du monde des encyclopédistes nous apparaît comme une *mythologie mécanique* en opposition avec la mythologie animique des anciennes religions. Toutes deux renferment des amplifications abusives et imaginaires d'une connaissance unilatérale. Mais une recherche physique plus circonspecte conduira à l'analyse des sensations. Nous reconnaîtrons alors — et nous commençons actuellement à le faire, — que notre sensation de faim n'est pas essentiellement différente de la tendance de l'acide sulfurique vers le zinc, et que notre volonté n'est pas si différente de la pression de la pierre sur son support. Nous nous retrouverons ainsi plus près de la nature sans qu'il y ait besoin de nous résoudre en un incompréhensible amas nuageux de molécules, ou de faire de l'univers un système de groupements d'esprits. On ne peut naturellement que conjecturer la *direction* dans laquelle on peut s'attendre à ce qu'une recherche longue et pleine de fatigue conduise vers la lumière. Ce serait faire de la mythologie et non de la science que de vouloir *anticiper* sur le résultat, ou essayer de l'introduire, si peu que ce soit, dans les recherches scientifiques actuelles.

La science ne se présente pas avec la prétention d'être une explication *complète* du monde, mais avec la *conscience* de travailler à une conception *future* de l'univers. La plus haute philosophie que puisse pratiquer un investigateur scientifique consiste précisément à *supporter* une conception inachevée, et à la préférer à une autre, parfaite en apparence, mais insuffisante. Les opinions religieuses des hommes restent *choses strictement privées*, tant qu'ils ne cherchent pas à les imposer aux autres, ni à les appliquer à des questions qui sont d'un autre domaine. Même les hommes de science ont, sur ce sujet, des opinions fort différentes, suivant la profondeur de leurs vues et leur estimation de la valeur des conséquences.

La science ne demande rien de ce qui n'est pas ou n'est pas encore abordable à la recherche exacte. Il se peut que des champs qui lui sont encore fermés aujourd'hui s'ouvrent plus tard à son activité. Alors aucun homme de jugement sain, loyal envers lui-même et envers les autres, n'hésitera à échanger son *opinion* sur une chose de ce domaine contre la *connaissance* de cette chose.

Lorsque nous voyons la société actuelle changer fréquemment d'avis sur une même question et modifier son point de vue suivant les dispositions et les situations du moment, ce qui ne peut se passer sans un trouble moral profond, nous devons considérer cet état de choses comme une conséquence naturelle et nécessaire de ce que notre philosophie a d'inachevé et de transitoire. Une conception suffisante du monde ne peut pas *nous être donnée*, nous devons l'acquérir, et ce n'est qu'en laissant le champ libre à l'intelligence et à l'expérience, là où elles doivent décider seules, que nous pouvons espérer nous rapprocher, pour le bien de l'humanité, de l'idéal d'une conception *unitaire* du monde, qui seule est compatible avec l'ordonnance d'un esprit sainement constitué.

III. — LA MÉCANIQUE ANALYTIQUE

1. — La mécanique de Newton est purement *géométrique*. Newton développa ses théorèmes en déduisant la démonstration des hypothèses à l'aide de constructions et de figures. Son procédé est souvent si artificiel que, comme déjà Laplace on a fait l'observation, la découverte de ces théorèmes suivant cette voie n'est pas vraisemblable. On constate aussi que l'exposition de Newton n'est pas aussi sincère que celles de Galilée et de Huyghens. La méthode de Newton, qui est celle des anciens géomètres, porte le nom de méthode *synthétique*.

Si la méthode que l'on suit consiste à déduire des conséquences d'hypothèses données, elle est *synthétique*. Si, inversement, on recherche les conditions d'existence d'un théorème ou des propriétés d'une figure, on procède par la voie *analytique*. La généralisation de cette seconde méthode est surtout due à l'application de l'algèbre à la géométrie; c'est ainsi qu'il est devenu habituel d'appeler analytique la méthode algébrique. Au sens exact, ce qu'on appelle aujourd'hui mécanique analytique, par opposition à la mécanique de Newton, n'est autre que la mécanique *par le calcul*.

2. — La base de la mécanique analytique a été posée par Euler (*Mechanica, sive motus scientia analytice exposita*; Petrop. 1736 . Mais le procédé d'Euler, qui, dans le mouvement curviligne, décomposait toutes les forces en forces normales et tangentielles, était plein des souvenirs de l'ancienne méthode géométrique. Mac Laurin accomplit un progrès essentiel en décomposant toutes les forces sui-

vant trois directions fixes, ce qui donne aux calculs une symétrie et
une clarté infiniment plus grandes (*A Complete system of fluxions*,
Edimb. 1742).

3. — C'est enfin Lagrange qui a porté la mécanique analytique à
son plus haut degré de développement. Dans sa *Mécanique analytique* (Paris, 1788), il s'appliqua à faire, *une fois pour toutes*, toutes
les démonstrations nécessaires et à condenser le plus possible de
choses dans une seule formule. On peut alors traiter tous les cas particuliers qui se présentent d'après un schéma simple, symétrique et
clair ; il ne reste plus à faire qu'un travail mental purement mécanique. La mécanique de Lagrange réalise un progrès considérable
dans l'*économie* de la pensée.

En *statique*, Lagrange prit pour point de départ le principe des
déplacements virtuels. Des forces P_1, P_2, P_3.... en nombre quelconque
sollicitent un même nombre de points matériels m_1, m_2, m_3,..., qui
subissent des déplacements infiniment petits p_1, p_2, p_3.... compatibles avec les liaisons. En laissant de côté le cas exceptionnel où
l'équation se transforme en inégalité, la condition d'équilibre est

$$\Sigma Pp = o.$$

Rapportons le système à trois axes coordonnées rectangulaires.
Soient $x_1, y_1, z_1, x_2, y_2, z_2$,.... les coordonnées des points matériels ;
$X_1, Y_1, Z_1, X_2, Y_2, Z_2$,.... les composantes des forces et $\delta x_1, \delta y_1, \delta z_1$,
$\delta x_2, \delta y_2, \delta z_2$,.... les composantes des déplacements parallèlement aux
axes. Dans la détermination du travail, il ne faut considérer, pour
chacune des composantes de la force, que la composante parallèle du
déplacement de son point d'application. Le principe s'exprime alors
par l'équation :

$$(1) \qquad \Sigma (X\delta x + Y\delta y + Z\delta z) = o,$$

le signe Σ indiquant qu'il faut faire la somme des valeurs de l'expression $X\delta x + Y\delta y + Z\delta z$ pour chacun des points du système.

Le principe de d'Alembert fournit l'équation fondamentale de la
dynamique. Sur les points $x_1, y_1, z_1, x_2, y_2, z_2$,... de masses m_1, m_2,...,

agissent les forces $X_1, Y_1, Z_1, X_2, Y_2, Z_2, \ldots$ L'effet des liaisons est de faire prendre aux points des accélérations qui auraient été communiquées à ces mêmes points *libres* par d'autres forces : $m_1 \frac{d^2x_1}{dt^2}$, $m_1 \frac{d^2y_1}{dt^2}$, $m_1 \frac{d^2z_1}{dt^2}$, $m_2 \frac{d^2x_2}{dt^2}$, ... Les forces appliquées X, Y, Z et les forces effectives $m \frac{d^2x}{dt^2}$, $m \frac{d^2y}{dt^2}$, $m \frac{d^2z}{dt^2}$ se font équilibre sur le système. Le principe des déplacements virtuels donne alors :

$$(2) \quad \Sigma \left[\left(X - m \frac{d^2x}{dt^2} \right) \delta x + \left(Y - m \frac{d^2y}{dt^2} \right) \delta y + \left(Z - m \frac{d^2z}{dt^2} \right) \delta z \right] = 0.$$

4. — Comme on le voit, Lagrange se conforma à la coutume en déduisant la dynamique de la statique. Cette méthode n'était en rien *nécessaire*. On peut aussi bien partir du principe que les liaisons (dont on néglige les déformations,) n'effectuent aucun travail, c'est-à-dire du principe suivant lequel tout le travail effectué possible provient des forces appliquées. Ce principe s'exprime par l'équation (2) qui sert alors de point de départ et qui, dans le cas particulier de l'équilibre (mouvement d'accélération nulle), se réduit à l'équation (1). Cette méthode aurait fait de la mécanique analytique un système encore plus logique.

L'équation (1), qui exprime que, dans le cas de l'équilibre, le travail élémentaire correspondant à un déplacement quelconque est nul, permet d'obtenir aisément les résultats que nous avons déjà discutés (Ch. I, § VI). Si l'on a

$$X = \frac{\partial V}{\partial x}, \quad Y = \frac{\partial V}{\partial y}, \quad Z = \frac{\partial V}{\partial z},$$

c'est-à-dire si X, Y, Z sont les dérivées partielles d'une même fonction V des coordonnées, l'expression totale sous le signe Σ est la variation δV de V. On a donc $\delta V = 0$; V est donc, en général, maximum ou minimum.

5. — Un exemple simple nous servira à montrer l'usage de l'équation (1). Si tous les points d'application des forces sont *indépendants* les uns des autres, le problème *cesse* en réalité d'exister. Un point quelconque n'est en équilibre que si la force qui agit sur lui, et, par conséquent, ses trois composantes, sont nulles. Tous les $\delta x, \delta y, \delta z$

sont entièrement arbitraires, et l'équation (1) ne peut subsister en général que si tous leurs coefficients sont nuls.

Mais si les points ne peuvent se mouvoir indépendamment les uns des autres, leurs dépendances mutuelles sont exprimées par des équations de la forme :

$$F (x_1, y_1, z_1, x_2, y_2, z_2 \ldots) = 0,$$

ou, en abrégé, $F = 0$. Les déplacements sont donc liés entre eux par des équations telles que :

$$\frac{\partial F}{\partial x_1} \delta x_1 + \frac{\partial F}{\partial y_1} \delta y_1 + \frac{\partial F}{\partial z_1} \delta z_1 + \frac{\partial F}{\partial x_2} \delta x_2 + \ldots = 0,$$

que nous écrirons, pour abréger,

$$DF = 0.$$

Si n est le nombre des points du système, il y a $3n$ coordonnées et l'équation (1) contient $3n$ déplacements δx, δy, δz. Mais si, entre ces coordonnées, il existe m équations $F = 0$, il s'ensuivra m équations $DF = 0$ entre les $3n$ variables δx, δy, δz. Ces équations permettent d'obtenir m déplacements en fonction des $3n - m$ autres, et de les remplacer par leurs valeurs dans l'équation (1). Cette dernière renfermera donc encore $3n - m$ déplacements arbitraires dont il faudra égaler les coefficients à zéro. On obtient ainsi $3n - m$ équations entre les forces et les coordonnées, auxquelles il faut ajouter les m équations de condition $F = 0$. On a donc $3n$ équations qui suffisent pour déterminer les $3n$ coordonnées de la position d'équilibre lorsque les forces sont *données* et que l'on *demande* la *forme* d'équilibre du système.

Le problème inverse consiste dans la détermination des forces qui maintiennent l'équilibre du système pour une position donnée ; il est indéterminé. On n'a, pour la détermination des $3n$ composantes des forces, que $3n - m$ équations, puisque ces composantes n'entrent pas dans les m équations $F = 0$.

Prenons comme exemple un levier $OM = a$, pouvant tourner autour de l'origine et portant à son extrémité M un second levier

$MN = b$. Soient x, y, x_1, y_1 les coordonnées de M et de N, et X, Y, X_1, Y_1 les forces appliquées en ces points. L'équation (1) s'écrit

$$X\delta x + X_1\delta x_1 + Y\delta y + Y_1\delta y_1 = 0.$$

Il existe deux équations $F = 0$, qui sont

$$(4) \quad \begin{cases} x^2 + y^2 - a^2 = 0, \\ (x - x_1)^2 + (y - y_1)^2 - b^2 = 0. \end{cases}$$

Les conditions $DF = 0$ donnent donc :

$$(5) \quad \begin{cases} x\delta x + y\delta y = 0, \\ (x_1 - x)\,\delta x_1 - (x_1 - x)\,\delta x + (y_1 - y)\,\delta y_1 - (y_1 - y)\,\delta y = 0. \end{cases}$$

Ces dernières équations permettent d'exprimer deux des variations en fonction des deux autres ; on substituera alors dans l'équation (3). Pour faire cette élimination, Lagrange a donné un procédé parfaitement uniforme et systématique, que l'on peut suivre machinalement sans aucun travail de la pensée. C'est ce procédé que nous allons employer. Il consiste à multiplier chacune des équations (5)

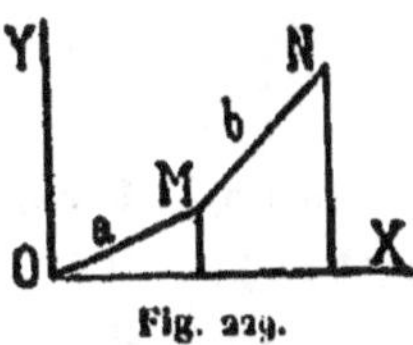

Fig. 229.

par un coefficient indéterminé λ, μ et à ajouter alors ces équations à l'équation (3). On obtient ainsi

$$\left[X + \lambda x - \mu (x_1 - x)\right] \delta x + \left[X_1 + \mu (x_1 - x)\right] \delta x_1$$
$$+ \left[Y + \lambda y - \mu (y_1 - y)\right] \delta y + \left[Y_1 + \mu (y_1 - y)\right] \delta y_1 = 0.$$

On peut maintenant égaler à zéro les coefficients des quatre déplacements, car deux de ceux-ci sont arbitraires et l'on peut choisir convenablement les indéterminées λ et μ, de façon que les coefficients des deux autres s'annulent aussi, ce qui revient d'ailleurs à éliminer ces deux derniers déplacements. On a donc les quatre équations :

$$(6) \quad \begin{cases} X + \lambda x - \mu (x_1 - x) = 0, \\ X_1 \qquad + \mu (x_1 - x) = 0, \\ Y + \lambda y - \mu (y_1 - y) = 0, \\ Y_1 \qquad + \mu (y_1 - y) = 0. \end{cases}$$

Supposons en premier lieu que l'on *donne les coordonnées* et que l'on demande les *forces* qui maintiennent le système en équilibre. La 5ᵉ et la 4ᵉ équation donnent alors :

$$\mu = \frac{-X_1}{x_1 - x}, \qquad \mu = \frac{-Y_1}{y_1 - y},$$

d'où

$$(7) \qquad \frac{X_1}{Y_1} = \frac{x_1 - x}{y_1 - y};$$

la force appliquée en N a donc la direction MN. La première et la deuxième équation donnent d'autre part :

$$\lambda = \frac{-X + \mu\,(x_1 - x)}{x}, \qquad \lambda = \frac{-Y + \mu\,(y_1 - y)}{y},$$

d'où, par une réduction simple,

$$(8) \qquad \frac{X + X_1}{Y + Y_1} = \frac{x}{y};$$

la résultante des forces appliquées en M et en N est donc dirigée suivant OM (¹).

Les quatre composantes ne sont donc astreintes qu'aux *deux* conditions (7) et (8). Le problème est indéterminé, ce qui était évident *a priori*, car la valeur absolue des composantes n'a aucun effet sur l'équilibre, mais seulement leurs *rapports*.

Supposons en second lieu que les *forces* soient données et que l'on

---

(¹) On peut exposer comme suit la signification mécanique de ces coëfficients indéterminés λ et μ. Les équations (6) expriment les conditions d'équilibre de deux points *libres* sur lesquels, outre les forces X, Y, X_1, Y_1, agissent d'autres forces qui sont représentées par les autres termes des premiers membres de cette équation et qui détruisent les composantes X, Y, X_1, Y_1. Le point N, par exemple, est en équilibre si X_1, Y_1 sont respectivement détruites par les composantes $\mu\,(x_1 - x)$ et $\mu\,(y_1 - y)$ d'une force d'intensité encore *indéterminée*. Cette force auxiliaire est produite par la liaison et peut la remplacer ; sa direction est déterminée. En appelant α l'angle qu'elle fait avec l'axe des abscisses on a :

$$\operatorname{tg}\alpha = \frac{\mu\,(y_1 - y)}{\mu\,(x_1 - x)} = \frac{y_1 - y}{x_1 - x}.$$

La force provenant de la liaison a a donc la direction de b.

cherche les *coordonnées*. On partira encore des équations (6) auxquelles il faut ajouter les deux équations (4). Après élimination de
λ et μ, il reste les deux équations (7) et (8) et les équations (4). Un
calcul facile donne alors :

$$x = \frac{a\,(X + X_1)}{\sqrt{(X + X_1)^2 + (Y + Y_1)^2}},$$

$$y = \frac{a\,(Y + Y_1)}{\sqrt{(X + X_1)^2 + (Y + Y_1)^2}},$$

$$x_1 = \frac{a\,(X + X_1)}{\sqrt{(X + X_1)^2 + (Y + Y_1)^2}} + \frac{b X_1}{\sqrt{X_1^2 + Y_1^2}},$$

$$y_1 = \frac{a\,(Y + Y_1)}{\sqrt{(X + X_1)^2 + (Y + Y_1)^2}} + \frac{b Y_1}{\sqrt{X_1^2 + Y_1^2}}.$$

Ces formules résolvent le problème. Quelque simple que soit cet
exemple, il peut suffire pour donner une idée claire du genre et de la
signification de la méthode de Lagrange. Le mécanisme de la solution
est établi une fois pour toutes, et, en l'appliquant à un cas spécial
quelconque, il est presqu'inutile d'y réfléchir encore. L'exemple que
nous avons pris est si élémentaire qu'il eut pu être résolu par la
simple inspection de la figure ; on a ainsi, dans l'application de la
méthode, l'avantage d'un contrôle facile.

6. — Expliquons maintenant, aussi par un exemple, l'emploi de
l'équation (2), qui exprime le théorème de d'Alembert sous la forme
que lui a donnée Lagrange. Ici encore, tout
problème disparaît dès que les masses sont
indépendantes les unes des autres ; chacune
d'elles suit alors la force qui lui est appli-
quée ; les variations δx, δy, δz, sont tout à
fait arbitraires et chacun des coefficients doit

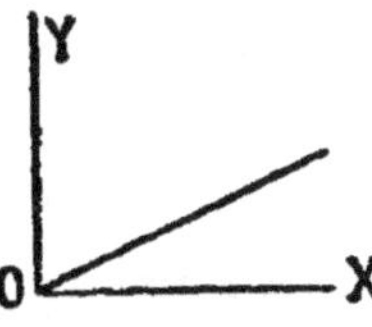

Fig. 230.

être égalé à zéro. Le mouvement des n masses est ainsi déterminé
par $3n$ équations différentielles simultanées.

S'il existe, entre les coordonnées, des équations de condition $F = o$,
on en tirera des équations $DF = o$ entre les déplacements ou variations, avec lesquelles ou procédera exactement comme on l'a fait

dans l'application de l'équation (1). Il est nécessaire de remarquer que l'on doit faire usage des équations F = 0 aussi bien sous leur forme finie que sous leur forme différentiée. L'exemple qui suit le fera d'ailleurs mieux comprendre.

Un point pesant de masse m peut se mouvoir sur une droite $y = ax$ d'un plan vertical XY. On demande le mouvement. L'équation (2) devient dans ce cas

$$\left(X - m\frac{d^2x}{dt^2}\right)\delta x + \left(Y - m\frac{d^2y}{dt^2}\right)\delta y = 0,$$

ou, comme $X = 0$ et $Y = -mg$,

$$(9) \qquad \frac{d^2x}{dt^2}\delta x + \left(g + \frac{d^2y}{dt^2}\right)\delta y = 0.$$

Il y a une équation F = 0 qui est

$$(10) \qquad y = ax,$$

qui donne une équation DF = 0 :

$$\delta y = a\delta x.$$

Par élimination de δy l'équation (9) donne, δx étant arbitraire,

$$\frac{d^2x}{dt^2} + \left(g + \frac{d^2y}{dt^2}\right)a = 0,$$

mais, en dérivant (10) deux fois, on a

$$\frac{d^2y}{dt^2} = a\frac{d^2x}{dt^2},$$

et par suite :

$$(11) \qquad \frac{d^2x}{dt^2} + a\left(g + a\frac{d^2x}{dt^2}\right) = 0.$$

L'intégration de cette équation donne

$$x = \frac{-a}{1+a^2}\,g\,\frac{t^2}{2} + bt + c,$$

$$y = \frac{-a^2}{1+a^2}\,g\,\frac{t^2}{2} + abt + ac,$$

b et c étant les constantes d'intégration que l'on détermine par la position et la vitesse initiale du point m. Il serait très facile d'obtenir directement ce résultat.

L'emploi de l'équation (1) exige quelques précautions lorsque la condition $F = 0$ contient le temps. Pour comprendre la marche à suivre dans ce cas, reprenons l'exemple précédent en supposant que la droite soit animée d'un mouvement vertical de translation vers le haut, d'accélération γ. Nous partirons encore de l'équation (9) :

$$\frac{d^2x}{dt^2}\,\delta x + \left(g + \frac{d^2y}{dt^2}\right)\delta y = 0.$$

L'équation $F = 0$ devient :

$$y = ax + \gamma\,\frac{t^2}{2}.$$

Pour former $DF = 0$ on prend la variation de (12) par rapport à x et y seuls, car il ne s'agit ici que des déplacements *possibles* dans une conformation *instantanée donnée* du système, et nullement des déplacements qui se produisent *réellement* dans le temps. On posera donc, comme tout à l'heure,

$$\delta y = a\delta x,$$

ce qui conduira à la même équation

$$(13) \qquad \frac{d^2x}{dt^2} + \left(g + \frac{d^2y}{dt^2}\right) a = 0.$$

Mais, ici, la relation entre x et y est celle que donne le mouvement *réel*. Pour obtenir une équation en x seul, il faut différentier (12) par rapport à t ce qui donne :

$$\frac{d^2y}{dt^2} = a\,\frac{d^2x}{dt^2} + \gamma,$$

puis substituer dans (13), qui devient

$$\frac{d^2x}{dt^2} + \left(g + \gamma + a\,\frac{d^2x}{dt^2}\right) a = 0$$

et, en intégrant,

$$x = \frac{-a}{1 + a^2}\,(g + \gamma)\,\frac{t^2}{2} + bt + c,$$

$$y = \left[\gamma - \frac{a}{1 + a^2}\,(g + \gamma)\right]\frac{t^2}{2} + abt + ac.$$

Si la masse m qui repose sur la droite en mouvement était sans poids, on aurait

$$x = \frac{-a}{1 + a^2}\, \gamma\, \frac{t^2}{2} + bt + c,$$

$$y = \frac{1}{1 + a^2}\, \gamma\, \frac{t^2}{2} + abt + c,$$

résultats que l'on pourrait aisément obtenir en considérant que la masse m se comporte sur la droite animée de l'accélération γ vers le haut comme si elle était animée de l'accélération γ vers le bas sur la droite immobile.

7. — Les considérations suivantes permettront de mieux comprendre encore le procédé d'utilisation de l'équation (12) dans les exemples précédents. L'équation (2), qui n'est autre que le théorème de d'Alembert, exprime que tout le *travail* possible, pour un déplace-

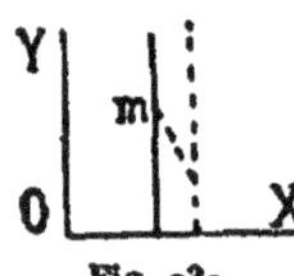

Fig. 231.

ment donné quelconque, provient des forces appliquées et non pas des liaisons. Mais cela n'est vrai qu'aussi longtemps que l'on fait abstraction de la variation des liaisons dans le *temps*. Dès que les liaisons varient avec le temps, elles effectuent un travail. On ne peut alors appliquer l'équation (2) au déplacement réel effectué dans le temps que si l'on compte, parmi les forces appliquées, celles qui produisent les variations des liaisons.

Soit m une masse mobile sur une droite parallèle aux y ; supposons que la position de cette droite change avec le temps et soit

$$(14) \qquad x = \gamma\, \frac{t^2}{2}, \quad (F = 0)$$

son équation. Le théorème de d'Alembert conduit encore à l'équation (9) ; mais $DF = 0$ donne ici $\delta x = 0$, et l'équation (9) se réduit à

$$(15) \qquad \left(g + \frac{d^2 y}{dt^2}\right)\delta y = 0,$$

d'où, puisque δy est arbitraire :

$$g + \frac{d^2 y}{dt^2} = 0,$$

$$y = - g\frac{t^2}{2} + at + b ;$$

équation à laquelle il faut ajouter l'équation (14) pour avoir la valeur de x :

$$x = \gamma\frac{t^2}{2}.$$

Il est évident que l'équation (15) ne donne pas tout le travail effectué dans un déplacement *réellement* accompli dans le temps, mais bien le travail effectué dans un déplacement *possible* du point sur la droite si, pour un instant, on suppose celle-ci fixe.

Supposons la droite sans masse, mue parallèlement à elle-même par la force $m\gamma$. On obtient au lieu de (2) l'équation :

$$\left(m\gamma - m\frac{d^2 x}{dt^2}\right)\delta x + \left(- mg - m\frac{d^2 y}{dt^2}\right)\delta y = 0,$$

δx et δy étant complètement arbitraires on en tire les deux équations

$$\gamma - \frac{d^2 x}{dt^2} = 0,$$

$$- g - \frac{d^2 y}{dt^2} = 0.$$

qui conduisent aux résultats ci-dessus. La *différence* apparente, que l'on trouve dans la méthode de traiter les problèmes tels que celui-ci, provient d'une petite inconséquence, qui consiste à ne pas tenir également compte au début de *toutes* les forces en présence, mais d'en considérer une partie comme *supplémentaires*, et cela pour la facilité du calcul.

8. — Comme les différents principes de la mécanique n'expriment que des aspects divers des mêmes faits, on peut aisément les déduire les uns des autres ; pour en donner un exemple, nous tirerons le principe des forces vives de l'équation (2) précédente. Cette dernière

ne renferme que les déplacements instantanés possibles (virtuels), mais, lorsque les liaisons sont indépendantes du temps, les déplacements réels sont aussi virtuels et le théorème leur est applicable. Nous pouvons donc alors remplacer les δx, δy, δz par les déplacements réels dx, dy, dz et écrire :

$$\Sigma\,(X\,dx + Y\,dy + Z\,dz) = \Sigma\,m\left(\frac{d^2 x}{dt^2}\,dx + \frac{d^2 y}{dt^2}\,dy + \frac{d^2 z}{dt^2}\,dz\right).$$

Appelons v la vitesse. En remplaçant dx par $\dfrac{dx}{dt}\,dt$, etc, le second membre donne

$$\Sigma\,m\left(\frac{d^2 x}{dt^2}\frac{dx}{dt}\,dt + \frac{d^2 y}{dt^2}\frac{dy}{dt}\,dt + \frac{d^2 z}{dt^2}\frac{dz}{dt}\,dt\right) =$$

$$d\Sigma m\,\frac{1}{2}\left[\left(\frac{dx}{dt}\right)^2 + \left(\frac{dy}{dt}\right)^2 + \left(\frac{dz}{dt}\right)^2\right] = \frac{1}{2}\,d\Sigma\,mv^2,$$

d'où, en intégrant,

$$\int \Sigma(X\,dx + Y\,dy + Z\,dz) = \Sigma\,\frac{1}{2}\,m\,(v^2 - v_0^2),$$

v_0 et v étant respectivement les vitesses initiale et finale. On peut toujours trouver la valeur de l'intégrale de gauche si les conditions du problème permettent de ramener toutes les variables à une seule, ainsi, par exemple, lorsque l'on connait le cours du mouvement en fonction du temps ou bien les trajectoires des points mobiles. Cette réduction est inutile lorsque X, Y, Z sont les dérivées partielles d'une même fonction U des coordonnées :

$$X = \frac{\partial U}{\partial x}, \qquad Y = \frac{\partial U}{\partial y}, \qquad Z = \frac{\partial U}{\partial z},$$

ce qui est toujours le cas pour les forces centrales. Le premier membre est alors une différentielle exacte et l'on a

$$U - U_0 = \frac{1}{2}\,\Sigma m\,(v^2 - v_0^2),$$

c'est-à-dire que la différence des valeurs de la fonction de forces au commencement et à la fin du mouvement est égale à la différence correspondante des forces vives. Ces dernières sont donc alors aussi des fonctions des coordonnées.

Soit, par exemple, un corps mobile dans le plan des XY, avec $X = -y$, $Y = -x$; on aura :

$$\int (-y\,dx - x\,dy) = -\int d(xy) = x_0 y_0 - x_1 y_1 = \frac{1}{2} m (v^2 - v_0^2).$$

Mais pour $X = -a$, $Y = -x$, l'intégrale du premier membre devient $-\int (a\,dx + x\,dy)$; cette intégrale peut être obtenue si l'on connaît la trajectoire du point, c'est-à-dire si y est donné en fonction de x. Si, par exemple, $y = px^2$, elle donne :

$$-\int (a + 2px^2)\, dx = a (x_0 - x_1) + \frac{2p (x_0 - x)^3}{3}$$

La différence entre les deux cas est celle-ci : dans le *premier*, le travail est simplement fonction des coordonnées, il y a une fonction de forces, le travail élémentaire est une différentielle exacte, le travail est *donné* par les valeurs *initiales* et *finales* des coordonnées du point; dans le *second*, le travail dépend de toute la trajectoire du point mobile.

9. — Ces exemples simples, qui ne présentent en eux-mêmes aucune difficulté, peuvent suffire à expliquer le sens des opérations de la mécanique analytique. Il ne faut pas attendre de celle-ci de nouveaux éclaircissements *de principe* sur la nature des phénomènes mécaniques. Bien plus, la connaissance de principe doit être achevée dans ses traits essentiels avant qu'il soit possible de songer à la constitution d'une mécanique analytique, dont le seul but est la *domination* pratique la plus simple de tous les problèmes que l'on peut rencontrer. Celui qui méconnaîtrait cette situation ne pourrait comprendre l'importante contribution de Lagrange, qui est essentiellement *économique*. Poinsot n'a pas entièrement évité cette erreur.

10. — Il est nécessaire d'ajouter que les travaux de Möbius, de Hamilton, de Grassmann et d'autres préparent une nouvelle transformation de la mécanique. Ces investigateurs ont développé des concepts mathématiques qui s'adaptent aux représentations géométriques d'une façon plus exacte et plus immédiate que les concepts de la géométrie analytique ordinaire. Les avantages de la géométrie analytique et de l'intuition géométrique se trouvent ainsi réunis. Mais cette transformation se trouve évidemment encore en dehors des limites d'un exposé historique.

L'« ausdehnungslehre » (calcul d'extension) de 1844, dans lequel Grassmann exposa pour la première fois ses idées, est remarquable sous bien des rapports. L'introduction contient de fort intéressantes remarques sur la théorie de la connaissance. L' « ausdehnungslehre » est développé comme une science générale dont la géométrie n'est qu'un cas particulier à trois dimensions, ce qui donne à l'auteur l'occasion de refaire la critique des principes de cette dernière science. Les concepts nouveaux et féconds de somme de segments, de produits de segments, etc, se montrent aussi applicables à la mécanique. Grassmann fait de même la critique des principes de Newton et croit pouvoir les réduire à une expression *unique* : « La force d'ensemble « (ou le mouvement d'ensemble), qui est inhérente à un agrégat de « particules matérielles à un instant quelconque, est la somme de la « force d'ensemble (ou du mouvement d'ensemble), qui lui est inhé- « rente à un instant antérieur quelconque, et de la totalité des forces « qui lui sont, dans l'intervalle, communiquées de l'extérieur, étant « donné que toutes les forces sont conçues comme segments de direc- « tion et de longueur constantes, et qu'elles sont rapportées à des points « de masses égales » Grassmann entend ici par forces les vitesses indestructibles imprimées aux particules considérées. Cette conception tout entière est très voisine de celle de Hertz. Les forces (vitesses) se représentent par des segments, les moments par des aires comptées dans un sens déterminé, etc., ce qui rend le développement très compréhensible et très court. Grassmann considère cependant que l'avantage capital de sa méthode consiste en ce que le calcul est à chaque instant l'expression pure du processus mental, tandis que ce dernier est laissé complètement de côté par la méthode ordinaire des coordonnées cartésiennes. La différence entre l'analyse et la synthèse disparaît à nouveau et les avantages des deux méthodes se trouvent ainsi réunis. L'emploi de la méthode de Hamilton, expliquée à propos d'un exemple à la p. 153, permet de se faire une idée suffisante de cet avantage.

IV. LA SCIENCE COMME ÉCONOMIE DE LA PENSÉE

1. — Toute science se propose de remplacer et d'*épargner* les expériences à l'aide de la copie et de la figuration des faits dans la pensée. Cette copie est en effet plus maniable que l'expérience elle-même et peut, sous bien des rapports, lui être substituée. Cette fonction d'*économie*, qui pénètre tout l'être de la science, se manifeste déjà clairement dans les démonstrations générales. La reconnaissance de ce caractère d'épargne fait en même temps disparaître tout mysticisme du domaine scientifique. La communication de la science par l'enseignement a pour but d'épargner certaines expériences à un individu en lui transmettant celles d'un autre individu ; ce sont même les expériences de générations entières qui sont transmises aux générations suivantes par les livres accumulés dans les bibliothèques et qui leur sont ainsi épargnées. Le langage, moyen de cette communication, est naturellement aussi un facteur d'épargne. Les expériences sont plus ou moins parfaitement décomposées en éléments plus simples et plus familiers, et *symbolisées* ensuite dans un but de communication, mais toujours en sacrifiant la précision jusqu'à un certain point. Le symbolisme du langage articulé est purement national et sans doute il le restera longtemps encore. La langue écrite se rapproche peu à peu de l'idéal d'une écriture universelle ; elle n'est plus une simple transcription du langage parlé. Les chiffres, les signes algébriques et mathématiques, les symboles chimiques, la notation musicale, l'écriture phonétique (de Brücke), tous ces symboles, d'une nature déjà très abstraite et d'un usage presqu'entièrement international, doivent en somme être considérés comme des parties actuellement existantes de cette écriture universelle. L'analyse des couleurs a été physiquement et physiologiquement poussée pour ainsi dire assez loin pour qu'une désignation internationale précise des couleurs physiques et des sensations de couleur, ne présente plus de difficultés de principe. Enfin l'écriture chinoise est véritablement idéographique ; des peuples très divers la comprennent dans le même sens et la lisent dans des langages parlés très différents ; un système de signes plus simple pourrait faire que l'écriture chinoise devint universelle. La simplification de la grammaire par la suppression de ce qu'elle contient de conventionnel ou de règles dues à des circonstances historiques accidentelles, et la réduction des formes à ce qui est indispensable, choses presque réalisées dans la langue anglaise, doivent évidemment précéder l'établissement d'une langue écrite universelle. Un tel système aurait d'ailleurs d'autres avantages que son universalité : la *lecture* d'un écrit serait inséparable de sa *compréhension*. Nos enfants lisent souvent des choses qu'ils ne saisissent pas ; un chinois ne peut lire que ce qu'il comprend.

2. — Lorsque nous faisons dans la pensée la copie d'un phénomène, jamais celle-ci n'est faite d'après le fait *global* mais bien d'après celui de ses côtés qui nous a semblé *important*. Dans cette opération, nous avons un but qui est le produit indirect ou immédiat d'un intérêt pratique. Nos copies sont toujours des abstractions et, ici encore, l'on peut constater cette même tendance à l'économie.

La nature est composée des éléments donnés par les sens. L'homme primitif saisit d'abord certains complexes de ces éléments, ceux qui se manifestent avec une stabilité relative et qui ont pour lui de l'importance. Les mots les plus anciens sont des noms pour des « choses », et, dans cette pure désignation, se reconnaît déjà une abstraction de tout l'entourage de la chose et des petites variations continuelles subies par ce complexe, qui, moins importantes, ne sont pas observées. Il n'y a dans la nature aucune chose invariable. Une chose est une abstraction. Un nom est un symbole pour un *complexe* d'éléments dont on ne considère pas la variation. Nous désignons le complexe entier par *un* mot, par *un* symbole *unique*, lorsque nous avons besoin de rappeler en une fois toutes les impressions qui le composent. Plus tard, parvenus à un degré supérieur, nous portons notre attention sur ces variations, et il devient naturellement impossible de conserver en même temps le concept d'invariabilité, pour peu que nous ne voulions pas en arriver à des notions vides et contradictoires, telles que celle de la « chose en soi ». Les sensations ne sont pas des « symboles des choses ». La « chose » est au contraire un symbole mental pour un complexe de sensations d'une stabilité relative. Ce ne sont pas les choses (les objets, les corps), mais bien les couleurs, les tons, les pressions, les espaces, les durées, (ce que nous appelons d'habitude des sensations), qui sont les véritables *éléments* du monde.

Le sens de toute cette opération est purement un sens d'économie. Nous commençons la copie des faits par les complexes habituels et familiers plus stables, et nous y ajoutons après coup, par voie de correction, les complexes non habituels. Nous parlerons par exemple d'un cylindre évidé ou d'un cube à coins coupés; prises à la lettre, ces locutions impliquent cependant contradiction si l'on n'accepte pas la manière de voir qui vient d'être exposée. Tout *jugement* est une amplification ou une correction d'une représentation antérieure.

3. —Lorsque nous parlons de causes et d'effets, nous faisons arbitrairement ressortir, dans la copie mentale d'un fait, les circonstances dont nous devons *estimer* l'enchaînement dans la direction qui est importante pour nous. Dans la nature il n'y a ni causes, ni effets. La nature n'est présente qu'*une fois*. Les répétitions de cas semblables où A est toujours lié à B, c'est-à-dire les conséquences identiques de circonstances identiques, dans lesquelles consiste précisément l'essentiel de la relation de cause à effet, n'existent que dans l'abstraction que nous employons afin de copier les faits dans la pensée. Une chose nous est-elle devenue familière, nous n'éprouvons plus le besoin de cette mise en évidence de l'enchaînement des caractéristiques, nous ne dirigeons plus notre attention sur ce qui va arriver de neuf, nous ne parlons plus de causes ni d'effets. Ainsi nous dirons d'abord que la chaleur est la cause de la force expansive de la vapeur;

cette relation nous est-elle devenue familière, nous nous représentons en une fois la vapeur avec sa température et sa tension correspondantes. De même nous nous représenterons d'abord l'acide comme la cause qui fait rougir la teinture de tournesol ; plus tard, ce changement de couleur sera énuméré parmi les propriétés de l'acide.

C'est Hume qui, le premier, a posé la question : Comment est-il possible qu'une chose A agisse sur une chose B ? Hume ne reconnaît aucune causalité, mais simplement une succession dans le temps, qui nous est devenue habituelle et *familière*. Kant remarque avec raison que la simple observation ne peut nous apprendre la *nécessité* de la connection de A et de B. Il accepte une idée abstraite innée dans laquelle est compris tout cas fourni par l'expérience. Schopenhauer, qui a en somme le même point de vue, distingue une quadruple forme du « principe de la raison suffisante », la forme logique, la forme physique, la forme mathématique et enfin la loi de causalité. Ces formes ne se distinguent que par la *matière* à laquelle elles s'appliquent et qui appartient en partie à l'expérience *externe* et en partie à l'expérience *interne*.

L'explication naturelle et toute simple paraît être la suivante : les concepts cause et effet naissent premièrement de l'effort pour copier les faits. Tout d'abord il se produit seulement une habitude lier A et B, C et D, E et F, etc. Si, dans la suite, alors que nous possédons déjà de nombreuses expériences, nous observons une liaison de M avec N, il arrivera souvent que nous reconnaîtrons M comme *composé* de A, C, E, et N comme *composé* de B, D, F, dont les liaisons nous sont déjà *familières* et semblent revêtues d'une autorité plus haute. On s'explique ainsi que l'homme *expérimenté* regarde une expérience nouvelle avec de tout autres yeux que le débutant. L'expérience nouvelle se pose en face de toutes les autres plus anciennes. Il y a donc en fait aussi une « idée » dans laquelle est comprise chaque nouvelle expérience, mais elle est développée par l'expérience même. L'idée de la *nécessité* de la liaison entre la cause et l'effet provient vraisemblablement de notre mouvement *volontaire* et des variations que nous produisons *indirectement* par ce mouvement, ainsi que Hume l'a avancé sans toutefois l'avoir maintenu. L'autorité des concepts de cause et d'effet est puissamment renforcée de ce qu'ils se sont développés *instinctivement* et involontairement, et de ce que nous sentons distinctement n'avoir en rien contribué nous-mêmes à leur formation. On peut même dire que le sentiment de causalité n'a pas été acquis par l'individu mais s'est formé au cours du développement de l'espèce. La cause et l'effet sont donc des abstractions dont le rôle est d'économiser le travail mental. A la question : *pourquoi* se forment-elles ? il est impossible de répondre, car c'est précisément par l'abstraction des uniformités que nous apprenons d'abord à poser la question « *pourquoi* ».

4. — Lorsque l'on considère les détails de la science, son caractère d'économie apparaît davantage encore. Les sciences dites descriptives doivent presque se borner à la description de faits particuliers. Lorsque la chose est possible, des caractères communs à plusieurs phénomènes sont mis en relief une fois pour toutes. Pour des sciences qui ont atteint un plus haut degré de développement, les règles de reconstruction d'un grand nombre de faits peuvent être comprises dans une expression *unique*. Au lieu, par exemple, de noter un à un les divers cas de réfraction de la lumière, nous pouvons les reproduire et les prévoir tous, lorsque nous savons que le rayon incident, le rayon réfracté et la normale sont dans un même plan et que $\frac{\sin \alpha}{\sin \beta} = n$. Au lieu de tenir compte des innombrables phénomènes de réfraction dans des milieux et sous des angles différents, nous n'avons alors qu'à observer la valeur n en tenant compte des relations ci-dessus, ce qui est infiniment plus facile. La tendance à l'économie est ici évidente. Dans la nature, il n'existe d'ailleurs pas de *loi* de la réfraction, mais rien que de multiples cas de ce phénomène. La loi de la réfraction est une méthode de reconstruction concise, résumée, faite *à notre usage* et en outre *uniquement* relative au côté géométrique du phénomène.

5. — Les sciences dont la caractéristique d'économie est la plus développée sont celles qui s'occupent de phénomènes décomposables en un petit nombre d'éléments tous numériquement évaluables, comme la mécanique par exemple, qui ne considère que les espaces, les temps et les masses. Ces sciences profitent de toute l'économie des mathématiques, antérieurement réalisée. La mathématique est une économie des nombres. Les nombres sont des signes d'ordre, groupés eux mêmes en un système simple dans un but de concision et d'épargne. Les opérations sur les nombres sont reconnues indépendantes de la nature des objets ; elles sont apprises une fois pour toutes. La première fois que l'on doit ajouter 7 objets à 5 autres de même espèce, on dénombre l'ensemble total des objets ; mais on remarque par la suite que l'on peut faire ce dénombrement à partir de 5 et compter 7 ; enfin, après de multiples répétitions semblables, on s'aperçoit que l'on peut s'épargner tout à fait le dénombrement et affirmer d'avance son *résultat* comme déjà connu.

Toutes les opérations de calcul ont pour but d'*épargner* le dénombrement direct et de lui substituer le résultat de procédés de dénombrements antérieurement effectués. Nous ne voulons pas recommencer la même opération plus souvent qu'il n'est nécessaire. Déjà les quatre règles de l'arithmétique fournissent des preuves nombreuses de la justesse de cette conception. On retrouve la même tendance dans l'algèbre, où sont exposées une fois pour toutes les opérations de *même forme* qui peuvent s'effectuer indépendamment de la valeur des nombres. Ainsi par exemple l'égalité

$$\frac{x^2 - y^2}{x - y} = x + y.$$

nous apprend que, dans tous les cas futurs, quels que soient les nombres x et y, on pourra substituer l'opération simple de droite à l'opération compliquée de gauche. Nous nous épargnons par là d'effectuer l'opération compliquée dans tous les cas à venir. La mathématique est la méthode par laquelle on remplace, chaque fois que la chose est possible, et de la façon *la plus économique*, les *nouvelles* opérations sur les nombres par d'autres, antérieurement effectuées et qu'il est par conséquent inutile de recommencer. Dans ce processus il peut arriver que l'on se serve de résultats d'opérations effectuées des siècles auparavant.

Des calculs mentaux difficiles peuvent souvent être avantageusement remplacés par des calculs mentaux effectués d'une façon mécanique. Ainsi, par exemple, la théorie des déterminants doit sa naissance à la remarque, qu'il est inutile de recommencer chaque fois à nouveau la résolution des équations linéaires

$$a_1 x + b_1 y + c_1 = 0,$$
$$a_2 x + b_2 y + c_2 = 0,$$

qui donnent

$$x = -\frac{c_1 b_2 - c_2 b_1}{a_1 b_2 - a_2 b_1} = -\frac{P}{N}, \qquad y = -\frac{a_1 c_2 - a_2 c_1}{a_1 b_2 - a_2 b_1} = -\frac{Q}{N},$$

mais que cette solution peut être immédiatement fournie par les coefficients, pourvu qu'on les écrive d'après un schéma déterminé sur lequel on opérera d'une manière *mécanique*, et qui est le suivant :

$$N = \begin{vmatrix} a_1 & b_1 \\ a_2 & b_2 \end{vmatrix} \qquad P = \begin{vmatrix} c_1 & b_1 \\ c_2 & b_2 \end{vmatrix} \qquad Q = \begin{vmatrix} a_1 & c_1 \\ a_2 & c_2 \end{vmatrix}$$

Dans les opérations mathématiques, l'esprit peut même être déchargé de *toute* besogne ; il suffit pour cela de *symboliser* par des signes d'opération mécanique toute opération qui a été effectuée une fois, ce qui épargne la fonction cérébrale pour les problèmes plus importants, au lieu de la prodiguer aux cas où il ne s'agit que d'une répétition. C'est un semblable procédé d'épargne qu'emploie le marchand lorsqu'au lieu de prendre directement l'argent dans sa caisse il se sert de bons sur celle-ci. Le travail manuel du calculateur peut même être supprimé par l'emploi de machines à calculer dont plusieurs sont déjà d'un usage courant. Les idées que nous venons d'exposer furent déjà, au commencement du xixe siècle, fort clairement comprises par le mathématicien Babbage, inventeur d'une de ces machines.

Un résultat numérique n'exige pas toujours un dénombrement *réel* ; on peut y arriver indirectement. On voit par exemple sans peine que, pour une courbe dont l'aire limitée à l'ordonnée d'abscisse x est x^m, un accroissement $m x^{m-1}\, dx$ de l'aire correspond à un accroissement dx de l'abscisse. Mais on sait dès lors que $\int mx^{m-1}\,dx = x^m$, c'est-à-dire que l'on reconnait que la grandeur x^m appartient à l'accroissement $mx^{m-1}\,dx$ exactement comme l'on reconnait l'arbre à son écorce. On se sert beaucoup en mathématiques de résultats analogues, accidentellement trouvés par *inversion*.

Il peut paraitre étrange qu'un travail scientifique accompli depuis fort longtemps puisse être constamment réemployé, alors qu'il n'en va naturellement pas ainsi du travail mécanique. Lorsqu'un homme, qui tous les jours doit faire une certaine route, trouve par hasard un chemin plus court qu'il suit désormais, il s'épargne en effet, par le souvenir qu'il en conserve, une différence de travail ; seulement le souvenir n'est pas un travail proprement dit, mais une *libération* d'un certain travail. Les choses se passent exactement de même dans l'emploi des concepts scientifiques.

Celui qui fait des mathématiques, sans en chercher la compréhension dans la voie qui vient d'être indiquée, doit souvent ressentir l'impression désagréable que la plume et le papier sont plus intelligents que lui. Les mathématiques, comprises de cette manière comme branche d'enseignement, sont à peine plus instructives que l'étude de la Kabbale ou des carrés magiques et doivent nécessairement donner à l'esprit une tendance mystique dont les effets se feront occasionnellement sentir.

6. — La physique offre des exemples d'économie de la pensée en tout semblables à ceux que nous ayons considérés. Il nous suffira d'en indiquer rapidement quelques uns. Le concept de moment d'inertie nous épargne la considération des masses partielles. Par celui de fonction de forces nous nous épargnons la peine de rechercher quelles sont les composantes des forces ; la simplicité des démonstrations qui reposent sur l'emploi de cette fonction est due au fait qu'un grand nombre de démonstrations doit précéder la découverte de ses propriétés. La dioptrique de Gauss nous épargne l'étude des surfaces réfringentes particulières d'un système dioptrique

et lui substitue la considération des foyers principaux et des points
nodaux ; l'étude de ces surfaces a toutefois dû nécessairement précéder la découverte de ces points remarquables ; la dioptrique de Gauss
ne nous *épargne* que la *répétition* de considérations identiques.

On doit donc dire qu'il n'existe pas de résultat scientifique qui
n'eut pu, en principe, être trouvé sans l'aide d'aucune méthode. Mais
à cause de la courte durée de la vie et des limites resserrées de l'intelligence humaine, un savoir digne de ce nom ne peut-être acquis que
par *la plus grande* économie mentale. La science elle-même peut donc
être considérée comme un problème de minimum, qui consiste à exposer les faits aussi parfaitement que possible avec *la moindre dépense intellectuelle.*

7. — Toute science a donc, selon nous, la mission de remplacer
l'expérience. Elle doit par conséquent, dans ce but, d'une part rester
toujours dans le domaine de l'expérience et d'autre part en sortir,
attendant toujours de celle-ci une confirmation ou une infirmation.
Là où il est impossible de confirmer ou d'infirmer, la science n'a
rien à faire. Elle ne se meut jamais que sur le domaine de l'expérience *incomplète.* Comme exemples de cette tendance de la science,
on peut citer la théorie de l'élasticité et celle de la conductibilité de
la chaleur ; toutes deux n'attribuent aux particules les plus petites
des corps que les propriétés directement observables sur des corps
de volume plus grand. L'accord entre la théorie et l'expérience peut
toujours être poussé plus loin par le perfectionnement des procédés
d'observation.

L'expérience isolée, sans les pensées qui l'accompagnent, nous resterait à jamais étrangère. Les pensées *les plus scientifiques* sont
celles qui restent valable sur le domaine *le plus étendu* et qui complètent et enrichissent *le plus* l'expérience. Dans la recherche on
procède par le principe de *continuité,* car c'est uniquement celui-ci
qui peut fournir une conception utile et économique de l'expérience.

8. — On peut observer directement les oscillations d'une tige
élastique longue, fixée à une extrémité ; on peut les voir, les tou-

cher, les représenter graphiquement, etc. Pour une tige plus courte, les oscillations sont plus rapides et ne peuvent plus être aperçues directement ; la tige donne une image estompée qui est une expérience nouvelle. Seule la sensation du toucher reste encore semblable à la précédente ; si nous faisons décrire à la tige le graphique de son mouvement, nous pouvons, en nous tenant à la *représentation* des oscillations, prévoir le résultat de l'expérience. Pour une tige plus courte encore la sensation de toucher se modifie aussi. Maintenant la tige émet un son ; il se produit donc encore un phénomène nouveau. Mais tous les phénomènes n'ayant pas entièrement changé *en une fois*, et s'étant au contraire modifiés les uns après les autres, l'idée d'oscillation, *accompagnatrice* du phénomène total, n'est liée à aucun des phénomènes particuliers ; elle reste donc encore toujours *utile* et conserve sa fonction d'économie. Même lorsque le son est devenu si haut et les oscillations si petites que les moyens d'observation précédents ne peuvent plus servir, il reste *avantageux* de nous représenter la tige sonore comme oscillante, et nous pouvons prédire les oscillations des bandes obscures dans le spectre de la lumière polarisée par une tige de verre. Si *toutes* les expériences se transformaient à la fois soudainement en de *nouvelles*, par une diminution ultérieure de la longueur de la tige, la représentation par des oscillations perdrait son *utilité*, car elle n'offrirait plus aucun moyen de *compléter* les observations nouvelles par les anciennes.

Lorsqu'aux actions des hommes, que nous pouvons percevoir, nous ajoutons dans notre pensée des sensations et des idées, non perceptibles pour nous, mais semblables aux nôtres, cette représentation a encore une valeur économique, car elle rend l'expérience intelligible, c'est-à-dire qu'elle la complète et qu'elle l'épargne. Cette représentation ne doit pas être pour cela considérée comme une grande découverte scientifique, parce qu'elle s'impose à nous d'une façon si puissante que tout enfant la découvre à nouveau. C'est exactement ce même procédé que l'on suit lorsqu'on imagine qu'un corps en mouvement disparu derrière un pilier, ou qu'une comète devenue invisible continuent à se mouvoir suivant leurs trajectoires avec toutes les propriétés précédemment observées, afin de ne pas être étonnés par leur réapparition de l'autre côté. Nous remplissons les solutions de continuité de l'expérience par les représentations que l'expérience même nous a suggérées.

9. — Les théories scientifiques acceptées aujourd'hui ne se présentent pas toutes d'une manière aussi naturelle ni aussi *dépourvue d'artifices*. Lorsque, par exemple, on explique les phénomènes chimiques, électriques, optiques, par les théories atomiques, cette conception auxiliaire des atomes n'a pas été donnée par le principe de continuité; elle a, au contraire, été construite dans ce but précis. Il est impossible de percevoir les atomes; comme toutes les substances, ils sont des abstractions. Bien plus, on leur attribue en partie des propriétés contradictoires avec les faits observés jusqu'ici. Certes, les théories atomiques peuvent servir à grouper des séries de faits, mais l'investigateur de la nature, qui s'est pénétré profondément des règles posées par Newton, ne considérera ces théories que comme des auxiliaires *provisoires* et s'efforcera de leur substituer une conception plus naturelle.

La théorie atomique a, dans la science physique, une fonction analogue à celle de certaines représentations mathématiques auxiliaires : elle est un *modèle* mathématique pour la description des faits. Lorsqu'on représente les oscillations par une formule sinusoïdale, le phénomène du refroidissement par la fonction exponentielle, l'espace parcouru dans la chute des graves par le carré d'un temps, il ne vient à l'idée de personne que l'oscillation *en soi* est liée à une fonction circulaire, ou que le phénomène de chute *en soi* est lié à la fonction entière du second degré. On a simplement remarqué qu'entre les grandeurs observées existaient des relations semblables à celles de certaines fonctions antérieurement *familières*, et l'on a utilisé ces représentations *plus familières* pour compléter commodément l'expérience. Les phénomènes naturels qui, dans leurs rapports, ne sont pas identiques à des fonctions bien connues, sont fort difficiles à représenter : les progrès des mathématiques peuvent faire disparaître ces difficultés. J'ai montré autre part que, parmi ces procédés mathématiques auxiliaires, on peut utilement se servir de l'espace à plus de

trois dimensions, sans qu'il faille d'ailleurs le considérer autrement
que comme une pure abstraction (¹).

Il en est ainsi de toutes les hypothèses posées dans le but d'expliquer des phénomènes nouveaux. Nos idées sur les phénomènes électriques procèdent identiquement de la même manière en s'engageant
pour ainsi dire d'elles-mêmes dans le chemin habituel, dès que nous remarquons que tout se passe comme si des fluides attractifs et répulsifs
se trouvaient sur les surfaces des conducteurs. Mais ces représentations auxiliaires n'ont aucun rapport avec le phénomène *en lui-même*.

10. — L'idée d'une économie de la pensée se développa en moi
par mes expériences professorales dans la pratique de l'enseignement.
Je la possédais déjà lorsqu'en 1861 je commençai mes leçons
comme privat docent, et je croyais alors être seul à l'avoir, ce que
l'on voudra bien trouver pardonnable. Mais aujourd'hui je suis, au
contraire, convaincu qu'au moins un pressentiment de cette idée doit

(¹) Les travaux de LOBATSCHEWSKY, BOLYAI, GAUSS, RIEMANN, ont, comme on le
sait, établi que ce que nous appelons espace n'est qu'un cas *particulier* et
sensible du cas *imaginable plus général* d'une multiplicité quantitative à
plus de dimensions. L'espace de la vue et du toucher est une multiplicité
triple; il a trois dimensions; tout lieu de cet espace est déterminé par trois
caractéristiques indépendantes l'une de l'autre. Mais il est possible d'*imaginer*
de semblables multiplicités spatiales à quatre et à plus de quatre dimensions.
Le genre de la multiplicité peut aussi être imaginé autre qu'il n'est donné
dans notre espace. Selon nous, cette conception, à laquelle Riemann surtout
a travaillé, est fort importante. Les propriétés de notre espace nous apparaissent aussitôt comme des objets d'expérience et toutes les pseudo-théories
géométriques qui prétendaient les établir *a priori* sont ruinées.

Un être sphérique et n'ayant aucun autre espace pour point de comparaison
trouverait *son espace homogène*; il pourrait le supposer infini et l'expérience
seule pourrait le convaincre du contraire. En élevant, par exemple, en deux
points d'un grand cercle, d'autres grands cercles perpendiculaires au premier,
et en suivant les deux chemins ainsi tracés, cet être sphérique ne s'attendra
vraisemblablement pas à ce qu'ils se rencontrent quelque part. De même,
dans notre espace, l'expérience seule peut nous apprendre s'il est fini, si les
parallèles se coupent, etc. On ne peut assez faire ressortir la valeur de cette
conception nouvelle. Le progrès que Riemann a fait faire à la science est comparable à celui que les premiers voyages de circumnavigation ont fait faire aux
opinions ordinaires sur la figure de la terre.

Les recherches théoriques sur les possibilités mathématiques dont nous parlons

toujours avoir été un bien commun à *tous* les investigateurs qui ont
réfléchi sur la *recherche* en général. Cette manière de voir peut s'exprimer par des formes très différentes. Ainsi pourrais-je signaler le
« leitmotiv » de *simplicité* et de *beauté*, si frappant chez Copernic
et chez Galilée, non seulement comme esthétique mais encore
comme économique. Les « regulæ philosophandi » de Newton sont
aussi essentiellement influencées par ce point de vue, bien que le
principe d'économie ne soit pas expressément énoncé. Mac Cormac,
dans un intéressant article intitulé « *An episode in the history of
philosophy* ». (The open Court, 4 avril 1896), a montré que Adam
Smit, dans ses *Essais*, est arrivé bien près de la pensée de l'économie
dans la science. Plus récemment, cette même idée a de nouveau été
exprimée, bien que sous des formes diverses, par moi, dans un discours sur la conservation du travail (1871), par Clifford, dans ses
« *Lectures and essays* » (1872), par Kirchhoff ,dans sa « *Mechanik* »,
(1874) et par Avenarius (1876). J'ai parlé dans mon *Erhaltung der
Arbeit* (p. 55 ; not. 5) d'une conversation avec l'économiste E. Herr-

doivent rester étrangères à toute question de *réalité actuelle*. Il ne faut pas
non plus rendre des mathématiciens illustres responsables des monstruosités
que l'on tire de leurs recherches. L'espace de la vue et du toucher est à *trois*
dimensions; personne n'en doute. Lorsque des corps disparaîtront de cet
espace ou s'y introduiront, on pourra alors discuter la question de savoir s'il
est plus facile et plus efficace de considérer l'espace donné comme faisant
partie d'un espace à quatre ou à plus de quatre dimensions, et cette quatrième dimension restera encore toujours une abstraction.

Certains ont fait servir la quatrième dimension à l'explication de prétendus
phénomènes tels que l'introduction de corps dans des vases hermétiquement
clos, de nœuds faits ou défaits dans des cordes fermées, etc., qui ne sont que
des tours de passe-passe. La quatrième dimension permet en effet de les expliquer, de même que la troisième permet de concevoir que l'on puisse sortir
d'une surface fermée, ou y entrer, sans en percer le contour. Il est regrettable
que certaines personnes se permettent d'utiliser des conceptions scientifiques
auxquelles trop souvent elles ne comprennent rien, pour abuser la foule, inconsciemment ou non.

Avant les travaux de Riemann j'avais déjà considéré l'espace à plus de trois
dimensions comme un auxiliaire physique et mathématique. J'espère toutefois
que personne ne se servira de ce que j'ai pensé, dit ou écrit sur ce sujet pour
appuyer des pointes spirites ou des histoires de revenants. (Cf. Mach, *Die
Geschichte und die Wurzel des Satzes von der Erhaltung der Arbeit.*)

mann, où des idées semblables avaient été discutées, mais toutefois aucune publication de cet auteur sur ce sujet ne m'est connue.

11. — Je pourrais ici renvoyer à l'exposition plus complète que j'ai faite de ces idées dans mes *Populär-wissenschaftlichen Vorlesungen* (pp. 203 et s.) et dans mes *Principien der Wärmelehre* (p. 394). Dans ce dernier ouvrage les observations de Petzoldt (*Vierteljahrsschr. f. wissenschaftl. Philosophie*, 1891) sont prises aussi en considération. Husserl, dans la première partie de ses recherches sur la logique (*Logische Untersuchungen*, 1900) a présenté de nouvelles réflexions contre l'économie de la pensée. Ma réplique à Petzoldt répond en partie à ces critiques et je pense qu'il convient d'attendre, pour y répondre complètement, la publication du reste de l'ouvrage et alors de voir premièrement si nos idées ne s'accordent pas quant au fond. Je ferai cependant quelques remarques. Comme investigateur de la nature, je suis accoutumé à commencer la recherche par le cas spécial, à le laisser agir sur moi et à m'élever de celui-ci au cas plus général. J'ai suivi cette habitude dans mes études sur le développement de la connaissance physique. Je devais procéder ainsi parce qu'une théorie générale de la théorie était pour moi une tâche trop difficile, doublement difficile dans un domaine où un minimum de principes indubitables, généraux, indépendants les uns des autres et hors desquels tout peut être déduit, n'était pas donné, mais devait tout d'abord être découvert. Une telle entreprise offrirait bien plus de chances de réussite dans la science mathématique. Je dirigeai par conséquent mon attention sur des phénomènes particuliers : adaptation de la pensée aux faits, adaptation des pensées les unes aux autres (¹), économie de la pensée, similitude, expérimentation mentale, stabilité et continuité de la pensée, etc. En cela, il m'était à la fois profitable et désillusionnant de considérer la pensée vulgaire

---

(¹) *Popul. wissensch. Vorles.*, p. 246, où l'adaptation des pensées les unes aux autres est même signalée comme le travail de la théorie proprement dite. Selon moi, Grassmann dit essentiellement la même chose dans son introduction à l'*Ausdehnungslehre* de 1844. p. 19 : « La meilleure division de toutes les « sciences est la division en réelles et formelles, selon laquelle les premières

ainsi que la science entière comme un phénomène biologique organique, dans lequel par conséquent, la pensée *logique* devait être envisagée comme un *cas limite idéal*. Que l'on puisse commencer la recherche des deux côtés, je n'en veux pas douter un seul instant. Moi-même, j'ai signalé mes études comme des esquisses (¹) de connaissance psychologique. D'après cela, on peut voir que je distingue entre les questions psychologiques et logiques, comme doit le faire du reste celui qui cherche à expliquer psychologiquement les processus logiques. Mais celui qui a lu avec attention l'analyse logique des conceptions de Newton, faite dans le présent ouvrage, pourra difficilement me reprocher de vouloir *faire disparaître* la différence entre la pensée naturelle, *aveugle*, et la pensée *logique*. Même si l'analyse logique de toutes les sciences nous était présente, entièrement finie, la recherche bio-psychologique de leur *évolution* resterait toujours pour moi un besoin, ce qui n'exclurait pas que l'on analysât de nouveau ces dernières recherches au point de vue logique. Si l'on conçoit l'économie de la pensée comme purement téléologique, c'est-à-dire comme un « leitmotiv » provisoire, la réduction de celle-ci à une base plus profonde (²), loin d'être exclue, est, du fait même, exigée. Mais, abstraction faite de cela, l'économie de la pensée est aussi un *idéal logique* très clair, qui conserve sa valeur, même après une analyse logique *complète*. Des mêmes principes le système d'une science peut être déduit de différentes manières. Mais *un* de ces développements correspond au principe d'économie mieux qu'un autre, comme je l'ai expliqué à propos de la dioptrique de Gauss (³). Pour autant que je puisse le voir à présent, je ne pense pas que les recherches de Husserl infirmeront ces données.

Le fait que, si souvent avant et après moi, l'idée de l'économie de

« construisent dans la pensée, l'être, comme se présentant au penseur avec une
« existence propre, et ont leur vérité dans l'accord de la pensée avec chaque
« être; et dans laquelle les secondes, au contraire, étudient les lois par la
« pensée, et ont leur vérité dans l'accord des processus mentaux entre eux. »

(¹) *Principien der Wärmelehre*. Préface à la 1ʳᵉ édition.
(²) *Analyse der Empfindungen* 2ᵉ édit. p. 64, 65.
(³) *Wärmelehre*, p. 394.

la pensée a été avantageusement appliquée, devrait, semble-t-il, diminuer mon appréciation, mais elle ne fait au contraire qu'y gagner plus de valeur. Et précisément ce qui, pour Husserl, est un abaissement de la pensée scientifique, son contact avec la pensée vulgaire (« aveugle » ?), m'apparaît comme un élément de grandeur, car c'est ainsi que la science prend racine dans la vie profonde de l'humanité et réagit puissamment sur celle-ci.

CHAPITRE V

—

RAPPORTS DE LA MÉCANIQUE AVEC D'AUTRES SCIENCES.

I. — RAPPORTS DE LA MÉCANIQUE AVEC LA PHYSIQUE

1. — Il n'existe pas de phénomène purement mécanique. Quand deux masses se communiquent des accélérations réciproques, il semble qu'il y ait tout au moins là un pur phénomène de mouvement. Mais à ce mouvement sont, dans la réalité, toujours liées des variations thermiques, magnétiques et électriques qui, dans la mesure où elles se produisent, modifient le phénomène. Inversement des circonstances thermiques, magnétiques, électriques et chimiques peuvent déterminer un mouvement. Les phénomènes purement mécaniques sont donc des abstractions intentionnelles ou forcées, dont le but est une plus grande facilité de l'examen. Il en est de même de toutes les autres catégories de phénomènes physiques. En toute rigueur, tout phénomène appartient à toutes les branches de la physique, qui n'ont été distinguées l'une de l'autre que pour des raisons conventionnelles, physiologiques ou historiques.

2. — L'opinion qui fait de la mécanique la base fondamentale de toutes les autres branches de la physique, et suivant laquelle tous les phénomènes physiques doivent recevoir une explication *mécaniq*· , est selon nous un préjugé. La connaissance la plus ancienne au point de vue historique ne doit pas nécessairement *rester* la base de la compréhension des faits découverts plus tard. Dans la mesure où un plus grand nombre de phénomènes sont connus et catégorisés, des conceptions directrices entièrement nouvelles peuvent surgir et s'instaurer. Il nous est aujourd'hui encore impossible de savoir quels sont les phénomènes physiques qui pénètrent *le plus au fond* des choses, ou de savoir si le phénomène mécanique n'est pas précisément le plus superficiel de tous, ou si tous ne sont pas d'une *égale pénétration*. En mécanique même, on ne considère plus la loi la plus ancienne, celle du levier, comme la base de toutes les autres.

La conception mécanique de la nature nous apparaît comme une hypothèse fort explicable historiquement, excusable et peut-être fort utile pour un temps, mais somme toute artificielle. Pour rester fidèles à la méthode qui a conduit les chercheurs les plus illustres, Galilée, Newton, S. Carnot, Faraday, J. R. Mayer, à leurs grandes découvertes, nous devons limiter notre science physique à l'expression des *faits observables*, sans construire des hypothèses *derrière* ces faits, où plus rien n'existe qui puisse être conçu ou prouvé. Nous avons donc simplement à découvrir les dépendances réelles des mouvements des masses, des variations de la température, des variations de valeur de la fonction potentielle, des variations chimiques, sans nous imaginer rien d'autre sous ces éléments, qui sont les caractéristiques physiques directement ou indirectement données par l'observation.

J'ai déjà, autre part (^{1}), développé cette idée à propos des phénomènes thermiques et je l'ai en même temps esquissée pour ce qui concerne l'électricité. Dans la théorie de l'électricité, toute hypothèse de fluide ou de milieu se trouve inutile et doit disparaître, car toutes les circonstances électriques sont données par les valeurs du potentiel V et des constantes diélectriques. En supposant que la différence des valeurs de V est mesurée par les forces (à l'électromètre) et en ne considérant pas la quantité d'électricité φ, mais bien V, comme le concept primordial, comme une caractéristique physique mesurable, la quantité d'électricité d'un isolateur unique est donnée par

$$Q = -\frac{1}{4\pi} \int \left(\frac{\partial^2 V}{\partial x^2} + \frac{\partial^2 V}{\partial y^2} + \frac{\partial^2 V}{\partial z^2} \right) dv,$$

(^{1}) MACH. — *Die Geschichte und die Wurzel des Satzes der Erhaltung der Arbeit.*

x, y, z étant les coordonnées de l'élément de volume dv, et l'énergie
par

$$W = -\frac{1}{8\pi}\int V\left(\frac{\partial^2 V}{\partial x^2} + \frac{\partial^2 V}{\partial y^2} + \frac{\partial^2 V}{\partial z^2}\right)\,dv.$$

Q et W se présentent ainsi comme des concepts *dérivés* ne renfermant plus aucune représentation de fluide ou de milieu. En procédant ainsi dans toutes les branches de la physique, on se limite à l'expression quantitativement concevable des faits, et toutes les notions inutiles et oiseuses s'éliminent aussitôt avec tous les *prétendus* problèmes que l'on y rattache.

Ces lignes, qui datent de 1883, ne pouvaient être alors que peu appréciées par la plupart des physiciens. Mais on remarquera que, depuis, les conceptions physiques se sont fort rapprochées de l'idéal que nous proposions. Les « *Untersuchung über die Ausbreitung der elektrischen Kraft* » (1892), de Hertz, constituent un excellent exemple de cette description des phénomènes par de simples équations différentielles.

Pour arriver à s'affranchir des représentations conventionnelles ou basées sur des circonstances historiques accessoires, il est fort utile de comparer entre eux les concepts directeurs dans les divers domaines de la connaissance scientifique, et de chercher, pour chaque concept donné dans une branche, le concept correspondant d'une autre branche. On trouve ainsi que les vitesses des masses en mouvement correspondent aux températures et aux potentiels. *Une valeur donnée de la vitesse, de la température ou du potentiel ne varie pas d'elle-même.* Mais alors que, pour les potentiels et les vitesses, il ne faut, selon notre conception actuelle, tenir compte que des différences, la signification de la température n'est pas entièrement donnée par la différence avec d'autres températures. La masse correspond à la capacité calorifique, la quantité de chaleur au potentiel d'une charge électrique, l'entropie à la quantité d'électricité, etc. La poursuite de ces analogies et de ces dissemblances conduit à une *physique comparée* qui permettra un jour l'expression synthétique de très vastes domaines de faits, sans additions *arbi-*

traires. On en arrivera alors à une physique homogène, sans faire appel à l'artifice des théories atomiques. Cf. *Principien der Wärme-lehre*, (pp. 396 et s.).

On voit aisément aussi que les hypothèses mécaniques ne peuvent entraîner aucune *épargne* proprement dite de la pensée scientifique. Même si une hypothèse suffisait entièrement à la description d'une classe de phénomènes, par exemple des phénomènes thermiques, nous n'aurions en l'acceptant rien fait d'autre que la substituer à la relation réelle qui existe entre les phénomènes thermiques et mécaniques. Les faits fondamentaux sont remplacés par un nombre égal d'hypothèses, ce qui n'est évidemment pas un gain. Mais une hypothèse peut faciliter considérablement l'intelligence de faits nouveaux en leur substituant des idées déjà familières, et son efficacité est dès lors prouvée. On se tromperait cependant en attendant des hypothèses *plus* d'éclaircissement que des faits *eux-mêmes*.

3. — Le développement de la conception mécanique de la nature a été favorisé par maintes circonstances. En premier lieu, il existe entre tous les phénomènes naturels et les phénomènes mécaniques une liaison manifeste, qui nous porte à expliquer des phénomènes encore peu connus par les phénomènes mécaniques mieux connus. En outre, c'est en mécanique que l'on découvrit les premières grandes lois générales, de portée étendue. Une de ces lois est le théorème des forces vives $\Sigma(U_1 - U_0) = \Sigma \frac{1}{2} m (v_1^2 - v_0^2)$, d'après lequel l'accroissement de force vive d'un système, dans le passage d'une position à une autre, est égal à l'accroissement de la fonction de forces (ou au travail), qui s'exprime par une fonction des positions initiale et finale. Si maintenant l'on considère le travail que le système *peut* effectuer, ce que Helmholtz appelle sa *force de tension* S, un travail quelconque U *réellement effectué* par le système apparaît alors comme une diminution de la force de tension primitive K ; on a $S = K - U$, et le théorème des forces vives prend la forme

$$\Sigma S + \frac{1}{2} \Sigma mv^2 = \text{const.,}$$

c'est-à-dire que toute diminution de la force de tension est compensée par une augmentation égale de la force vive. Le théorème mis sous cette forme a reçu le nom de *principe de la conservation de l'énergie* ; il exprime en effet que la somme de la force de tension (énergie potentielle) d'un système et de sa force vive (énergie cinétique) est constante. Mais comme, dans la nature, un travail effectué peut ne pas produire uniquement de la force vive, mais aussi une quantité de chaleur ou un potentiel d'une charge électrique, etc., on vit, dans ce principe, l'affirmation de l'existence d'un phénomène mécanique à la base de tous les phénomènes naturels. Il n'exprime cependant rien d'autre qu'une relation quantitative invariable entre les phénomènes mécaniques et des phénomènes d'autres catégories.

4. — Ce serait une erreur de croire qu'un examen plus approfondi et plus général des sciences de la nature a premièrement été la conséquence de la conception mécanique de l'univers. Cet examen a de tout temps été la caractéristique des grands investigateurs ; il a contribué à la construction de la mécanique et n'a donc pu être un *résultat* de celle-ci. Galilée et Huyghens ont toujours fait alterner la considération du phénomène particulier avec celle de l'ensemble total, et les résultats qu'ils ont obtenus sont le fruit d'un effort continuel vers une conception simple et logique. Ils parviennent à reconnaître la relation entre la vitesse acquise dans la chute de corps isolés ou de systèmes et la hauteur de chute, uniquement par l'étude la plus précise de cas particuliers de mouvements de chute, combinée avec la considération que les corps, abandonnés à eux mêmes, ne tendent qu'à tomber. A ce propos, Huyghens insistait sur l'impossibilité du mouvement perpétuel : il possédait donc déjà le point de vue moderne ; il sentait l'*incompatibilité* de la représentation d'un mouvement perpétuel et des représentations habituelles des phénomènes mécaniques naturels.

Les fictions de Stévin, telles que celle de la chaine fermée reposant sur le prisme, sont d'autres exemples d'une même pénétration d'esprit, qui consiste dans l'application, à un cas particulier, d'une représentation formée par de nombreuses expériences. Le glissement de

la chaîne fermée sembla à Stévin être un mouvement de chute sans
chute, un mouvement *sans but*, comme un acte intentionnel qui ne
répondrait à aucune intention, une tendance vers une variation que
la variation produite ne satisferait point. Puisque le mouvement est
en général lié à la chute, dans le cas particulier la chute sera aussi
liée au mouvement. On voit clairement ici une intuition de la dépendance *mutuelle* de v et h, exprimée par l'équation $v = \sqrt{2gh}$, mais
naturellement sous une forme moins précise. Avec son subtil esprit de
recherche, Stévin découvrit, dans la fiction du mouvement de la chaîne,
une contradiction qui aurait échappé à un penseur moins profond.

On retrouve dans les travaux de S. Carnot le même procédé de
comparaison du détail et de l'ensemble, du particulier et du général,
mais non plus *limité* à la mécanique. Lorsque Carnot découvrit
que la quantité de chaleur Q, qui passe de la température t à la température t' pour un travail effectué L, ne peut dépendre que des
températures et en aucune façon de la nature des corps, sa pensée
suivit exactement la méthode de Galilée. C'est encore ainsi que
procéda J. R. Mayer en posant son principe de l'équivalence du travail et de la chaleur ; les conceptions mécaniques de la nature lui
restèrent parfaitement étrangères : il n'en eut nul besoin. Ceux qui se
servent des béquilles des conceptions mécaniques de la nature pour
parvenir à la reconnaissance de l'équivalence du travail et de la chaleur ne comprennent qu'à moitié le progrès réalisé par ce principe.
Mais si hautement que l'on apprécie les travaux originaux de Mayer,
il ne faut pas pour cela en estimer moins le mérite des physiciens de
carrière, Joule, Helmholtz, Clausius, Thomson, qui ont fait beaucoup,
et peut-être tout, pour *affermir* et *parachever* la conception nouvelle dans ses détails. Supposer de leur part un *emprunt* aux idées
de Mayer nous semble parfaitement inutile. Ceux qui affirment cet
emprunt ont l'obligation de le *prouver*. De multiples manifestations
simultanées d'une même idée ne sont pas chose nouvelle dans
l'histoire. Nous n'entrerons pas davantage dans cette discussion de
questions personnelles qui n'offrent plus d'intérêt après trente ans.
Il est dans tous les cas vraiment déplorables que, sous un prétexte
de justice, on fasse injure à des hommes dont la vie eut été paisible

et hautement honorée, n'eussent-ils même fait faire à la science que le tiers des progrès qu'elle leur doit effectivement.

Les travaux de Mayer ne trouvèrent d'abord en Allemagne qu'un accueil très froid, décourageant, hostile même, et ne furent publiés qu'avec difficulté, tandis qu'ils furent rapidement appréciés en Angleterre. Mais l'abondance des nouveaux phénomènes découverts les fit tomber dans l'oubli et ce fut Tyndall qui, dans son célèbre ouvrage « *Heat a mode of motion* » (1863), rappela l'attention sur eux par le grand éloge qu'il en fit. Il s'ensuivit en Allemagne une réaction qui atteignit son point culminant dans l'écrit de Dühring intitulé « *Robert Mayer, le Galilée du XIXe siècle* » (1878). Bientôt il sembla que l'injustice dont avait été victime Mayer devait être égalée par le tort que l'on faisait à d'autres. L'œuvre de Mayer trouva une approbation enthousiaste et sans réserve dans le discours de Popper (*Das Ausland*, 1876, n° 35) qui est d'ailleurs remarquable par ses aperçus sur la théorie de la connaissance. Je me suis efforcé (*Principien der Wärmelehre*) de donner un exposé précis et impartial des contributions des chercheurs à la théorie mécanique de la chaleur. Il en ressort que chacun d'eux est caractérisé, par une originalité intellectuelle propre, cause de ses découvertes. Mayer est le philosophe de la science de la chaleur et de l'énergie; Joule, bien qu'il soit aussi conduit au principe de l'énergie par la voie philosophique, en fonde la théorie expérimentale; et Helmholtz en établit la théorie au point de vue physique. Helmholtz, Clausius et Thomson utilisent tous trois les idées de Carnot, dont la pensée suit un chemin entièrement original et solitaire. L'un quelconque des autres investigateurs, antérieurement nommés, pourrait n'avoir pas existé, le cours de la science en aurait été ralenti, mais non pas arrêté. (Cf. aussi l'édition des œuvres de Mayer, faite par Weyrauch; Stuttgart, 1893.)

5. — Cette vue pénétrante, qui s'exprime dans le principe de la conservation de l'énergie, n'est pas propre à la mécanique, mais est au contraire, comme nous allons le voir, intimement liée à la pensée scientifique et synthétique *en général*. Notre science de la nature consiste dans la reproduction mentale des faits ou dans leur expression

quantitative abstraite. Les règles de cette reproduction sont les lois
naturelles. La loi de causalité ne repose que sur l'intime conviction de la possibilité générale de règles de reconstruction; elle n'exprime que la *dépendance réciproque des phénomènes*. Il est inutile
de mettre spécialement en évidence l'espace et le temps, car toutes
les relations de temps et d'espace reviennent encore à la dépendance
mutuelle des faits.

Les lois naturelles sont des équations entre les éléments mesu-
rables α, β, γ,..., ω des phénomènes. Comme la nature est variable,
le nombre de ces équations est nécessairement toujours moindre que
celui des éléments mesurables présents.

Lorsque nous connaissons *toutes* les valeurs de α, β, γ, δ... par
lesquelles par exemple les valeurs de λ, μ, ν,... sont données, nous
pouvons appeler cause le groupe α, β, γ, ν,... et effet le groupe

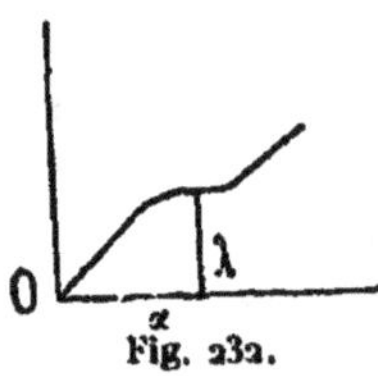

Fig. 232.

λ, μ, ν,... et, en ce sens, nous pouvons dire
que l'effet est déterminé *d'une façon unique*
par la cause. Le principe de raison suffisante,
employé par exemple par Archimède dans son
développement des lois du levier, dit aussi
uniquement que l'action d'un nombre donné
de circonstances ne peut pas être *simultanément* déterminé et indéterminé.

Mettons deux circonstances α et λ en rapport l'une avec l'autre.
Toutes les autres circonstances restant invariables, une variation de
α entrainera une variation corrrespondante de λ, mais inversement
une variation de λ entraine en général aussi une variation de α. Nous
retrouvons la considération de cette dépendance *réciproque* chez
Stévin, Galilée, Huyghens, etc.; cette même idée a contribué à la
découverte de phénomènes *inverses* de phénomènes connus. Le
changement de volume des gaz par la variation de température
correspond à la variation de la température par le changement du
volume; l'effet Seebeck correspond à l'effet Peltier, etc. Dans ces
sortes d'inversion, il est indispensable d'apporter toute son attention
à la *forme* de la liaison. La figure 232 montre clairement que toute
variation de λ entraine une variation notable de α sans que l'in-

verso soit vrai. Les relations entre les phénomènes électromagnétiques et les phénomènes d'induction, découvertes par Faraday, en donnent un excellent exemple.

Faisons passer un groupe de circonstances α, β, γ, δ,... qui détermine un autre groupe λ, μ, ν,..., de leurs valeurs initiales aux valeurs finales α', β', γ', δ',...; les circonstances du second groupe passent en même temps de λ, μ, ν,... à λ', μ', ν',... Si le premier groupe retourne aux valeurs initiales, le second y revient aussi. C'est en cela que consiste « l'équivalence de la cause et de l'effet », idée dont Mayer a maintes fois signalé l'importance.

Lorsque le premier groupe ne peut subir que des variations *périodiques*, les variations du second sont nécessairement périodiques aussi et ne peuvent être *permanentes*. Les méthodes intellectuelles si fertiles suivies par Galilée, Huyghens, S. Carnot, Mayer et d'autres, se ramènent toutes à cette simple et puissante idée que *les variations purement périodiques d'un groupe de circonstances ne peuvent être prises pour origine que de variations également périodiques d'un autre groupe et non point de variations permanentes.* Les formules telles que « l'effet est équivalent à la cause », « le travail ne peut être créé de rien », « le mouvement perpétuel est impossible », ne sont que des formes particulières, moins déterminées et moins claires, de cette idée, qui n'est pas uniquement propre à la mécanique, mais qui appartient au domaine entier de la pensée scientifique. Ainsi disparait tout mysticisme métaphysique qui pourrait encore s'attacher au principe de la conservation de l'énergie ([1]).

Toutes les idées de conservation ainsi que le concept de substance ont leur fondement véritable dans l'économie de la pensée. Une variation isolée, qui ne serait reliée à rien, sans point de comparaison fixe, est inconcevable et inimaginable. La question qui se pose est par conséquent de savoir quelle est la représentation qui se maintient durant la variation, quelle est la *loi* qui subsiste, l'*équation* qui reste

---

([1]) Pour ruiner les applications monstrueuses de ce même principe à l'univers entier, il suffit de se rappeler que tout principe scientifique est une abstraction qui présuppose la répétition de cas *semblables.*

vérifiée, la *valeur* qui reste constante? Lorsque l'on dit que dans tout phénomène de réfraction l'indice reste constant, que dans tout phénomène de chute des graves g reste égal à 9,81, que dans tout système fermé l'énergie ne varie pas, tous ces théorèmes ont une même fonction d'économie, qui est de faciliter la reproduction des faits dans la pensée.

On peut comparer à ces lignes, écrites en 1883, les développements de Petzoldt sur la tendance à la *stabilité* dans la vie intellectuelle. (*Maxima, Minima und Œkonomie*, Vierteljahrsschr. f. w. Philos., 1891.)

6. — Je dois ajouter ici quelques remarques à propos de divers mémoires, parus depuis 1883, et relatifs au principe de la conservation de l'énergie, ceux de J. Popper (*Die Physikalischen Grundsätze der elektrischen Kraftübertragung*; Wien, 1883), G. Helm (*Die Lehre von der Energie*; Leipzig, 1887), M. Planck (*Das Princip der Erhaltung der Energie*; Leipzig, 1887), F. A. Müller (*Das Problem der Continuität in der Mathematik und Mechanik*; Marburg, 1886). Les travaux de Popper et de Helm, indépendants l'un de l'autre, sont si bien d'accord dans leur *tendance*, entre eux en même temps qu'avec mes propres recherches, que j'ai peu lu de choses qui m'aient été aussi sympathiques, sans pour cela que les différences individuelles aient disparu. Ces deux auteurs se rencontrent spécialement dans leur essai d'une énergétique générale, à propos de laquelle on trouvera une *indication* dans mon écrit *Ueber die Erhaltung der Arbeit*, p. 54. Depuis lors cette « énergétique générale » a été traitée en détail par Helm, Ostwald, etc.

Déjà en 1872 (*Erhaltung der Arbeit*, pp. 42 et s.), j'ai montré que la conviction de l'impossibilité du mouvement perpétuel est fondée sur la croyance générale à la détermination *unique* d'un groupe d'éléments (mécaniques) α, β, γ,... par un autre groupe d'éléments x, y, z,... Les idées de Planck (pp. 99, 138, 139) concordent au fond avec les miennes ; seule la forme de l'exposé est quelque peu différente. Du reste j'ai insisté à maintes reprises sur ce que toutes les formes du principe de causalité proviennent de tendances subjectives auxquelles la nature *ne* doit *pas* nécessairement être conforme, et en cela mes idées sont très proches de celles de Popper et de Helm.

Planck (pp. 21 et s., p. 135) et Helm (pp. 25 et s.) parlent du principe « métaphysique » que Mayer avait pris pour guide. Tous deux reconnaissent que Joule devait être aussi guidé par des idées analogues, bien qu'il ne les ait pas exprimées (Planck, pp. 26 et s., Helm, p. 28); mon opinion est parfaitement conforme à la leur.

A propos des prétendus points de vue « métaphysiques » de Mayer auxquels, d'après Helmholtz, les fervents des spéculations métaphysiques attribuent *la plus grande* valeur, mais que lui même considère comme les parties *les plus faibles* de tout l'exposé, quelques remarques me paraissent nécessaires. Par des propositions telles que celles-ci : « rien ne peut provenir de rien », « l'effet est équivalent à la cause », etc., il est impossible de rien démontrer *à un autre*. J'ai montré autre part par des exemples (*Erhaltung der Arbeit*, combien sont impuissantes ces propositions qui furent *reçues* dans la science jusqu'à une époque encore fort rapprochée. Mais, dans le cas de Mayer, elle ne me paraissent pas être des *faiblesses*. Elles sont, au contraire, chez lui, l'expression d'un instinct *puissant*, du besoin non satisfait encore et mal défini d'une conception *substantielle* de ce qu'aujourd'hui nous appelons l'énergie ; — il n'est pas exact à mes yeux de qualifier ce besoin de métaphysique. Nous savons aujourd'hui que le génie de Mayer fut assez fort pour faire la *lumière* sur ce besoin intellectuel. Mayer ne se comporta pas *autrement* que Galilée, Black, Faraday et d'autres grands chercheurs, bien que plusieurs de ceux-ci furent peut-être plus discrets et plus prudents que lui.

J'ai déjà abordé ce point précédemment (*Beitr. zur Anal. d. Empfind.* 1re édit., 1886 ; pp. 161 et s.). Abstraction faite de ce que je ne partage pas le point de vue de Kant et de ce que, d'une façon générale, je ne me place à aucun point de vue métaphysique, — pas même au point de vue de Berkeley, comme l'ont prétendu des lecteurs superficiels de celui de mes ouvrages que je viens de citer. — mes idées concordent avec celles de F. A. Müller (pp. 104 et s.)

On trouvera le principe de la conservation de l'énergie discuté en détail dans mon ouvrage sur les principes de la chaleur.

RAPPORTS DE LA MÉCANIQUE AVEC LA PHYSIOLOGIE

1. — Toutes les sciences ont leur origine dans des besoins de la vie. Quoique les vocations particulières, les tendances et les capacités personnelles de chacun des travailleurs la divisent en rameaux d'une extrême ténuité, ce n'est que la relation avec le *tout* qui peut donner à chacun d'eux la fraîcheur et la force de la vie. Seule cette liaison permettra au chercheur de réaliser les buts qu'il s'est proposés et de se préserver de monstrueux développements unilatéraux.

La division du travail, la spécialisation du chercheur à un domaine restreint et l'investigation dans ce domaine poursuivie comme œuvre de toute la vie sont les conditions nécessaires à un fertile développement scientifique. Cette spécialisation et cette limitation permettent seules de constituer les méthodes particulières, intellectuelles et économiques, indispensables à la conquête de ce domaine. Mais elles exposent en même temps au danger de surestimer le *moyen*, la *méthode*, qui est la préoccupation constante, et de la considérer comme le *but* réel de la science, alors qu'elle n'en est qu'un outil.

2. — Le très grand développement formel de la physique, hors de proportion avec celui des autres sciences naturelles, a engendré un état spécial de notre intellectualité. Les notions abstraites qui constituent l'outillage de la physique, les concepts de masse, force, atôme, qui n'ont pas d'autre rôle que de rappeler des expériences systématisées dans un but d'économie, sont dotés par la plupart des investigateurs de la nature d'une existence réelle, en dehors de la pensée. Bien plus, on en arrive à croire que ces masses et ces forces sont les choses essentielles à rechercher et que, celles-ci connues, tout ce qui a rapport à l'équilibre et au mouvement des masses s'en déduit de soi même. L'homme qui ne connaîtrait l'univers que par le théâtre, et qui viendrait à découvrir les trucs et les machinations de la scène, pourrait penser que l'univers réel a aussi des ficelles, et qu'il suffirait de les trouver pour acquérir la connaissance ultime de toutes choses. Nous ne devons donc pas considérer comme *bases* de l'univers réel des moyens intellectuels auxiliaires dont nous nous servons pour la *représentation* du monde sur la *scène de la pensée*.

2. — Dans la connaissance exacte de l'ordonnance des sciences particulières sous la science générale se trouve une philosophie spéciale que l'on peut exiger de tout investigateur. L'absence de conceptions exactes sur ce point se trahit par l'apparition de problèmes dont l'énoncé à lui seul est absurde, qu'on les considère comme insolubles ou non. Un tel empiètement de la physique sur la physiologie, une méconnaissance du rapport véritable de ces deux sciences se manifeste dans le problème de la possibilité ou de l'impossibilité d'*expliquer* les sensations par les mouvements des atomes.

Il est intéressant de chercher quelles conditions ont pu conduire à poser un problème aussi extraordinaire. Tout d'abord, remarquons que l'on accorde une plus grande *confiance* aux expériences sur les relations de temps et d'espace, qu'on leur attribue un caractère plus objectif, plus *réel*, qu'aux expériences sur la couleur, le son, la chaleur, etc. Une recherche un peu précise empêchera toutefois de se tromper sur ce point et prouvera que les *sensations* de *temps* et d'espace sont des *sensations* au même titre que celles de couleur, de son ou d'odorat, — mais que nous voyons plus clair et que nous sommes beaucoup plus exercés dans la connaissance des premières que dans celle des secondes. L'espace et le temps sont des systèmes bien coordonnés de séries de sensations. Les grandeurs que l'on rencontre dans les équations de la mécanique ne sont autre chose que les signes d'ordre des termes de ces séries qui doivent être mis en évidence dans nos représentations. Les équations expriment les dépendances mutuelles de ces signes d'ordre.

Un corps est un ensemble relativement constant de sensations tactiles et visuelles, lié aux mêmes sensations d'espace et de temps. Les principes de la mécanique, celui par exemple de l'accélération réciproque de deux masses, donnent directement ou indirectement la relation qui existe entre ces sensations de toucher, de lumière, d'espace et de temps. Ils *ne* conservent un *sens intelligible que* par leurs contenus formés de sensations (et souvent fort compliqués).

Déduire les sensations du mouvement des masses revient donc à expliquer le plus simple et le plus proche par le plus compliqué et le plus éloigné, — abstraction faite en outre du fait que les *concepts mécaniques* sont des moyens d'épargne, qui n'ont été développés que pour l'exposition des faits *mécaniques*, et non pour celle des faits *physiologiques* ou *psychologiques*. Pour empêcher l'éclosion de problèmes d'un caractère aussi faux, il suffit de bien distinguer entre le *moyen* et le *but* de la recherche et de se limiter à la présentation des *faits*.

1. — Une science quelconque ne peut que reproduire et prévoir des complexes de ces *éléments* habituellement appelés *sensations*. Un élément tel que la chaleur d'un corps A ne dépend pas seulement d'éléments tels que ceux dont l'ensemble constitue par exemple une flamme B, mais aussi de la totalité des éléments de notre corps, par exemple de l'ensemble des éléments d'un nerf N. Comme objet ou élément simple, N n'est pas essentiellement, mais seulement conventionnellement différent de A et de B. La relation entre A et B est une question de *physique* : celle entre A et N une question de *physiologie*. Aucune de ces deux questions n'existe *seule* ; elles existent *ensemble toutes deux*. Ce n'est que par exception que l'une ou l'autre peut-être négligée. Même les phénomènes qui sont en apparence purement mécaniques sont donc toujours en même temps physiologiques et par suite aussi électriques, chimiques, etc. La mécanique ne saisit donc pas la *base* de l'univers, elle n'en saisit pas davantage une *partie*, elle en expose simplement un *aspect*.

NOTE

EXAMEN DE QUELQUES OBJECTIONS

1. — Par aversion de toute polémique je préférerais m'abstenir de toute discussion et attendre, en silence, le sort que l'avenir réservera aux idées développées dans cet ouvrage. Mais je ne puis laisser le lecteur dans l'ignorance des oppositions qu'elles soulèvent, et je dois lui montrer comment il pourra, à l'aide de ce livre, s'orienter parmi elles, abstraction faite en outre de ce que l'estime que l'on a pour un contradicteur veut que l'on considère ses objections. Ces contradicteurs sont nombreux et divers : historiens, philosophes, métaphysiciens, dialecticiens, mathématiciens et physiciens. Je ne puis valablement prétendre à aucune de ces qualifications. Je ne puis ici que faire ressortir les objections les plus importantes et y répondre en homme dont le désir le plus vif et le plus sincère est de saisir le développement de la pensée physique, heureux s'il peut en même temps en aider d'autres à trouver leur chemin et à se former une opinion personnelle.

P. Volkmann, par ses écrits sur la critique de la connaissance dans la science physique (¹), manifeste une tendance opposée à la mienne, non seulement par de nombreuses objections de détail, mais

---

(¹) *Erkenntnisstheoretische Grundzüge der Naturwissenschaft*, Leipzig 1896. — *Ueber Newton's Philosophia naturalis*, Königsberg 1898. — *Einfährung in das Studium der theoretischen Physik*, Leipzig, 1900. — Nous citons d'après les derniers écrits.

surtout par sa fidélité aux anciens et sa prédilection pour leurs idées. C'est en ce dernier point que nous différons réellement, car souvent sa manière de voir a beaucoup de commun avec la mienne. Il accepte l'« adaptation de la pensée », le principe d'« économie » et la « comparaison », bien que son exposé se distingue du mien par des traits individuels et que ses expressions soient différentes. D'autre part, je trouve que le principe important d'« isolation » et de « superposition » est parfaitement mis en lumière et exactement caractérisé, aussi je l'accepte volontiers. J'accorde volontiers aussi que les concepts, peu déterminés au début, doivent d'abord subir une « consolidation rétroactive », par un « retour circulaire de la connaissance » ou une « oscillation » de l'attention. D'accord en cela avec Volkmann, j'ai toujours reconnu que, si l'on se place à ce point de vue, les contributions de Newton sont indubitablement les meilleures possibles pour son temps. Mais je ne puis admettre son opinion, lorsqu'avec W. Thomson et Tait il trouve que l'exposé de Newton peut encore servir de modèle, malgré les exigences du temps présent, essentiellement changées quant à la critique de la connaissance. Je pense, au contraire, que le processus de consolidation conduira toujours à un système qui ne différera du mien qu'en des points accessoires.

J'ai suivi, avec un véritable plaisir, les déductions claires et positives de G. Heymann (¹), mais mon point de vue anti-métaphysique, qu'il soit d'ailleurs confirmé ou non dans l'avenir, me sépare nettement de lui. D'*importantes* divergences de *détail* me mettent en contradiction avec Höfler (²) et Poske (³). Je suis au contraire parfaitement d'accord avec Petzoldt (⁴) quant aux principes, et ce ne sont que des questions de peu d'importance qui nous divisent. Le lecteur me permettra de ne pas répondre en particulier à de nombreuses considérations d'autres critiques, qui se basent sur les argu-

---

(¹) *Die Gesetze und Elemente des wissenschaftlichen Denkens*, II, Leipzig, 1894.

(²) *Studien zur gegenwärtigen Philosophie der mathematischen Mechanik*, Leipzig, 1900.

(³) Vierteljahrsschr. f. wissensch. Philosophie, Leipzig, 1884, p. 385.

(⁴) *Das Gesetz der Eindeutigkeit* (Vierelj. f. wiss. Phil., XIX, p. 146).

ments de ceux que nous venons de citer, ou sur des raisons analogues. Il suffit d'expliquer la *nature de la divergence* par la mise en lumière de quelques points importants.

2. — Il semble que ma définition de la masse soit encore toujours bien difficile à accepter. Streintz lui a reproché de n'être basée que sur la gravitation (cf. p. 313), ce qui était déjà expressément réfuté par mon premier exposé (1868). Cela n'empêche pas que l'on reprenne sans cesse cette objection, comme l'a fait encore tout récemment Volkmann (*op. c.*, p. 18). Ma définition tient uniquement compte du fait que des corps, se trouvant en relations réciproques, soit par les actions dites à distance, soit par des liaisons rigides ou élastiques, déterminent l'un sur l'autre des variations de vitesse (accélérations). Il est inutile d'en savoir davantage pour pouvoir poser les définitions en toute sécurité, sans crainte de bâtir sur le sable. Höfler fait erreur en disant (*op. c.*, p. 77) que ma définition suppose tacitement qu'*une seule et même force* agisse sur les deux masses : au contraire, elle ne présuppose en rien la notion de force, qui n'est construite qu'après le concept de masse et qui fournit alors aussitôt, en échappant à tous les cercles vicieux de Newton, le principe de l'égalité de l'action et de la réaction. Cette disposition évite d'appuyer sur un autre un système de concepts qui fléchit sous le premier, et c'est précisément en cela que consiste, à mon avis, l'unique but valable de la circulation et de l'oscillation de Volkmann. Dès que les masses sont définies par les accélérations, il est aisé d'en tirer des notions *en apparence nouvelles*, telles que la « capacité d'action » ou la « capacité d'énergie de mouvement » (Höfler ; *op. c.*, p. 70). Si l'on veut un concept de masse qui permette de traiter les problèmes dynamiques, je maintiendrai toujours fermement que ce doit être un concept *dynamique*. Sur la quantité de matière en soi la dynamique ne peut être édifiée ; tout au plus peut-elle lui être arbitrairement accolée. La quantité de matière en soi n'est jamais une masse, mais elle n'est pas davantage une capacité calorique, ni une chaleur de combustion, ni une valeur nutritive, etc. Aussi la « *masse* » ne joue-t-elle pas un rôle thermique, mais uniquement un rôle *dynamique*.

Mais les diverses grandeurs physiques procèdent proportionnellement entre elles. En réunissant 2 ou 3 corps ayant chacun l'unité de masse, on forme un corps dont la masse a la valeur 2 ou 3, et cela grâce à la définition dynamique ; il en est de même de la capacité de chaleur grâce à la définition thermique. Le besoin instinctif d'une représentation mélangée (suivant l'expression de Höfler, *op. c.*, p. 72) ne sera contesté par personne ; celle-ci suffit d'ailleurs pour l'usage courant. C'est de la proportionnalité de ces grandeurs physiques particulières que l'on pourra déduire un premier concept scientifique de « quantité de matière », loin de pouvoir construire sur ce dernier le concept de « masse ». La mesure de la masse par le poids est une conséquence naturelle de ma définition, alors que, dans la conception ordinaire, l'on doit, ou bien simplement supposer la mesurabilité de la quantité de matière par une *même unité dynamique* (cf. p. 210, 215), ou bien démontrer au préalable, par une recherche particulière, que des *poids* égaux se comportent effectivement, en *toutes* circonstances, comme des masses égales. Je pense que c'est *ici* que le concept de masse a été, pour la *première* fois depuis Newton, soumis à une analyse critique détaillée, car les historiens, les mathématiciens et les physiciens semblent avoir considéré cette question comme peu grave et d'une compréhension presqu'immédiate. Elle est au contraire d'une importance fondamentale et mérite l'attention de mes adversaires.

9. — Beaucoup d'objections ont été faites à mon exposé de la loi de l'inertie. D'accord en ce point avec Poske (1884), je crois avoir montré (1868) qu'il est inadmissible de vouloir faire dériver cette loi d'un principe plus général, tel que celui de causalité, et cette manière de voir gagne aujourd'hui du terrain (cf. Heymans ; *op. c.*, p. 432). Il est clair que l'on ne peut tenir pour évident *a priori* un principe dont la validité n'est généralement reconnue que depuis si peu de temps. Heymans (*op. c.* p. 427) observe aussi avec raison que c'était à la proposition contraire que l'on attribuait une certitude axiomatique, il y a quelques centaines d'années. Pour lui, la loi de l'inertie ne dépasse l'empirisme que parce qu'on la rapporte à un espace ab-

solu, et que, aussi bien que son antique contraire, elle inclut l'hypothèse d'une *constante* dans l'allure d'un corps abandonné à lui-même (*op. c.*, p 433). Nous avons discuté en détail le premier point. Quant au second, il est psychologiquement très compréhensible, sans le secours de la métaphysique : nous recherchons les *permanences* précisément parce qu'elles seules nous apportent une aide intellectuelle et pratique. Mais, dès qu'on l'examine impartialement, cette *certitude axiomatique* se montre sous un singulier jour. C'est en vain que l'on voudrait, avec Aristote, faire croire à un homme sans instruction qu'une pierre lancée doit aussitôt rester d'elle-même immobile, et qu'elle ne continue son mouvement que grâce à la pression de l'air à l'arrière. Mais Galilée ne trouvera pas plus de créance avec son mouvement uniforme qui n'a pas de fin. Au contraire, la conception de Benedetti supposant une « vis impressa » graduellement décroissante, qui appartient aussi à l'époque de la pensée indépendante et de la libération des préjugés antiques, sera acceptée sans contestation même par un ignorant. Cette dernière conception est en effet une image directe du fait, tandis que les deux autres, idéalisant l'expérience dans des sens opposés, sont des produits de la pensée instruite professionnelle. D'ailleurs les deux autres ne provoquent l'illusion de certitude axiomatique *que* chez les hommes *instruits*, dont tout le système habituel de pensées serait mis en désordre par la destruction de cet *élément*. Ces remarques me paraissent expliquer psychologiquement, d'une manière suffisante, l'attitude du chercheur vis-à-vis de la loi de l'inertie, et il me semble que je puis laisser de côté la question de savoir s'il faut donner à celle-ci le nom d'axiome, de postulat ou de proposition. Heymans, Poske et Petzoldt s'accordent à trouver dans cette loi un côté empirique et un côté par lequel elle dépasse l'empirisme. D'après Heymans (*op. c.*, p. 438), l'expérience n'a donné que l'occasion d'employer une loi valable *a priori*. Poske est d'avis que l'origine expérimentale n'exclut pas la validité *a priori* (*op. c.*, pp. 401, 402). Même Petzoldt (*op. c.*, p. 188) ne fait dériver qu'en partie la loi de l'inertie de l'expérience, mais pour l'autre partie, il la considère comme donnée par le principe de détermination unique. Je ne crois pas me trouver en contradiction avec Petzoldt en conce-

vant les choses comme suit : l'expérience doit premièrement nous
apprendre *quelle* est la dépendance réciproque qui existe entre les
phénomènes et *quelle* est la circonstance déterminante, et *ce n'est que*
l'expérience qui peut nous renseigner sur ces points. Du moment où
nous croyons en savoir assez, nous considérons, puisque les données
sont suffisantes, qu'il est inutile d'attendre des expériences nouvelles :
le phénomène est, pour nous, déterminé, et vraiment (car ce n'est
qu'en cela que la détermination consiste en général,) déterminé d'une
façon unique. Ainsi, lorsque j'aurai éprouvé que les corps déterminent
les uns sur les autres des accélérations, je m'attendrai avec une certitude précise, chaque fois que de tels corps déterminants manque-
ront, au mouvement uniforme en ligne droite. On obtient ainsi la loi
de l'inertie dans toute sa généralité, sans qu'il faille en donner un
énoncé spécial (ce que fait Petzoldt), car toute déviation de l'uniformité et de la ligne droite suppose une accélération. Je crois avoir
raison de maintenir que, dans le théorème des forces déterminantes
d'accélérations et dans la loi de l'inertie, *le même fait est exprimé
deux fois* (cf. p. 135). Ce point accordé, la question de savoir si
l'emploi de la loi de l'inertie inclut ou non une pétition de principes
(Poske, Höfler) tombe d'elle-même.

Un passage du troisième dialogue de Galilée, que j'ai textuellement
cité, dans mon mémoire « *Ueber die Erhaltung der Arbeit* », d'après
l'édition de Padoue, 1744, (t. III ; p. 124) (¹), m'a permis de comprendre comment Galilée était sans doute arrivé à la clarté dans sa
compréhension de l'inertie.

En se représentant un corps descendant le long d'un plan incliné
et conduit sur d'autres plans diversement inclinés ascendants parfaitement polis, il dut remarquer aussitôt le retard moindre sur les plans
moins inclinés et un retard nul, c'est-à-dire un mouvement uniforme
indéfini, sur le plan horizontal. Wohlwill le premier s'est opposé à

(¹) Constat jam, quod mobile ex quiete in A descendens per AB, gradus
acquirit velocitatis juxta temporis ipsius incrementum ; gradum vero in B esse
maximum acquisitorum, et suapte natura immutabiliter impressum, sublatis
scilicet causis accelerationis novæ, aut retardationis ; accelerationis inquam,
si adhuc super extenso plano ulterius progrederetur ; retardationis vero, dum

cette manière de voir (cf. p. 132) et d'autres l'ont suivi. Wohlwill observe en y insistant, que Galilée attribuait encore une signification spéciale au mouvement circulaire uniforme et au mouvement horizontal, et que, très attaché aux représentations antiques, il ne s'en libéra qu'avec une grande lenteur. Certes, pour un historien, toutes les *phases* du développement de son héros sont intéressantes, mais l'une d'elles peut s'effacer devant les *autres*. Il faudrait être un très mauvais psychologue et ne guère se connaître soi-même, pour ne pas savoir combien il est difficile de se dégager des opinions reçues, et comment, après que l'on s'en est affranchi, les débris des conceptions anciennes flottent encore dans la conscience et provoquent des rechutes à propos de cas particuliers. Il n'en a pas été autrement pour Galilée. Mais le point qui éveille le plus l'intérêt du physicien est précisément le *premier éclair d'une conception nouvelle* et c'est celui-ci qu'il recherche. C'est ce premier éclair que j'ai cherché, je crois l'avoir trouvé et je pense qu'il a laissé sa *trace* dans le passage cité plus haut. Posko (*op. c.*, p. 393) et Höfler (*op. c.*, pp. 111, 112), croient ne pouvoir souscrire à l'interprétation que j'en donne, car Galilée ne parle pas en termes exprès du passage limite du plan incliné au plan horizontal. Posko reconnaît toutefois que Galilée use souvent d'un tel passage à la limite, et Höfler (*op. c.* p. 113) rapporte avoir éprouvé, dans la pratique de l'enseignement, l'efficacité didactique de cette explication. Il serait fort étonnant que Galilée à qui l'on

super planum acclive BC fit reflexio ; in horizontali autem GH æquabilis a plus juxta gradum velocitatis ex A in B acquisitæ in infinitum extenderetur.

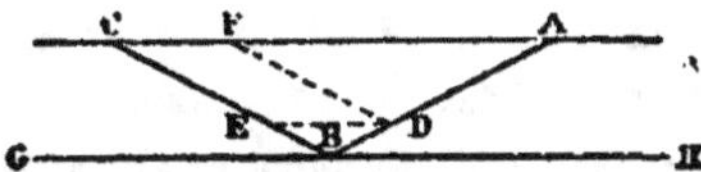

[Il est déjà certain que le mobile descendant du repos en A par AB acquiert un degré de vitesse qui augmente selon le temps ; le degré acquis en B étant maximum, et par sa nature, immuablement imprimé, si les causes d'accélération ou de ralentissement sont supprimées ; d'accélération, si le mobile continue sur le plan prolongé ; de ralentissement, s'il se fait une réflexion sur le plan BC incliné vers le haut ; mais, sur le plan horizontal GH, le mouvement uniforme s'étend à l'infini suivant le degré de vitesse acquis de A en B].

peut justement attribuer la découverte du principe de continuité, ne l'ait pas appliqué, dans sa longue carrière individuelle, à ce problème qui était pour lui le plus important. Il convient aussi de remarquer que le texte cité n'appartient pas au dialogue italien, largement développé, mais qu'il expose brièvement un *résultat* dans une réduction latine dogmatique. On peut donc en conjecturer le « degré indestructible de vitesse imprimée ».

L'enseignement de la physique, que j'ai connu, était vraisemblablement, dans son ensemble, aussi mauvais et aussi dogmatique que celui dont les plus âgés de mes collègues et de mes contradicteurs ont dû se contenter. L'inertie était exposée comme un *dogme* adéquat au système. Je pouvais à la vérité me dire que l'on arrivait à cette loi en négligeant les empêchements au mouvement, c'est-à-dire qu'on pouvait la découvrir par *abstraction*, suivant l'expression de Appelt. Elle n'en restait pas moins isolée, à part, visible seulement pour un génie surhumain. Et où était la garantie que la décroissance de la vitesse cessait en même temps que tous les empêchements disparaissaient ? Poske (*op. c.*, p. 395), employant un terme dont je me suis souvent servi, émet l'avis que Galilée a « *aperçu* » la loi de l'inertie. En quoi consiste cette action d' « *apercevoir* » ? On regarde çà et là, et l'on voit soudainement une chose cherchée ou inattendue qui fixe l'intérêt. Et j'ai même montré comment se produisit cet « apercevoir » et en q   i il consista ! Galilée comparait divers mouvements uniformément *ralentis* et distingua tout à coup parmi eux un mouvement qui était *uniforme, sans fin*, si étrange qu'on l'aurait cru d'une toute autre espèce si on l'avait observé se produisant seul. Mais une minime variation de l'inclinaison le changeait en un mouvement uniformément ralenti et fini, tel que Galilée en avait vu souvent. Et maintenant plus aucune difficulté n'existait de reconnaitre l'identité de tous les empêchements au mouvement avec le ralentissement dû à la pesanteur, et ainsi était acquise la *conception abstraite* d'un mouvement non influencé, indéfini et uniforme. Lorsque je lus pour la première fois, alors que j'étais encore jeune, ce passage des œuvres de Galilée, une lumière bien différente de celle de l'enseignement dogmatique éclaira, à mes yeux, la nécessité de la présence de cet élément abstrait dans notre mécanique : Je crois que tous ceux qui liront ce passage avec simplicité verront cette lumière. Je ne puis douter que Galilée ne l'ait aperçue avant tous les autres.

5. — *Quelques points importants restent à discuter.* En opposition avec C. Neumann, dont le mémoire bien connu ([1]) sur ce sujet a quelque peu précédé le mien ([2]), j'ai avancé que la vitesse et la direction, qui interviennent dans la loi de l'inertie, n'ont aucune signification compréhensible lorsque la loi est rapportée à l'« espace absolu ». En fait, nous ne pouvons *déterminer* de directions et de vitesses que dans un espace dont les points sont directement ou indirectement caractérisés par des corps donnés. L'écrit de Neumann et le mien ont eu pour effet d'attirer à nouveau l'attention sur un point, qui avait déjà causé à Newton et Euler de grandes difficultés intellectuelles, mais on ne peut pas dire qu'il en a été donné plus que des demi-solutions, comme par exemple celle de Streintz. Je suis jusqu'à présent le *seul* qui rapporte, en toute simplicité, la loi de l'inertie à *la terre*, et, pour des mouvements de plus grande extension dans l'espace et le temps, au *ciel des étoiles fixes*. L'espérance de m'accorder avec le très grand nombre de mes contradicteurs est bien minime, étant données les profondes divergences des points de vue. Je répondrai cependant aux objections, pour autant qu'en général j'aie pu les comprendre.

Höfler (*op. c.*, pp. 120-164) est d'avis que l'on nie le mouvement *absolu* pour la raison que l'on croit *ne* pouvoir se le *représenter*. Mais un fait d'une « *auto-observation plus subtile* » serait qu'il y a des représentations du mouvement absolu. La *représentabilité* et la *reconnaissabilité* du mouvement absolu ne doivent pas être confondues : seule la *seconde* manque... Mais l'investigateur de la nature ne s'occupe précisément que de la reconnaissabilité. Ce qui n'est pas reconnaissable, ce qui n'a pas de marque sensible, n'a *pas de signification* dans la science. Il ne me vient du reste pas à l'idée de mettre

----

([1]) *Die Principien der Galilei-Newton'schen Theorie.* Leipzig, 1870.
([2]) *Erhaltung der Arbeit*, Prag, 1872.

des limites à l'*imagination* d'un homme. J'ai bien un léger soupçon que celui qui se représente un « mouvement absolu » pense d'*habitude* à une image (existante dans la mémoire) d'un mouvement relatif vu antérieurement. C'est justement pour cela que ces représentations ne prouvent rien. Je le maintiens encore bien plus fermement que Höfler. Il y a même des *illusions sensibles* d'un espace absolu, qui peuvent toujours être reproduites dans la représentation. Celui qui a répété mes recherches sur les sensations de mouvement a vu le pouvoir que des illusions de ce genre ont sur les sens. On imagine qu'avec tout son entourage, qui reste au repos vis-à-vis de son propre corps, on se transporte ou l'on tourne dans un espace qui n'est caractérisé par rien de sensible. Mais on ne peut mesurer à l'aide d'aucun étalon l'espace de l'*illusion*, on ne peut le démontrer à un autre ni s'en servir pour la description métrique abstraite des faits mécaniques ; il n'a rien de commun avec l'espace géométrique en général. (¹) Enfin, à l'argument final de Höfler (*op. c.*, p. 133), qui est le suivant : « dans le mouvement relatif, tout au moins l'un des deux corps, qui « se meuvent l'un par rapport à l'autre, doit avoir aussi un mouve- « ment absolu », je ne puis répondre qu'une chose : c'est que cet argument est sans force aucune pour celui qui considère le mouvement absolu comme dépourvu de toute signification physique. Je ne m'occuperai pas davantage ici de questions philosophiques. Il serait inutile, quant à l'accord dans les parties essentielles, de discuter les points de détails touchés par Höfler (*op. c.*, pp. 124, 126).

Heymans (*op. c.*, pp. 412-448) est d'avis qu'une mécanique inductive-empirique *aurait pu se former*, mais que, *en fait*, c'est une autre mécanique qui s'est formée, sur le concept *non empirique* du mouvement absolu. Le fait que, de tout temps (?), on a considéré la loi de l'inertie comme valable dans l'« espace absolu » non démon-

---

(¹) On croira peut être que je veux terminer en plaisantant cette discussion sérieuse, mais, involontairement, je me rappelle toujours, à propos de ce sujet, cette question qu'un homme fort aimable et un peu paradoxal discutait un jour le plus sérieusement du monde : savoir si une aune que l'on voyait en rêve avait même longueur qu'une aune réelle. — Voudrait-on introduire l'aune des songes comme mesure normale dans la mécanique !

trable, au lieu de la rapporter à un système quelconque de coordonnées, démontrable, lui semble être une difficulté que la théorie empirique peut à peine résoudre. Heymans considère ce point comme un *problème* qui ne peut être résolu que par la *métaphysique*. Je ne puis accepter cette manière de voir. Heymans accorde que, dans l'expérience, il n'y a de donnés que les mouvements relatifs. Cette concession et celle de la possibilité d'une mécanique empirique me suffisent amplement. Je pense pouvoir expliquer le reste sans l'aide de la métaphysique. Les premiers théorèmes dynamiques ont indubitablement été établis sur une base empirique. La terre était le corps de repère. Le passage à d'autres systèmes de coordonnées se produisit tout à fait graduellement. Huyghens vit qu'il pouvait, avec la même facilité, rapporter les corps qui se heurtaient au canot sur lequel ceux-se trouvaient, ou à la terre. Le développement de l'astronomie précéda notablement celui de la mécanique. Aussi, lorsque l'on observa des mouvements qui, rapportés à la terre, n'étaient pas d'accord avec les lois connues de la mécanique, il fut inutile d'abandonner à nouveau ces lois. Le ciel des étoiles fixes était déjà préparé pour rétablir cet accord avec un minimum de changement à des conceptions auxquelles on s'était attaché. On peut aisément s'imaginer les singularités et les difficultés que l'on aurait rencontrées si le système de Ptolémée avait encore été accepté à l'époque d'un plus grand développement de la mécanique et de la physique expérimentale.

Mais Newton a pourtant rapporté toute la mécanique à l'espace absolu! En vérité, voilà une personnalité puissante! L'obligation n'en existe pas moins de la soumettre à la critique. On n'aperçoit guère de différence à rapporter les lois du mouvement à l'espace *absolu*, ou à les exprimer *abstraitement* sans les rapporter expressément à un système de repères. Le dernier procédé est naturel et tout aussi pratique, car le mécanicien qui traite un problème déterminé quelconque considère toujours un système de repères utilisable. C'est parce que le premier procédé, chaque fois qu'il pourrait avoir une influence *sérieuse*, est toujours pris dans le sens du second, que l'erreur de Newton a causé si peu de dommage et s'est maintenue si longtemps. Il est très compréhensible, historiquement et psycholo-

giquement, que des lois empiriques aient pu être étendues au point
d'en perdre *toute signification*, à une époque où l'on se préoccupait
bien peu de la critique théorique de la connaissance. Il serait préférable de corriger les erreurs et les inexactitudes de nos ancêtres
scientifiques, qu'ils soient de petites ou de grandes personnalités,
que d'en faire des problèmes métaphysiques.

Petzoldt (*op. c.*, pp. 192 et s.) est d'accord avec moi pour
rejeter le mouvement absolu, mais il invoque un principe d'Avenarius (¹) à l'aide duquel il pense éviter toutes les difficultés dans la
considération du mouvement relatif. Je crois comprendre le principe
d'Avenarius : il ne m'est pas étranger. Mais que toutes les difficultés
soient tournées si l'on s'en rapporte à son propre corps, cela m'est
resté incompréhensible. Il faut au contraire, dans la formulation
d'une dépendance physique, faire abstraction de son propre corps,
pour autant qu'il soit sans influence (²).

La raison la plus séduisante en faveur d'un mouvement absolu a
été donnée par C. Neumann, il y a plus de 30 ans (*op. c.*, p. 27). Si
l'on se représente un corps céleste animé d'un mouvement de rotation, et par conséquent soumis à des forces centrifuges et aplati, nous
ne pourrons rien changer à ces circonstances en supposant la dispa-
rition de tous les autres astres : le corps céleste considéré continue à
tourner et reste aplati. Mais si le mouvement est purement relatif, le
cas de la rotation n'est pas discernable de celui du repos. Toutes les
parties de cet astre sont en repos les unes relativement aux autres,
et l'aplatissement devrait par conséquent disparaître en même temps
que le reste de l'univers. Mais on peut objecter à cela deux choses :
En premier lieu, il me semble que l'on n'a rien gagné si pour éviter
une contradiction on fait une hypothèse qui est, en soi, dépourvue
de sens. Il me semble en outre que le grand mathématicien C. Neumann fait ici un usage beaucoup trop libre de la méthode, très fertile assurément, de l'expérimentation mentale. Dans l'expérimen-

(¹) *Der menschliche Weltbegriff*. Leipzig. 1891, p. 130.
(²) *Analyse der Empfindungen*, 2ᵉ édit. Iéna, 1900, pp. 11, 12, 33, 38, 208 ;
1ʳᵉ édit. p. 12, 13 et s.

tation mentale on peut modifier des circonstances accessoires pour
permettre à de nouveaux côtés d'un phénomène de se détacher de
l'ensemble. Mais on ne peut supposer *a priori* que l'univers entier
est sans influence. Si, en l'excluant, on aboutit à des contradictions,
c'est une preuve de plus en faveur du mouvement relatif qui, s'il
soulève aussi des difficultés, ne conduit au moins à aucune contradiction.

Volkmann (*op. c.*, p. 53) croit à une orientation « absolue » par
le moyen de l'éther. J'ai déjà exprimé mon opinion sur ce point
(cf. pp. 224 et 235), mais je me demande comment on pourrait distinguer les particules d'éther les unes des autres. Jusqu'à ce que ce
moyen soit trouvé, on préférera s'en tenir au ciel des étoiles fixes,
et, si celui-ci manquait, il faudrait bien reconnaître que la première
chose à faire serait de *chercher* un moyen d'orientation.

5. — Tout considéré, je dois avouer que je ne vois pas ce que je
pourrais changer à mon exposé. Les divers points particuliers ont
entre eux une dépendance nécessaire. On ne peut donner *une* définition rationnelle de la masse qu'après avoir reconnu cette propriété
qu'ont les corps de déterminer réciproquement les uns sur les autres
des accélérations, propriété qui a été énoncée deux fois par Galilée
et Newton, une fois sous une forme *générale*, et une fois sous une
forme particulière comme loi de l'inertie, et cette définition ne peut
être que dynamique. Je ne puis considérer cela comme une affaire de
préférence personnelle (1). La notion de force et l'égalité de l'action
et de la réaction en dérivent aussitôt. Exclure le mouvement absolu
revient à écarter ce qui est dépourvu de signification physique.

Ce n'était pas une vue courte et très subjective, mais au contraire
une vue très téméraire, que j'avais lorsque je m'attendais à ce que
mes représentations s'adaptassent sans résistance aux systèmes de
pensée de mes contemporains. Certes, l'histoire de la science montre

(1) Ma définition de la masse s'adapte aussi parfaitement à la mécanique de
Hertz, et même beaucoup plus naturellement que la sienne : car elle contient
déjà le germe de la « loi fondamentale ».

que les conceptions scientifiques subjectives de l'univers que se forment les individus sont toujours corrigées et étendues par d'autres. Dans la conception de l'univers, que l'humanité se construit, on ne peut, pour longtemps encore, reconnaître que les traits les plus caractéristiques des conceptions des hommes les plus illustres. L'individu ne peut faire autre chose que marquer fortement les traits de la conception qui est la sienne.

EXTRAITS DES ÉCRITS DE GALILÉE

—

DIALOGO SOPRA I DUE MASSIMI SISTEMI DEL MONDO. DIALOGO SECONDO

« *Sagr.* Ma quando l'artiglieria si piantasse non a perpendicolo, ma incli-
« nata verso qualche parte, qual dovrebbe esser'il moto della palla : andrebbe
« ella forza, come nel l'altro tiro, per la linea perpendicolare, o ritornando
« anco poi per l'istessa ?

« *Simpl.* Questo non farebbe ella, ma uscita del pezzo seguiterebbe il suo
« moto per la linea retta, che continua la dirittura della canna, se non in
« quanto il proprio peso la farebbe declinar da tal dirittura verso terra.

« *Sagr.* Talchè la dirittura della canna e la regolatrice del moto della palla :
nè fuori di tal linea si muove, o muoverebbe, se'l peso proprio non la facesse
declinare in giù..... »

[*Sagr.* Mais si l'artillerie n'est pas plantée perpendiculairement, mais inclinée dans une certaine direction, quel devrait être le mouvement du boulet :
ira-t-il, comme dans l'autre tir, par la ligne perpendiculaire, en revenant encore par la même :

Simpl. Sûrement il ne prendrait pas cette ligne, mais son mouvement suivrait la ligne droite qui continue la direction du canon, si non dans la
quantité où son propre poids le ferait décliner de cette direction vers la terre.

Sagr. Cette direction du canon est le régulateur du mouvement du boulet :
et il ne se meut ou ne mouvrait pas de cette ligne si son poids propre ne le
faisait décliner.]

DISCORSI E DIMOSTRAZIONI MATEMATICHE. DIALOGO TERZO

« Attendere insuper licet, quod velocitatis gradus, quicunque in mobili re-
« perietur, est in illo suapte natura indelebiliter impressus, dum externæ
« causæ accelerationis aut retardationis tollantur, quod in solo horizontali
« plano contingit: nam in planis declivibus adest jam causa accelerationis.

« majoris, in acclivibus vero retardationis. Ex quo pariter sequitur motum in
« horizontali esse quoque æternum : si enim est æquabilis, non debilitatur
« aut remittitur, et multo minus tollitur. »

Il faut remarquer en outre que le degré de vitesse acquis à un mobile lui
est, par sa nature, immuablement imprimé, pour autant que les causes extérieures d'accélération ou de ralentissement soient supprimées, ce qui arrive
dans le seul plan horizontal ; car dans les plans déclives il existe déjà une
cause d'accélération plus grande, et, dans les plans qui vont en montant, au
contraire une cause de ralentissement. D'où il suit également que le mouvement dans le plan horizontal est aussi éternel ; si, en effet, il est uniforme il
n'est ni affaibli, ni diminué, et encore bien moins supprimé.

ARCHIMÈDE (287-212 av. J.-C.

LÉONARD DA VINCI (1452-1519).

GUIDO UBALDI (G.) e Marchionibus Montis (1545-1607). — Mechanicorum liber (Pesaro, 1577).

S. STEVINUS (1548-1620). — Beghinselen der Weegkonst (Leiden, 1585) : — Hypomnemata mathematica (Leiden, 1608).

GALILÉE (1564-1642). — Discorsi o dimostrazioni matematiche (Leiden, 1638). — Plusieurs éditions de ses œuvres complètes

KEPLER (1571-1630). — Astronomia nova (Prag, 1609). — Harmonices mundi (Linz, 1615). — Stereometria doliorum (Linz, 1615). — Édition de ses œuvres complètes par Fritsch (Frankfurt, 1858).

MARCUS MARCI (1595-1667). — De proportione motus (Prag, 1639).

DESCARTES (1596-1650). — Principia philosophiæ (Amsterdam, 1644).

ROBERVAL (1602-1675). — Sur la composition des mouvements (Anc. Mém. de l'Acad. de Paris, t. VI).

GUERICKE (1602-1686). — Experimenta Magdeburgica (Amsterdam, 1672).

FERMAT (1608-1665). — Varia Opera (Toulouse, 1679).

TORRICELLI (1608-1647). — Opera geometrica (Florence, 1644).

WALLIS (1616-1703). — Mechanica sive de motu (London, 1670).

MARIOTTE (1620-1684). — Œuvres (Leiden, 1717).

PASCAL (1623-1662). — Récit de la grande expérience de l'équilibre des liqueurs (Paris, 1648). — Traité de l'équilibre des liqueurs et de la pesanteur de la masse de l'air (Paris, 1663).

BOYLE (1627-1691). — Experimenta physico mechanica (London, 1660).

HUYGHENS (1629-1695). — The laws of motion on the collision of bodies (Philos. Trans., 1669). — Horologium oscillatorium (Paris, 1673). — Opuscula posthuma (Leiden, 1703).

WREN (1632-1723). — The law in the collision of bodies (Philos. Trans. 1669).

LAMY (1640-1715). — Nouvelle manière de démontrer les principaux théorèmes des éléments des méchaniques (Paris, 1687).

Newton (1642-1726). — Philosophiæ naturalis principia mathematica (London, 1687).

Leibnitz (1646-1716). — Acta eruditorum (1686-1695. — Leibnitzii et Joh. Bernoullii commercium epistolicum (Laus. et Gen., 1745).

Jacques Bernoulli (1654-1705). — Opera omnia (Genève, 1744).

Varignon (1654-1722). — Projet d'une nouvelle mécanique (Paris, 1687).

Jean Bernoulli (1667-1748). — Acta eruditorum (1693). — Opera omnia (Lausanne, 1742).

Maupertuis (1698-1759). — Mém. de l'Acad. de Paris (1740). — Mém. de l'Acad. de Berlin (1743, 1747). — Œuvres (Paris, 1752).

Mac Laurin (1698-1746). — A complete system of fluxions (Edinburgh, 1742).

Daniel Bernoulli (1700-1782). — Comment. Acad. Petrop., t. I. — Hydrodynamica (Strasbourg, 1738).

Euler (1707-1783). — Mechanica sive motus scientia (Pétersbourg, 1736. — Methodus inveniendi lineas curvas (Lausanne, 1744.)

Clairaut (1713-1765). — Théorie de la figure de la terre (Paris, 1743).

d'Alembert (1717-1783). — Traité de dynamique (Paris, 1743).

Lagrange (1736-1813). — Essai d'une nouvelle méthode pour déterminer les maxima et minima (Misc. Taurin., 1762). — Mécanique analytique (Paris, 1788).

Laplace (1749-1827). — Mécanique céleste (Paris, 1799).

Fourier (1768-1830). — Théorie analytique de la chaleur (Paris, 1822).

Gauss (1777-1855). — De figura fluidorum in statu æquilibrii (Comm. Societ. Götting., 1828) — Neues Princip der Mechanik (Journal de Crelle, IV, 1829) — Intensitas vis magneticæ terrestris ad mensuram absolutam revocata (1833). — Œuvres complètes (Göttingue, 1863).

Poinsot (1777-1859). — Éléments de statique (Paris, 1804).

Poncelet (1788-1867). — Cours de mécanique (Metz, 1826).

Belanger (1790-1874). — Cours de mécanique (Paris, 1847).

Möbius (1790-1867). — Statik (Leipzig, 1837).

Coriolis (1792-1843). — Traité de mécanique (Paris, 1829).

C. G. J. Jacobi (1804-1851). — Vorlesungen über Dynamik, herausgegeben von Clebsch (Berlin, 1866).

R. Hamilton (1805-1865). — Lectures on quaternions (1853).

Grassmann (1809-1877). — Ausdehnungslehre (Leipzig, 1844).

H. Hertz. — Principien der Mechanik (Leipzig, 1894).

TABLE DES MATIÈRES

CHAPITRE III

EXTENSION DES PRINCIPES ET DÉVELOPPEMENT DÉDUCTIF DE LA MÉCANIQUE

CHAPITRE IV

DÉVELOPPEMENT FORMEL DE LA MÉCANIQUE

CHAPITRE V

RAPPORTS DE LA MÉCANIQUE AVEC D'AUTRES SCIENCES

SAINT-AMAND (CHER). — IMPRIMERIE BUSSIÈRE